Eletrônica Para leigos

A eletrônica é mais do que apenas diagramas esquemáticos e circuitos. Ao usar vários componentes, como resistores e capacitores, a eletrônica permite submeter a corrente à sua vontade para criar uma infinita variedade de aparelhos e engenhocas. Ao explorar a eletrônica use esta referência útil para trabalhar com as leis de Ohm, Joule e Kirchhoff; fazer cálculos importantes; determinar os valores de resistores e capacitores de acordo com os códigos que aparecem em seus invólucros e usar um timer 555 e outros circuitos integrados (CIs).

IMPORTANTES FÓRMULAS EM ELETRÔNICA

Com apenas algumas fórmulas matemáticas você pode chegar longe na análise do que ocorre nos circuitos eletrônicos e na escolha de valores para componentes eletrônicos nos circuitos que projetar.

A LEI DE OHM E A LEI DE JOULE

A Lei de Ohm e a Lei de Joule são comumente usadas em cálculos que tratam de circuitos eletrônicos. Essas leis são fáceis de compreender, mas quando se está tentando resolver uma variável ou outra não é difícil confundi-las. A tabela a seguir apresenta alguns cálculos comuns usando a Lei de Ohm e a Lei de Joule. Nesses cálculos:

V = tensão (em volts)

I = corrente (em amperes)

R = resistência (em ohms)

P = potência (em watts)

Valor desconhecido	Fórmula
Tensão	V = I x R
Corrente	I = V/R
Resistência	R = V/I
Potência	P = V x I ou P = V^2/R ou P = I^2R

FÓRMULAS EQUIVALENTES DE RESISTÊNCIA E CAPACITÂNCIA

Circuitos eletrônicos podem conter resistores ou capacitores em série, paralelos ou uma combinação dos dois. Você pode determinar o valor de resistência ou capacitância equivalente usando as seguintes fórmulas:

Eletrônica para leigos

Resistores em série:

$$R_{série} = R1 + R2 + R3...$$

Resistores em paralelo:

$$R_{paralelo} = \frac{1}{\frac{1}{R1} + \frac{1}{R2} + \frac{1}{R3} + ...}$$

ou

$$\frac{1}{R_{paralelo}} = \frac{1}{R1} + \frac{1}{R2} + \frac{1}{R3} + ...$$

Capacitores em série:

$$C_{série} = \frac{1}{\frac{1}{C1} + \frac{1}{C2} + \frac{1}{C3} + ...}$$

ou

$$\frac{1}{C_{série}} = \frac{1}{C1} + \frac{1}{C2} + \frac{1}{C3} + ...$$

Capacitores em paralelo:

$$C_{paralelo} = C1 + C2 + C3 ...$$

LEIS DAS TENSÕES E CORRENTES DE KIRCHHOFF

As Leis de Circuitos de Kirchhoff são comumente usadas para analisar o que acontece em um circuito fechado. Com base no princípio de conservação de energia, a Lei das Correntes de Kirchhoff (KCL) afirma que em qualquer *nodo* (junção) em um circuito elétrico a soma das correntes que fluem nesse nodo é igual à soma das correntes que fluem para fora dele; e a Lei de Tensões de Kirchhoff (KVL) declara que a soma de todas as quedas de tensão ao longo de um circuito fechado é igual a zero.

Para o circuito apresentado, a Lei de Kirchhoff diz para fazer o seguinte:

KCL: $I = I_1 + I_2$

KVL: $V_{bateria} - V_R - V_{LED} = 0$,

ou

$V_{bateria} = V_R + V_{LED}$

Eletrônica

para
leigos

Eletrônica
para leigos

Tradução da 3ª Edição

Cathleen Shamieh

ALTA BOOKS
EDITORA
Rio de Janeiro, 2018

Eletrônica Para Leigos® — Tradução da 3ª Edição
Copyright © 2018 da Starlin Alta Editora e Consultoria Eireli. ISBN: 978-85-508-0457-6

Translated from original Electronics For Dummies®, 3rd Edition. Copyright © 2015 by John Wiley & Sons, Inc. ISBN 978-1-119-11797-1. This translation is published and sold by permission of John Wiley & Sons, Inc., the owner of all rights to publish and sell the same. PORTUGUESE language edition published by Starlin Alta Editora e Consultoria Eireli, Copyright © 2018 by Starlin Alta Editora e Consultoria Eireli.

Todos os direitos estão reservados e protegidos por Lei. Nenhuma parte deste livro, sem autorização prévia por escrito da editora, poderá ser reproduzida ou transmitida. A violação dos Direitos Autorais é crime estabelecido na Lei nº 9.610/98 e com punição de acordo com o artigo 184 do Código Penal.

A editora não se responsabiliza pelo conteúdo da obra, formulada exclusivamente pelo(s) autor(es).

Marcas Registradas: Todos os termos mencionados e reconhecidos como Marca Registrada e/ou Comercial são de responsabilidade de seus proprietários. A editora informa não estar associada a nenhum produto e/ou fornecedor apresentado no livro.

Impresso no Brasil — 2018 — Edição revisada conforme o Acordo Ortográfico da Língua Portuguesa de 2009.

Publique seu livro com a Alta Books. Para mais informações envie um e-mail para autoria@altabooks.com.br

Obra disponível para venda corporativa e/ou personalizada. Para mais informações, fale com projetos@altabooks.com.br

Produção Editorial Editora Alta Books **Gerência Editorial** Anderson Vieira	**Produtor Editorial** Thiê Alves	**Produtor Editorial (Design)** Aurélio Corrêa	**Marketing Editorial** Silas Amaro marketing@altabooks.com.br **Ouvidoria** ouvidoria@altabooks.com.br	**Vendas Atacado e Varejo** Daniele Fonseca Viviane Paiva comercial@altabooks.com.br
Equipe Editorial	Adriano Barros Aline Vieira Bianca Teodoro	Ian Verçosa Illysabelle Trajano Juliana de Oliveira	Kelry Oliveira Paulo Gomes Thales Silva	Viviane Rodrigues
Tradução Edite Siegert	**Copidesque** Carlos Bacci	**Revisão Gramatical** Hellen Suzuki Thaís Pol	**Revisão Técnica** Fernando Esquirio Torres _{Formado em Engenharia da Computação pela UNIPAC/MG, Mestre em Engenharia Elétrica pela UFMG e Professor da Pós-Graduação de IOT da PUC-Minas}	**Diagramação** Daniel Vargas

Erratas e arquivos de apoio: No site da editora relatamos, com a devida correção, qualquer erro encontrado em nossos livros, bem como disponibilizamos arquivos de apoio se aplicáveis à obra em questão.

Acesse o site www.altabooks.com.br e procure pelo título do livro desejado para ter acesso às erratas, aos arquivos de apoio e/ou a outros conteúdos aplicáveis à obra.

Suporte Técnico: A obra é comercializada na forma em que está, sem direito a suporte técnico ou orientação pessoal/exclusiva ao leitor.

A editora não se responsabiliza pela manutenção, atualização e idioma dos sites referidos pelos autores nesta obra.

Dados Internacionais de Catalogação na Publicação (CIP) de acordo com ISBD

S528e   Shamieh, Cathleen
           Eletrônica para leigos / Cathleen Shamieh ; traduzido por Edite Sierget. - Rio de Janeiro : Alta Books, 2018.
           416 p. ; il. ; 17cm x 24cm.

           Tradução de: Electronics For Dummies
           Inclui índice.
           ISBN: 978-85-508-0457-6

           1. Eletrônica. I. Sierget, Edite. II. Título.

2018-1276   CDD 621.381
                          CDU 621.38

Elaborado por Vagner Rodolfo da Silva - CRB-8/9410

Rua Viúva Cláudio, 291 — Bairro Industrial do Jacaré
CEP: 20.970-031 — Rio de Janeiro (RJ)
Tels.: (21) 3278-8069 / 3278-8419
www.altabooks.com.br — altabooks@altabooks.com.br
www.facebook.com/altabooks — www.instagram.com/altabooks

Sobre a Autora

Cathleen Shamieh é engenheira eletricista, escreve sobre alta tecnologia e tem ampla experiência em engenharia e consultoria nos campos da eletrônica médica, processamento da fala e telecomunicações.

Dedicatória

Para minha família, no céu e na Terra, e para Julie, cuja perseverança diante de grandes dificuldades me inspirou.

Agradecimentos do Autor

Sou grata a toda a equipe da Wiley por seu trabalho, apoio e profissionalismo. Meus agradecimentos especiais para a excelente editora, Susan Pink, por sua atenção aos detalhes, senso de humor e conversas amigáveis sobre os mais variados temas, de Buffalo a abelhas. A frase "O que é isso, por favor?" está para sempre gravada em meu cérebro! Agradeço, também, a Kirk Kleinschmidt, por revelar imprecisões técnicas e dividir ideias com base em sua ampla experiência, e a Katie Mohr, por moldar este projeto e permitir que meus prazos saíssem um pouco dos trilhos.

Eu também gostaria de agradecer aos desenvolvedores do Inkscape, por fornecerem o acessível programa de vetor gráfico de código aberto, com que contei para criar e editar figuras neste livro, e aos muitos usuários da comunidade Inkscape que criaram e publicamente partilharam ilustrações de tudo, de réguas a resistores.

Finalmente, eu gostaria de agradecer a Bill, Kevin, Peter, Brendan e Patrick por seu amor e apoio inabaláveis.

Sumário Resumido

Introdução 1

Parte 1: Compreendendo os Fundamentos da Eletrônica 5

CAPÍTULO 1: Apresentando-o à Eletrônica. 7
CAPÍTULO 2: Preparando-se para Explorar a Eletrônica 25
CAPÍTULO 3: Correndo em Volta dos Circuitos 35
CAPÍTULO 4: Fazendo Conexões 49

Parte 2: Controlando Correntes com Componentes 67

CAPÍTULO 5: Dando de Cara com Resistências. 69
CAPÍTULO 6: Obedecendo à Lei de Ohm 91
CAPÍTULO 7: Entendendo de Capacitores 107
CAPÍTULO 8: Identificando-se com Indutores 133
CAPÍTULO 9: Mergulhando em Diodos 151
CAPÍTULO 10: Transistores Tremendamente Talentosos 169
CAPÍTULO 11: Inovando com Circuitos Integrados 189
CAPÍTULO 12: Adquirindo Peças Adicionais 221

Parte 3: Levando a Eletrônica a Sério. 243

CAPÍTULO 13: Preparando Seu Laboratório e Garantindo
Sua Segurança. 245
CAPÍTULO 14: Interpretando Diagramas Esquemáticos 271
CAPÍTULO 15: Construindo Circuitos 291
CAPÍTULO 16: Aprendendo a Lidar com o Multímetro para
Medir Circuitos 313
CAPÍTULO 17: Reunindo Projetos 337

Parte 4: A Parte dos Dez. 363

CAPÍTULO 18: Dez Maneiras de Explorar Ainda Mais a Eletrônica. 365
CAPÍTULO 19: Dez Ótimas Fontes de Peças de Eletrônica 371

Glossário. 377

Índice. 387

Sumário

INTRODUÇÃO. 1
   Sobre Este Livro. 1
   Penso que... 2
   Ícones Usados Neste Livro 3
   Além Deste Livro 3
   De Lá para Cá, Daqui para Lá 3

PARTE 1: COMPREENDENDO OS FUNDAMENTOS
          DA ELETRÔNICA 5

CAPÍTULO 1: **Apresentando-o à Eletrônica** 7
   Afinal, o que É Eletrônica? 8
   Verificando a Corrente Elétrica. 8
      Explorando o átomo. 9
      Obtendo uma carga com prótons e elétrons 10
      Identificando condutores e isolantes 11
      Mobilizando elétrons para criar uma corrente 11
   Compreendendo a Tensão 13
      Que a força esteja com você. 13
      Por que as tensões precisam ser diferentes 14
   Pondo a Energia Elétrica para Funcionar 14
      Utilizando a energia elétrica 15
      Elétrons que trabalham fornecem energia 16
   Usando Circuitos para Garantir que os Elétrons Cheguem
     ao Destino 16
   Fornecendo Energia Elétrica 18
      Obtendo corrente direta de uma bateria. 18
      Usando corrente alternada de uma central elétrica 20
      Transformando luz em eletricidade. 20
      Usando símbolos para representar fontes de energia 22
   Admirando-se com o que Elétrons Podem Fazer 22
      Criando boas vibrações 23
      Ver é crer 23
      Detectando e alarmando. 23
      Controlando movimentos 24
      Computando 24
      Voz, vídeo e comunicação de dados 24

CAPÍTULO 2: **Preparando-se para Explorar a Eletrônica** 25
   Conseguindo as Ferramentas Necessárias. 26
   Formando um Estoque de Materiais Essenciais 28
   Preparando-se para Pôr as Mãos na Massa. 32

Sumário   **XV**

Usando uma Matriz de Contato sem Solda 33

CAPÍTULO 3: **Correndo em Volta dos Circuitos** 35

Comparando Circuitos Fechados, Abertos e Curtos. 36
Compreendendo Fluxos de Corrente Convencionais. 38
Examinando um Circuito Básico. 39
   Construindo um circuito básico de LED 40
   Construindo o circuito com garras jacaré 41
   Construindo o circuito com uma matriz de contato sem solda . 41
   Examinando tensões 42
   Medindo correntes. 46
   Calculando a energia 47

CAPÍTULO 4: **Fazendo Conexões.** 49

Criando Circuitos em Série e Paralelos 50
   Conexões em série. 50
   Conexões paralelas. 52
Ligando e Desligando a Corrente Elétrica. 55
   Controlando a ação de um interruptor. 56
   Fazendo os contatos corretos 57
Criando um Circuito Combinado 58
Ligando a Energia 62
Com que se Parecem os Circuitos? 63

PARTE 2: CONTROLANDO CORRENTES COM COMPONENTES 67

CAPÍTULO 5: **Dando de Cara com Resistências** 69

Resistindo ao Fluxo da Corrente 70
Resistores: Passivos, mas Potentes 71
   Para que servem os resistores? 71
   Limitando a corrente 72
Reduzindo a Tensão 73
   Controlando ciclos de regulação de tempo 75
   Escolhendo um tipo de resistor: Fixo ou variável 75
   Resistores fixos 76
   Compreendendo resistores fixos. 78
   Resistores variáveis (potenciômetros). 79
   Classificando resistores segundo a energia 81
Combinando Resistores. 84
   Resistores em série. 84
   Resistores em paralelo. 87
   Combinando resistores em série e paralelos 90

CAPÍTULO 6: **Obedecendo à Lei de Ohm** 91

Definindo a Lei de Ohm 91
   Passando corrente por uma resistência. 92

A variação é diretamente proporcional! 92
Uma lei, três equações. 93
Usando a Lei de Ohm para Analisar Circuitos 94
Calculando a corrente através de um componente 94
Calculando a tensão através de um componente 95
Calculando uma resistência desconhecida 98
Ver É Crer: A Lei de Ohm Realmente Funciona! 98
Para que Serve Realmente a Lei de Ohm? 101
Analisando circuitos complexos 101
Projetando e alterando circuitos 103
O Poder da Lei de Joule 105
Usando a Lei de Joule para escolher componentes 105
Joule e Ohm: Perfeitos juntos 105

CAPÍTULO 7: Entendendo de Capacitores 107
Capacitores: Reservatórios de Energia Elétrica 108
Carregando e Descarregando Capacitores 109
Assistindo ao carregamento de um capacitor 111
Opondo-se às mudanças de tensão 114
Dando passagem à corrente alternada 115
Descobrindo Usos para os Capacitores 116
Caracterizando Capacitores 117
Definindo capacitância 117
Ficando de olho na tensão de trabalho 119
Escolhendo o dielétrico correto para o trabalho 119
Dimensionando o acondicionamento de capacitores 120
Sendo positivo sobre a polaridade de capacitores 120
Interpretando valores de capacitores 121
Variando a capacitância 123
Interpretando símbolos de capacitores 124
Combinando Capacitores 124
Capacitores em paralelo 124
Capacitores em série 125
Aliando-se aos Resistores 126
O tempo é tudo 127
Calculando constantes de tempo RC 129
Variando a constante de tempo RC 129

CAPÍTULO 8: Identificando-se com Indutores 133
Parentes Próximos: Magnetismo e Eletricidade 134
Criando as linhas (de fluxo) com ímãs 134
Produzindo um campo magnético com eletricidade 135
Induzindo corrente com um ímã 136
Introduzindo o Indutor: Uma Bobina com Personalidade
Magnética 137
Medindo a indutância 137
Opondo-se a mudanças de corrente 138
Calculando a constante de tempo RL 140

Acompanhando a corrente alternada (ou não!) 140
Comportando-se de forma diferente de acordo com
a frequência 140
Usos para Indutores 141
Usando Indutores em Circuitos 142
Interpretando os valores de indutância 143
Combinando indutores blindados 143
Sintonizando Programas de Rádio 144
Ressoando com circuitos RLC 144
Garantindo ressonância confiável com cristais 146
Influenciando a Bobina do Vizinho: Transformadores 147
Permitindo que bobinas não blindadas interajam 147
Isolando circuitos de fonte de energia 148
Aumentando e diminuindo as tensões 148

CAPÍTULO 9: Mergulhando em Diodos 151

Estamos Conduzindo ou Não? 152
Avaliando semicondutores 152
Criando tipos N e tipos P 153
Unindo Tipos N e Tipos P para Criar Componentes 154
Formando um Diodo de Junção 154
Polarizando o diodo 156
Conduzindo corrente por um diodo 157
Classificando seu diodo 158
Identificando diodos 158
Qual lado é o de cima? 159
Usando Diodos em Circuitos 159
Retificando AC 159
Regulando a tensão com diodos Zener 161
Vendo a luz com LEDs 162
Acendendo um LED 164
Outros usos dos diodos 167

CAPÍTULO 10: Transistores Tremendamente Talentosos 169

Transistores: Mestres da Comutação e da Amplificação 170
Transistores de junção bipolar 171
Transistores de efeito de campo 172
Reconhecendo um transistor quando vir um 173
Fazendo todos os tipos de componentes possíveis 175
Examinando o Funcionamento dos Transistores 175
Usando um modelo para compreender os transistores 176
Operando um transistor 177
Amplificando Sinais com um Transistor 178
Polarizando o transistor para que ele aja como um
amplificador 179
Controlando o ganho de tensão 180
Configurando circuitos de transistor para amplificação 180
Ligando e Desligando Sinais com um Transistor 181

xviii   Eletrônica Para Leigos

Escolhendo Transistores 182
    Classificações importantes de transistores 183
    Identificando transistores 184
Ganhando Experiência com Transistores 184
    Amplificando a corrente 184
    O interruptor está ligado! 187

CAPÍTULO 11: Inovando com Circuitos Integrados 189

Por que CIs? 190
Placa Linear, Digital ou Combinada? 191
Tomando Decisões Lógicas 192
    Começando com bits 192
    Processando dados com portas 193
    Simplificando portas com tabelas verdade 197
    Criando componentes lógicos 198
Usando CIs 200
    Identificando CIs com números de peças 200
    A embalagem é tudo 200
    Testando pinagens de CIs 203
    Contando com as especificações técnicas dos CIs 204
Usando Sua Lógica 205
    Vendo a luz no fim de uma porta NAND 206
    Transformando três portas NAND em uma porta OR 208
Na Companhia de Alguns CIs Populares .209
    Amplificadores operacionais 209
    CI máquina do tempo: O timer 555 211
    Multivibrador astável (oscilador) 212
    Multivibrador monoestável (one shot) 214
    Multivibrador biestável (flip flop) 215
    Contando com o contador de décadas 4017 218
    Microcontroladores 219
    Outros CIs populares 220

CAPÍTULO 12: Adquirindo Peças Adicionais 221

Fazendo Conexões 222
    Escolhendo fios com sabedoria 222
    Flexível ou não? 222
    Avaliando a bitola do fio 223
    O mundo colorido dos fios 223
    Reunindo fios em cabos ou cordões 224
    Ligando a conectores 224
Energizando 225
    Ligando a energia com baterias 226
    Conectando baterias a circuitos 226
    Escolhendo baterias pelo seu interior .228
    Obtendo energia do sol 229
    Usando instalação elétrica de parede para obter uma
        corrente DC ou uma tensão mais alta (não recomendado) .230

Sumário   **xix**

Usando Seus Sensores. 233
    Enxergando a luz. 233
    Captando sons com microfones 234
    Sentindo o calor 235
    Mais transdutores de entrada energizados. 237
Experimentando os Resultados da Eletrônica 237
    Falando de alto-falantes. 238
    Fazendo barulho com campainhas 239
    Criando boas vibrações com motores DC 240

PARTE 3: LEVANDO A ELETRÔNICA A SÉRIO. 243

CAPÍTULO 13: Preparando Seu Laboratório e Garantindo Sua Segurança. 245

Escolhendo um Lugar para Praticar Eletrônica 246
    Os principais ingredientes para um ótimo laboratório 246
    Aspectos básicos de uma bancada de trabalho 247
Adquirindo Ferramentas e Materiais. 248
    Buscando um multímetro 248
    Reunindo equipamento de solda. 249
    Acumulando ferramentas manuais 251
    Coletando panos e limpadores 252
    Selecionando os lubrificantes. 253
    Armazenando coisas pegajosas 254
    Outras ferramentas e materiais 255
Estocando Peças e Componentes 256
    Matrizes de contato sem solda 256
    Kit de construção de circuitos para iniciantes. 258
    Adicionando os extras 259
    Organizando todas as suas peças 260
Protegendo Você e Seus Produtos Eletrônicos 260
    Entendendo que a eletricidade pode mesmo machucar 261
    Vendo-se como um resistor gigante 261
    Sabendo como a tensão e a corrente podem feri-lo 262
    Maximizando sua resistência — E sua segurança 266
    Mantendo um quadro de primeiros socorros à mão. 266
    Soldando com segurança 266
    Evitando estática como se fosse uma praga 267
    Sensibilidade em relação à descarga eletrostática 269
    Minimizando a eletricidade estática 269
    Aterrando suas ferramentas. 270

CAPÍTULO 14: Interpretando Diagramas Esquemáticos 271

O que É um Diagrama Esquemático e por que Devo me Importar?. 272
Vendo o Quadro Geral 272
    Tudo se refere às suas conexões. 273

XX   **Eletrônica Para Leigos**

Observando um circuito de bateria simples 274
Reconhecendo os Símbolos de Potência 275
Mostrando onde está a energia. 275
Marcando seu território. 278
Rotulando Componentes de Circuitos 279
Componentes eletrônicos analógicos. 281
Componentes lógicos digitais e CI 283
Componentes variados 284
Sabendo Onde Medir. 286
Explorando um Diagrama Esquemático .287
Estilos Alternativos de Representação de Diagramas
Esquemáticos 289

CAPÍTULO 15: Construindo Circuitos 291
Dando uma Olhada em Matrizes de Contato sem Solda. 292
Explorando uma matriz de contato sem solda 293
Avaliando variedades de matrizes de contato sem solda 295
Construindo Circuitos com Matrizes de Contato sem Solda. 296
Preparando suas peças e ferramentas. 296
Ganhando tempo com fios pré-desencapados. 297
Planejando seu circuito 298
Evitando danificar circuitos 301
Introdução à Soldagem 302
Preparando-se para soldar 302
Soldando com êxito 303
Inspecionando a junta 305
Dessoldando quando necessário. 305
Resfriando após a soldagem. 306
Praticando a soldagem segura 306
Criando um Circuito Permanente. 307
Explorando uma placa de circuito impresso 307
Mudando seu circuito para um perfboard. 308
Construindo uma placa de circuito personalizada 310

**CAPÍTULO 16: Aprendendo a Lidar com o Multímetro
para Medir Circuitos** 313
Realizando Múltiplas Tarefas com um Multímetro 314
É um voltímetro! 315
É um amperímetro!. 316
Ohm, meu Deus! Também é um ohmímetro! 316
Explorando Multímetros 317
Escolhendo um estilo: Analógico ou digital 317
Olhando mais atentamente o multímetro digital 318
Escolhendo a faixa certa 320
Ajustando Seu Multímetro. 322
Operando Seu Multímetro. 323
Medindo tensões 324
Medindo correntes. 326

Sumário **xxi**

Medindo resistências 327
Testando resistores 328
Testando potenciômetros 328
Testando capacitores 329
Testando diodos 330
Testando transistores 331
Testando fios e cabos 332
Testando interruptores 333
Testando fusíveis 333
Realizando outros testes com o multímetro 334
Usando um Multímetro para Checar Seus Circuitos 334

CAPÍTULO 17: Reunindo Projetos 337
Conseguindo Aquilo que Você Precisa Logo de Cara 338
Criando um Circuito de Pisca-pisca de LED 339
Explorando um pisca-pisca 555 339
Limitando a corrente que atravessa o LED 340
Controlando o tempo do pulso 341
Construindo um circuito pisca-pisca de LED 341
Checando seu trabalho manual 343
Criando um Pisca-pisca de LED para Bicicletas 344
Apanhando Intrusos com um Alarme com Sensor de Luz 345
Montando uma lista de peças para o alarme de luz 347
Fazendo o alarme funcionar para você .348
Tocando em Escala Dó Maior 348
Afugentando os Bandidos com uma Sirene 350
Montando a lista de peças da sirene 555 351
Como sua sirene funciona 351
Construindo um Amplificador de Áudio com Controle
de Volume 352
Criando Geradores de Efeitos de Luz 354
Construindo o Gerador de Efeitos de Luz 1 355
Controlando as luzes 356
Distribuindo os LEDs 357
Construindo o Gerador de Efeitos de Luz 2 357
Luz Vermelha, Luz Verde, 1-2-3! 358

PARTE 4: A PARTE DOS DEZ 363

**CAPÍTULO 18: Dez Maneiras de Explorar Ainda Mais
a Eletrônica** 365
Navegando em Busca de Circuitos 366
Dando a Partida com Kits para Passatempo 366
Simulando a Operação de Circuitos 366
Procurando Sinais 367
Contando os Megahertz 367
Gerando uma Variedade de Sinais 367

Explorando a Arquitetura Básica de Computadores 368
Microcontrolando Seu Ambiente 368
Experimentando Raspberry Pi 369
Tente, Erre e Tente de Novo 369

CAPÍTULO 19: Dez Ótimas Fontes de Peças de Eletrônica 371

América do Norte 372
   All Electronics. 372
   Allied Electronics 372
   Digi-Key 372
   Electronic Goldmine 373
   Jameco Electronics 373
   Mouser Electronics 373
   Parts Express 373
   RadioShack. 374
Fora da América do Norte 374
   Premier Farnell (Reino Unido). 374
   Maplin (Reino Unido) 374
O que São as Normas RoHS? 375
Novo ou Excedente? 375

GLOSSÁRIO 377

ÍNDICE 387

xxiv Eletrônica Para Leigos

Introdução

Você tem curiosidade de saber o que faz seu iPhone funcionar? E quanto ao tablet, sistema de som, GPS, HDTV — bem, praticamente todos os aparelhos eletrônicos que você usa para se divertir e enriquecer sua vida?

Ou, ainda, você já se perguntou como resistores, diodos, transistores, capacitores e outras peças fundamentais dos eletrônicos funcionam? Sentiu a tentação de experimentar construir seus próprios aparelhos eletrônicos? Bem, você veio ao lugar certo!

Eletrônica Para Leigos, tradução da 3ª Edição, é sua entrada no empolgante mundo da eletrônica moderna. Repleto de ilustrações e explicações simples, este livro o capacita a compreender, criar e resolver problemas em seus próprios aparelhos eletrônicos.

Sobre Este Livro

Com frequência, a eletrônica parece um mistério porque envolve controlar algo que não se vê — a corrente elétrica — e que repetidas vezes aconselha-se a não tocar. Isso basta para afastar a maioria das pessoas. Mas, à medida que você continua a usufruir dos benefícios diários da eletrônica, talvez comece a se perguntar como é possível fazer tantas coisas incríveis acontecerem em espaços tão reduzidos.

Este livro lhe oferece a chance de satisfazer sua curiosidade sobre a eletrônica enquanto se diverte muito no processo de aprendizagem. Você vai obter uma compreensão básica do que exatamente é a eletrônica, explicações práticas (e muitas ilustrações) sobre como componentes eletrônicos importantes — e as regras que os governam — funcionam e instruções passo a passo para construir e testar circuitos e projetos eletrônicos prontos. Apesar de este livro não pretender responder a todas as perguntas sobre eletrônica, ele lhe dá uma boa base quanto aos aspectos essenciais e o prepara para mergulhar mais fundo no mundo dos circuitos eletrônicos.

Suponho que você queira dar uma olhada em todo o livro, mergulhando fundo nos temas que têm interesse especial para você e passando rapidamente por outros assuntos. Por esse motivo, ofereço várias referências cruzadas nos capítulos para indicar as informações que possam preencher quaisquer lacunas ou refrescar sua memória sobre um tópico.

O sumário no início deste livro lhe fornece um excelente recurso que pode ser usado para localizar depressa exatamente o que está procurando. Você também vai achar o glossário útil quando sentir dificuldade com algum termo em especial e precisar redefinir seu significado. Finalmente, há um índice no final do livro que irá ajudá-lo a dirigir sua leitura a páginas específicas.

Espero que, quando terminar de ler este livro, você possa se dar conta de que a eletrônica não é tão complicada quanto pensava. Minha intenção é muni-lo do conhecimento e confiança necessários para avançar no empolgante campo da eletrônica.

Penso que...

>> Você não sabe muito — se é que sabe alguma coisa — sobre eletrônica.

>> Você não é necessariamente bem versado em física ou matemática, mas, pelo menos, se sente moderadamente à vontade com a álgebra da escola secundária.

>> Você quer descobrir como realmente funcionam resistores, capacitores, diodos, transistores e outros componentes eletrônicos.

>> Você quer ver por si mesmo — em circuitos simples que vai construir — como cada componente realiza sua função.

>> Você está interessado em construir — e compreender o funcionamento — circuitos que realmente tenham utilidade.

>> Você possui um espírito pioneiro — isto é, uma disposição para experimentar, aceitar contratempos ocasionais e lidar com quaisquer problemas que possam surgir — moderado pelo interesse em sua segurança pessoal.

Eu começo do zero — explicando o que é a corrente elétrica e por que circuitos são necessários para que a corrente flua — e avanço a partir daí. Você vai encontrar descrições fáceis de compreender, sobre como cada componente eletrônico funciona, apoiadas por inúmeras fotografias e diagramas ilustrativos. Em nove dos onze primeiros capítulos, você vai encontrar um ou mais miniprojetos que poderá construir em cerca de 15 minutos; cada um é planejado para exemplificar como funciona um determinado componente.

Mais adiante no livro, apresento vários projetos divertidos, que você poderá construir em uma hora ou menos, e explico em detalhes o funcionamento de cada um. Ao construir esses projetos, você poderá ver como vários componentes funcionam em conjunto para fazer com que aconteça algo interessante, e até mesmo útil.

Eletrônica Para Leigos

Ao embarcar nessa viagem pela eletrônica espere cometer alguns erros ao longo do caminho. Erros acontecem: eles ajudam a melhorar e aumentar o interesse pela eletrônica. Lembre-se: sem dor, sem valor.

Ícones Usados Neste Livro

Os ícones neste livro ajudam você a encontrar informações específicas. Elas incluem:

Dicas o alertam sobre informações que realmente podem lhe poupar tempo, dores de cabeça ou dinheiro (ou todos os três!). Você vai descobrir que, se seguir minhas dicas, sua experiência com a eletrônica vai ser muito mais agradável.

Este ícone vai lembrá-lo de ideias ou fatos importantes que deve manter em mente enquanto explora o fascinante mundo da eletrônica.

Muito embora este livro inteiro aborde assuntos técnicos, destaco certos tópicos em que há informações técnicas mais profundas que podem exigir um pouco mais de raciocínio para serem digeridas. Não haverá prejuízo algum se você decidir saltar essas informações — você ainda pode seguir com tranquilidade.

Quando você lida com eletrônica é capaz de se deparar com situações que exigem extrema cautela. Leia o ícone Cuidado, um lembrete nada sutil para tomar precauções extras a fim de evitar ferimentos pessoais ou danos às suas ferramentas, aos componentes e aos circuitos — ou ao seu bolso.

Além Deste Livro

> » Você pode acessar a Folha de Cola Online no site da editora Alta Books. Procure pelo título do livro. Faça o download da Folha de Cola completa, bem como de erratas e possíveis arquivos de apoio.

De Lá para Cá, Daqui para Lá

Você pode usar este livro de várias formas. Se você começar pelo início (um bom lugar por onde começar), vai descobrir os fundamentos da eletrônica, adicionar a seu conhecimento um componente por vez e, então, juntar tudo criando projetos em seu bem equipado laboratório.

Ou, se sempre foi curioso sobre, digamos, o funcionamento de transistores, você pode ir direto ao Capítulo 10, descobrir sobre os fantásticos pequenos componentes de três pernas e construir alguns circuitos de transistores. Com um capítulo concentrado em resistores, capacitores, indutores, diodos, transistores e circuitos integrados (CIs), você pode concentrar sua atenção em um único capítulo a fim de dominar o componente de sua escolha.

Este livro também serve como uma referência útil, de modo que, quando você começar a criar seus próprios circuitos, pode voltar a consultá-lo para refrescar sua memória sobre um componente ou regra em especial que regule os circuitos.

Eis minhas recomendações sobre onde começar este livro:

» **Capítulo 1**: Comece aqui se quiser ser apresentado aos três mais importantes conceitos da eletrônica: corrente, tensão e energia.

» **Capítulo 3**: Vá direto para esse capítulo se estiver ansioso para construir seu primeiro circuito, examinar tensões e correntes com seu multímetro e fazer cálculos de energia.

» **Capítulo 13**: Se você souber que vai se viciar em eletrônica, comece com o Capítulo 13 para descobrir como montar seu laboratório de cientista louco e, depois, volte aos primeiros capítulos para descobrir de que maneira tudo o que comprou funciona.

Espero que você aprecie muito a jornada que está prestes a iniciar. Agora, vá em frente, explore!

1

Compreendendo os Fundamentos da Eletrônica

NESTA PARTE...

Descobrindo o que torna a eletrônica tão fascinante.

Comprando componentes e ferramentas para circuitos.

Fazendo experiências com circuitos paralelos e em série.

NESTE CAPÍTULO
Reconhecendo a força dos elétrons
Controlando o destino dos elétrons com componentes eletrônicos
Usando condutores para seguir o fluxo (dos elétrons)
Fazendo as conexões corretas em um circuito
Aplicando energia elétrica em um bocado de coisas

Capítulo 1

Apresentando-o à Eletrônica

Se você é como a maioria das pessoas, provavelmente tem uma ideia sobre o tema eletrônica. Tem contato e já usou vários aparelhos eletrônicos, como smartphones, tablets, iPods, equipamentos de som, computadores pessoais, câmeras digitais e televisores, mas para você essas coisas podem parecer caixas misteriosamente mágicas com botões que respondem a todos os seus desejos.

Você sabe que, sob cada superfície lustrosa, há uma fantástica variedade de minúsculas peças eletrônicas conectadas da maneira certa para fazer algo acontecer. E agora quer entender como isso ocorre.

Neste capítulo você vai descobrir que elétrons movendo-se em harmonia por um condutor constituem uma corrente elétrica — e que controlar ela é a base da eletrônica. Descobrirá o que realmente é a corrente elétrica e que você precisa de tensões para manter as coisas funcionando. Também terá uma visão geral de algumas coisas incríveis que pode fazer com a eletrônica.

Afinal, o que É Eletrônica?

Quando você acende uma luz em casa, está conectando uma fonte de energia elétrica (geralmente fornecida pela companhia de energia elétrica) a uma lâmpada em um caminho completo conhecido como *circuito elétrico*. Se você acrescentar um *dimmer* ou um timer ao circuito da lâmpada, vai *controlar* a operação da lâmpada de um jeito mais interessante do que apenas acendê-la ou apagá-la manualmente.

LEMBRE-SE

Sistemas elétricos usam a corrente elétrica para energizar coisas como lâmpadas e aparelhos domésticos. *Sistemas eletrônicos* fazem isso e um pouco mais: eles *controlam* a corrente, ligando-a e desligando-a, mudando suas flutuações, alterando a direção e operando de várias formas a fim de realizar diversas funções, desde regular a luminosidade de uma lâmpada (veja Figura 1-1) e fazê-las piscar na árvore de Natal em sincronia com sua música natalina preferida, até as comunicações via satélite — e muitas outras coisas. Esse controle distingue sistemas eletrônicos de sistemas elétricos.

A palavra *eletrônica* descreve ambos, o campo de estudo que se concentra no controle da energia elétrica e o dos sistemas físicos (incluindo circuitos, componentes e interconexões) que implementam tal controle de energia elétrica.

Para compreender o que significa controlar a corrente elétrica, primeiro é necessário ter uma boa noção de seu funcionamento e de como ela fornece energia a lâmpadas, alto-falantes e motores.

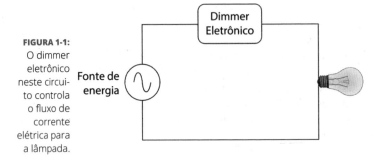

FIGURA 1-1: O dimmer eletrônico neste circuito controla o fluxo de corrente elétrica para a lâmpada.

Verificando a Corrente Elétrica

A *corrente elétrica*, às vezes conhecida como eletricidade (veja o quadro "O que é eletricidade?"), é o movimento na mesma direção de partículas microscopicamente pequenas eletricamente carregadas chamadas *elétrons*. Então, onde exatamente encontramos elétrons e como eles se movem? Você vai encontrar as respostas dando uma olhada no átomo.

O QUE É ELETRICIDADE?

O termo *eletricidade* é ambíguo, muitas vezes contraditório, e pode causar confusão, até entre cientistas e professores. Em termos gerais, a eletricidade tem a ver com o modo como certas espécies de partículas na natureza interagem entre si quando estão próximas.

Em vez de contar com o termo "eletricidade" à medida que explora o campo da eletrônica, é melhor usar outra terminologia mais precisa para descrever tudo que é elétrico. Por exemplo:

- **Carga elétrica:** Uma propriedade fundamental de certas partículas que descreve como elas interagem umas com as outras. Há dois tipos de cargas elétricas: positiva e negativa. Partículas do mesmo tipo (positiva/positiva ou negativa/negativa) se repelem e partículas do tipo oposto (positiva/negativa) se atraem.

- **Energia elétrica:** Uma forma de energia causada pelo comportamento de partículas eletricamente carregadas. Isso é o que você paga para a companhia de energia fornecer.

- **Corrente elétrica:** O movimento, ou fluxo, das partículas eletricamente carregadas. Essa conotação de eletricidade é provavelmente a que você conhece melhor e em que me concentro neste livro.

Explorando o átomo

Átomos são os elementos fundamentais de tudo o que existe no Universo, seja natural ou feito pelo homem. Eles são tão minúsculos que é possível encontrar milhões deles em um único grão de poeira. Cada átomo contém os seguintes tipos de partículas subatômicas:

- » **Prótons** possuem uma carga elétrica positiva e existem dentro do *núcleo*, ou centro, do átomo.

- » **Nêutrons** não têm carga elétrica e existem junto com os prótons dentro do núcleo.

- » **Elétrons** possuem uma carga elétrica negativa e estão localizados fora do núcleo em uma *nuvem de elétrons*. Não se preocupe com a localização exata dos elétrons em um átomo em especial. Saiba apenas que os elétrons se movimentam velozmente em torno do núcleo e que alguns estão mais perto do núcleo que outros.

A combinação específica de prótons, elétrons e nêutrons em um átomo define o tipo de átomo, e substâncias feitas de somente um tipo de átomo são conhecidas como *elementos*. (Talvez você se lembre de brigar com a *Tabela Periódica de Elementos* muito tempo atrás nas aulas de química.) Mostro uma representação simplificada de um átomo de hélio na Figura 1-2 e a de um átomo de cobre na Figura 1-3.

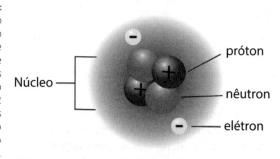

FIGURA 1-2: Esse átomo de hélio consiste de 2 prótons e 2 nêutrons no núcleo com 2 elétrons circulando em volta do núcleo.

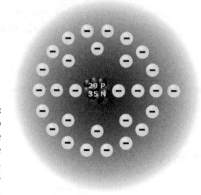

FIGURA 1-3: Um átomo de cobre consiste de 29 prótons, 35 nêutrons e 29 elétrons.

Obtendo uma carga com prótons e elétrons

PAPO DE ESPECIALISTA

Carga elétrica é uma propriedade de certas partículas, como elétrons, prótons e quarks (sim, quarks), que descreve como elas interagem entre si. Há dois tipos de carga elétrica, de certa forma arbitrariamente chamadas de positivas e negativas (tal como os pontos cardeais são chamados de norte, sul, leste e oeste). Em geral, partículas com o mesmo tipo de carga se repelem, enquanto partículas com cargas opostas se atraem. Em cada átomo, os prótons dentro do núcleo atraem os elétrons que estão fora do núcleo.

DICA

Você pode experimentar um fenômeno de atração/repulsão semelhante com ímãs. Colocando o polo norte de um ímã perto do polo sul de outro ímã, você vai descobrir que eles se atraem. Se, em vez disso, você colocar o polo norte de um ímã perto do polo norte de outro, vai notar que os ímãs se repelem. Esse pequeno experimento lhe dá uma ideia do que acontece com prótons e elétrons — sem que você precise dividir um átomo!

Em circunstâncias normais, cada átomo tem um número igual de prótons e elétrons e se diz que o átomo é *eletricamente neutro*. (Observe que o átomo de hélio tem 2 prótons e 2 elétrons, o de cobre tem 29 de cada.) A força de atração entre os prótons e elétrons age como uma cola invisível, mantendo o átomo unido, de maneira semelhante à força da gravidade da Terra, que mantém a Lua visível.

Os elétrons mais próximos do núcleo são presos ao átomo com uma força maior do que os mais afastados dele; alguns átomos se prendem a seus elétrons exteriores com muita força, enquanto em outros a força de atração é um pouco menos intensa. A intensidade com que certos átomos se prendem a seus elétrons é muito importante quando se trata de eletricidade.

Identificando condutores e isolantes

Materiais (como cobre, prata, alumínio e outros metais) em que os elétrons se deslocam mais livremente são chamados de *condutores elétricos* ou, simplesmente, *condutores*. O cobre é um bom condutor porque há um único elétron frouxamente ligado na parte mais afastada de sua nuvem de elétrons. Materiais que impedem o movimento livre dos elétrons são classificados como *isolantes elétricos*. O ar, o vidro, o papel e o plástico são bons isolantes, assim como os polímeros parecidos com borracha, usados para isolar fios elétricos.

Em condutores, os elétrons externos de cada átomo são ligados tão fracamente que muitos deles se desprendem e saltam de átomo para átomo. Esses elétrons livres são como ovelhas pastando em uma encosta: elas vagam de um lado a outro sem rumo, mas não se afastam muito nem tampouco avançam para uma direção em especial. Porém, se você der a esses elétrons livres um pequeno empurrão em uma direção, eles rapidamente irão se organizar e se mover em conjunto na direção do empurrão.

Mobilizando elétrons para criar uma corrente

LEMBRE-SE

A corrente elétrica (com frequência chamada de eletricidade) é o deslocamento de um grande número de elétrons na mesma direção por um condutor quando é aplicada uma força externa (um empurrão). Essa força externa é conhecida como *tensão* (que descrevo na próxima seção, "Compreendendo a Tensão").

Esse fluxo de corrente elétrica parece acontecer instantaneamente. Isso ocorre porque cada elétron livre — da ponta de um condutor à outra — começa a se mover mais ou menos de imediato, saltando de um átomo para o próximo. Assim, cada átomo *perde* simultaneamente um de seus elétrons para um átomo

EXPERIMENTANDO A ELETRICIDADE

Você pode experimentar pessoalmente o fluxo de eletricidade arrastando os pés em um tapete em um dia seco e tocando a maçaneta da porta; o choque que você sente (e a faísca que talvez veja) é o resultado de partículas eletricamente carregadas saltando da ponta de seus dedos até a maçaneta, uma forma de eletricidade conhecida como eletricidade estática. *Eletricidade estática* é o acúmulo de partículas eletricamente carregadas que permanecem estáticas (em repouso) até serem atraídas para uma série de partículas com carga oposta.

Raios são outro exemplo de eletricidade estática (mas não uma que você queira experimentar pessoalmente), com partículas carregadas viajando de uma nuvem a outra ou de uma nuvem para o chão. A energia que resulta do movimento dessas partículas carregadas faz o ar que cerca as cargas se aquecer rapidamente até perto de 20.000°C — iluminando o ar e criando uma onda de choque audível mais conhecida como trovão.

Se você conseguir que um número suficiente de partículas se mova, e puder controlar seu movimento, poderá usar a energia elétrica resultante para acender lâmpadas e outras coisas.

vizinho e *ganha* um elétron de outro vizinho. O resultado dessa cascata de elétrons em movimento é o que observamos como sendo a corrente elétrica.

Pense em uma brigada do balde. Trata-se de uma fila de gente, cada um segurando um balde de água, com uma pessoa em uma ponta enchendo de água um balde vazio e alguém na outra ponta despejando a água. A um comando, cada indivíduo passa seu balde para o vizinho da direita e pega o balde do vizinho da esquerda. Embora cada balde percorra apenas uma pequena distância (de uma pessoa à próxima), é como se estivesse sendo transportado de uma ponta da fila para a outra. Com a corrente elétrica ocorre algo semelhante: à medida que cada elétron desloca o da frente ao longo de um caminho condutor, parece que os elétrons estão se movendo praticamente no mesmo instante de uma extremidade do condutor à outra (veja a Figura 1-4).

FIGURA 1-4:
O fluxo de elétrons através de um condutor é análogo à brigada do balde.

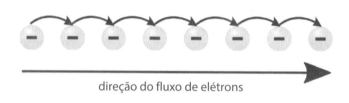

direção do fluxo de elétrons

A força de uma corrente elétrica é definida por quantos transportadores de carga (geralmente elétrons) passam por um ponto fixo em um segundo, e é medida em unidades chamadas *amperes*, ou *amps* (abreviados como A). Um ampere é definido como tendo a força de 6.241.000.000.000.000.000 elétrons por segundo. (Uma maneira mais concisa de expressar essa quantidade, usando uma notação científica, é 6.241×10^{18}.) Por exemplo, medir a corrente elétrica é como medir o fluxo de água em galões por minuto ou litros por segundo. O símbolo I é usado para representar a força de uma corrente elétrica. (Pode ser útil pensar em I como a representação da intensidade da corrente.)

Você pode ouvir o termo *coulomb* (pronunciado "culôme") para descrever a magnitude da carga carregada por 6.241.000.000.000.000.000 elétrons. Um coulomb está relacionado a um ampere (ou amp, plural amps), sendo que um coulomb é a quantidade de carga levada por um ampere de corrente em um segundo. É bom saber sobre os coulombs, mas os amperes são o que você deve realmente entender, porque mover carga, ou corrente, é a essência da eletrônica.

Uma geladeira comum usa cerca de 3 a 5 amps de corrente e uma torradeira, cerca de 9 amps. Temos aí uma grande quantidade de elétrons de uma vez, muito mais do que se encontra normalmente em circuitos eletrônicos, nos quais é mais provável que se encontre a corrente medida em miliamperes (abreviados como mA). Um *miliampere* equivale a um milésimo de ampere, ou 0,001 amp. (Em notação científica, um miliampere é 1×10^{-3} amp.)

Compreendendo a Tensão

A corrente elétrica é o fluxo de elétrons negativamente carregados por um condutor quando se aplica uma força. Mas qual é a força que faz com que os elétrons se movam em harmonia? O que comanda a brigada do balde?

Que a força esteja com você

A força que impulsiona os elétrons é tecnicamente chamada de *força eletromotriz* (abreviada como *EMF* ou *E*), mas é mais comumente conhecida como *tensão* (abreviada como V). A tensão é medida usando unidades chamadas (convenientemente) de *volts* (abreviados como V). Aplique tensão suficiente a um condutor, proporcione um caminho completo pelo qual a carga elétrica possa se mover e os elétrons livres nos átomos do condutor vão se mover na mesma direção, como ovelhas sendo conduzidas para um cercado — só que muito mais depressa.

Pense na tensão como pressão elétrica. De maneira muito parecida com a pressão que faz a água passar por canos e válvulas, a tensão empurra os elétrons pelos condutores. Quanto maior a pressão da água, mais forte o empurrão. Quanto maior a tensão, mais forte é a corrente elétrica que flui pelo condutor.

Por que as tensões precisam ser diferentes

Tensão é simplesmente a diferença de carga elétrica entre dois pontos. Em uma bateria, átomos negativamente carregados (átomos com abundância de elétrons) acumulados em uma de duas placas de metal e átomos positivamente carregados (átomos com poucos elétrons) acumulados em outra placa de metal, criam uma tensão através das placas (veja a Figura 1-5). Caso estabeleça um caminho condutor entre as placas de metal, você possibilita ao excesso de elétrons viajar de uma placa a outra, e a corrente vai fluir em um esforço para neutralizar as cargas. A força eletromotriz que impele a corrente a fluir quando o circuito é completado é criada pela diferença entre cargas nos terminais da bateria. (Você vai saber mais sobre o funcionamento das baterias na seção "Obtendo corrente direta de uma bateria", mais adiante.)

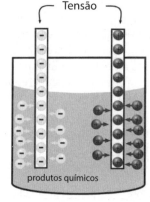

FIGURA 1-5: A diferença na carga entre as placas de metal em uma bateria cria a tensão.

Você também pode ouvir os termos *diferença de potencial, tensão potencial, queda potencial* ou *queda de potencial*, usados para descrever a tensão. A palavra *potencial* se refere à possibilidade de que a corrente possa fluir se o circuito for completado, e as palavras *queda* e *diferença* se referem à diferença na carga que cria a tensão. Leia mais sobre o assunto no Capítulo 3.

Pondo a Energia Elétrica para Funcionar

Benjamin Franklin foi uma das primeiras pessoas a observar e realizar experimentos com a eletricidade, e criou muitos dos termos e conceitos (*corrente*, por exemplo) que conhecemos e gostamos atualmente. Ao contrário do que se acredita, Franklin não segurou uma chave na ponta de sua pipa durante aquela tempestade em 1752. (Se o tivesse feito, não estaria vivo na época da Revolução Americana.) Ele pode ter realizado essa experiência, mas não segurando a chave.

Franklin sabia que a eletricidade era perigosa e potente, e seu trabalho fez com que as pessoas se perguntassem se haveria uma forma de usar a força da eletricidade em aplicações práticas. Cientistas como Michael Faraday, Thomas Edison e outros levaram o trabalho de Franklin adiante e descobriram formas de aproveitar a energia elétrica e fazer bom uso dela.

CUIDADO

Enquanto você começa a ficar empolgado para aproveitar a energia elétrica, lembre-se de que há mais de 250 anos Benjamin Franklin sabia o suficiente para ser cuidadoso com as forças elétricas da natureza — e você deve seguir seu exemplo. Até mesmo ínfimas quantidades de corrente elétrica podem ser perigosas — até fatais — se você não for cauteloso. No Capítulo 13 explico melhor os danos que a corrente pode causar e as precauções que você pode (e deve) tomar para ficar em segurança quando trabalhar com eletrônica.

Nesta seção, explico como os elétrons transportam energia — e como essa energia pode ser aplicada para fazer coisas como lâmpadas e motores funcionarem.

Utilizando a energia elétrica

Quando os elétrons viajam por um condutor, transportam energia de uma de suas extremidades a outra. Como as cargas se repelem, cada elétron exerce uma força repulsiva de não contato sobre o elétron mais próximo, empurrando esse elétron ao longo do condutor. Como resultado, a energia elétrica é propagada pelo condutor.

Se você transportar essa energia para um objeto que permita que se possa trabalhar nele, como uma lâmpada, um motor ou um alto-falante, pode dar um bom uso a essa energia. A energia elétrica levada pelos elétrons é absorvida pelo objeto e transformada em outra forma de energia, como luz, calor ou movimento. É assim que se faz uma lâmpada acender, um motor funcionar ou o diafragma de um alto-falante vibrar e criar sons.

DICA

Como você não consegue enxergar grupos de elétrons em movimento, tente pensar em água para facilitar o entendimento de como aproveitar a energia elétrica. Uma única gota de água não pode fazer muito sozinha, entretanto, se você reunir uma grande quantidade de gotas para que trabalhem em conjunto, afunilá-las para um canal e direcionar o fluxo da água na direção de um objeto (por exemplo, uma roda d'água), poderá usar a energia resultante para um bom propósito. Assim como milhões de gotas de água que se movem na mesma direção constituem uma corrente, milhões de elétrons que se movem na mesma direção formam a corrente elétrica. De fato, Benjamin Franklin apresentou a ideia de que a eletricidade age como um líquido e possui propriedades semelhantes, como a corrente e a pressão.

Mas de onde vem a energia original — aquilo que faz os elétrons começarem a se mover? Ela vem de uma *fonte* de energia elétrica, como uma bateria. (Discuto fontes de energia elétrica na seção "Fornecendo Energia Elétrica", neste capítulo.)

Elétrons que trabalham fornecem energia

Para que elétrons levem energia a uma lâmpada ou outro aparelho, a palavra *trabalho* tem um verdadeiro sentido físico. *Trabalho* é a medida da energia consumida pelo aparelho ao longo do tempo quando uma força (tensão) é aplicada a um grupo de elétrons no aparelho. Quanto mais elétrons você emprega, e quanto mais intensidade utiliza para empregá-los, mais energia elétrica fica disponível e mais trabalho pode ser feito (por exemplo, mais intensa é a luminosidade ou mais rápida é a rotação do motor).

LEMBRE-SE

Potência (abreviada como P) é a energia total consumida no trabalho (processo de funcionamento) durante um período de tempo e é medida em *watts* (abreviados como W). A potência é calculada multiplicando a força (tensão) pela força do fluxo dos elétrons (corrente).

Potência = tensão x corrente

ou

$P = V \times I$

A equação de potência é uma das várias equações em que você deve realmente prestar atenção devido a importância que têm para impedi-lo de estourar as coisas por aí. Cada peça eletrônica, ou *componente*, tem seus limites quando se trata de quanta potência pode suportar. Energizar muitos elétrons em determinados componentes vai gerar muita energia térmica e essa peça poderá se queimar. Muitos componentes eletrônicos vêm com homologação de potência máxima para que se evite o surgimento de problemas. Vou lembrá-lo sobre a importância de considerações de potência em capítulos posteriores para assegurar que você proteja suas peças.

Usando Circuitos para Garantir que os Elétrons Cheguem ao Destino

A corrente elétrica não flui em qualquer lugar. (Se isso acontecesse, você levaria choques o tempo todo.) Elétrons fluem apenas se você providenciar um caminho condutor fechado, conhecido como *circuito elétrico*, ou simplesmente *circuito*, para que eles passem e iniciem o fluxo com uma bateria ou outra fonte de energia elétrica.

Como mostrado na Figura 1-6, cada circuito precisa de ao menos três fatores básicos para assegurar que os elétrons sejam energizados e entreguem sua energia para algo que precisa realizar um trabalho:

» **Fonte de energia elétrica**: A *fonte* proporciona a tensão, ou força, que cutuca os elétrons ao longo do circuito. Você também pode ouvir os termos *fonte elétrica, fonte de força, fonte de tensão* e *fonte de energia* usados para descrever uma fonte de energia elétrica.

» **Carga**: A *carga* é algo que absorve a energia elétrica em um circuito (por exemplo, uma lâmpada, um alto-falante ou uma geladeira). Pense na carga como o destino para a energia elétrica.

» **Caminho**: Um *caminho* condutivo proporciona um conduíte para que os elétrons fluam entre a fonte e a carga. Cobre e outros condutores são comumente transformados em fios para proporcionar esse caminho.

A corrente elétrica começa com um empurrão da fonte e flui através do fio até a carga, onde a energia elétrica faz algo acontecer (como a luz sendo emitida) e então volta para o outro lado da fonte.

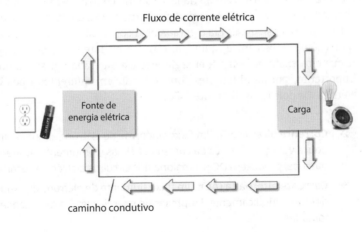

FIGURA 1-6: Um circuito simples consistindo em uma fonte de força, uma carga e um caminho para a corrente elétrica.

Com frequência, outras peças eletrônicas também são conectadas ao circuito a fim de controlar o fluxo da corrente.

PAPO DE ESPECIALISTA

Se você simplesmente proporcionar um caminho condutivo em um circuito fechado que contém uma fonte de tensão, mas nenhuma lâmpada, alto-falante ou outra carga externa, você ainda vai ter um circuito e a corrente vai fluir. Nesse caso, o papel da carga é desempenhado pela resistência do fio e a resistência interna da bateria, que transformam energia elétrica em energia térmica. (Você vai ler sobre resistências no Capítulo 5.) Sem uma carga externa para absorver parte da energia elétrica, a energia térmica pode derreter o isolante ao redor do fio, ou provocar uma explosão, ou liberar substâncias químicas perigosas da bateria. No Capítulo 3, explico melhor esse tipo de circuito, que é conhecido como *curto-circuito*.

Fornecendo Energia Elétrica

Se você pegar um fio de cobre e o instalar em um circuito fechado torcendo e juntando as pontas, você acha que os elétrons livres vão fluir? Bem, os elétrons podem se agitar um pouco, porque são fáceis de movimentar. No entanto, a menos que a força empurre os elétrons para um lado ou outro, você não vai conseguir que a corrente flua.

Pense no movimento da água que está dentro de um cano fechado: a água não vai disparar pelo cano por conta própria. É preciso que se introduza uma força, um diferencial de pressão, para proporcionar a energia necessária para fazer com que a corrente flua pelo cano.

Da mesma forma, cada circuito precisa de uma fonte de energia elétrica para fazer com que os elétrons fluam. Baterias e células solares são fontes comuns; a energia elétrica disponível em suas tomadas pode vir de uma das muitas fontes diferentes oferecidas pela companhia de energia elétrica. Contudo, o que exatamente é uma fonte de energia elétrica? Como você a "faz surgir"?

A energia elétrica não vem do nada. (Isso iria contra a lei fundamental da física chamada conservação da energia, que afirma que a energia não pode ser criada e, tampouco, destruída.) Ela é gerada pela conversão de outra forma de energia (por exemplo, mecânica, química, térmica ou luminosa) em energia elétrica. A maneira exata de como a energia elétrica é gerada por sua fonte favorita é importante, porque diferentes fontes produzem diferentes tipos de corrente elétrica. Os dois tipos diferentes são:

» **Corrente direta (DC):** Um fluxo uniforme de elétrons em uma direção, com pouca variação na força da corrente. Células (comumente conhecidas como baterias) produzem DC e a maioria dos circuitos eletrônicos usam DC.

» **Corrente alternada (AC):** Um fluxo flutuante de elétrons que muda de direção periodicamente. Empresas de energia elétrica fornecem AC às suas tomadas.

Obtendo corrente direta de uma bateria

Uma bateria converte energia química em energia elétrica através de um processo chamado *reação eletroquímica*. Quando dois metais diferentes são submersos em certas substâncias químicas, os átomos do metal reagem com os átomos químicos a fim de produzir átomos carregados conhecidos como *íons*. Como você pode ver na Figura 1-7, íons negativos se formam em uma placa de metal, conhecida como *eletrodo*, enquanto íons positivos se formam no outro eletrodo. A diferença de carga nos dois eletrodos cria a tensão. A tensão é a força de que os elétrons precisam para empurrá-los pelo circuito.

Talvez você ache que íons com cargas opostas se movam na direção um do outro dentro da bateria porque cargas opostas se atraem, mas as substâncias químicas dentro da bateria agem como uma barreira para evitar que isso ocorra.

Para usar uma bateria em um circuito, você conecta um lado de sua carga — uma lâmpada, por exemplo — ao terminal negativo e o outro lado ao terminal positivo. (Um *terminal* é somente um pedaço de metal conectado a um eletrodo no qual se pode prender fios.) Você criou um caminho que permite que a carga se mova e os elétrons fluam pelo circuito, do terminal negativo até o terminal positivo. Quando eles passam pelos filamentos de uma lâmpada, parte da energia elétrica fornecida pela bateria é convertida em luz e calor, fazendo com que o filamento brilhe e se aqueça.

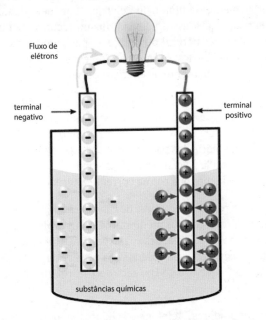

FIGURA 1-7: Corrente direta (DC) gerada por uma bateria.

Os elétrons permanecerão fluindo enquanto a bateria estiver conectada a um circuito e as reações eletroquímicas continuem a ocorrer. À medida que as substâncias químicas se esgotam, vai diminuindo o número de reações e a tensão da bateria começa a cair. Por fim, a bateria não consegue mais gerar energia elétrica e dizemos que ela está gasta ou vazia.

Como os elétrons se movem em apenas uma direção (do terminal negativo ao terminal positivo de um circuito), a corrente elétrica gerada pela bateria é DC. As pilhas de tamanho AAA, AA, C e D, que você pode comprar em quase todos os lugares, podem gerar cerca de 1,5 volts — independentemente do tamanho delas. A diferença de tamanho entre elas tem a ver com quanta corrente pode ser extraída de cada uma. Quanto maior a bateria, mais corrente pode ser tirada, e mais tempo ela vai durar. Baterias maiores podem suportar cargas mais pesadas, que é só uma forma de dizer que podem produzir mais potência (lembre-se: potência = tensão x corrente), de modo que podem trabalhar mais.

CAPÍTULO 1 **Apresentando-o à Eletrônica** 19

DICA

Tecnicamente falando, uma bateria individual não é realmente uma bateria (isto é, um grupo de unidades trabalhando em conjunto); é uma *célula* (uma daquelas unidades). Se você conectar várias células, como muitas vezes faz em diversos brinquedos infantis e lanternas, *aí então* você criou uma bateria. A bateria de seu carro é feita de seis células, cada uma gerando de 2 volts a 2,1 volts, conectadas para produzir um total de 12 volts a 12,6 volts.

Usando corrente alternada de uma central elétrica

Ao conectar uma lâmpada a um interruptor em sua casa, você está usando a energia proveniente de uma usina elétrica. Por meio de um processo constituído de várias etapas, essas usinas utilizam recursos naturais — como água, carvão, petróleo, gás natural ou urânio — para produzir energia elétrica. Diz-se que a energia elétrica é uma fonte de energia *secundária*, porque é gerada pela conversão de uma fonte de energia primária.

A corrente elétrica gerada por usinas elétricas flutua ou muda de direção a um ritmo regular conhecido como *frequência*. Nos Estados Unidos, no Canadá e no Brasil essa frequência é de 60 vezes por segundo, ou 60 hertz (abreviado como Hz), porém, na maioria dos países europeus a AC é gerada a 50 Hz. Diz-se que a eletricidade fornecida pelo seu interruptor é de 120 volts AC (ou 120 VAC), o que significa simplesmente que é uma corrente alternada de 120 volts.

DICA

Aquecedores, lâmpadas, secadores de cabelo e barbeadores elétricos estão entre os aparelhos elétricos que usam diretamente 120 volts AC; secadoras de roupas, que requerem mais potência, usam 240 volts AC diretamente de um interruptor especial na parede. Caso seu secador use uma potência de 60 Hz e você estiver visitando um país que usa 50 Hz, será necessário um conversor de tensão para receber a frequência local.

Tablets, computadores, telefones celulares e outros aparelhos eletrônicos requerem um fornecimento constante de DC, de modo que, se você estiver usando AC para suprir um aparelho ou circuito eletrônico, vai ter que usar um conversor de AC/DC. *Fontes de força regulada*, também conhecidas como *adaptadores AC/DC*, ou *adaptadores AC*, na verdade não geram força: eles convertem AC para DC e normalmente acompanham os aparelhos eletrônicos quando comprados. Lembre-se do carregador de seu telefone celular; esse pequeno aparelho, essencialmente, converte força AC para DC que a bateria de seu celular usa para se carregar.

Transformando luz em eletricidade

Baterias solares, também conhecidas como *células fotovoltaicas*, produzem uma pequena tensão quando os raios de luz solar incidem sobre elas. São feitas de *semicondutores*, materiais que ficam em algum ponto entre condutores e isolantes em termos de disposição de liberar seus elétrons. (Discuto detalhes sobre semicondutores no Capítulo 9.) A quantidade de tensão produzida por uma bateria solar é relativamente constante, não importa quanta luz incide sobre elas — mas a *força* da corrente que se pode conseguir depende da intensidade da luz: quanto mais intensa a luz, maior a força da corrente disponível (isto é, até você atingir a capacidade máxima da bateria solar, nível em que não se pode extrair mais corrente).

As baterias solares têm fios ligados a dois terminais para conduzir elétrons pelos circuitos, e com isso você pode ligar sua calculadora ou as luzes do jardim na entrada de sua casa. Você já pode ter presenciado séries de baterias solares conjugadas, usadas para energizar calculadoras (veja a Figura 1-8), placas de emergência nas estradas, cabinas telefônicas ou lâmpadas em estacionamentos, mas provavelmente não viu uma série de células fotovoltaicas usadas para prover energia para satélites (não de perto, com certeza).

Painéis solares são a cada dia mais usados para fornecer energia elétrica a casas e empresas. Se você pesquisar na internet vai encontrar muitas informações sobre como fazer seus próprios painéis solares — com não muito dinheiro e bastante disposição. Você pode ler mais sobre o assunto em *Solar Power Your Home For Dummies*, 2nd Edition, de Rik Gunther (Wiley Publishing, Inc.).

FIGURA 1-8: Esta calculadora funciona com células fotovoltaicas.

Usando símbolos para representar fontes de energia

A Figura 1-9 mostra os símbolos geralmente usados para representar diferentes fontes de energia em diagramas de circuitos, ou *diagramas esquemáticos*.

No símbolo da bateria (na Figura 1-9, à esquerda de quem olha), o sinal de mais (+) indica o terminal positivo (às vezes chamado de *catodo*); o sinal de menos (–) indica o terminal negativo (ou *anodo*). Geralmente a tensão da bateria está indicada ao lado do símbolo. A onda senoidal no símbolo de uma fonte de tensão AC (no centro da Figura 1-9) é um lembrete de que a tensão varia para cima e para baixo. No símbolo de uma célula fotovoltaica (na Figura 1-9, à direita), as duas flechas apontando na direção da bateria significam energia luminosa.

FIGURA 1-9: Símbolos de circuito de uma bateria (à esquerda de quem olha), fonte de tensão AC (no centro) e célula fotovoltaica (à direita).

Admirando-se com o que Elétrons Podem Fazer

Imagine aplicar uma corrente elétrica constante em um par de alto-falantes sem usar nada para controlar ou "moldar" a corrente. O que você ouviria? Garanto que não seria música! Ao usar a combinação adequada de elétrons reunidos na maneira correta, você pode controlar o modo com que o diafragma de cada alto-falante vibra, produzindo sons reconhecíveis, como a fala ou a música. Há muito mais que você pode fazer com a corrente elétrica quando sabe como controlar o fluxo de elétrons.

LEMBRE-SE

A eletrônica utiliza aparelhos especializados conhecidos como *componentes eletrônicos* (por exemplo, interruptores, resistores, capacitores, indutores e transistores) para controlar a corrente (também conhecida como fluxo de elétrons) de tal forma que uma função específica seja desempenhada.

O bom é que, depois de compreender como alguns componentes eletrônicos individuais funcionam e saber como aplicar alguns princípios básicos, pode-se começar a entender e construir circuitos eletrônicos interessantes.

Esta seção oferece apenas uma amostra da espécie de coisas que podem ser feitas controlando a corrente elétrica com circuitos eletrônicos.

Criando boas vibrações

Componentes eletrônicos de seu iPod, rádio do automóvel e outros sistemas de áudio convertem a energia elétrica em energia sonora. Em cada caso, os alto-falantes do sistema são a carga ou o destino da energia elétrica. A função dos componentes eletrônicos no sistema é "moldar" a corrente que flui para os alto-falantes de modo que o diafragma no interior de cada um se mova de maneira a reproduzir o som original.

Ver é crer

Em sistemas visuais os componentes eletrônicos controlam a duração e a intensidade das emissões de luz. Muitos aparelhos de controle remoto, como o de sua televisão, emitem uma luz infravermelha (que não é visível) quando você aperta o botão, e o padrão específico da luz emitida age como um tipo de código que é entendido pelo aparelho que está sendo controlado. Um circuito em sua TV detecta a luz infravermelha e, na prática, decodifica as instruções enviadas pelo controle remoto.

Uma TV de tela plana de cristal líquido (LCD) ou de plasma consiste de milhões de minúsculos elementos de imagem, ou *pixels*, sendo que cada um é uma luz vermelha, azul ou verde que pode ser ligada ou desligada eletronicamente. Os circuitos eletrônicos na TV controlam a duração e o estado ligado/desligado de cada pixel, dessa forma controlando o padrão de cores na tela da TV, que é a imagem que você vê.

Detectando e alarmando

A eletrônica também pode ser usada para fazer algo acontecer como reação a um nível específico ou ausência de luz, calor, som ou movimento. *Sensores* eletrônicos geram ou mudam a corrente elétrica em resposta a um estímulo. Microfones, detectores de movimento, sensores de temperatura, sensores de umidade e sensores de luz podem ser usados para acionar outros componentes eletrônicos para que desempenhem alguma ação, como ativar um abridor de portas automático, soar um alarme ou ligar e desligar um sistema de sprinklers.

CAPÍTULO 1 **Apresentando-o à Eletrônica** 23

Controlando movimentos

Um uso comum da eletrônica é o controle da atividade liga/desliga e a velocidade dos motores. Ao se conectar vários objetos — por exemplo, rodas, flaps de aviões ou pás de ventiladores — a motores, pode-se usar a eletrônica para controlar seu movimento. Essa eletrônica pode ser encontrada em sistemas de robótica, aeronaves, espaçonaves, elevadores e vários outros.

Computando

À semelhança de nossos antepassados, que usavam o ábaco para fazer operações aritméticas, nós usamos calculadoras eletrônicas e computadores para realizar cálculos. Com o ábaco, contas eram usadas para representar números e os cálculos eram efetuados manipulando essas contas. Nos sistemas de computação, padrões armazenados de energia elétrica são usados para representar números, letras e outras informações, e os cálculos são realizados com a manipulação desses padrões usando componentes eletrônicos. (Naturalmente, os elétrons em funcionamento no interior não têm ideia de que estão processando um enorme número de dados!) O resultado de um cálculo é armazenado como um novo padrão de energia elétrica e muitas vezes direcionado a circuitos especiais desenhados para apresentar o resultado em um monitor ou outra tela.

Voz, vídeo e comunicação de dados

Circuitos eletrônicos em seu telefone celular trabalham em conjunto para converter o som de sua voz em um padrão elétrico, manipular o padrão (para comprimir e codificá-lo para uma transmissão eficiente e segura), transformá-lo em um sinal de rádio e enviá-lo através do ar a uma torre de comunicação. Outros circuitos eletrônicos em seu aparelho móvel detectam e decodificam mensagens que vêm da torre e convertem o padrão elétrico da mensagem em som (por meio de um alto-falante), texto ou mensagem de vídeo (na tela de seu celular).

Sistemas de comunicação de dados usam a eletrônica para transmitir informações codificadas em padrões eletrônicos entre dois ou mais pontos finais. Quando compramos online, os pedidos são transmitidos pelo envio de um padrão elétrico de seu dispositivo de comunicação de dados (como um laptop, smartphone ou tablet) pela internet para um sistema de comunicação operado por um vendedor. Com uma pequena ajuda de componentes eletrônicos, pode-se conseguir que os elétrons convertam seus desejos de consumo em pedidos de compra — e mandem a conta para seu cartão de crédito.

PARTE 1 **Compreendendo os Fundamentos da Eletrônica**

> **NESTE CAPÍTULO**
>
> **Avaliando as muitas formas diferentes de controlar a corrente elétrica**
>
> **Adquirindo as ferramentas e componentes necessários para começar a construir circuitos**
>
> **Obtendo instruções sobre como usar uma matriz de contato sem soldagem**

Capítulo 2

Preparando-se para Explorar a Eletrônica

D e várias maneiras, controlar uma corrente elétrica é semelhante a controlar uma corrente de H_2O. De quantos modos diferentes pode-se controlar o fluxo de água usando vários tipos de encanamento e outros componentes? Algumas das coisas que podem ser feitas são limitar o fluxo, cortar completamente o fluxo, ajustar a pressão, permitir que a água corra apenas em uma direção e armazenar a água. (Essa analogia com a água pode ajudar, mas não é totalmente válida: não é necessário um sistema fechado para que a água flua — mas você precisa de um sistema fechado para fazer a corrente fluir.)

Muitos componentes eletrônicos podem ajudar a controlar a energia elétrica em circuitos. Entre os componentes mais populares estão os *resistores*, que restringem o fluxo da corrente, e os *capacitores*, que armazenam energia elétrica. *Indutores* e *transformadores* são dispositivos que armazenam energia elétrica em campos magnéticos. *Diodos* são usados para limitar o fluxo da corrente para uma direção, muito como as válvulas, enquanto *transistores* são componentes versáteis que podem ser usados para ligar e desligar os circuitos ou amplificar a corrente. *Circuitos integrados* (*CIs*) contêm componentes múltiplos descontínuos (isto é, individuais) em um único encapsulamento e são capazes de controlar a corrente de diversas maneiras, dependendo do CI específico. Sensores, interruptores e outras peças também desempenham um papel importante nos circuitos.

Nos Capítulos 3 a 12 você vai descobrir como esses diferentes componentes eletrônicos manipulam a corrente e trabalham em conjunto para que coisas úteis aconteçam. A maioria desses capítulos inclui experimentos simples destinados a mostrar diretamente o que cada componente pode fazer. O Capítulo 17 contém mais projetos, cada qual envolvendo muitos componentes trabalhando em conjunto, como uma equipe, para que aconteça algo útil (ou simplesmente divertido). Neste capítulo você vai descobrir o que é necessário para construir esses circuitos e projetos experimentais.

Conseguindo as Ferramentas Necessárias

Para completar os experimentos e projetos deste livro você vai precisar de algumas ferramentas, que devem custar entre $100 e $250, dependendo de onde você as comprar. Apresento uma lista das ferramentas essenciais, mas no Capítulo 13 há uma lista mais detalhada de ferramentas e materiais para quem quiser se dedicar de verdade ao hobby da eletrônica.

Na que segue, forneço alguns números de modelos (identificados por #) e preços, mas fique à vontade para pesquisar online, ou onde for, e procurar negócios mais vantajosos.

» **Multímetro**: Essa ferramenta permite medir tensão, resistência e corrente, e é essencial para compreender o que está acontecendo (ou não) nos circuitos que você construir. Compre RadioShack #22-813 ($40), mostrado na Figura 2-1, ou similar. Compre também um conjunto de pinos de teste com molas (em inglês, spring-loaded), como o RadioShack #270-334 ($3,49). O Capítulo 16 fornece informações detalhadas sobre como usar um multímetro. Uma alternativa mais fácil de encontrar no Brasil é Minipa #ET-2042 (R$40,00).

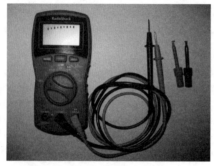

FIGURA 2-1: Um multímetro e pinos de teste com molas.

» **Matriz de contato (Protoboard):** Você vai usar uma matriz de contato, conhecida também como protoboard, para construir, explorar, atualizar, desmontar e reconstruir circuitos. Recomendo que compre um modelo maior, como o Elenco #9425 830-matriz de contato (cerca de $14 em vários fornecedores online), que é mostrado na Figura 2-2. Uma alternativa mais fácil de encontrar no Brasil é Minipa #MP-1580.

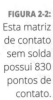
FIGURA 2-2: Esta matriz de contato sem solda possui 830 pontos de contato.

» **Ferro de solda:** Essa ferramenta (mostrada na Figura 2-3) lhe possibilita criar uma junta condutora entre peças tais como fios, terminais para componentes e placas de circuito. Você terá que ligar terminais a alguns potenciômetros (resistores variáveis). Os modelos variam de um inferior Weller SP25NKUS (cerca de $20), para o médio Weller WLC-100 (cerca de $44), ao superior Weller WES51 (por volta de $129). Você vai precisar de um estanho para solda 60/40 1,0mm de diâmetro, tal como o top de linha Kester 44 (cerca de $30 por uma bobina de 1 libra). Uma alternativa mais fácil de encontrar no Brasil é um inferior Hikari Plus #SC-30W (por volta de R$20,00), para o médio Hikari Plus #SC-40W (cerca de R$44,00), ao superior Hikari Plus #SC-60W (por volta de R$100,00).

FIGURA 2-3: A estação de solda Weller WES51 inclui um ferro de soldar de temperatura ajustável e um suporte de descanso.

» **Ferramentas manuais:** Ferramentas manuais obrigatórias incluem alicates de ponta fina para dobrar ligações e fios e um cortador/desencapador de fios multiuso (veja a Figura 2-4). Os alicates também são úteis para inserir e remover componentes de sua matriz de contato sem solda. Espere gastar pelo menos $10 em cada um desses itens na loja de ferragens local ou no fornecimento de produtos eletrônicos online.

CAPÍTULO 2 **Preparando-se para Explorar a Eletrônica** 27

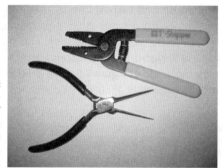

FIGURA 2-4: Um desencapador/cortador de fios padrão e alicate de ponta fina.

» **Pulseira antiestática**: Você precisa usar uma pulseira como a mostrada na Figura 2-5 para evitar que cargas que se acumulem em seu corpo atinjam e provoquem problemas potencialmente danosos em circuitos integrados (CIs) estaticamente sensíveis durante o manuseio. Compre uma Zitrades #S-W-S-1 ($10) ou similar. Uma alternativa mais fácil de encontrar no Brasil é uma Hikari #HK102.

» **Calculadora**: Você usa um pouco de matemática quando escolhe determinados componentes para seus circuitos e para ajudá-lo a compreender o funcionamento deles. Mesmo que você seja um perito em matemática, ainda é uma boa ideia usar uma calculadora.

FIGURA 2-5: Uma pulseira antiestática pode evitar que você destrua componentes sensíveis.

Formando um Estoque de Materiais Essenciais

Nesta seção apresento uma lista abrangente de componentes eletrônicos, acessórios, interconexões e outras peças que você vai precisar para completar os experimentos nos Capítulos 3 a 11 e os projetos no Capítulo 17. Você pode encontrar a maioria desses produtos nas lojas online e no comércio local da sua cidade. Se você planejar, poderá encontrar ótimos negócios online na Amazon.com, eBay.com, Parts-Express.com e outros sites. Verifique opiniões de consumidores sobre os produtos, preços de frete e prazos de entrega antes de fazer pedidos online. Veja o Capítulo 19 sobre mais locais para adquirir materiais. Você também encontra lojas online brasileiras ou fornecedores locais que comercializam esses produtos, como soldafria.com.br, eletrodex.com.br e milcomp.com.br.

Na lista que se segue, às vezes especifico o código de um produto (identificado por #) e preços (de maio de 2015, quando o livro estava sendo escrito). Faço isso apenas para lhe dar uma ideia do que procurar e aproximadamente quanto deve esperar gastar. Como costumam existir muitas opções, fique à vontade para pesquisar. Aqui está sua lista de peças eletrônicas, a maioria das quais é mostrada na Figura 2-6:

» Baterias e acessórios
- Uma (no mínimo) bateria nova de 9-volts descartável (não recarregável).
- Quatro (no mínimo) pilhas novas AA descartáveis.
- Um suporte para 4 pilhas (AA) com fios ou terminais para um engate de mola.
- Uma garra para bateria (às vezes chamada de engate de mola). Compre duas se seu suporte para quatro baterias tiver terminais para uma garra e não condutores.

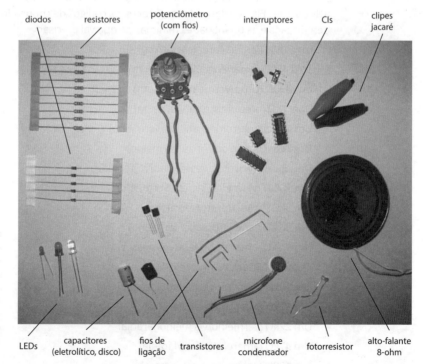

FIGURA 2-6: Uma amostra dos componentes eletrônicos usados nos experimentos e projetos deste livro.

CAPÍTULO 2 Preparando-se para Explorar a Eletrônica

» Fios, garras jacaré e interruptores

- Fio-22, sólido e isolado, um total de pelo menos 120cm (é preferível, mas não necessário, comprar de várias cores). Existem alguns modelos desse fio flexível de cobre com várias cores Modelo Awg22. Cada modelo vem em uma bobina com aproximadamente 8m de fio.

- Fios de ligação diversos, pré-cortados e pré-desencapados (opcional, mas altamente recomendado). Você pode cortar um cabo de rede para utilizar os fios coloridos de dentro dele.

- Garras jacaré, totalmente isoladas. Compre um jogo de dez, de preferência em cores variadas. Compre o modelo WD-026, WD-027 ou similar.

- Cinco (no mínimo) interruptores duplos de polo único (sigla em inglês SPDT). Certifique-se de que essas chaves interruptoras sejam compatíveis com matrizes de contato, com pinos com espaços de 0,1pol. (2,54mm). Mouser #123-09.03201.02 ($1,15 cada), Banana Robotics #BR010115 (pacote com 5 por $0,99), ou similar.

- Oito chaves táteis de botão (em inglês, pushbutton) — momentaneamente ligados, normalmente abertos. Talvez você queira usar seu alicate para endireitar as pernas curvas desses minibotões interruptores para que se encaixem melhor em sua matriz de contato sem solda.

» **Resistores**: Você vai precisar de uma variedade de resistores de diferentes valores. Muitos fornecedores vendem resistores em pacotes de 5 ou 10 por $1 ou menos. Está bem adquirir resistores de ¼ watt com tolerância de 10% ou 20%. Eis os valores dos resistores, os códigos de cor usados para identificá-los e as quantidades mínimas de que vai precisar:

- Um 330Ω (laranja/laranja/marrom)
- Três 470Ω (amarelo/violeta/marrom)
- Um 820Ω (cinza/vermelho/marrom)
- Dois 1kΩ (preto/marrom/vermelho)
- Um 1,2kΩ (marrom/vermelho/vermelho)
- Dois 1,8kΩ (marrom/cinza/vermelho)
- Dois 2,2kΩ (vermelho/vermelho/vermelho)
- Um 2,7kΩ (vermelho/violeta/vermelho)
- Um 3kΩ (laranja/preto/vermelho)
- Um 3,9kΩ (laranja/branco/vermelho)
- Um 4,7kΩ (amarelo/violeta/vermelho)
- Quatro 10kΩ (marrom/preto/laranja)
- Um 12kΩ (marrom/vermelho/laranja)
- Um 15kΩ (marrom/verde/laranja)
- Um 22kΩ (vermelho/vermelho/laranja)
- Um 47kΩ (amarelo/violeta/laranja)
- Um 100kΩ (marrom/preto/amarelo)

» **Potenciômetros** (resistores variáveis):

- Um 10kΩ
- Um 50kΩ
- Um 100kΩ
- Um 1MΩ

» **Capacitores:** Para os capacitores da lista a seguir, uma potência de tensão de 16V ou mais será adequada. Os preços variam de cerca de $0,10 a $1,49 cada, dependendo do tamanho e do fornecedor (online é mais barato).

- Dois 0,01µF cerâmico
- Um 0,047µF cerâmico
- Um 0,1µF cerâmico
- Um 4,7µF eletrolítico
- Três 10µF eletrolítico
- Um 47µF eletrolítico
- Um 100µF eletrolítico
- Um 220µF eletrolítico
- Um 470µF eletrolítico

» **Diodos**: As quantidades mínimas estão especificadas na lista a seguir, mas recomendo que você compre pelo menos alguns de cada (eles são baratos — e fáceis de "fritar").

- Dez diodos 1N4148. Online, esses diodos custam alguns centavos cada.
- Dez diodos de emissão de luz (LEDs), de qualquer tamanho (recomendo os de 3mm ou 5mm), de qualquer cor. Talvez você queira comprar pelo menos um vermelho, um amarelo e um verde para o circuito de semáforo do Capítulo 17. Esses LEDs custam de $0,08 a $0,25 cada online.
- Oito LEDs de alto brilho, 5mm, qualquer cor. Você pode querer comprar os vermelhos, se realmente tem intenção de usar o pisca-pisca para as bicicletas de LED que vai construir no Capítulo 17.

» **Transistores**: Para o caso de queimar um deles, compre um ou dois a mais de cada tipo do que a quantidade mínima especificada. Eles custam cerca de $0,30 cada online.

- Dois 2N3904, 2N2222, BC548, ou qualquer transistor NPN bipolar de uso geral.
- Um 2N3906, 2N2907, ou qualquer transistor bipolar PNP de uso geral.

» **Circuitos integrados** (CIs)

- Um 74HC00 CMOS quatro portas NAND de duas entradas, encapsulamento DIP de 14 terminais. Compre dois, porque eles são facilmente danificados pela descarga estática.

- Dois timers 555 (DIP de 8 terminais). Recomendo que compre um ou dois a mais. Este CI custa cerca de $0,25 a $1 online.
- Um amplificador de áudio LM386 (8 terminais DIP).
- Um contador década 4017 CMOS. Recomendo que compre pelo menos um chip extra, devido a sua sensibilidade à estática. Os custos por chip variam de $0,35 a $2 online, dependendo da quantidade.

» **Diversos**

- Um alto-falante 8Ω, 0,5W
- Um ou mais fotorresistores (qualquer potência). A RadioShack vende o pacote de 5 (#276-1657) por $3,99, mas você pode encontrar online quantidades maiores mais em conta.
- Um microfone eletrostático (opcional).
- Um lápis ou um pino de madeira de diâmetro pequeno.
- Um ímã de barra relativamente forte, de aproximadamente 5cm de comprimento.

Preparando-se para Pôr as Mãos na Massa

Depois de ter comprado todos os materiais, ferramentas e componentes, você precisa fazer algumas coisas antes de poder começar a construir circuitos:

» **Ligue um plug para bateria a uma bateria de 9 volts.** O plug serve de condutor para que você possa conectar a bateria de 9 volts à sua matriz de contato sem solda. Os condutores são codificados em cores: vermelho indica o terminal positivo e preto indica o negativo (veja a Figura 2-7). No livro encontram-se em cinza (que corresponde ao vermelho) e preto (que corresponde à mesma cor, pelo fato de a versão ser em P&B).

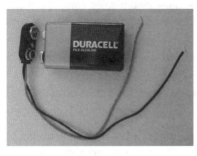

FIGURA 2-7: Prepare suas baterias para serem usadas na matriz de contato sem solda.

32 PARTE 1 **Compreendendo os Fundamentos da Eletrônica**

» **Coloque quatro baterias (pilhas) AA em um suporte para quatro delas, observando os marcadores de polaridade.** O suporte de bateria tem fios para conectar as quatro baterias de ponta a ponta, criando um conjunto de baterias que fornece 4x1,5=6 volts. Caso seu suporte de baterias não tenha terminais, ligue uma garra aos conectores de mola no suporte (veja a Figura 2-7).

» **Ligue terminais aos potenciômetros.** Essa etapa consiste em cortar três pedaços pequenos (5 a 7cm cada) de fio sólido calibre 22 para cada potenciômetro, desencapando as duas pontas e soldando-as aos terminais do potenciômetro (veja a fileira superior na Figura 2-6). Consulte o Capítulo 15 para instruções detalhadas sobre soldador.

Usando uma Matriz de Contato sem Solda

Esta seção proporciona uma visão geral de como usar uma matriz de contato sem solda. Explico matrizes de contato com mais detalhes no Capítulo 15, e realmente o aconselho a ler esse capítulo antes de se aprofundar na construção de circuitos, porque você precisa conhecer as limitações dessas plataformas, muito úteis, de construção de circuitos.

Uma *matriz de contato sem solda* é uma placa de plástico retangular reutilizável que contém várias centenas de *soquetes* quadrados, ou furos de contato, nos quais você vai ligar componentes como resistores, capacitores, diodos, transistores e circuitos integrados. Grupos de furos de contato são eletricamente conectados por tiras de metal flexível localizados sob a superfície. A fotografia na Figura 2-8 mostra parte de uma matriz de contato sem solda com 830 contatos com linhas brancas acrescentadas para ajudá-lo a visualizar as conexões subjacentes entre os furos de contato.

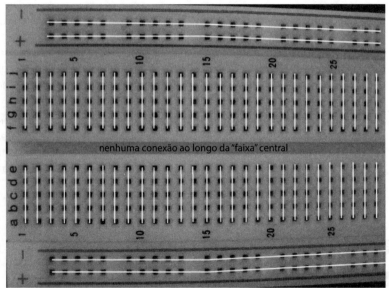

FIGURA 2-8: Os furos de contato em uma matriz de contato são distribuídos em fileiras e colunas eletricamente conectadas em pequenos grupos sob a superfície.

LEMBRE-SE

Digamos que você coloque o condutor de um resistor no furo b5 da matriz na Figura 2-8. Você está conectando esse condutor à tira de metal subjacente que liga os cinco furos da coluna 5, fileiras "a" até "e". Ao ligar, digamos, um condutor de um capacitor no furo d5, você conecta entre o resistor e o capacitor, porque os buracos b5 e d5 estão eletricamente ligados. Você pode construir um circuito ligando os componentes — sem ligá-los permanentemente — para fazer as conexões necessárias, e então passando fios de sua matriz de contato ao fornecedor de energia (por exemplo, uma pilha de 9 volts).

DICA

Matrizes de contato sem solda lhe permitem testar um circuito com facilidade trocando componentes de entrada e saída. Um aspecto negativo nessa situação é que é fácil cometer erros. Os mais comuns consistem em ligar dois condutores de um componente em furos da mesma fileira (isto é, criando uma conexão não pretendida) e ligar um condutor dentro de um orifício na fileira ao lado da fileira que se quer (isto é, deixando a conexão pretendida sem conexão).

NESTE CAPÍTULO

Fazendo as conexões certas em um circuito

Sendo positivo sobre a direção do fluxo da corrente

Vertendo luz em um circuito em ação

Vendo como voltagens e correntes se equivalem

Descobrindo o quanto a energia elétrica é usada

Capítulo 3

Correndo em Volta dos Circuitos

A corrente elétrica não flui simplesmente em qualquer lugar. (Se fluísse, você levaria choques o tempo todo.) Elétrons somente fluem se você lhes proporcionar um caminho condutor fechado, conhecido como *circuito elétrico*, ou simplesmente *circuito*, para que eles passem, e inicie o fluxo com uma bateria ou outra fonte de energia elétrica.

Neste capítulo, você vai descobrir como a energia elétrica flui por um circuito e por que motivo a corrente convencional pode ser vista como elétrons movendo-se ao contrário. Você também vai explorar a fundo um circuito eletrônico simples que você mesmo pode construir. Finalmente, vai descobrir como medir tensões e correntes nesse circuito e como calcular a potência fornecida e usada em um circuito.

Comparando Circuitos Fechados, Abertos e Curtos

Você precisa de um caminho fechado, ou um *circuito fechado*, para conseguir que a corrente elétrica flua. Se houver uma ruptura em algum ponto desse caminho, haverá um *circuito aberto* e a corrente deixa de fluir — e os átomos de metal do fio rapidamente se acomodam em uma existência pacífica e eletricamente neutra (veja Figura 3-1).

Pense em um galão de água fluindo por um cano aberto. O fluxo perdurará durante um curto período de tempo, mas então vai parar quando toda a água passar pelo cano. Se você bombear água por um encanamento fechado ela permanecerá fluindo enquanto você continuar forçando-a a se mover.

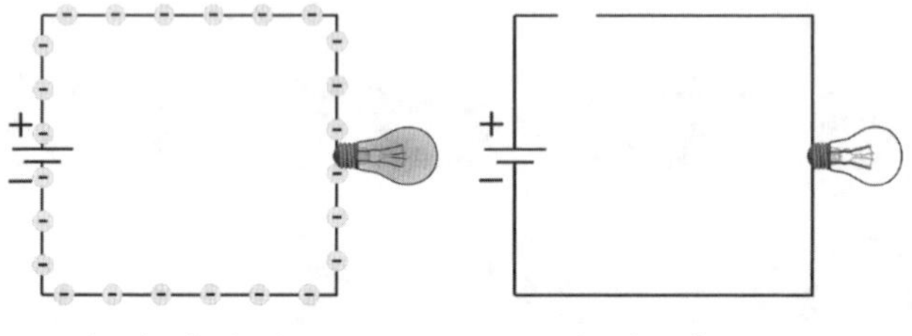

FIGURA 3-1: O dimmer eletrônico neste circuito controla o fluxo de corrente elétrica para a lâmpada.

circuito fechado   circuito aberto

Circuitos abertos são, com frequência, criados intencionalmente. Por exemplo, um interruptor simples abre e fecha o circuito que liga a luz à fonte de força. Quando se constrói um circuito é uma boa ideia desconectar a bateria ou outra fonte de força quando ele não estiver em uso. Tecnicamente, isso é criar um circuito aberto.

Uma lanterna desligada é um circuito aberto. Na lanterna na Figura 3-2, o botão chato preto na parte inferior esquerda controla o interruptor em seu interior. O interruptor não é nada mais do que duas peças de metal flexível muito próximas uma da outra. Deslizando o botão preto totalmente para a direita, o interruptor fica na posição aberta e a lanterna é desligada.

FIGURA 3-2: Um interruptor na posição aberta desconecta a lâmpada da bateria, criando um circuito aberto.

interruptor aberto

36   PARTE 1 **Compreendendo os Fundamentos da Eletrônica**

Ao deslizar o botão preto para a esquerda junta-se os dois pedaços de metal (ou seja, fecha-se o circuito), o que completa o circuito de modo que a corrente possa fluir — e a lanterna se acende (veja a Figura 3-3).

FIGURA 3-3: Fechar o circuito completa o caminho condutor nessa lanterna, permitindo que os elétrons fluam.

Às vezes, circuitos abertos são criados por acidente. Por exemplo, você esquece de conectar uma bateria, ou um fio está rompido em algum ponto do circuito. Quando se constrói um circuito usando uma matriz de contato sem solda (que discuto nos Capítulo 2 e 15), você pode se equivocar e ligar um lado de um componente ao orifício errado da matriz, deixando esse componente desconectado e criando um circuito aberto. Circuitos abertos acidentais geralmente são inofensivos, mas podem ser causa de muita frustração quando se está tentando descobrir por que o circuito não está funcionando do jeito que se espera.

Curtos-circuitos são uma questão totalmente diferente. Um *curto-circuito* é uma conexão direta entre dois pontos em um circuito que não deveriam estar diretamente conectados, como os dois terminais de um suprimento de alimentação (veja a Figura 3-4). Como você vai descobrir no Capítulo 5, a corrente elétrica toma o caminho de menor resistência e assim, em um curto-circuito, a corrente vai contornar outros caminhos paralelos e viajar pela conexão direta. (Pense na corrente como sendo preguiçosa e tomando o caminho pelo qual ela não terá que trabalhar muito.)

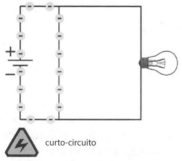

FIGURA 3-4: Em um curto-circuito, a corrente pode ser desviada do caminho que você pretendia que ela percorresse.

Se você causar um curto-circuito na fonte de alimentação, vai enviar grandes quantidades de energia elétrica de um lado da fonte de alimentação a outro. Sem nada no circuito para limitar a corrente e absorver a energia elétrica, o calor aumenta rapidamente no fio e no fornecimento de força. Um curto-circuito pode derreter o isolante em volta do fio e provocar um incêndio, uma explosão ou liberar substâncias químicas prejudiciais de certas fontes de alimentação, como uma bateria recarregável ou automotiva.

Compreendendo Fluxos de Corrente Convencionais

Os primeiros experimentadores acreditavam que a corrente elétrica era o fluxo de cargas positivas, de modo que a descreveram como o fluxo de uma carga positiva de um terminal positivo para um terminal negativo. Muito mais tarde, descobriu-se a existência dos elétrons e determinou-se que eles fluem de um terminal negativo para um terminal positivo. Essa convenção original existe até hoje — assim, como padrão, a direção da corrente elétrica é representada em diagramas com uma seta que aponta na direção oposta do fluxo real dos elétrons.

LEMBRE-SE

A *corrente convencional* é o fluxo de uma carga positiva do positivo para o negativo e é o reverso do fluxo real de elétrons (veja a Figura 3-5). Todas as descrições de circuitos eletrônicos usam a corrente convencional, portanto, se você vir uma seta representando o fluxo da corrente no diagrama de um circuito, você sabe que ela está mostrando a direção do fluxo convencional da corrente. Em eletrônica, o símbolo I representa a corrente convencional, medida em amperes (ou amps, abreviados como A), em circuitos que você constrói em casa. Um miliampere equivale a um milésimo de ampere.

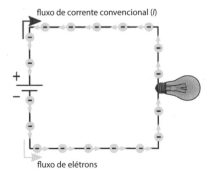

FIGURA 3-5: A corrente convencional flui em um sentido; os elétrons fluem no sentido oposto.

DICA

Em circuitos de AC, a corrente está constantemente revertendo a direção. Então, como se mostra o fluxo da corrente no diagrama de um circuito? Para qual lado a seta deve apontar? A resposta é que isso não importa. Você escolhe arbitrariamente a direção para o fluxo da corrente (conhecido como *direção de referência*), e rotula essa corrente como I. O valor de I flutua para cima e para baixo à medida que a corrente se alterna. Se o valor de I for negativo, isso só significa que a corrente (convencional) está fluindo na direção oposta à da seta.

Examinando um Circuito Básico

O diagrama na Figura 3-6 representa um circuito operado por bateria que fornece energia para um diodo emissor de luz (LED) de forma muito parecida com o que se poderá encontrar em uma minilanterna de LED. O que se vê na figura é o diagrama de circuito, ou *diagrama esquemático*, que mostra todos os componentes do circuito e como estão conectados. (Discuto diagramas esquemáticos em detalhes no Capítulo 14.)

A bateria está fornecendo 6 volts DC (isto é, 6 volts estáveis) para o circuito. O sinal de + perto do símbolo da bateria indica o terminal positivo, do qual a corrente flui (corrente convencional, é claro).

O sinal de - perto do símbolo da bateria indica seu terminal negativo, ao qual a corrente flui depois de dar a volta pelo circuito. A seta no circuito mostra a direção referencial do fluxo da corrente, e como está apontando para longe do terminal positivo da bateria em um circuito DC, deve-se esperar que o valor da corrente seja positivo o tempo todo.

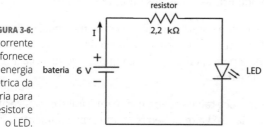

FIGURA 3-6: A corrente fornece energia elétrica da bateria para o resistor e o LED.

As linhas no diagrama do circuito mostram como os componentes do circuito estão conectados, através de fios ou outros conectores. (Discuto vários tipos de fios e conectores no Capítulo 12.) Componentes eletrônicos geralmente são feitos de *terminais* — fios salientes conectados à parte interna do componente, que oferece o meio para conectar o componente a outros elementos do circuito.

O símbolo de zigue-zague no diagrama do circuito representa um resistor. O papel do *resistor* é restringir a quantidade de corrente que flui pelo circuito, como uma dobra na mangueira do jardim limita o fluxo de água. O Capítulo 5 lhe dá mais informações sobre resistores, mas, por ora, saiba apenas que a resistência é medida em unidades chamadas ohms (simbolizadas com Ω) e que o resistor nesse circuito está evitando que o LED seja destruído.

O LED é simbolizado por um triângulo com um segmento de linha em uma ponta e duas setas sinalizando para fora. A parte triangular do símbolo representa um *diodo*, e as duas setas viradas para fora representam o fato de que esse diodo emite luz (assim, é um diodo emissor de luz). Diodos são parte de uma classe especial de componentes eletrônicos conhecidos como *semicondutores*, que descrevo no Capítulo 9.

Ao construir esse circuito e tomando algumas medidas de tensão e corrente, você pode aprender muito sobre como os circuitos funcionam. E medidas de tensão e corrente são essenciais para descobrir como a energia elétrica gerada pela bateria é usada no circuito. Então, mãos à obra!

Construindo um circuito básico de LED

Aqui estão as peças necessárias para construir um circuito de LED:

- » Quatro baterias (pilhas) AA de 1,5 volts (precisam ser novas).
- » Um suporte para quatro baterias (para baterias AA).
- » Um plug de baterias.
- » Um resistor de 2,2kΩ (identificado por um código de cores e então uma listra dourada ou prateada).
- » Um LED vermelho (de qualquer tamanho).
- » Três garras jacaré isoladas *ou* uma matriz de contato sem solda.

Você pode descobrir onde adquirir as peças nos Capítulos 2 ou 19.

DICA

Insira as baterias no suporte para baterias, observando os marcadores de polaridade, e prenda o plug de bateria. O suporte de bateria tem fios para conectar as quatro baterias de ponta a ponta, criando um conjunto que fornece 4x1,5=6 volts pelos fios que saem da garra.

Antes de construir o circuito, você talvez queira usar o multímetro para verificar a tensão de seu jogo de baterias e o valor de seu resistor (principalmente se você não tem certeza de seus valores). Para detalhes sobre o uso do multímetro, veja o Capítulo 16.

Ajuste o multímetro para medir a tensão da DC, segure a ponta de prova preta (negativo) junto ao terminal preto que sai de seu conjunto de baterias e segure a ponta de prova vermelha (positivo) junto ao terminal vermelho que sai do conjunto de baterias. Você deve obter uma leitura de pelo menos 6 volts, porque baterias novas fornecem uma tensão maior do que sua classificação. Se a leitura for muito menor do que 6 volts, remova as baterias e verifique cada uma individualmente.

Para checar o valor do resistor, mude o seletor do multímetro para medir ohms e segure um terminal do multímetro em cada lado do resistor (não importa de que lado). Verifique que o valor do resistor é cerca de 2,2kΩ (que equivalem a 2.200Ω).

Você pode construir um circuito de LED usando garra jacaré para conectar os componentes ou uma matriz de contato sem solda para fazer as conexões. Descrevo os dois métodos de construção. Note que quando falo sobre tomar medidas de tensão e corrente, apresento figuras que mostram o circuito da matriz de contato. Você pode ler mais sobre a construção de circuitos no Capítulo 15.

Construindo o circuito com garras jacaré

Use as garras jacaré para fazer conexões no circuito, conforme mostrado na Figura 3-7. Note que a orientação do resistor não importa, mas a orientação do LED, sim. Conecte o terminal mais longo do LED ao resistor e o mais curto no lado negativo (fio preto) de seu conjunto de baterias. Quando você fizer a conexão final, o LED deve acender.

CUIDADO

Se você conectar um LED do modo errado, ele não vai acender e pode ser danificado. Você vai descobrir o motivo no Capítulo 9.

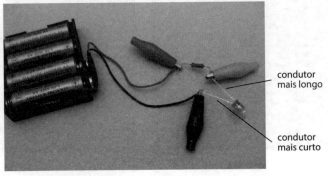

FIGURA 3-7: Garras jacaré conectam componentes nesse circuito simples de LED.

condutor mais longo

condutor mais curto

Construindo o circuito com uma matriz de contato sem solda

As Figuras 3-8 e 3-9 mostram o circuito montado em uma matriz de contato sem solda. Você vai descobrir nos Capítulos 2 e 15 que este tipo de matriz faz conexões entre os orifícios de modo que você só precisa inserir os componentes nos locais corretos. Nos lados direito e esquerdo da matriz todos os orifícios em cada coluna estão conectados entre si. Em cada uma das duas seções centrais da matriz os cinco orifícios de cada fileira estão conectados uns aos outros.

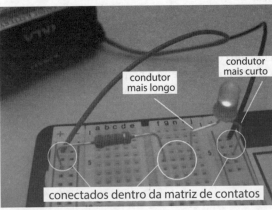

FIGURA 3-8: O circuito de LED é facilmente montado em uma matriz de contato sem solda.

condutor mais longo

condutor mais curto

conectados dentro da matriz de contatos

CAPÍTULO 3 **Correndo em Volta dos Circuitos** 41

Enquanto monta o circuito na matriz de contato, lembre-se de que não importa a orientação do resistor, entretanto, certifique-se de orientar o LED de modo que o terminal mais curto esteja conectado ao lado negativo do conjunto de baterias. Se você prender os terminais a fim de deixar o circuito mais ajeitado (como mostrado na Figura 3-9), lembre-se de qual terminal é o mais curto. Use um cabo (um fio) de ligação curto no seu circuito aparado para conectar o resistor ao LED. (No Capítulo 9, você vai descobrir outra forma de identificar os condutores em um LED.)

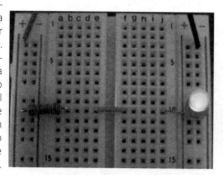 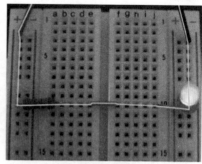

FIGURA 3-9: Uma forma mais ajeitada para construir seu circuito. A linha branca mostra o caminho pelo qual a corrente flui de um lado a outro do jogo de baterias.

Examinando tensões

Nesta seção explico como usar o multímetro para medir a tensão no conjunto de baterias, no resistor e no LED em seu circuito. (Você vai encontrar informações detalhadas sobre como usar um multímetro no Capítulo 16.)

Note que os pontos de conexão entre os componentes são os mesmos, quer você construa o circuito com uma matriz de contato ou com garras jacaré. O terminal vermelho de seu multímetro deve estar em uma tensão maior do que o terminal preto, de modo que você deve tomar cuidado para orientar as pontas conforme a descrição. Ajuste o multímetro para medir tensão DC e prepare-se para efetuar algumas medições!

Primeiro, meça a tensão fornecida ao circuito pelo jogo de baterias. Conecte o terminal positivo (vermelho) do multímetro ao ponto em que o lado positivo (terminal vermelho) do conjunto de baterias está conectado ao resistor, e o terminal negativo (preto) do multímetro à ponta em que o lado negativo (terminal preto) do conjunto de baterias se conecta ao LED. Veja a Figura 3-10. Você tem uma leitura de tensão que é próxima da tensão nominal fornecida de 6V? (Baterias novas podem fornecer mais que 6V; baterias velhas geralmente fornecem menos que 6V.)

DEFENDA SUA POSIÇÃO NA TERRA

Se você ouvir a palavra *"terra"* usada em um contexto eletrônico, lembre que terra pode se referir ao ponto de aterramento ou terra comum.

Ponto de aterramento significa apenas que é uma conexão direta com a terra — a verdadeira terra, a coisa que cobre o planeta. A rosca no centro de uma tomada de dois pinos padrão AC, assim como o terceiro pino de uma tomada de três pinos, está conectada a um fio terra. Atrás da tomada de cada parede há um fio que corre pela casa ou escritório e finalmente se conecta a um poste de metal que tenha bom contato com a terra (o chão). Esse arranjo proporciona proteção adicional aos circuitos que usam grande quantidade de corrente; no caso de um curto-circuito ou outra situação de risco, enviar a corrente perigosa diretamente à terra oferece a ela um lugar seguro para ir. Foi isso o que aconteceu quando o tubo de raios de Benjamin Franklin proporcionou um caminho direto para que o perigoso raio viajasse por ali até o chão — em vez de atravessar uma casa ou pessoa.

Em circuitos que lidam com grandes correntes, algum ponto do circuito geralmente está conectado a um cano ou objeto de metal ligado à terra. Se não existir essa conexão, diz-se que a terra está *flutuando* (ou *terra flutuante*) e o circuito pode ser perigoso. É bom você ficar longe desse tipo de circuito até que esteja adequadamente aterrado.

Terra comum, ou simplesmente *comum*, não é um aterramento físico; na verdade, é apenas um ponto de referência em um circuito para mensuração de tensão. Certos tipos de circuito, principalmente os comumente usados em computadores, rotulam o terminal negativo de um fornecedor de força DC de terra comum e conectam o terminal positivo de outro fornecedor de força DC ao mesmo ponto. Assim, diz-se que o circuito tem fornecimento de força positiva e negativa. Os dois fornecedores físicos de força podem ser idênticos, mas a forma com que você os conecta em um circuito e o ponto que escolhe para a referência de tensão zero determinam se o fornecimento de tensão é positivo ou negativo. Tudo é relativo!

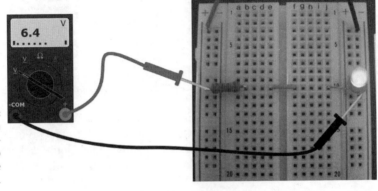

FIGURA 3-10: Meça a tensão fornecida pelo conjunto de baterias.

CAPÍTULO 3 **Correndo em Volta dos Circuitos** 43

QUAL É A SUA TENSÃO?

Se você vir referências para a tensão em um único ponto de um circuito, sempre é em relação à tensão de outro ponto no circuito — geralmente terra de referência, ou terra comum (muitas vezes chamado apenas de terra — ou ground, em inglês), o ponto no circuito que é (arbitrariamente) dito como tendo zero volts. Muitas vezes o terminal negativo de uma bateria é usado como terra de referência e todas as voltagens em todo o circuito são medidas em relação a esse ponto de referência.

Uma analogia pode ajudar você a compreender que a medida da tensão é a medida da distância. Se alguém lhe perguntasse "Qual é sua distância?", você certamente responderia "Distância de onde?". Da mesma forma, se lhe perguntarem "Qual é a tensão no ponto do circuito em que a corrente entra no LED?", você deveria perguntar "Em relação a que ponto no circuito?". Por outro lado, você pode dizer "Estou a 8km de casa", e você declarou a distância que está de um ponto de referência (sua casa). Então, se você disser "A tensão em que a corrente entra na lâmpada é de 1,7 volts em relação à terra", isso faz todo o sentido.

Em seguida, meça a tensão no resistor. Conecte o terminal positivo (vermelho) do multímetro à ponta em que o resistor se conecta com o lado positivo do conjunto de baterias, e o terminal negativo (preto) do multímetro ao outro lado do resistor. Veja a Figura 3-11. A leitura de tensão deve estar perto da que aparece no multímetro da figura.

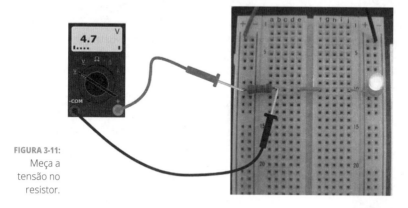

FIGURA 3-11: Meça a tensão no resistor.

Finalmente, meça a tensão no LED. Coloque o terminal vermelho do multímetro no ponto em que o LED se conecta ao resistor, e o terminal preto do multímetro onde o LED se conecta com o lado negativo do conjunto de baterias. Veja a Figura 3-12. Sua leitura de tensão se aproximou à da figura?

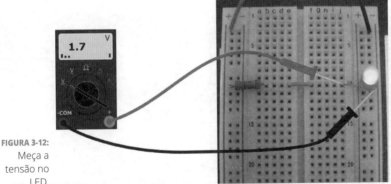

FIGURA 3-12:
Meça a tensão no LED.

LEMBRE-SE

Minhas medidas mostram que, no meu circuito, o conjunto de baterias está fornecendo 6,4 volts, e que 4,7 volts aparecem no resistor e 1,7 volts aparecem no LED. Não é coincidência que a soma da tensão do resistor e do LED é igual à tensão fornecida pelo conjunto de baterias:

$$4,7V + 1,7V = 6,4V$$

Há uma relação toma lá, dá cá, nesse circuito: a tensão é o impulso que a bateria dá para fazer a corrente se mover, e a energia desse impulso é absorvida quando a corrente passa pelo resistor e pelo LED. À medida que a corrente flui pelo resistor e pelo LED, a tensão cai em cada um desses componentes. O resistor e o LED estão usando toda a energia fornecida pela alimentação (tensão) que empurra a corrente através deles.

Você pode rearranjar a equação precedente de tensão para mostrar que o resistor e o LED estão reduzindo a tensão enquanto utilizam toda a energia fornecida pela bateria:

$$6,4V - 4,7V - 1,7V = 0$$

Quando você *reduz a tensão* em um resistor, um LED ou outro componente, a tensão é mais positiva no ponto em que a corrente entra no componente do que no ponto em que a corrente sai do componente. A tensão é uma medida relativa porque é a força resultante da diferença na carga de um ponto a outro. A tensão fornecida por uma bateria representa a diferença de carga de um terminal positivo para um terminal negativo, e essa diferença de carga tem o potencial de mover a corrente pelo circuito; este, por sua vez, absorve a energia gerada por essa força enquanto a corrente flui, o que reduz a tensão. Não é de surpreender que a tensão às vezes seja chamada de queda de tensão, diferença potencial ou queda potencial.

LEMBRE-SE

É importante observar que, enquanto se viaja por um circuito DC, ganha-se tensão indo do terminal negativo da bateria ao terminal positivo (isso é conhecido como *aumento de tensão*). E se perde, ou reduz, tensão na medida em que continua na mesma direção pelos componentes do circuito (veja a Figura 3-13). Na volta ao terminal negativo da bateria, toda a tensão terá caído até zero volts.

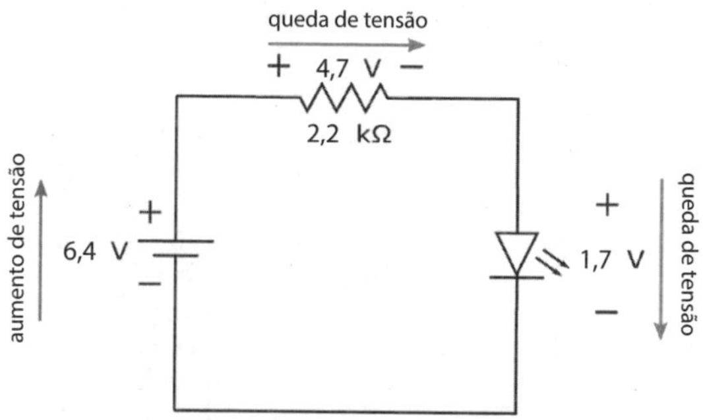

FIGURA 3-13:
A tensão fornecida pela bateria é reduzida no resistor e no LED.

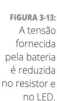

PAPO DE ESPECIALISTA

Em todos os circuitos (sejam de AC ou DC), se você começar em *qualquer* ponto do circuito e adicionar as elevações e quedas de tensão que ocorrem dentro dele, vai obter zero volts. Em outras palavras, a soma líquida das elevações e quedas de tensão em um circuito é zero. (Essa regra é conhecida como *Lei das Tensões de Kirchhoff*.)

Tenha em mente que essas quedas de tensão têm um significado físico. A energia elétrica fornecida pela bateria é absorvida pelo resistor e pelo LED. A bateria vai continuar a fornecer energia elétrica e o resistor e o LED vão continuar a absorver essa energia até que a bateria se gaste (fique vazia). Isso ocorre quando todas as substâncias químicas dentro dela foram consumidas em reações químicas que produziram as cargas positivas e negativas. Na verdade, toda a energia química fornecida pela bateria foi convertida em energia elétrica — e absorvida pelo circuito.

PAPO DE ESPECIALISTA

Uma das leis fundamentais da física determina que a energia não pode ser criada ou destruída; ela só pode mudar de forma. Você testemunha essa lei em ação com o simples circuito de LED com funcionamento a bateria: a energia química é convertida em energia elétrica, que é convertida em calor e energia luminosa que, bem, acho que você entendeu a ideia.

Medindo correntes

Para medir a corrente que passa pelo seu circuito de LED, passe-a pelo multímetro. O único jeito de fazer isso é interromper o circuito entre dois componentes e inserir o multímetro, como se fosse um componente do circuito, para completar o circuito.

Ajuste o seletor do multímetro para medir correntes de DC em miliamperes (mA). Então, rompa a conexão entre o resistor e o LED. (Se você estiver usando garra jacaré, simplesmente remova a garra que conecta o resistor e o LED. Caso esteja usando uma matriz de contato, remova o cabo de ligação.) O LED deve desligar.

Em seguida, encoste o terminal positivo (vermelho) do multímetro ao terminal do resistor desconectado e o terminal negativo (preto) do multímetro no terminal desconectado do LED, como mostra a Figura 3-14. O LED deve acender, porque o multímetro completou o circuito, permitindo que a corrente passe por ele. Eu obtive a leitura da corrente de 2,14mA.

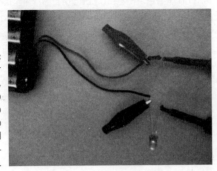
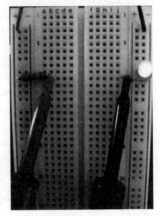

FIGURA 3-14: Para medir a corrente, insira o multímetro no caminho pelo qual flui a corrente.

Agora, insira o multímetro em outro ponto de conexão do circuito (por exemplo, entre o condutor positivo da bateria e o resistor), tomando cuidado para abrir o circuito no ponto da mensuração e orientar os terminais do multímetro com o terminal positivo para um ponto de tensão mais positivo do que o terminal negativo. Você obteve uma leitura igual à anterior? Você deveria, porque esse circuito simples fornece apenas um caminho para a corrente fluir.

Calculando a energia

A quantidade de energia consumida por um componente elétrico é conhecida como *potência* (abreviada como *P*), medida em watts (abreviado como *W*). O Capítulo 1 o apresenta a essa equação para o cálculo de potência:

$P = V \times I$

em que *V* representa a tensão e *I* representa a corrente. Quando você sabe que a tensão caiu em um componente e na corrente que passa por ele, você pode usar a equação de força a fim de calcular a quantidade de energia consumida individualmente por componente.

Para o circuito resistor/LED, você sabe qual é a queda da tensão (consulte a Figura 3-13) e a corrente que passa pelo circuito (2,14mA). Com essas informações você pode calcular a energia fornecida ou consumida por componente.

A energia consumida pelo resistor é

4,7V x 2,14mA = 10,1mW

em que mW significa miliwatts, ou milésimos de um watt.

CAPÍTULO 3 **Correndo em Volta dos Circuitos** 47

CAPACITANDO-O A FAZER AS ESCOLHAS CERTAS

LEDs, lâmpadas incandescentes, resistores e outros componentes eletrônicos têm níveis máximos de potência por um bom motivo. Enviar-lhes corrente em excesso faz com que superaqueçam, queimem ou derretam. É uma boa prática calcular o valor de potência de cada componente no circuito que você planejar. Levando em conta que a potência é produto da tensão e da corrente, pense na pior situação possível — a combinação máxima de tensão vezes a corrente que seu componente vai precisar durante a operação do circuito — para determinar quantos watts esse componente deve ser capaz de suportar. Então, dê algum espaço de folga selecionando um componente com um nível de potência que exceda seu cálculo de potência máxima.

A energia consumida pelo LED é

1,7V x 2,14mA = 3,6mW

A energia fornecida pela bateria é

6,4V x 2,14mA = 13,7mW

Observe que a soma da potência consumida pelo resistor e pelo LED (10,1mW + 3,6mW) é igual à potência fornecida pela bateria (13,7mW). Isso ocorre porque a bateria está fornecendo a energia elétrica que o resistor e o LED estão usando. (Na verdade, o resistor está convertendo energia elétrica em energia térmica, e o LED está convertendo energia elétrica em energia luminosa.)

Digamos que você substitua uma bateria de 9 volts pelo conjunto de baterias de 6 volts. Agora você fornece mais tensão ao circuito, de modo que pode esperar impulsionar mais corrente por ele e dar mais energia ao resistor e ao LED. Como o LED recebe mais energia elétrica para ser convertida em energia luminosa, ele vai ter um brilho mais intenso. (Há limites para quanta tensão e corrente se pode fornecer a um LED antes que ele quebre e pare de funcionar. Você vai ler mais sobre o assunto no Capítulo 9.)

NESTE CAPÍTULO

Enviando corrente para um lado e para outro

Examinando circuitos em série e paralelos

Controlando conexões com interruptores

Vendo a luz quando a força está ligada

Capítulo 4

Fazendo Conexões

Se você já ficou preso em um congestionamento de trânsito e decidiu tomar as ruas menos abarrotadas, sabe que muitas vezes há mais maneiras de se chegar a um destino. Mas se, por exemplo, seu meio de transporte exigir que você viaje por uma ponte que atravessa um grande rio, sabe que, às vezes, existe só um caminho para você — e todas as outras pessoas — percorrer.

De muitas formas, os circuitos eletrônicos são como sistemas viários: eles oferecem caminhos (ruas) para os elétrons (carros) percorrerem, às vezes oferecendo caminhos alternativos e, às vezes, obrigando todos os elétrons a viajarem pela mesma via.

Este capítulo explora diferentes maneiras de conectar componentes eletrônicos para que você possa conduzir — e reconduzir — a corrente elétrica. Primeiro, você observa só dois tipos básicos de estruturas de circuito — em série e paralelos — e descobre que as conexões paralelas são como rotas de tráfego alternativas, enquanto conexões em série são como a travessia de uma ponte. Depois, você descobre como os interruptores funcionam como guardas de trânsito — permitindo, prevenindo ou redirecionando o fluxo da corrente. Finalmente, você reúne tudo construindo um circuito que imita um sinal de tráfego de três tempos manualmente controlado.

Criando Circuitos em Série e Paralelos

Assim como você pode construir estruturas de todas as formas e tamanhos ligando peças de LEGO ou K'NEX[01] de diversas maneiras, também pode construir diferentes tipos de circuitos conectando componentes eletrônicos de várias formas. Exatamente como você conecta os componentes é o que determina como a corrente vai fluir — e como a tensão vai cair — em todo o circuito.

Nesta seção você explora dois tipos de conexões. Se você quiser construir os circuitos descritos aqui, vai precisar das seguintes peças:

- » Quatro baterias (pilhas) AA de 1,5 volts (precisam ser novas).
- » Um suporte para quatro baterias (para baterias AA).
- » Um plug de baterias.
- » Um resistor de 2,2kΩ (identificado por um código de cores vermelho/vermelho/vermelho e então uma listra dourada ou prateada).
- » Dois LEDs vermelhos (de qualquer tamanho).
- » Três garras jacaré isoladas *ou* uma matriz de contato sem solda.

DICA

Observe que, se você já construiu o circuito básico de LED discutido no Capítulo 3, pode alterá-lo para construir os circuitos apresentados nesta seção. Você precisa apenas de mais um LED vermelho e, se escolher usar garras jacaré para fazer as conexões, mais uma garra jacaré.

Conexões em série

Em um *circuito em série*, os componentes são distribuídos ao longo de um único caminho entre os terminais positivos e negativos de uma fonte de alimentação. Dê uma olhada na Figura 4-1, que mostra um circuito em série que contém um resistor e dois LEDs. A corrente flui do terminal positivo da bateria através do resistor, passa pelo LED1, pelo LED2 e, então, volta ao terminal negativo da bateria. Um circuito em série tem apenas um caminho para ser percorrido pelas cargas elétricas, portanto, toda a corrente passa em cada componente em sequência.

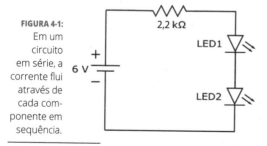

FIGURA 4-1: Em um circuito em série, a corrente flui através de cada componente em sequência.

---

[01] N.E.: K'NEX é um brinquedo desenvolvido para adultos que, através de um conjunto de barras, engrenagens e encaixes, possibilita a montagem de diferentes mecanismos e projetos.

LEMBRE-SE

Você deve lembrar-se de dois fatos importantes sobre circuitos em série:

» Cada componente conduz a mesma corrente.
» A tensão fornecida pela fonte é dividida (mas não necessariamente por igual) entre os componentes. Se você somar as quedas de tensão de cada componente, obterá a tensão total fornecida.

Valendo-se da Figura 4-2 como guia, monte o circuito em série de dois LEDs. Use o seu multímetro ajustado a volts DC para medir a tensão no conjunto de baterias, no resistor e em cada um dos LEDs. Quando eu o fiz, obtive as seguintes leituras:

» Tensão na bateria: 6,4 volts.
» Tensão no resistor: 3,0 volts.
» Tensão no LED1: 1,7 volts.
» Tensão no LED2: 1,7 volts.

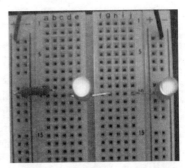

FIGURA 4-2: Duas formas de montar o circuito com dois LEDs em série.

Somando as quedas de tensão no resistor e nos LEDs você obtém a tensão total fornecida pelo jogo de baterias:

3,0V + 1,7V + 1,7V = 6,4V

Em seguida, ajuste o multímetro na posição de corrente DC. Interrompa o circuito em qualquer ponto de conexão e insira o multímetro, lembrando-se de manter o condutor positivo em uma tensão mais elevada do que o condutor negativo. Ao fazê-lo, consegui uma leitura de 1,4mA. Essa quantidade de corrente flui em cada componente nesse circuito em série porque há somente um caminho para ela percorrer.

DICA

Pelo fato de a corrente em um circuito em série ter apenas um caminho pelo qual fluir, é possível encontrar um problema em potencial com esse tipo de circuito. Se um componente falha, cria-se um circuito aberto, interrompendo o fluxo da corrente para todos os outros componentes no circuito. Assim, se a nova e dispendiosa placa de seu restaurante tiver 200 LEDs conectados em série para anunciar "A MELHOR COMIDA DA CIDADE" e uma bola perdida destruir algum LED, todos os outros LEDs vão se apagar.

CAPÍTULO 4 **Fazendo Conexões** 51

Conexões paralelas

Há uma maneira de solucionar o problema de todos os componentes em um circuito em série se apagarem quando um componente falha. Você pode conectar os componentes usando conexões paralelas — como as do circuito mostrado na Figura 4-3. Com um circuito paralelo, a corrente pode fluir por múltiplos caminhos, então, mesmo que várias bolas quebrem as lâmpadas de sua placa, as demais vão continuar acesas. (Naturalmente, você pode acabar com uma placa que diz "MELHOR COMIDA DA CIDA". Tudo tem seus prós e contras.)

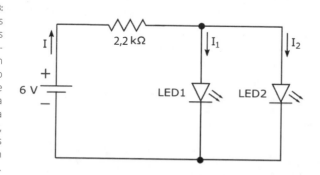

FIGURA 4-3: Muitas vezes as lâmpadas são arranjadas em um circuito paralelo de maneira que, se uma queimar, as outras continuam funcionando.

Veja aqui como o circuito paralelo da Figura 4-3 funciona: a corrente flui do terminal positivo da bateria e depois se divide em uma junção que leva para os ramos paralelos do circuito, de modo que cada LED recebe uma parte da corrente fornecida. A corrente que flui pelo LED1 não flui pelo LED2. Assim, se a placa de seu restaurante tem 200 LEDs conectados em paralelo e um se queima, os outros 199 LEDs ainda vão ficar acesos.

LEMBRE-SE

Duas coisas importantes que você deve lembrar sobre circuitos paralelos são:

» A tensão em cada ramo paralelo é igual.

» A corrente fornecida pela fonte é dividida entre os ramos e as correntes dos ramos somam o total do fornecimento da corrente.

Monte o circuito usando o exemplo da Figura 4-4 como guia. Com o multímetro ajustado em volts DC, meça a tensão no jogo de baterias, no resistor e em cada LED. Quando fiz isso, obtive as seguintes leituras:

» Tensão na bateria: 6,4 volts.

» Tensão no resistor: 4,7 volts.

» Tensão no LED1: 1,7 volts,

» Tensão no LED2: 1,7 volts.

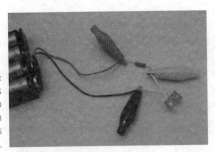 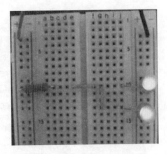

FIGURA 4-4: Dois modos de montar o circuito com dois LEDs em paralelo.

Agora, use o multímetro para medir a corrente que flui através de cada um dos três componentes do circuito, como segue, lembrando-se de ajustar o aparelho para corrente DC:

> » **Corrente do resistor (I):** Desligue o circuito entre o resistor e os dois LEDs e insira o multímetro para reconectar o circuito, como mostra a Figura 4-5. Como você está colocando o multímetro em série com o resistor, está medindo a corrente que passa pelo resistor. Essa corrente é rotulada de I (veja a Figura 4-3).

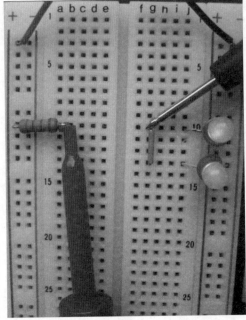

FIGURA 4-5: Meça a corrente fluindo através do resistor.

> » **Corrente LED1 (I_1):** Remova o multímetro e reconecte o resistor aos LEDs. Em seguida, desconecte o terminal positivo do LED1 do resistor. Insira os terminais do multímetro no circuito, conforme mostrado na fotografia à esquerda na Figura 4-6. Como o multímetro está em série com o LED1, você está medindo a corrente que flui pelo LED1. Essa corrente é rotulada I_1.

CAPÍTULO 4 **Fazendo Conexões** 53

» **Corrente LED2 (I_2):** Remova o multímetro e reconecte o LED1. Então, desconecte o terminal positivo do LED2 do resistor. Insira o multímetro no circuito em série com o LED2, como mostrado na fotografia à direita na Figura 4-6. (Note que removi o cabo de ligação inferior para desconectar o LED2 do resistor e, então, inseri o multímetro naquela abertura do circuito.) Você está medindo a corrente que flui pelo LED2 ou I_2 (veja a Figura 4-3).

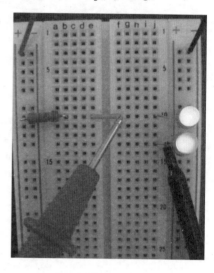

FIGURA 4-6: Meça a corrente que flui pelo LED1 (esquerda) e o LED2 (direita).

Aqui estão as leituras que obtive:

» Corrente resistor, I: 2,2mA.
» Corrente LED1, I_1: 1,1mA.
» Corrente LED2, I_2: 1,1mA.

Se você somar as correntes dos dois ramos, I_1 e I_2, vai descobrir que seu total é igual à corrente que flui pelo resistor, que é a corrente de fornecimento que vem do jogo de baterias:

1,1mA + 1,1mA = 2,2mA

LEMBRE-SE

Note que a corrente de alimentação para o circuito paralelo — 2,2mA —, é mais forte do que a corrente de alimentação para o circuito em série — 1,4mA —, ainda que os mesmos componentes sejam usados em ambos os circuitos. Conectar componentes de circuitos em paralelo puxa mais corrente de sua fonte do que conectá-los em série.

DICA

Caso seu circuito seja alimentado por uma bateria, é preciso estar atento ao tempo no qual ela poderá suprir a corrente necessária para ele. Como discuto no Capítulo 12, as baterias têm capacidade medida em *amperes-hora*. Uma bateria com a classificação de um ampere-hora (por exemplo) vai durar apenas uma hora em um circuito que puxa um ampere de corrente — ao menos em teoria. (Na prática, até mesmo baterias novas nem sempre cumprem o que prometem em relação aos amperes-hora.) Portanto, ao decidir que fonte de alimentação usar para um circuito, leve em conta não somente a corrente de que o circuito necessita, mas também quanto tempo você deseja que esse circuito fique em funcionamento.

Ligando e Desligando a Corrente Elétrica

Comutar é, de longe, a função mais importante na eletrônica. Pense em seu aparelho de televisão: você o liga e desliga, seleciona uma fonte de sinal de diferentes opções de entrada (tais como o aparelho de DVD, TV a cabo ou videogame) e muda de canal. A tela de sua TV consiste de milhões de *pixels* (minúsculos elementos formadores de imagem), cada qual é, em essência, uma luz vermelha, azul ou verde que está ligada ou desligada. Todas essas funções de exibição e controle envolvem a ação de comutar, seja simplesmente um liga/desliga ou, como gosto de pensar, uma questão de múltipla escolha — isto é, direcionar um dos vários sinais de entrada para a tela de sua TV. Da mesma forma, seu smartphone, computador e até seu micro-ondas contam com a função comutar (por exemplo, botão pressionado ou não, ou transmitir som ou não) para seu controle e operação.

Então, o que exatamente é comutar?

LEMBRE-SE

Comutar é criar ou romper uma ou mais conexões elétricas de modo que o fluxo da corrente seja interrompido ou redirecionado de um caminho a outro. A comutação é realizada por componentes chamados de interruptores. Quando um interruptor está na *posição aberta*, a conexão elétrica é rompida e você tem um circuito aberto sem fluxo de corrente. Quando um interruptor está na *posição fechada*, é feita uma conexão elétrica e a corrente flui.

PAPO DE ESPECIALISTA

Minúsculos transistores semicondutores (que discuto no Capítulo 10) são o fundamento de quase toda a ação de comutação (ou, em outras palavras, o ato de ligar/desligar uma função, seja ela de interromper ou redirecionar a corrente) que ocorre nos sistemas eletrônicos modernos. Um transistor funciona de forma um tanto complicada, mas a ideia básica que fundamenta a ação de comutar um transistor é essa: você usa uma pequena corrente elétrica para controlar a ação de comutar um transistor e essa ação controla o fluxo de uma corrente muito maior.

Além de interruptores (ou comutadores) de transistores, vários tipos diferentes de interruptores mecânicos e elétricos podem ser usados em projetos eletrônicos. Esses interruptores são categorizados levando em consideração o modo como são controlados, o tipo e a quantidade de conexões que fazem e com quanta tensão e corrente podem lidar.

CAPÍTULO 4 **Fazendo Conexões** 55

Controlando a ação de um interruptor

Interruptores (ou comutadores) recebem nomes que indicam como a ação de liga/desliga é controlada. Você vai ver muitos tipos diferentes de interruptores na Figura 4-7.

É possível que você encontre um ou mais dos seguintes tipos de interruptores à medida que realiza suas tarefas diárias:

- **Interruptor deslizante:** Você desliza um botão para frente e para trás a fim de abrir e fechar este tipo de interruptor, que é encontrado em muitas lanternas.
- **Chave articulada:** Você vira a alavanca para um lado para fechar a chave e para o outro para abri-la. Há rótulos nessas chaves: *liga* para a posição fechada e *desliga* para a posição aberta.
- **Interruptor basculante:** Você aperta um lado para baixo para abri-lo e aperta o outro para fechá-lo. São encontrados em vários filtros de linha.

FIGURA 4-7: De cima para baixo: duas chaves articuladas, um interruptor basculante e um interruptor micro switch.

- **Interruptor micro switch:** Aperta-se uma alavanca ou botão para fechar temporariamente esse tipo de interruptor, comumente usado em campainhas de porta.
- **Interruptor de botão:** Você aperta um botão para mudar o estado do interruptor, mas como ele executa essa ação depende do tipo de interruptor de botão que você tem:
    - **Botão de apertar:** Cada aperto no botão reverte a posição do interruptor.
    - **Normalmente aberto (NA):** Esse interruptor momentâneo normalmente está aberto (off — desligado, em português), mas se você segurar o botão o interruptor se fecha (on — ligado). Quando se solta o botão, o interruptor se abre novamente. Ele também é conhecido como um *interruptor de apertar*.

- **Normalmente fechado (NF):** Esse interruptor momentâneo normalmente está fechado (on), mas, se você segurar o botão, ele se abre (off). Quando você solta o botão, o interruptor se fecha novamente. Ele também é conhecido como *interruptor push-to-break*.

» **Relé:** Um relé é um interruptor eletronicamente controlado. Se você aplicar uma determinada tensão ao relé, um eletroímã em seu interior empurra a alavanca do interruptor (conhecido como *armadura*) e o fecha. Você pode ouvir falar de fechar ou abrir os *contatos* da bobina de um relé. Esse é apenas o termo usado para descrever um interruptor de relé.

Fazendo os contatos corretos

Interruptores (ou comutadores) também são classificados por quantas conexões podem fazer quando se "liga o interruptor" e exatamente como elas são feitas.

Um interruptor pode ter um ou mais *polos*, ou conjuntos de contatos de entrada: um *interruptor de polo simples* tem uma entrada de contato, enquanto que um *interruptor de polo duplo* tem dois contatos de entrada.

Um interruptor também pode ter uma ou mais posições condutoras, ou *movimentos* (throws, em inglês). Com uma *chave de reversão simples*, você faz ou rompe uma conexão entre cada contato de entrada e seu contato designado de saída; uma *chave de reversão dupla* permite que se altere a conexão de cada contato de entrada entre cada um de seus dois contatos designados de saída.

Parece confuso? Para ajudar a esclarecer as coisas, dê uma olhada nos símbolos de circuitos (veja a Figura 4-8) e descrições de algumas das variedades mais comuns de interruptores:

» Polo simples — em inglês, single-throw (SPST) : Esse é o interruptor básico liga/desliga, com um contato de entrada e um contato de saída, para um total de dois terminais que se conectam ao circuito. Você faz a conexão (interruptor na posição liga) ou rompe a conexão (interruptor na posição desliga).

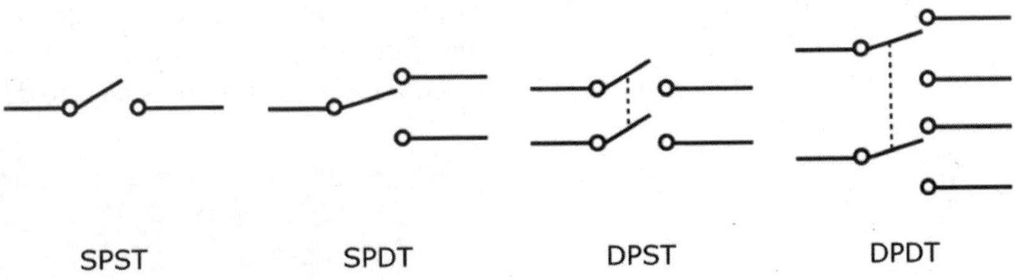

FIGURA 4-8: Símbolos de circuitos para interruptores de polo simples (SPST)/ double-throw (SPDT), bipolar/ singlethrow (DPST) e bipolar/double-throw (DPDT).

SPST   SPDT   DPST   DPDT

» Polo simples/double-throw (SPDT): Esse interruptor liga/desliga contém um contato de entrada e dois contatos de saída (ou seja, tem três terminais). Ele troca a entrada entre duas opções de saída. Você usa um interruptor SPDT, ou um *interruptor changeover,* quando quer que o circuito ligue um ou outro dispositivo (por exemplo, uma luz verde para que as pessoas saibam que podem entrar em uma sala, ou uma luz vermelha para que fiquem do lado de fora).

» Polo duplo/double-throw (DPST): Esse interruptor dual liga/desliga contém quatro terminais — dois contatos de entrada e dois contatos de saída — e se comporta como dois interruptores SPST separados atuando em sincronia. Na posição desligada, os dois comutadores estão abertos e não é feita nenhuma conexão. Na posição ligada, os dois interruptores estão fechados e as conexões são feitas entre cada contato de entrada e seu contato de saída correspondente.

» Polo duplo/double-throw (DPDT): Esse interruptor dual contém dois contatos de entrada e quatro contatos de saída (em um total de seis terminais), e se comporta como dois interruptores SPDT operando em sincronia. Em uma posição, os dois contatos de entrada estão conectados a um conjunto de contatos de saída. Em outra posição, os dois contatos de entrada estão conectados ao outro conjunto de contatos de saída. Alguns interruptores DPDT têm uma terceira posição que desconecta (ou rompe) todos os contatos. Você pode usar um comutador DPDT como um *interruptor de reversão* em um motor, conectando o motor à tensão positiva para girar para um lado, à tensão negativa para girar do outro e, se houver uma terceira posição, tensão zero para interromper o funcionamento.

Na próxima seção, intitulada "Criando um Circuito Combinado", você vai ver como usar um interruptor SPDT como um liga/desliga (SPST).

Criando um Circuito Combinado

A maioria dos circuitos é uma combinação de conexões em série e paralelas. O jeito como são arranjados os componentes em um circuito depende do que se está tentando fazer.

Observe o circuito em série/paralelo na Figura 4-9. Note que há três ramos paralelos, cada um contendo um interruptor em série com um resistor e um LED. Os interruptores são representados pelos símbolos no alto de cada ramo.

58   PARTE 1 **Compreendendo os Fundamentos da Eletrônica**

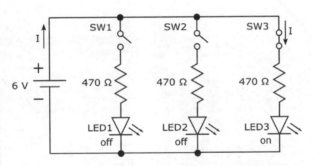

FIGURA 4-9: Ao abrir e fechar interruptores nesse circuito em série/paralelo, você pode direcionar a corrente de alimentação para diferentes caminhos.

Se apenas um comutador estiver na posição fechada, como mostra a Figura 4-10 (e o diagrama na Figura 4-9), toda a corrente de alimentação flui por apenas um LED, que se acende, enquanto os outros LEDs ficam apagados.

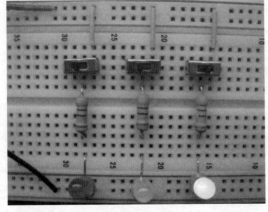

FIGURA 4-10: Ao ligar apenas o interruptor mais à direita, apenas o LED à direita recebe corrente.

No caso de todos os três interruptores estarem fechados, a corrente de alimentação corre pelo resistor e depois se divide por três caminhos diferentes — com alguma corrente passando em cada um dos três LEDs. Se todos os três interruptores estiverem abertos, a corrente não tem um caminho completo para percorrer e, então, nenhuma corrente flui para fora da bateria, como mostrado na Figura 4-11.

FIGURA 4-11: Com todos os três interruptores desligados, nenhum dos LEDs recebe corrente (esquerda). Com todos os três interruptores ligados, os três LEDs recebem corrente e acendem (direita).

Alternando qual comutador fica aberto em determinado momento, você pode controlar qual LED vai acender. Você pode imaginar tal circuito controlando a operação de um semáforo de três estágios (com peças adicionais para controlar o tempo e a sequência da ação de ligar/desligar).

Para analisar circuitos combinados, aplicam-se as regras de tensão e corrente um passo por vez, usando regras de série para componentes em série e regras de paralelos para componentes em paralelo. Nesse ponto ainda não se tem informações suficientes para calcular todas as correntes e tensões em circuitos de LED mostrados aqui. É necessário conhecer a regra chamada Lei de Ohm, que explico no Capítulo 6, e como a tensão cai em todos os diodos, assunto que trato no Capítulo 9. Aí então você vai ter tudo de que precisa para analisar circuitos simples.

Para construir o circuito de três LEDs descrito nesta seção você vai precisar das seguintes peças:

» Quatro baterias AA de 1,5 volts.
» Um suporte para quatro baterias (para baterias AA).
» Um plug de baterias.
» Três resistores de 470Ω (faixas amarelo/violeta/marrom e então uma listra dourada ou prateada).
» Três LEDs (qualquer tamanho, qualquer cor; eu usei um vermelho, um amarelo e um verde).
» Três interruptores deslizantes de polo simples/double-throw (SPDT) designados para uso em matriz de contato (Protoboard).
» Uma matriz de contato (Protoboard) e cabos (fios) de ligação sortidos.

Cada comutador SPDT tem três terminais para fazer conexões, mas para o circuito de três LEDs você vai precisar usar apenas dois terminais (veja a Figura 4-12). O botão deslizante controla qual terminal vai se conectar ao terminal central.

FIGURA 4-12: Um interruptor SPDT pode ser usado como um interruptor liga/desliga, conectando apenas dois de seus três terminais no circuito.

Com o botão deslizante em uma posição, o terminal central é conectado ao terminal na extremidade em que ele está posicionado. Mova o botão para outra posição e o terminal central se conecta a outro terminal final. Esse tipo de interruptor também é conhecido como um *interruptor liga/desliga* porque pode mudar de um circuito a outro, fechando um enquanto abre outro.

Para o circuito de três LEDs é necessário que o interruptor funcione como um interruptor liga/desliga para que você conecte dois dos três terminais SPDT do circuito. Deixe o terminal final sem uso em um orifício da matriz de contato, mas sem estar conectado a nada no circuito, como mostra a Figura 4-13. Com o botão deslizante posicionado na direção do terminal sem uso, o interruptor está desligado. Com o botão posicionado para o outro lado do interruptor, ele está ligado.

FIGURA 4-13: Usando um interruptor SPDT como um interruptor liga/desliga.

O tipo mais simples de interruptor liga/desliga é um interruptor de dois terminais, polo simples/single-throw (SPST), que simplesmente conecta ou desconecta os dois terminais quando se desliza o botão. No entanto, é difícil encontrar um interruptor como esse, com terminais designados para se encaixar em matrizes de contato sem solda.

CAPÍTULO 4 **Fazendo Conexões** 61

Ligando a Energia

Pode-se montar um circuito simples para conectar e desconectar seu conjunto de baterias a qualquer circuito que você construir em uma matriz de contato sem solda, sem ter que remover fisicamente as baterias da matriz de contato.

Na Figura 4-14, o terminal positivo da bateria é conectado ao terminal superior de um interruptor SPDT. O terminal central do interruptor é conectado à coluna mais à esquerda da matriz de contato, que também é conhecida como *trilho de energia* (ou *trilho de corrente*). Deslizando o botão do interruptor, você faz ou rompe a conexão entre o terminal positivo da bateria e o trilho de energia positivo. Agindo assim, seu interruptor funciona como um liga/desliga para alimentar os circuitos da matriz de contato.

FIGURA 4-14: Um interruptor conecta e desconecta a bateria dos trilhos de energia de uma matriz de contato sem solda.

Ao adicionar um resistor de 470Ω e um LED entre o terminal central do comutador e o trilho de energia negativo, você cria uma luz indicadora para seu interruptor liga/desliga (veja a Figura 4-15). Se o interruptor estiver na posição desligada, a bateria não está conectada ao LED, então, o LED está desligado. Se o interruptor estiver na posição ligada, a bateria está conectada ao LED e ele vai acender.

Note que, mesmo sem esse resistor e o LED, o interruptor ainda funciona como um interruptor de energia liga/desliga para a matriz de contato. Mas é bom ter um indicador visível de que a energia está ligada, como mostra a Figura 4-16.

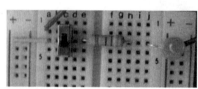

FIGURA 4-15: Um LED verde indica se a matriz de contato está recebendo energia ou não.

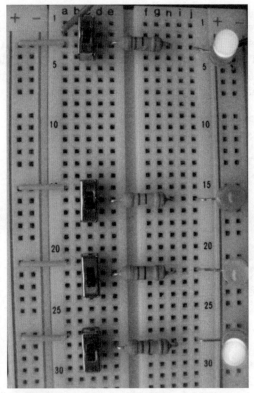

FIGURA 4-16:
O LED verde no canto superior direito indica que a tensão está passando pelos trilhos de energia e o circuito de três LEDs está usando energia.

Com que se Parecem os Circuitos?

LEMBRE-SE

Os circuitos normalmente não têm a aparência arrumada e geométrica que se imagina. Em geral, a forma de um circuito não é importante para seu funcionamento. O que importa em qualquer circuito — e com o que você deve se preocupar quando está construindo um — é como os componentes estão conectados, uma vez que as conexões lhe mostram o caminho que a corrente percorre pelo circuito.

PAPO DE ESPECIALISTA

A forma do circuito *tem* importância para circuitos que envolvem sinais de alta frequência, como frequência de rádio (FR) e circuitos de micro-ondas. O *layout*, ou a posição dos componentes do circuito, deve ser planejado com cuidado para reduzir ruídos e outros sinais indesejados de AC. Além disso, a proximidade de capacitores de potência em derivação (que você encontra no Capítulo 7) de outros componentes do circuito pode fazer a diferença no desempenho de muitos circuitos.

CAPÍTULO 4 **Fazendo Conexões** 63

A Figura 4-17 é uma fotografia de um *dimmer* (comutador de regulagem da intensidade da luz) estilo 1980. Esse dispositivo eletrônico simples usa apenas alguns componentes para controlar o fluxo da corrente para uma instalação embutida de luz em minha casa. Porém, a maioria dos sistemas eletrônicos é muito mais complicado do que esse; eles conectam muitos componentes individuais em um ou mais circuitos para atingir seu objetivo final.

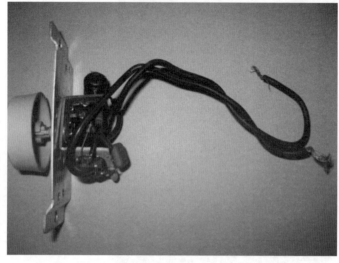

FIGURA 4-17: Um dimmer é um circuito eletrônico simples com apenas alguns componentes.

A Figura 4-18 mostra o interior do conjunto de circuitos de um disco rígido de um computador. Ligado a uma superfície especial conhecida como *placa de circuito impressa* (ou *PCB*, em inglês), o circuito consiste no seguinte:

» Muitos *componentes separados* (peças individuais, como resistores e capacitores).

» Uma variedade de *circuitos integrados, ou CIs* (que se parecem com centopeias eletrônicas).

» *Conectores* (os quais, não é de surpreender, conectam os elementos eletrônicos do disco rígido ao resto do computador).

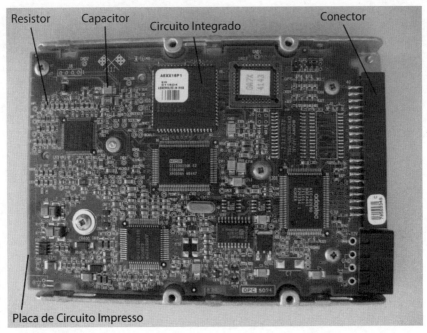

FIGURA 4-18: Elementos eletrônicos do disco rígido do computador.

CIs, que discuto no Capítulo 11, são apenas um monte de minúsculos circuitos que trabalham em conjunto para desempenhar uma função tão comumente desejada que vale a pena produzir o circuito em massa e embalá-lo em uma caixa protetora com *condutores* (pés de centopeia), que possibilitam o acesso ao circuito em seu interior.

Depois de descobrir como diferentes tipos de componentes controlam o fluxo da corrente em circuitos e podem aplicar tensão e leis de correntes, você pode começar a desenhar e construir circuitos eletrônicos úteis.

2
Controlando Correntes com Componentes

NESTA PARTE...

Freando as correntes com resistores.

Armazenando energia elétrica em capacitores e indutores.

Permitindo que a corrente flua apenas em uma direção com diodos.

Amplificando e comutando a corrente com transistores.

Usando circuitos integrados como amplificadores, contadores, osciladores e mais.

Interagindo com o ambiente com sensores e outros transdutores.

NESTE CAPÍTULO

Usando resistências a seu favor

Variando a quantidade de resistência

Criando a quantidade certa de resistência

Compreendendo por que LEDs precisam de resistores

Capítulo 5

Dando de Cara com Resistências

Se você jogar uma bola de gude em uma caixa de areia, a bola não vai chegar muito longe. Contudo, se você jogá-la na superfície de um lago congelado, ela vai deslizar por uma grande distância até, finalmente, parar. Uma força mecânica chamada fricção faz com que a bola de gude pare nas duas superfícies — mas a areia proporciona mais fricção que o gelo.

Resistência, em eletrônica, é algo muito parecido com a fricção nos sistemas mecânicos: ela freia os elétrons (aquelas partículas microscópicas em movimento que formam a corrente elétrica) quando eles se movem pelos materiais.

Neste capítulo, você vai ver exatamente o que a resistência é, onde encontrá-la (em todos os lugares) e como pode usá-la a seu favor selecionando *resistores* (componentes que proporcionam quantidades controladas de resistência) para os circuitos eletrônicos. Depois, descobrirá como combinar resistores para controlar a corrente em seus circuitos. Em seguida, você vai construir e explorar alguns circuitos usando resistores e diodos emissores de luz (LEDs). Finalmente, se dará conta de quanto os resistores são importantes — e o que acontece quando um resistor essencial não está onde deveria.

Resistindo ao Fluxo da Corrente

Resistência é a medida da oposição imposta por um objeto ao fluxo dos elétrons. Isso pode parecer algo ruim, mas, na verdade, é útil. A resistência é o que possibilita gerar calor e luz, limita o fluxo da corrente elétrica quando necessário e assegura que a tensão correta seja fornecida para um dispositivo. Por exemplo, quando os elétrons viajam pelo filamento de uma lâmpada incandescente encontram tanta resistência que diminuem muito sua velocidade. Ao lutarem para passar pelo filamento, os átomos desse filamento colidem furiosamente, gerando calor — o que produz o brilho que você vê nas lâmpadas.

Tudo — até mesmo os melhores condutores — apresentam um certo grau de resistência ao fluxo dos elétrons. (Bem, na verdade, certos materiais, chamados de *supercondutores*, podem conduzir corrente com resistência elétrica zero — mas somente se você os esfriar a temperaturas extremamente baixas. Você não vai encontrá-los na eletrônica convencional.) Quanto maior a resistência, mais limitado é o fluxo da corrente.

Assim, o que determina o grau de resistência apresentada por um objeto? A resistência depende de vários fatores:

» **Material**: Alguns materiais permitem que seus elétrons vaguem livremente, enquanto outros os prendem com firmeza. A força com que um determinado material se opõe ao fluxo dos elétrons define sua resistividade. *Resistividade* é a propriedade do material que reflete sua estrutura química. Condutores têm uma resistividade relativamente baixa, enquanto isoladores têm uma resistividade relativamente alta.

» **Área de seção transversal**: A resistência varia inversamente à área transversal; quanto maior o diâmetro, mais fácil é a mobilidade dos elétrons — isto é, menor a resistência ao movimento deles. Pense na água fluindo por um cano: quanto mais largo o cano, mais facilmente a água flui. De forma semelhante, um fio de cobre de diâmetro largo apresenta menor resistência do que um fio de cobre de diâmetro pequeno.

» **Comprimento**: Quanto mais longo o material, maior é a resistência que ele apresenta, porque os elétrons têm mais oportunidades de se chocar com outras partículas ao longo do caminho. Em outras palavras, a resistência varia diretamente em relação ao comprimento.

» **Temperatura**: Para a maioria dos materiais, quanto maior a temperatura, maior a resistência. Altas temperaturas significam que as partículas em seu interior têm mais energia, portanto, elas se chocam umas com as outras com maior frequência, retardando o fluxo de elétrons. Uma exceção notável desse caso é um tipo de resistor chamado *termistor*. Aumente a temperatura de um termistor e ele reduz sua resistência de modo previsível. (Você pode imaginar o quanto essa característica é útil em circuitos sensíveis à temperatura.) Leia sobre termistores no Capítulo 12.

LEMBRE-SE

O símbolo R é usado para representar a resistência em um circuito eletrônico. Às vezes, vê-se um subscrito ao lado de uma resistência, por exemplo, $R_{lâmpada}$. Isso só significa que $R_{lâmpada}$ representa a resistência de uma lâmpada (ou qualquer parte do circuito a que o subscrito se refere). A resistência é medida em unidades chamadas *ohms*, abreviadas com a letra grega ômega (Ω). Quanto maior o valor de ohm mais alta é a resistência.

DICA

Um único ohm é uma unidade de resistência tão pequena que provavelmente você verá a resistência medida em quantidades maiores, como *quilo-ohms* (quilo + ohm), que são milhares de ohms e se abrevia *k*Ω, ou *megaohms* (mega + ohm), que são milhões de ohms e se abrevia *M*Ω. Assim, 1kΩ = 1.000Ω e 1MΩ = 1.000.000Ω.

Resistores: Passivos, mas Potentes

Resistores são componentes eletrônicos passivos especialmente desenhados para proporcionar quantidades controladas de resistência (por exemplo, 470Ω ou 1kΩ) — veja a Figura 5-1.

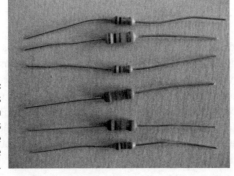

FIGURA 5-1: Resistores vêm em vários tamanhos e valores de resistência.

Embora um resistor não reforce a carga da corrente ou controle sua direção (porque é passivo), você vai descobrir que ele é um pequeno dispositivo potente, porque permite que você freie o fluxo da corrente de forma controlada. Ao escolher com cuidado e alocar resistores em diferentes partes de seu circuito, você pode controlar se cada parte de seu circuito vai receber muita ou pouca corrente.

Para que servem os resistores?

Resistores estão entre os componentes eletrônicos mais populares que existem porque são simples, mas versáteis. Um dos usos mais comuns de um resistor é restringir a quantidade de corrente em parte de um circuito. Entretanto, resistores também podem ser usados para controlar a quantidade de tensão fornecida para parte de um circuito e ajudar a criar circuitos de regulação de tempo.

Limitando a corrente

O circuito na Figura 5-2 mostra uma bateria de 6 volts fornecendo corrente para um diodo emissor de luz (LED) por um resistor (mostrado como um zigue-zague). LEDs (como muitas outras peças eletrônicas) consomem corrente como uma criança consome doces: eles tentam engolir tudo que lhes dão. Mas LEDs encontram um problema: eles queimam se usarem corrente em demasia. O resistor no circuito atende à função útil de limitar a quantidade de corrente enviada para o LED (da forma como um bom pai limita a ingestão de doces).

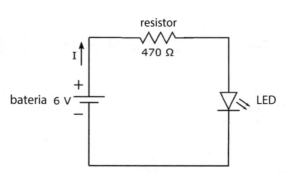

FIGURA 5-2: O resistor limita a quantidade de corrente, I, que flui para componentes sensíveis, como o diodo emissor de luz (LED) neste circuito.

Corrente em excesso pode destruir muitos componentes eletrônicos sensíveis, como transistores (que discuto no Capítulo 10) e circuitos integrados (que discuto no Capítulo 11). Ao colocar um resistor na entrada de uma peça sensível, você restringe a corrente que chega àquela peça. (Mas se você usar uma resistência muito alta, por exemplo 1MΩ, que é igual a 1.000.000 ohms, você vai limitar a corrente de tal forma que não vai ver a luz, embora ela esteja ali!) Essa técnica simples pode lhe poupar muito tempo e dinheiro que de outra forma você perderia consertando quebras acidentais em seus circuitos.

É possível observar de que forma os resistores limitam a corrente montando o circuito mostrado na Figura 5-2 e experimentando resistores de diferentes valores. Na seção "Compreendendo resistores fixos", mais adiante neste capítulo, mostro como decifrar as faixas em um resistor para determinar seu valor. Por ora, digo como os que vai precisar se parecem.

Eis os itens necessários para construir um circuito de LED com resistor:

» Quatro baterias AA de 1,5 volts.
» Um suporte para quatro baterias (para baterias AA).
» Um plug de baterias.
» Um resistor de 470Ω (identificado por faixas amarelo/violeta/marrom e então uma quarta listra que pode ser dourada, prateada, preta, marrom ou vermelha).

- » Um resistor de 4,7kΩ (amarelo/violeta/vermelho e qualquer cor na quarta listra).
- » Um resistor de 10kΩ (marrom/preto/laranja e qualquer cor na quarta listra).
- » Um resistor de 47kΩ (amarelo/violeta/laranja e qualquer cor na quarta listra).
- » Um LED (qualquer tamanho e cor).
- » Três garras jacaré isoladas *ou* uma matriz de contato sem solda.

Use garras jacaré ou uma matriz de contato sem solda para configurar o circuito (veja a Figura 5-3), começando com o resistor de 470Ω. Lembre-se de orientar o LED corretamente, conectando o fio mais curto ao terminal negativo da bateria. Não se preocupe com a orientação do resistor, qualquer lado está bom. Note o quão brilhante é o LED. Então, remova o resistor e substitua-o por outros resistores, um de cada vez, sempre aumentando a quantidade de resistência. Você notou que o LED brilha menos a cada vez? Isso ocorre porque maiores resistências limitam mais a corrente, e quanto menos corrente um LED recebe, menor seu brilho.

FIGURA 5-3: Duas maneiras de montar o circuito de LED com resistor.

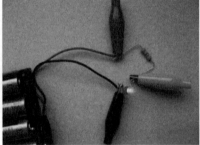
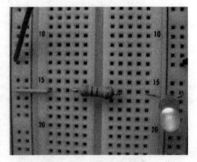

A Figura 5-4 mostra um circuito paralelo (descrito no Capítulo 4) no qual cada ramo contém uma resistência de grandeza diferente. Para resistências de grau mais elevado, a corrente que passa por esse ramo é mais limitada, de modo que o LED nesse ramo emite menos luz.

Reduzindo a Tensão

Resistores também podem ser usados para reduzir a tensão fornecida para diferentes partes de um circuito. Digamos, por exemplo, que você tem uma fonte de alimentação de 9 volts, mas precisa fornecer 5 volts para alimentar um circuito integrado em especial que está usando. Você pode montar um circuito, como o mostrado na Figura 5-5, para dividir a tensão de modo a fornecer 5 volts na saída. Então — *voilà* — você pode usar a tensão de saída, $V_{saída}$ desse *divisor de tensão*, como a tensão de alimentação para o seu circuito integrado. (Você vai encontrar detalhes de como isso funciona no Capítulo 6.)

Para observar o divisor de tensão em ação, monte o circuito mostrado na Figura 5-6 usando as seguintes peças:

- » Uma bateria de 9 volts.
- » Um plug de bateria.
- » Um resistor de 12kΩ (marrom/vermelho/laranja e a quarta listra de qualquer cor).
- » Um resistor de 15kΩ (marrom/verde/laranja e a quarta listra de qualquer cor).
- » Três garras jacaré isoladas *ou* uma matriz de contato sem solda.

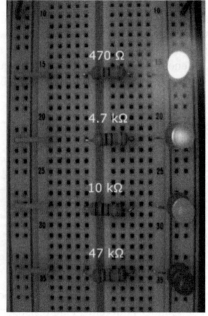

FIGURA 5-4: Resistores de grandeza maior limitam mais a corrente, resultando em menos luz emitida pelos LEDs.

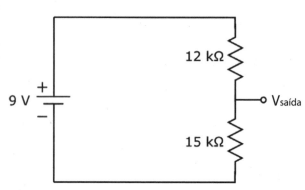

FIGURA 5-5: Use dois resistores para criar um divisor de tensão, uma técnica comum para produzir diferentes voltagens para diferentes partes de um circuito.

74 PARTE 2 **Controlando Correntes com Componentes**

Em seguida, use o multímetro ajustado para volts DC para medir a tensão na bateria e no resistor de 15kΩ, conforme mostrado na Figura 5-7. Minhas medidas mostram que a tensão real da bateria é de 9,24 volts e $V_{saída}$ (a tensão no resistor de 15kΩ) é de 5,15V.

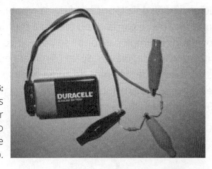

FIGURA 5-6: Duas formas de construir o circuito do divisor de tensão.

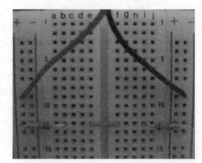

FIGURA 5-7: Meça a tensão total fornecida pela bateria (esquerda) e a tensão no resistor de 15kΩ (direita).

Controlando ciclos de regulação de tempo

Você também pode colocar um resistor para funcionar com outro componente popular — um capacitor, de que trato no Capítulo 7 — para criar oscilações previsíveis de tensão para cima e para baixo. Você vai descobrir que a combinação resistor/capacitor o ajuda a criar uma espécie de timer tipo ampulheta, que é útil em circuitos que dependem de tempo (por exemplo, um semáforo de três tempos). Explico como funciona a dinâmica da dupla resistor/capacitor no Capítulo 7.

Escolhendo um tipo de resistor: Fixo ou variável

Resistores vêm em dois "sabores" básicos: fixos e variáveis. Ambos são comumente usados em circuitos eletrônicos. Aqui estão as informações sobre cada tipo e por que você deve escolher um ou outro:

» **Um resistor fixo** fornece uma resistência constante determinada pela fábrica. Você o usa quando quer restringir a corrente dentro de um determinado limite ou dividir a tensão de uma maneira específica. Circuitos com LEDs usam resistores fixos para limitar a corrente, dessa forma, protegendo-os de quaisquer danos.

» **Um resistor variável**, comumente chamado de *potenciômetro* (abreviação: *pot*), permite que você ajuste a resistência de praticamente zero ohms para uma grandeza máxima determinada pela fábrica. Utiliza-se o potenciômetro quando se quer variar a quantidade de corrente ou tensão a ser fornecida para parte de seu circuito. Alguns exemplos de onde se pode encontrar potenciômetros são os interruptores reguláveis de luz (dimmers ou dimerizadores), controles de volume de sistemas de áudio e sensores de posição, embora controles digitais estejam substituindo em larga escala potenciômetros na eletrônica voltada para o consumidor.

FIGURA 5-8: Símbolos de circuito para um resistor fixo (à esquerda), potenciômetro (no centro) e reostato (à direita).

Nesta seção você vai ver em mais detalhes resistores fixos e variáveis. A Figura 5-8 mostra os símbolos de circuito comumente usados para representar resistores fixos, potenciômetros e outro tipo de resistor variável chamado *reostato* (veja o quadro "Reconhecendo reostatos" mais adiante neste capítulo). O padrão de zigue-zague deve lembrá-lo de que os resistores dificultam a passagem da corrente, assim como a dobra em uma mangueira dificulta a passagem da água.

Resistores fixos

Resistores fixos são desenhados para apresentar uma certa resistência, porém, a resistência real de qualquer resistor pode ter alguma variação percentual (para cima ou para baixo) em sua grandeza nominal, conhecida como *tolerância* do resistor.

Digamos que você escolha um resistor de 1.000Ω que tenha uma tolerância de 5%. A resistência real que ele proporciona pode estar em qualquer lugar entre 950Ω a 1.050Ω (porque 5% de 1.000 é 50). Pode-se dizer que a resistência é de 1.000Ω, com uma margem de mais ou menos 5%.

Usei o multímetro ajustado para ohms para medir a resistência real de cinco resistores de 1kΩ com tolerância de 5%. As leituras foram: 985Ω, 980Ω, 984Ω, 981Ω e 988Ω.

Há duas categorias de resistores fixos:

- » **Resistores de precisão padrão** podem variar de 2% até 20% de sua grandeza nominal. Marcações na embalagem do resistor vão lhe dizer qual pode ser a diferença da resistência real (por exemplo, ± 2%, ± 5%, ± 10% ou ± 20%). Os resistores de precisão padrão são usados na maioria dos projetos amadores porque (com muita frequência) você está usando resistores para limitar a corrente ou dividir voltagens dentro de um limite aceitável. Resistores com 5% ou 10% de tolerância são normalmente usados em circuitos eletrônicos.
- » **Resistores de alta precisão** têm variação de apenas 1% de seu valor nominal. Eles são usados em circuitos em que é necessária precisão extrema, como em circuitos de regulação de tempo ou referência de tensão.

Resistores fixos geralmente vêm em embalagens cilíndricas com dois condutores para fora (veja a Figura 5-1) para que se possa conectá-los a outros elementos do circuito. (Veja exceções no quadro "Identificando resistores em placas de circuito impresso".) Sinta-se à vontade para inserir resistores fixos de qualquer jeito nos circuitos — não há esquerda ou direita, em cima ou embaixo, ou de um lado a outro quando se trata desses pequenos dispositivos de dois terminais.

LEMBRE-SE

A maioria dos resistores fixos tem código de cores com o valor nominal e a tolerância (veja a seção "Compreendendo resistores fixos"), mas alguns têm os valores estampados direto na minúscula embalagem, com várias outras letras e números presentes para causar confusão. Se você não tem certeza do valor de um determinado resistor, pegue seu multímetro, ajuste-o para medir resistência em ohms e coloque seus contatos no resistor (qualquer lado), como mostra a Figura 5-9. Certifique-se de que seu resistor não esteja conectado a um circuito quando medir sua resistência; do contrário, você não vai obter uma leitura correta.

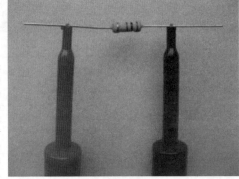

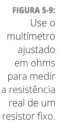
FIGURA 5-9: Use o multímetro ajustado em ohms para medir a resistência real de um resistor fixo.

DICA

Designs de circuitos geralmente informam a tolerância segura do resistor a ser usado, seja para um resistor em particular ou todos os resistores no circuito. Procure pela notação na lista de peças ou por uma nota de rodapé no diagrama do circuito. Se o diagrama esquemático não declara a tolerância, você pode deduzir que está bem usar um resistor de tolerância padrão (± 5% ou ± 10%).

CAPÍTULO 5 **Dando de Cara com Resistências** 77

Compreendendo resistores fixos

O atraente arco-íris de cores que adorna a maioria dos resistores fixos serve a um propósito que vai além de chamar sua atenção. O código por cores identifica o *valor nominal* e a *tolerância* da maioria dos resistores; os outros são tediosos e chatos e têm o valor estampado neles. O código de cores começa perto da extremidade do resistor e consiste em várias faixas, ou *bandas*, de cor. Cada cor representa um número e a posição da banda indica como usar esse número.

Resistores de precisão padrão usam quatro bandas de cores: as três primeiras bandas indicam o valor nominal do resistor e a quarta indica a tolerância. Usando a Tabela 5-1 você pode decifrar o valor nominal e a tolerância de um resistor de precisão padrão tal como segue:

» **A primeira banda** lhe dá o primeiro dígito.

» **A segunda banda** lhe dá o segundo dígito.

» **A terceira banda** mostra o multiplicador como o número de zeros a adicionar aos dois primeiros dígitos — exceto se a banda for dourada ou prateada.

- Se a terceira banda for **dourada**, pegue os dois primeiros dígitos e divida por 10.
- Se a terceira banda for **prateada**, pegue os dois primeiros dígitos e divida por 100.

» **A quarta banda** informa a tolerância, como mostrado na quarta coluna da Tabela 5-1. Se não houver quarta banda, você pode presumir que a tolerância é ± 20%.

Você sabe o valor nominal da resistência em ohms juntando os dois primeiros dígitos (lado a lado) e aplicando o multiplicador.

TABELA 5-1   Código de Cores por Registro

Cor	Faixa 1 (1º Dígito)	Faixa 2 (2º Dígito)	Faixa 3 (Multiplicador ou nº de zeros)	Faixa 4 (Tolerância)
Preto	0	0	10^0 = 1 (nenhum zero)	± 20%
Marrom	1	1	10^1 = 10 (1 zero)	± 1%
Vermelho	2	2	10^2 = 100 (2 zeros)	± 2%
Laranja	3	3	10^3 = 1.000 (3 zeros)	± 3%
Amarelo	4	4	10^4 = 10.000 (4 zeros)	± 4%
Verde	5	5	10^5 = 100.000 (5 zeros)	
Azul	6	6	10^6 = 1.000.000 (6 zeros)	
Violeta	7	7	10^7 = 10.000.000 (7 zeros)	
Cinza	8	8	10^8 = 100.000.000 (8 zeros)	

Branco	9	9	10^9 = 1.000.000.000 (9 zeros)	
Dourado	-		0,1 (dividir por 10)	± 5%
Prateado	-		0,01 (dividir por 100)	± 10%

Dê uma olhada em alguns exemplos:

» **Vermelho/vermelho/amarelo/ouro**: Um resistor com faixas vermelho (2), vermelho (2), amarelo (4) e ouro (± 5%) (veja a Figura 5-10, na parte de cima) proporciona uma resistência de 220.000Ω, ou 220KΩ, que pode variar para mais ou para menos até 5% desse valor. Assim, pode haver uma resistência em torno de 209kΩ e 231kΩ.

» **Marrom/preto/ouro/prata**: Um resistor com faixas marrom (1), preto (0), ouro (0,1) e prata (± 10%) (veja a Figura 5-10, na parte de baixo) proporciona uma resistência de 10 x 0,1, ou 1Ω, que pode variar até 10% desse valor. Assim, a resistência real pode estar entre 0,9Ω e 1,1Ω.

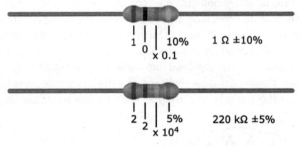

FIGURA 5-10: Decodifique o padrão de faixas do resistor para determinar a resistência.

Um resistor com cinco bandas de cor é um resistor de alta precisão. As três primeiras bandas de cor lhe dão os três primeiros dígitos, a quarta banda lhe dá o multiplicador e a quinta banda representa a tolerância (tipicamente ± 1%).

As cores variam muito nas embalagens dos resistores e alguns não usam o código de cores, de modo que você deve verificar a resistência real usando o multímetro ajustado para ohms.

Resistores variáveis (potenciômetros)

Potenciômetros, ou pots, permitem que você ajuste a resistência continuamente. Pots são dispositivos de três terminais, o que significa que proporcionam três locais para se conectar ao mundo externo (veja a Figura 5-11). Entre os dois terminais externos existe uma resistência fixa — o valor máximo do pot. Entre o terminal central e a extremidade de qualquer terminal final, a quantidade de resistência varia dependendo da posição de um eixo rotativo ou outro mecanismo de controle na parte externa do potenciômetro.

Dentro do potenciômetro há uma trilha de resistência com conexões em ambas as pontas e um cursor que se move ao longo da trilha (veja a Figura 5-12). Cada ponta da trilha de resistência está eletronicamente conectada a um dos dois terminais finais no lado externo do pot, motivo pelo qual a resistência entre os dois terminais finais é fixa e igual ao valor máximo do potenciômetro.

FIGURA 5-11: Você varia a resistência desses potenciômetros com dial de 10kΩ girando o eixo.

O cursor dentro do potenciômetro é eletricamente conectado ao terminal central e mecanicamente conectado a um eixo ou parafuso, dependendo do tipo de potenciômetro. Ao mover o cursor, a resistência entre o terminal central e um dos terminais fixos varia de 0 (zero) até o valor máximo, enquanto a resistência entre o terminal central e o outro terminal fixo varia do valor máximo até 0 (zero). Não é surpresa que a soma das duas resistências variáveis sempre seja igual à resistência máxima fixa (ou seja, a resistência entre os dois terminais finais).

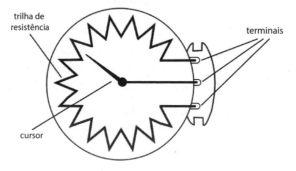

FIGURA 5-12: Um potenciômetro tem um cursor que se move ao longo da trilha de resistência.

Mais frequentemente, os potenciômetros são marcados com o seu valor máximo — 10kΩ, 50kΩ, 100kΩ, 1MΩ, e assim por diante —, e nem sempre incluem o pequeno símbolo de ohm (Ω). Por exemplo, em um pot de 50k, você pode aumentar qualquer resistência de 0 a 50.000Ω.

Potenciômetros são encontrados em diversas formas conhecidas como pots de eixo giratório, pots deslizantes e trim pots:

- » **Pots de eixo giratório** contêm trilhas resistivas giratórias e são controlados virando um eixo ou um botão. Comumente usados em projetos eletrônicos, potenciômetros de eixo giratório são desenhados para serem montados em um orifício cortado em uma caixa que abriga um circuito, com o botão acessível do lado de fora da caixa. São populares para ajustar o volume em circuitos de som.
- » **Pots deslizantes** contêm uma trilha resistiva linear e são controlados movendo-se um controle ao longo da trilha. São vistos em equipamentos estéreo (por exemplo, *faders*) e alguns interruptores com dimerizadores.
- » **Trim pots** (também conhecidos como *pots pré-ajustados*) são menores, desenhados para ser montados em uma placa de circuito; há neles um parafuso para ajustar a resistência. Eles são normalmente usados para o controle da sintonia de um circuito — por exemplo, para ajustar a sensibilidade de um circuito sensível à luz — mais do que permitir variações (como ajustes de volume) durante a operação do circuito.

CUIDADO

Ao usar um potenciômetro em um circuito, lembre-se de que se o cursor for movido totalmente para baixo haverá resistência zero e você não limitará a corrente com esse dispositivo. É prática comum inserir um resistor fixo em série com um potenciômetro como medida de proteção para limitar a corrente. Você simplesmente escolhe um valor para o resistor fixo de modo que ele funcione com seu resistor variável a fim de produzir a quantidade de resistência que você precisa. (Procure detalhes sobre como calcular a resistência total de múltiplos resistores em série na seção "Combinando Resistores", mais adiante neste capítulo.)

DICA

Note que o intervalo de variação do potenciômetro é aproximado. Se o potenciômetro não tiver marcações, use um multímetro (ajustado em ohms) para calcular o valor do componente. Também se pode usar um multímetro para medir a resistência variável entre o terminal central e qualquer um dos terminais fixos. (O Capítulo 16 explica em detalhes como testar resistências com um multímetro.)

O símbolo de circuito normalmente usado para representar um potenciômetro (veja a Figura 5-8, centro) consiste em um padrão em zigue-zague representando a resistência e uma seta representando o cursor.

Classificando resistores segundo a energia

Hora do questionário! O que acontece quando se deixa um número excessivo de elétrons passar por um resistor ao mesmo tempo? Se você respondeu "um calorão generalizado sem garantia do seu dinheiro de volta", acertou! Sempre que elétrons fluem por algo com resistência, geram calor — e quanto mais elétrons, maior é o calor.

RECONHECENDO REOSTATOS

A palavra potenciômetro muitas vezes é usada para categorizar todos os resistores variáveis, mas outro tipo de resistor variável, conhecido como reostato, é diferente de um verdadeiro potenciômetro. Reostatos são dispositivos de dois terminais com um condutor conectado ao cursor e outro condutor conectado a uma extremidade da trilha resistiva. Embora o potenciômetro seja um dispositivo de três terminais — seus condutores se conectam ao cursor e a ambas as pontas da trilha resistiva —, pode-se usar o potenciômetro como um reostato (isso é muito comum) conectando apenas dois de seus condutores, ou se pode conectar os três condutores ao circuito — e obter um resistor fixo e variável pelo preço de um!

Reostatos normalmente suportam maiores níveis de tensão e corrente do que potenciômetros. Isso os torna ideais para aplicações industriais, como controlar a velocidade de motores elétricos em grandes máquinas. Entretanto, reostatos têm sido substituídos por circuitos que usam dispositivos semicondutores (veja o Capítulo 9), que consomem muito menos energia.

O símbolo de circuito usado para representar um reostato é mostrado na Figura 5-8, à direita de quem olha.

Componentes eletrônicos (como resistores) podem suportar somente uma certa quantidade de calor (o quanto vai depender do tamanho e do tipo do componente) antes de derreter. Como o calor é uma forma de energia, e potência é a medida da energia consumida durante um período de tempo, você pode usar a potência nominal de um componente eletrônico para dizer quantos watts (*Watts*, abreviados como W, são unidades de energia elétrica) podem ser suportados por um componente com segurança.

Todos os resistores (incluindo potenciômetros) vêm com a classificação de potência nominal. Resistores fixos padrão comuns podem suportar 1/8W ou 1/4W, mas pode-se encontrar facilmente resistores de 1/2W e 1W — e alguns são até à prova de chama. (Isso o deixa nervoso quando pensa em construir circuitos?) Naturalmente, você não vai ver a potência nominal indicada no resistor (algo que tornaria a tarefa muito fácil), de modo que você tem que descobri-la pelo tamanho do resistor (quanto maior o resistor, mais potência ele pode suportar) ou obtê-la do fabricante ou fornecedor das peças.

LEMBRE-SE

Então, como usar a potência nominal para escolher um determinado resistor para o circuito? Você calcula o pico de energia que espera que o resistor tenha que suportar e escolhe uma potência nominal equivalente ou superior. A energia é calculada como segue:

$$P = V \times I$$

V representa a tensão (em volts, abreviado V) medida no resistor e I representa a corrente (em amperes, abreviado A) que flui pelo resistor. Por exemplo, suponha que a tensão seja de 5V e você quer que passem 25mA (miliamperes) de corrente pelo resistor. Para calcular a energia, primeiro você deve converter 25mA para 0,025A (lembre: *mili*amperes equivalem a um milésimo de ampere). Então, você multiplica 5 por 0,025A e obtém 0,125W, ou 1/8W. Assim, você sabe que um resistor de 1/8W pode ser suficiente, mas tem certeza de que um resistor de 1/4W *transmitirá* a carga em seu circuito sem problemas.

DICA

Para a maioria dos projetos eletrônicos amadores, resistores de 1/4W ou 1/8W funcionam bem. Você precisa de resistores de alta tensão para aplicações de *carga elevada*, em que as cargas, como a de um motor ou controle de lâmpada, exigem correntes mais elevadas que as usadas em projetos caseiros para funcionar. Resistores de alta tensão vêm em muitos formatos, mas você pode apostar que eles são maiores e mais volumosos do que seu resistor médio.

IDENTIFICANDO RESISTORES EM PLACAS DE CIRCUITO IMPRESSO

Conforme você vai conhecendo eletrônica, pode ficar curioso o bastante para dar uma olhada em alguns eletrônicos em sua casa. Aviso: tenha cuidado! Siga as orientações de segurança apresentadas no Capítulo 13. Você pode (por exemplo) abrir o controle remoto de sua TV e ver alguns componentes conectados entre um touchpad e um LED. Em placas de circuito impresso (PCB) — que servem de plataforma para construir circuitos para produção em massa comumente encontrados em computadores e outros sistemas eletrônicos —, você pode ter dificuldade em reconhecer os componentes individuais do circuito. Isso ocorre porque os fabricantes usam técnicas sofisticadas para encher os PCBs com componentes, visando aumentar a eficiência e poupar espaço nas placas.

Uma dessas técnicas, tecnologia de montagem na superfície (SMD, em inglês), permite que componentes sejam montados diretamente na superfície de uma placa (pense neles como "preparando-se para a ação"). Dispositivos montados na superfície, como os resistores SMD mostrados na fotografia, parecem um pouco diferentes dos componentes que você usaria para construir um circuito em sua garagem, porque não requerem longos terminais para serem conectados a um circuito. Esses componentes usam um sistema de códigos próprio para rotular o valor da peça.

CAPÍTULO 5 **Dando de Cara com Resistências** 83

Resistores com potência nominal acima de 5W são envoltos em epóxi (ou outro revestimento impermeável e à prova de fogo) e têm formato retangular e não cilíndrico. Um resistor de alta potência pode até incluir seu próprio *dissipador de calor* metálico, com aletas que afastam o calor do resistor.

Combinando Resistores

Quando começar a pesquisar resistores, você vai descobrir que nem sempre pode encontrar exatamente o que quer. Não seria prático para os fabricantes fazer resistores com todos os valores possíveis de resistência. Em vez disso, eles fabricam resistores com um conjunto limitado de valores de resistência e você os adapta (como vai ver a seguir). Por exemplo, você pode procurar em todos os lugares um resistor de 25kΩ, mas nunca vai encontrá-lo; entretanto, resistores de 22kΩ são tão comuns quanto chuva no verão! O segredo é calcular como conseguir a resistência que se precisa usando peças padrão disponíveis.

Assim sendo, você pode combinar resistores de várias formas a fim de criar um valor de *resistência equivalente* que vai se aproximar muito de qualquer resistência de que precisa. E como resistores de precisão padrão têm mesmo uma exatidão entre 5% e 10% de seu valor nominal, combinar resistores funciona muito bem.

DICA

Há certas "normas" para se combinar resistências, assunto que trato nesta seção. Aplique-as não só para ajudá-lo a escolher resistores prontos para seus circuitos, mas também como parte essencial de seu empenho para analisar os circuitos eletrônicos de outras pessoas. Por exemplo, se você souber que uma lâmpada tem uma certa quantidade de resistência e colocar um resistor em série com a lâmpada para limitar a corrente, vai precisar saber qual é a resistência total dos dois componentes antes de poder calcular a corrente que passa por eles.

Resistores em série

Quando se combina dois ou mais resistores (ou resistências) em série, eles são conectados de uma extremidade a outra (como mostra a Figura 5-13), de modo que a mesma corrente passe sequencialmente em cada resistor. Ao fazer isso você restringe um pouco a corrente com o primeiro resistor, limita-a ainda mais com o próximo resistor e assim por diante. Dessa forma, o efeito da série de combinações é um *aumento* na resistência em geral.

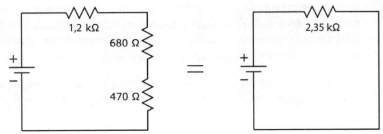

FIGURA 5-13: A resistência combinada de dois ou mais resistores em série é a soma das resistências individuais.

Para calcular a resistência combinada (equivalente) de múltiplos resistores em série simplesmente soma-se os valores das resistências individuais. Pode-se estender essa norma a qualquer quantidade de resistores em série.

$$R_{série} = R1 + R2 + R3 + ...$$

R1, R2, R3, e assim por diante, representam os valores dos resistores, e $R_{série}$ representa o total equivalente da resistência. Lembre-se de que a mesma corrente flui por todos os resistores conectados em série e que todos os resistores contribuem para a limitação geral da corrente.

DICA

Você pode aplicar esse conceito de resistência equivalente para ajudá-lo a selecionar resistores para a necessidade específica de um circuito. Por exemplo, suponha que você precisa de um resistor de 25kΩ, mas não consegue encontrar um resistor padrão com esse valor. Você pode combinar dois resistores padrão — um resistor de 22kΩ e um resistor de 3,3kΩ — em série para obter 25,3kΩ de resistência. Essa é uma diferença menor do que 2% dos 25kΩ que você procura — dentro dos níveis de tolerância normais dos resistores (que ficam entre 5% e 10%).

LEMBRE-SE

Tenha cuidado com as unidades de mensuração quando somar valores de resistência. Por exemplo, suponha que você conecte os seguintes resistores em série: 1,2kΩ, 680Ω e 470Ω (consulte a Figura 5-13). Antes de somar as resistências é necessário converter os valores para as mesmas unidades, por exemplo, ohms. Nesse caso, a resistência total, $R_{série}$, é calculada da seguinte maneira:

$$\begin{aligned} R_{série} &= 1,200\ \Omega + 680\ \Omega + 470\ \Omega \\ &= 2,350\ \Omega \\ &= 2.35\ k\Omega \end{aligned}$$

DICA

A resistência combinada *sempre* vai ser maior do que qualquer resistência individual. Esse fato é útil quando se está desenhando circuitos. Por exemplo, se você quer limitar a corrente que chega a uma lâmpada, mas não sabe qual é a resistência dela, pode colocar um resistor em série com a lâmpada e constatar que a resistência total ao fluxo da corrente é *ao menos* igual ao valor do resistor que você acrescentou. Para circuitos que usam resistores variáveis (como um circuito de luz com dimmer), colocar um resistor fixo em série com o resistor

CAPÍTULO 5 **Dando de Cara com Resistências**   85

variável garante que a corrente vai ser restringida mesmo que o potenciômetro seja ajustado a zero ohms. (As informações sobre como calcular exatamente qual vai ser a corrente de uma determinada combinação de tensão/resistência serão apresentadas mais adiante neste capítulo.)

Veja por si mesmo como um pequeno resistor em série pode salvar um LED. Monte o circuito mostrado na Figura 5-14, à esquerda, usando as seguintes peças:

FIGURA 5-14: Um resistor em série com um potenciômetro garante que a corrente levada ao LED seja limitada até mesmo se o potenciômetro for ajustado para zero ohms. Sem esse resistor, o LED queima.

- » Uma bateria de 9 volts.
- » Um plug de bateria.
- » Um resistor de 470Ω (amarelo/violeta/marrom).
- » Quatro garras jacaré.
- » Um potenciômetro de 10kΩ.
- » Um LED, de qualquer tamanho e qualquer corrente.

DICA

Certifique-se de conectar o terminal central e um dos terminais fixos do potenciômetro ao circuito, deixando o outro terminal fixo desconectado, e de orientar o LED corretamente, de modo que seu terminal mais curto esteja conectado ao terminal negativo da bateria.

Vire o eixo do potenciômetro e observe o que acontece ao LED. Você deverá ver a intensidade da luz variar de relativamente forte para muito fraca (ou vice--versa) conforme ajusta a resistência do potenciômetro.

Com o eixo do potenciômetro posicionado em algum ponto no centro do intervalo de variação, remova o resistor de 470Ω e conecte o LED diretamente ao potenciômetro, como mostra a Figura 5-14 à direita. Agora, mova o eixo lentamente na direção que faz a luz brilhar com mais intensidade. Vire-o totalmente para o final e observe o que acontece com o LED. Quando você posiciona o seletor para 0Ω, deverá ver o LED brilhar com intensidade cada vez maior até finalmente parar de brilhar. Sem resistência para limitar a corrente, o LED pode queimar. (Se isso ocorrer você deve jogá-lo fora, porque ele não vai mais funcionar.)

Resistores em paralelo

Combinar dois resistores em paralelo significa conectar os dois jogos de terminais em conjunto (veja a Figura 5-15) de modo que cada resistor tenha a mesma tensão. Ao fazer isso, você proporciona dois caminhos diferentes para a corrente fluir. Mesmo que cada resistor esteja restringindo o fluxo da corrente em um caminho do circuito, ainda há outro caminho que pode puxar mais corrente. Da perspectiva da fonte de tensão, alocar resistores em paralelo *diminui* a resistência geral.

Para calcular a resistência equivalente, $R_{paralelo}$, de dois resistores em paralelo, usa-se a seguinte fórmula:

$$R_{paralelo} = \frac{R1 \times R2}{R1 + R2}$$

em que *R1* e *R2* são os valores dos resistores individuais.

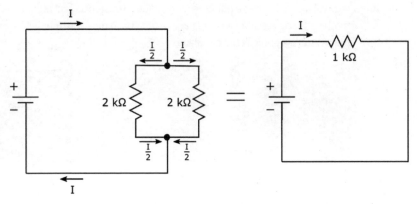

FIGURA 5-15: A resistência combinada de dois ou mais resistores em paralelo é sempre menor do que qualquer uma das resistências individuais.

DICA

Você deve lembrar que a linha que separa o numerador e o denominador em uma fração representa divisão, de modo que há outra maneira de realizar essa fórmula:

$$R_{paralelo} = (R1 \times R2) \div (R1 + R2)$$

MEDINDO RESISTÊNCIAS COMBINADAS

Usando o multímetro ajustado para medir resistência em ohms, você pode verificar a resistência equivalente de resistores em série e em paralelo.

As fotos a seguir mostram como medir a resistência equivalente de três resistores em série (esquerda), dois resistores em paralelo (centro) e a combinação de um resistor em série com dois resistores paralelos (direita). Selecione três resistores e tente fazer o exercício.

Os resistores nas fotos têm valores nominais de 220kΩ, 33kΩ e 1kΩ. Nas fotos do centro e da direita, os resistores paralelos são os de 220kΩ e 33kΩ. O resistor sozinho em série na foto da direita é o de 1kΩ.

Para os resistores em série (foto da esquerda), a resistência equivalente calculada em kΩ foi (220 + 33 + 1) = 254, e a resistência real que medi foi de 255,4kΩ.

Para os resistores paralelos (foto do centro), a resistência equivalente calculada em kΩ foi (220 x 33) / (220 + 33) = 28,7, e a resistência real que medi foi de 28,5kΩ.

Para a combinação em série/paralelo (foto da direita), a resistência calculada em kΩ foi (28,7 + 1) = 29,7, e a resistência real que medi foi de 29,4kΩ.

Lembre-se: os valores da maioria dos resistores variam um pouco em relação a seus valores nominais; é por esse motivo que a resistência real medida para cada combinação de resistor mostrada aqui é um pouco diferente (nesses casos, <2%) de sua resistência equivalente calculada.

  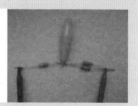

No exemplo da Figura 5-14, dois resistores de 2kΩ são colocados em paralelo. A resistência equivalente é a seguinte:

$$R_{paralelo} = \frac{2,000\ \Omega \times 2,000\ \Omega}{2,000\ \Omega + 2,000\ \Omega}$$
$$= \frac{4,000,000\ \Omega^2}{4,000\ \Omega}$$
$$= 1,000\ \Omega$$
$$= 1\ k\Omega$$

Nesse exemplo, pelo fato de os dois resistores terem a mesma resistência, conectá-los em paralelo resulta em uma resistência equivalente à *metade do valor de cada um*. O resultado é que cada resistor puxa metade da corrente de alimentação. Se dois resistores de valor diferente forem colocados em paralelo, *mais* corrente vai fluir pelo caminho com resistência *menor* do que o caminho com a resistência maior.

Caso seu circuito exija um resistor com uma potência nominal um pouco mais alta, digamos 1W, mas você tem somente resistores de 1/2W, você pode combinar dois resistores de 1/2W em paralelo. Apenas selecione valores de resistores que combinem e criem a resistência de que você precisa. Pelo fato de cada um puxar metade da corrente que um único resistor puxaria, ele dissipa metade da potência (lembre-se de que potência = tensão x corrente).

Se você combinar mais que um resistor em paralelo, o cálculo fica um pouco mais complicado:

$$R_{paralelo} = \frac{1}{\frac{1}{R1} + \frac{1}{R2} + \frac{1}{R3} + ...}$$

As reticências no final do denominador indicam que você continua somando os inversos das resistências para quantos resistores você tem em paralelo.

Para resistências múltiplas em paralelo, a quantidade de corrente que flui por qualquer ramo é *inversamente proporcional* à resistência naquele ramo. Em termos práticos, quanto maior a resistência, menos corrente flui para aquele lado; quanto menor a resistência, mais corrente flui para aquele lado. Assim como a água, a corrente elétrica favorece o caminho de menor resistência.

Como um atalho nas equações de eletrônica, você pode ver o símbolo ∥ usado para representar a fórmula para resistores em paralelo. Por exemplo:

$$R_{paralelo} = R1 \parallel R2 = \frac{R1 \times R2}{R1 + R2}$$

ou

$$R_{paralelo} = R1 \parallel R2 \parallel R3 = \frac{1}{\frac{1}{R1} + \frac{1}{R2} + \frac{1}{R3}}$$

Combinando resistores em série e paralelos

Muitos circuitos combinam resistores em série e resistores paralelos de diversas maneiras para limitar a corrente em algumas partes do circuito enquanto dividem a corrente em outras partes do mesmo circuito. Em alguns casos, pode-se calcular a resistência equivalente combinando as equações para resistores em série e resistores paralelos.

Por exemplo, na Figura 5-16, o resistor R_2 (3,3kΩ) está em paralelo com o resistor R_3 (3,3kΩ), e essa combinação paralela está em série com o resistor R_1 (1kΩ). Pode-se calcular a resistência total (em kΩ) como segue:

$$R_{equivalente} = R_1 + (R_2 \parallel R_3)$$
$$= R_1 + \frac{R_2 \times R_3}{R_2 + R_3}$$
$$= 1\ k\Omega + \frac{3{,}3\ k\Omega \times 3{,}3\ k\Omega}{3{,}3\ k\Omega + 3{,}3\ k\Omega}$$
$$= 1\ k\Omega + 1{,}65\ k\Omega$$
$$= 2.65\ k\Omega$$

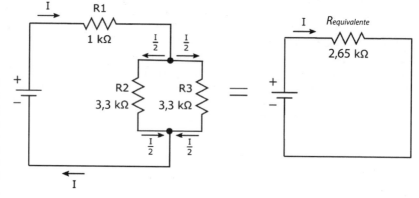

FIGURA 5-16: Muitos circuitos incluem uma combinação de resistências paralelas e em série.

Nesse circuito a corrente fornecida pela bateria é limitada pela resistência *total* do circuito, que é de 2,65kΩ. A corrente de alimentação flui do terminal positivo da bateria pelo resistor R_1, divide-se — com metade fluindo pelo resistor R_2 e metade fluindo pelo resistor R_3 (porque essas resistências são iguais) — e então se combina de novo para fluir até o terminal negativo da bateria.

CUIDADO

Muitas vezes os circuitos têm combinações de resistência mais complexas do que as simples relações em série ou paralelas, e calcular as resistências equivalentes nem sempre é fácil. É preciso usar matemática de matrizes para analisá-las e como este não é um livro de matemática, não vou entrar nos detalhes complexos dessa matéria.

> **NESTE CAPÍTULO**
>
> **Compreenda como correntes, tensões e resistências são governadas pela Lei de Ohm**
>
> **Pratique a Lei de Ohm analisando circuitos**
>
> **Usando a energia como seu guia para escolher componentes de circuitos**

Capítulo 6

Obedecendo à Lei de Ohm

Há uma relação íntima entre a tensão (a força elétrica que empurra os elétrons) e a corrente em componentes que têm resistência. Essa relação é resumida com precisão em uma equação simples com um nome peremptório: Lei de Ohm. Neste capítulo, você põe a Lei de Ohm para funcionar a fim de descobrir o que está acontecendo em alguns circuitos básicos. Depois, vai dar uma olhada no papel da Lei de Ohm e dos cálculos de energia relacionados no planejamento de circuitos eletrônicos.

Definindo a Lei de Ohm

Em eletrônica, um dos conceitos mais importantes para se compreender é a relação entre tensões, corrente e resistências em um circuito, resumidas em uma simples equação conhecida como Lei de Ohm. Quando você compreender a equação a fundo, estará pronto para analisar circuitos planejados por outras pessoas, assim como planejar seus próprios circuitos com sucesso. Antes de mergulhar na Lei de Ohm, pode ser útil dar uma olhada rápida nas idas e vindas das correntes.

Passando corrente por uma resistência

Se você colocar a fonte de uma tensão em um componente eletrônico que tem uma resistência mensurável (como uma lâmpada ou um resistor), a força da tensão vai empurrar os elétrons pelo componente. O movimento de lotes e lotes de elétrons é o que constitui a corrente elétrica. Ao aplicar uma tensão mais elevada você exerce mais força nos elétrons, o que cria um fluxo de elétrons mais forte — uma corrente maior — pela resistência. Quanto maior é a força (tensão V), mais forte é o fluxo de elétrons (corrente I).

Uma analogia apropriada é o fluxo de água em um cano de determinado diâmetro. Se você exercer uma determinada pressão na água no cano, a corrente vai fluir em determinado ritmo. Se você aumentar a pressão da água, a corrente vai fluir mais depressa pelo mesmo cano, e caso reduza a pressão da água a corrente vai fluir mais lentamente por ele.

A variação é diretamente proporcional!

A relação entre tensão (V) e corrente (I) em um componente com resistência (R) foi descoberta no início dos anos 1880 por Georg Ohm (esse nome lhe parece familiar?) Ele calculou que, para componentes com uma resistência fixa, a tensão e a corrente variam da mesma forma: dobre a tensão e a corrente é dobrada; reduza a tensão à metade e a corrente é reduzida à metade. Ele resumiu essa relação com precisão na simples equação matemática que leva o seu nome: Lei de Ohm.

LEMBRE-SE

A *Lei de Ohm* enuncia que a tensão é igual à corrente multiplicada pela resistência, ou

$$V = I \times R$$

O que isso realmente significa é que a tensão (V), medida em um componente com uma resistência fixa, é igual à corrente (I), que flui pelo componente, multiplicada pelo valor da resistência (R).

Por exemplo, no circuito simples da Figura 6-1, uma bateria de 9 volts aplicada em um resistor de 1kΩ produz uma corrente de 9mA (que é 0,009A) no circuito:

$$9V = 0{,}009A \times 1.000\Omega$$

A Lei de Ohm é tão importante na eletrônica que é aconselhável que você a recite várias vezes, como um mantra, até dominá-la! Para ajudá-lo a lembrar, pense na Lei de Ohm como uma Lei "VIR".

DICA

Ao usar a Lei de Ohm, observe suas unidades de medida com cuidado. Certifique-se de converter quaisquer *quilos e milis* antes de pegar a calculadora. Se você pensar a Lei de Ohm como volts = amps x ohms, você vai ficar bem. E, se for corajoso, também pode usar volt = miliamperes x quilo-ohms, o que funciona igualmente bem (porque os *milis* anulam os *quilos*).

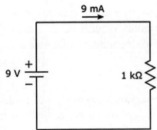

FIGURA 6-1: A tensão de 9V aplicada ao resistor de 1kΩ produz uma corrente de 9mA.

CUIDADO

Porém, se você não for cuidadoso e misturar as unidades, pode levar um choque! Por exemplo, em uma lâmpada com a resistência de 100Ω passa uma corrente de 50mA. Se você esquecer de converter miliamperes em amperes, vai multiplicar 100 por 50 e obter 5.000V como a tensão da lâmpada! Aai! A forma correta de realizar os cálculos é convertendo 50mA em 0,05A e *então* multiplicar por 100Ω para obter 5V. Muito melhor!

A Lei de Ohm é tão importante (eu já disse isso?) que criei a seguinte lista para auxiliá-lo a lembrar-se de como usá-la:

tensão = corrente x resistência

$V = I \times R$

volts = amps x ohms

$V = A \times \Omega$

volts = miliamperes x quilo-ohms

$V = mA \times k\Omega$

DICA

Há um motivo pelo qual Georg Ohm tem seu nome associado aos valores da resistência assim como à lei. A definição de um ohm, ou unidade de resistência, veio do trabalho de Georg Ohm. O *ohm* é definido pela resistência entre dois pontos em um condutor quando um volt, aplicado nesses pontos, produz um ampere de corrente pelo condutor. Eu achei que você gostaria de saber disso. (Ainda bem que o sobrenome de Georg não era Woojciehowicz!)

Uma lei, três equações

Você se lembra da álgebra que aprendeu na escola? Lembra-se de como pode rearranjar os termos de uma equação que contém variáveis (como os conhecidos *x* e *y*) para resolver uma variável, contanto que saiba os valores das demais variáveis? Bem, a mesma regra se aplica à Lei de Ohm. Você pode rearranjar seus termos para criar mais duas equações, para um total de três equações dessa única lei!

$$V = I \times R \qquad I = \frac{V}{R} \qquad R = \frac{V}{I}$$

Essas três equações dizem a mesma coisa, mas de formas diferentes. Você pode usá-las para calcular uma quantidade quando conhece as outras duas. A que você vai usar em determinado momento depende do que está tentando fazer. Por exemplo:

» **Para calcular uma tensão desconhecida**, multiplique a corrente pela resistência ($V = I \times R$). Por exemplo, se você tem uma corrente de 2mA correndo por um resistor de 2kΩ, a tensão no resistor é igual a 2mA x 2kΩ (ou 0,002A x 2.000Ω) = 4V.

» **Para calcular uma corrente desconhecida**, pegue a tensão e divida-a pela resistência ($I = V \div R$). Por exemplo, se 9V forem aplicados a um resistor de 1kΩ, a corrente é 9V ÷ 1.000VΩ = 0,009A, ou 9mA.

» **Para calcular uma resistência desconhecida**, pegue a tensão e a divida pela corrente ($R = V \div R$). Por exemplo, se você tem 3,5V em um resistor desconhecido em que passa uma corrente de 10mA, a resistência é 3,5V ÷ 0,01A = 350Ω.

Usando a Lei de Ohm para Analisar Circuitos

Quando você estiver dominando a Lei de Ohm, estará apto a colocá-la em prática. A Lei de Ohm é como uma chave mestra que abre os segredos dos circuitos eletrônicos. Use-a para compreender o comportamento dos circuitos e para acompanhar problemas em um circuito (por exemplo, por que a luz não acende, a campainha não toca ou o resistor não resiste depois que derreteu). Você também pode usá-la para planejar circuitos e escolher as peças adequadas para eles. Trato desses temas mais adiante neste capítulo. Nesta seção, discuto como aplicar a Lei de Ohm para analisar circuitos.

Calculando a corrente através de um componente

No circuito simples que você viu na Figura 6-1, uma bateria de 9 volts é aplicada em um resistor de 1kΩ. Você vai calcular a corrente pelo resistor da seguinte forma:

$$I = \frac{9\ V}{1.000\ \Omega} = 0.009\ A = 9\ mA$$

Se você acrescentar um resistor de 220Ω em série com o 1kΩ, como mostra a Figura 6-2, estará restringindo ainda mais a resistência.

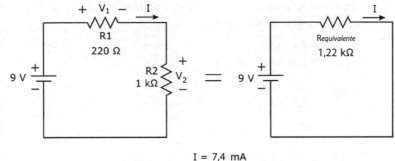

FIGURA 6-2: Para calcular a corrente nesse circuito, determine a resistência equivalente e aplique a Lei de Ohm.

Para calcular a corrente que flui pelo circuito, você precisa determinar a resistência total que a bateria de 9 volts está enfrentando no circuito. Pelo fato de os resistores estarem em série, as resistências se somam e geram uma resistência equivalente total de 1,22kΩ. Você vai usar essa resistência para calcular a nova corrente, como segue:

$$I = \frac{9\text{ V}}{1{,}220\text{ }\Omega} \approx 0{,}0074\text{ A} \approx 7{,}4\text{ mA}$$

Ao somar o resistor adicional você reduziu a corrente em seu circuito de 9mA para 7,4mA.

DICA

O símbolo de ondulação (≈) na equação acima significa "aproximadamente igual a", e eu o usei porque arredondei a corrente para o décimo de miliampere mais próximo. Geralmente não há problema em arredondar grandezas mínimas assim dos valores em eletrônica — a menos que você esteja trabalhando com eletrônica que controle o desintegrador de uma partícula subatômica ou outro dispositivo industrial de alta precisão.

Calculando a tensão através de um componente

No circuito que foi mostrado na Figura 6-1, a tensão no resistor é simplesmente a tensão fornecida pela bateria: 9 volts. Isso ocorre porque o resistor é o único elemento do circuito além da bateria. Acrescentar um segundo resistor em série (veja a Figura 6-2) muda o quadro da tensão. Agora, parte da tensão da bateria é distribuída pelo resistor de 220Ω (*R1*), e o resto da tensão da bateria é distribuída pelo resistor de 1kΩ (*R2*). Rotulei essas tensões como *V1* e *V2*, respectivamente.

Para calcular quanto a tensão cai em cada resistor aplica-se a Lei de Ohm para cada resistor individualmente. Você conhece o valor de cada resistor e *agora sabe qual é a corrente que flui em cada resistor*. Lembre-se de que a corrente (*I*) é a tensão da bateria (9V) dividida pelo total da resistência (*R1* + R2, ou 1,22kΩ), ou aproximadamente 7,4mA. Agora você pode aplicar a Lei de Ohm a cada resistor para calcular a queda na tensão:

$$V_1 = I \times R1$$
$$= 0,0074 \text{ A} \times 220 \text{ }\Omega$$
$$= 1,628 \text{ V}$$
$$\approx 1,6 \text{ V}$$

$$V_2 = I \times R2$$
$$= 0,0074 \text{ A} \times 1,000 \text{ }\Omega$$
$$= 7,4 \text{ V}$$

Note que se você somar as quedas de tensão nos dois resistores vai obter 9 volts, que é o total da tensão fornecida pela bateria. Não se trata de uma coincidência; a bateria está fornecendo tensão para os dois resistores no circuito e a tensão fornecida é dividida entre os resistores proporcionalmente, segundo seus valores. Esse tipo de circuito é conhecido como *divisor de tensão*.

PAPO DE ESPECIALISTA

Há um meio mais rápido para calcular qualquer uma das "tensões divididas" (*V1* ou *V2*) na Figura 6-2. Você sabe que a corrente que passa pelo circuito pode ser expressa como

$$I = \frac{V_{bateria}}{R1 + R2}$$

Você também sabe que:

$$V_1 = I \times R_1$$

e

$$V_2 = I \times R_2$$

Para calcular *V1*, por exemplo, você pode substituir a expressão de *I* mostrada acima, obtendo

$$V_1 = \frac{V_{bateria}}{R1 + R2} \times R1$$

Você pode rearranjar os termos sem mudar a equação para obter

$$V_1 = \frac{R1}{R1 + R2} \times V_{bateria}$$

De forma semelhante, a equação para V_2 é

$$V_2 = \frac{R2}{R1 + R2} \times V_{bateria}$$

Considerando os valores de R1, R2 e $V_{bateria}$ obtém-se V_1 = 1,628V e V_2 = 7,4V, tal como havia sido calculado anteriormente.

LEMBRE-SE

A equação geral a seguir é comumente usada para a tensão através do resistor (R1) em um circuito divisor de tensão:

$$V_1 = \frac{R1}{R1 + R2} \times V_{bateria}$$

DICA

Muitos sistemas eletrônicos usam divisores de tensão para reduzir o fornecimento de tensão para um nível mais baixo, após o que transferem essa tensão reduzida para a entrada de outra parte do sistema geral que a requer mais baixa.

No Capítulo 5 você tem o exemplo de um divisor de tensão que reduz o fornecimento de 9 volts para 5 volts usando resistores de 15kΩ e 12kΩ. Você pode usar a equação de divisão de tensão para calcular a tensão de saída, $V_{saída}$, desse circuito divisor de tensão, que é mostrado na Figura 6-3, como segue:

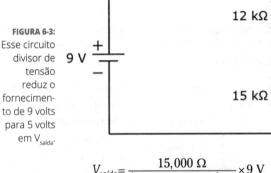

FIGURA 6-3: Esse circuito divisor de tensão reduz o fornecimento de 9 volts para 5 volts em $V_{saída}$.

$$V_{saída} = \frac{15{,}000 \; \Omega}{(12{,}000 + 15{,}000) \; \Omega} \times 9 \text{ V}$$

$$= \frac{15{,}000}{27{,}000} \times 9 \text{ V}$$

$$= 5 \text{ V}$$

O circuito na Figura 6-3 reparte um fornecimento de 9V reduzindo-o para 5V.

USANDO A LEI DE OHM

A Lei de Ohm é útil para analisar a tensão e a corrente em resistores e outros componentes que se comportam como resistores, como lâmpadas. Contudo, é necessário ter cuidado ao aplicar a Lei de Ohm em outros componentes eletrônicos tais como capacitores (detalhados no Capítulo 7) e indutores (explicados no Capítulo 8), que não apresentam uma resistência constante em todas as circunstâncias. Para esses componentes, a oposição à corrente — conhecida como impedância — vai variar dependendo do que está ocorrendo no circuito. Assim, você não pode simplesmente usar um multímetro para medir a "resistência" de um capacitor, por exemplo, e então tentar aplicar a Lei de Ohm sem mais nem menos.

Calculando uma resistência desconhecida

Digamos que você tenha uma lanterna grande que funciona com uma bateria de 12 volts e você mede uma corrente de 1,3A no circuito. (Discuto como medir correntes no Capítulo 16.) Pode-se calcular a resistência de uma lâmpada incandescente medindo a tensão da lâmpada (12V) e dividindo-a pela corrente que passa pela lâmpada (1,3A). É uma conta muito rápida:

$$R_{lâmpada} = \frac{12\text{ V}}{1.3\text{ A}} = 9\text{ }\Omega$$

Ver É Crer: A Lei de Ohm Realmente Funciona!

A Lei de Ohm, que regula todos os componentes eletrônicos resistivos, é um dos princípios mais importantes da eletrônica. Nesta seção você pode testá-la e dar os primeiros passos na análise de circuitos.

A Figura 6-4 apresenta um circuito em série que contém uma bateria de 9 volts, um resistor de 1kΩ (R1) e um potenciômetro de 10kΩ, ou um resistor variável (R2). Você vai testar a Lei de Ohm em diferentes valores de resistência.

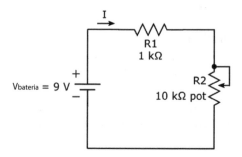

FIGURA 6-4: Com um simples circuito em série você pode testemunhar a Lei de Ohm em ação.

Para construir este circuito você precisa das seguintes peças:

- » Uma bateria de 9 volts.
- » Um plug de bateria.
- » Um resistor de 1kΩ ¼W (mínimo) (faixas marrom/preto/vermelho).
- » Um potenciômetro de 10kΩ.
- » Uma matriz de contato (Protoboard).

DICA

Consulte no Capítulo 2 as informações sobre a compra dessas peças e no Capítulo 5 os detalhes sobre resistores e potenciômetros. Você vai precisar ligar fios

98 PARTE 2 **Controlando Correntes com Componentes**

aos terminais de seu potenciômetro para poder conectá-lo ao circuito. Procure no Capítulo 15 por dicas sobre ligar fios a potenciômetros e usar uma matriz de contato. Pelo fato de medir a corrente, talvez você queira consultar o Capítulo 16 e procurar detalhes sobre como usar um multímetro.

Eis os passos a seguir para construir o circuito e testar a Lei de Ohm:

1. **Conecte o condutor central (cursor) e um condutor externo (fixo) do potenciômetro.**

   Ao se usar um potenciômetro (pot) como um resistor variável de dois terminais, é prática comum conectar o cursor e um terminal fixo juntos. Dessa maneira, R2 é a resistência de condutores combinados com outro condutor externo (fixo). Ao ajustar o pot você pode variar a resistência de R2 entre 0 (zero) Ω e 10kΩ. Por ora, simplesmente torça juntas as pontas dos fios que saem dos terminais do pot.

2. **Zere o potenciômetro.**

   Com o multímetro ajustado em ohms, meça a resistência do pot, do condutor do cursor ao terminal fixo que não está conectado ao cursor. Então, gire o botão totalmente em uma direção ou outra até que o multímetro leia 0Ω. Esse valor é a resistência do pot com que você vai começar em seu circuito.

3. **Construa o circuito usando a Figura 6-5 como guia.**

   Note que não importa o lado para o qual você vira o resistor de 1kΩ ou o pot (contanto que você mantenha os mesmos dois condutores do pot juntos, como fez ao medir a resistência). Você pode separar os condutores do potenciômetro e inseri-los nos furos próximos na matriz de contato.

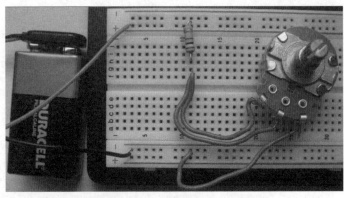

FIGURA 6-5: Sua matriz de contato faz as conexões entre os componentes nesse circuito em série simples.

4. **Meça a corrente que flui no circuito.**

   Para medir a corrente você necessita romper o circuito e inserir o multímetro em série no componente cuja corrente está medindo. Em um circuito em série a corrente que flui em cada componente é a mesma, de modo que você pode medir a corrente em qualquer ponto que quiser do circuito. Para este exemplo, explico como inserir o multímetro entre o resistor e o pot.

Antes de inserir o multímetro no circuito, ajuste-o para medir corrente DC em miliamperes (uma variação de 20mA está bem). Então, mova o terminal do resistor que está conectado ao pot até outra coluna em sua matriz de contato (ou apenas deixe o condutor desconectado solto). Agora você rompeu o circuito.

Conecte o condutor positivo do multímetro no lado aberto do resistor de 1kΩ e o condutor negativo do multímetro no lado aberto do pot. Observe a leitura atual.

Essa leitura é a que você espera obter ao aplicar a Lei de Ohm ao circuito? Lembre-se de que, pelo fato de o potenciômetro estar virado totalmente para 0Ω, a resistência total em seu circuito — vamos chamá-la de R_{total} — é de aproximadamente 1kΩ.

Você deve esperar uma corrente de cerca de 9mA, porque

$V_{bateria}$ / R_{total} = 9 / V / 1kΩ = 9mA. Quaisquer discrepâncias se devem a variações na tensão de alimentação, na tolerância do resistor e na ligeira resistência do multímetro.

5. Mude o ajuste do pot para 10kΩ e observe a mudança na corrente.

Com o multímetro ainda inserido no circuito, gire o botão totalmente para o outro lado de modo que a resistência seja de 10kΩ. Qual é a leitura da corrente? É essa a corrente que você esperava?

Você deve esperar uma corrente de cerca de 0,82mA, porque R_{total} é agora 11kΩ e $V_{bateria}$ / R_{total} = 9V / 11kΩ = 0,82mA.

6. Mude o pot para um ponto intermediário e observe a corrente.

Com o multímetro ainda inserido no circuito, ajuste o potenciômetro a uma posição no centro de sua variação. Não se preocupe com o valor exato. Que corrente você tem agora? Anote-a.

7. Meça a resistência do pot.

Remova o potenciômetro do circuito *sem reposicionar o dial*. Remova o multímetro do circuito, ajuste-o para medir resistência em ohms e meça a resistência do pot entre o cursor (terminal central) e o terminal fixo que não está conectado ao cursor. Se a Lei de Ohm realmente funcionar (o que deve acontecer), você deverá descobrir que a seguinte equação é verdadeira:

$$I = \frac{V_{bateria}}{R_{total}}$$

$$= \frac{9\ V}{1\ k\Omega + R_{pot}}$$

em que I é a corrente que você mediu na Etapa 6 e R_{pot} é a resistência que você mediu no potenciômetro.

Você pode realizar quantas experiências desejar, variando o pot e medindo a corrente e a resistência do pot para verificar que a Lei de Ohm realmente funciona.

Para que Serve Realmente a Lei de Ohm?

A Lei de Ohm também é útil quando se está analisando todos os tipos de circuitos, sejam simples ou complexos. Você vai usá-la para desenhar e alterar circuitos eletrônicos, para se certificar de obter a corrente e a tensão corretas nos locais certos do circuito. Você vai usar tanto a Lei de Ohm que ela vai se tornar uma segunda natureza para você.

Analisando circuitos complexos

A Lei de Ohm vem a calhar quando se analisa circuitos mais complexos do que o circuito simples de uma lâmpada discutido anteriormente. É comum você precisar incorporar seu conhecimento sobre resistências equivalentes para aplicar a Lei de Ohm e calcular exatamente onde as correntes estão fluindo e como as tensões caem em todo o circuito.

Observe o circuito em série/paralelo mostrado na Figura 6-6. Digamos que você precise saber exatamente quanta corrente está fluindo em cada resistor do circuito.

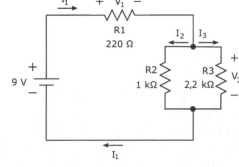

FIGURA 6-6: Analise circuitos complexos aplicando a Lei de Ohm e calculando resistências equivalentes.

CAPÍTULO 6 **Obedecendo à Lei de Ohm** 101

Você pode calcular a corrente que passa em cada resistor, passo a passo, como segue:

1. Calcule a resistência equivalente do circuito.

Você encontra esse valor aplicando as regras para resistores em paralelo e resistores em série (consulte detalhes no Capítulo 5), assim:

$$R_{equivalente} = R1 + R2 \parallel R3$$
$$= R1 + \frac{R2 \times R3}{R2 + R3}$$
$$= 220 \ \Omega + \frac{1,000 \ \Omega \times 2,200 \ \Omega}{1,000 \ \Omega + 2,200 \ \Omega}$$
$$\approx 220 \ \Omega + 688 \ \Omega$$
$$\approx 908 \ \Omega$$

2. Calcule a corrente total fornecida pela bateria.

Aplique a Lei de Ohm usando a tensão da bateria e a resistência equivalente do circuito:

$$I_1 = \frac{9 \ V}{908 \ \Omega} \approx 0,0099A \ ou \ 9,9 \ mA$$

3. Calcule a queda de tensão nos resistores paralelos.

Você pode fazer esse cálculo das duas formas e vai obter mais ou menos o mesmo resultado (a ligeira diferença se deve às aproximações por arredondamento):

- *Aplique a Lei de Ohm* a resistores paralelos. Você calcula a resistência equivalente dos dois resistores em paralelo e então a multiplica pela corrente de alimentação. A resistência equivalente é 688Ω, como mostra a etapa 1. Assim, a tensão é

$$V_2 = 0,0099 \ A \times 688 \ \Omega$$
$$\approx 6.81 \ V$$

- *Aplique a Lei de Ohm em R1 e subtraia sua tensão da tensão de fornecimento*. A tensão V_1, que passa por R_1 é

$$V_1 = 0,0099 \ A \times 220 \ \Omega$$
$$\approx 2,18 \ V$$

Assim, a tensão V_2 nos resistores paralelos é

$$V_2 = V_{bateria} - V_1$$
$$\approx 9 \ V - 2,18 \ V$$
$$\approx 6,82 \ V$$

4. **Finalmente, calcule a corrente em cada resistor paralelo.**

Para obter esse resultado aplica-se a Lei de Ohm a cada resistor, usando a tensão que você acabou de calcular (V_2). Aqui está o cálculo:

$$I_2 = \frac{6{,}82\text{ V}}{1{,}000\ \Omega} = 0{,}0682\text{ A} \approx 6{,}8\text{ mA}$$

$$I_3 = \frac{6{,}82\text{ V}}{2{,}200\ \Omega} = 0{,}0031\text{ A} = 3{,}1\text{ mA}$$

Observe que as correntes dos dois ramos, I_2 e I_3, formam o total da corrente de alimentação, I_1: 6,8mA + 3,1mA = 9,9mA. Isso é bom (e uma boa maneira de verificar se você realizou os cálculos corretamente).

Projetando e alterando circuitos

Você pode usar a Lei de Ohm para determinar quais componentes usar em um projeto de circuito. Por exemplo, você pode possuir uma série de circuitos que consistem em 9V de suprimento de energia elétrica, um resistor e um LED, como mostrado na Figura 6-7.

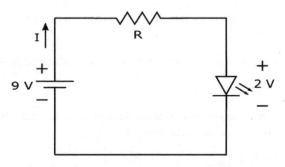

FIGURA 6-7: Você pode usar a Lei de Ohm para determinar a resistência mínima de que precisa para proteger um LED.

Como você verá no Capítulo 9, a queda de tensão em um LED permanece constante dentro de um certo limite da corrente que passa por ele, mas se você tentar passar muita corrente pelo LED, ele vai queimar. Por exemplo, suponha que a tensão de seu LED seja 2V e a corrente máxima que pode suportar é 20mA. Que resistência você deve pôr em série com o LED a fim de limitar a corrente para que ela nunca exceda 20mA?

Para descobrir, primeiro é necessário calcular a queda de tensão no resistor quando o LED está ligado. Você já sabe que a tensão de alimentação é 9V e o LED consome 2V. O único outro componente no circuito é o resistor, de modo que você sabe que ele vai consumir o resto da tensão de alimentação — todos os 7V. Se você quiser restringir a corrente para não ultrapassar 20mA, necessita de um resistor que seja *pelo menos* 7 ÷ 0,020A = 350Ω. Como é difícil encontrar um

CAPÍTULO 6 **Obedecendo à Lei de Ohm** 103

resistor de 350Ω, suponha que você escolha um resistor facilmente disponível que se aproxime, mas tenha valor mais alto do que 350Ω, como um resistor de 390Ω. A corrente vai ser de 7V ÷ 390Ω = 0,0179A, ou cerca de 18mA. O LED pode brilhar com uma intensidade um pouco menor, mas tudo bem.

A Lei de Ohm também é útil para aprimorar um circuito existente. Digamos que seu cônjuge esteja tentando dormir mas você quer ler, então, você pega uma lanterna grande. A lâmpada da lanterna tem uma resistência de 9Ω e é alimentada por uma bateria de 6V, de modo que você sabe que a corrente no circuito é de 6V ÷ 9Ω ≈ 0,67A. Seu cônjuge acha a luz muito forte, então, para reduzir a luminosidade (e salvar o casamento), você quer limitar um pouco a corrente que flui pela lâmpada. Você acha que reduzi-la para 0,45A é o ideal, e sabe que inserir um resistor em série entre a bateria e a lâmpada vai limitar a corrente.

No entanto, qual é o valor da resistência de que você precisa? Você pode usar a Lei de Ohm para calcular o valor da resistência da seguinte maneira:

1. **Usando a nova corrente desejada, calcule a queda de tensão pretendida na lâmpada:**

$$V_{lâmpada} = 0,45A \times 9Ω \approx 4,1V$$

2. **Calcule a quantidade da tensão de alimentação que gostaria de ter no novo resistor.**

   Essa tensão é a diferença entre as tensões da alimentação e da lâmpada.

$$V_{resistor} = 6V - 4,1V = 1,9V$$

3. **Calcule o valor do resistor necessário para criar a queda de tensão de acordo com a nova corrente desejada.**

$$R = \frac{1,9\ V}{0,45\ A} \approx 4,2\ Ω$$

4. **Escolha um resistor cujo valor seja próximo ao valor calculado e certifique-se de que ele possa suportar a dissipação da potência:**

   Como você vai ver na próxima seção, para calcular a potência dissipada em um componente eletrônico você deve multiplicar a queda de tensão no componente pela corrente que passa por ele. Assim, a potência que seu resistor de 4,2Ω precisa suportar é

$$P_{resistor} = 1,9V \times 0,45A \approx 0,9W$$

Resultado: Como não vai encontrar um resistor de 4,2Ω, você pode usar um resistor de 4,7Ω 1W para reduzir a intensidade da luz. Seu cônjuge vai dormir bem; espero que os roncos não interfiram em sua leitura!

O Poder da Lei de Joule

Outro cientista que trabalhou duro no início dos anos 1800 foi o energético James Prescott Joule. Joule é responsável por descobrir a equação que lhe dá os valores de potência; ela é conhecida como *Lei de Joule*:

P = V x I

Essa equação estabelece que a potência (em watts) é igual à tensão (em volts) em um componente, vezes a corrente (em amperes) que passa por esse componente. O interessante em tal equação é que ela se aplica a todos os componentes eletrônicos, seja um resistor, uma lâmpada, um capacitor ou qualquer outro. Ela lhe mostra a que taxa a energia elétrica é consumida pelo componente — qual é a potência.

Usando a Lei de Joule para escolher componentes

Você já viu como usar a Lei de Joule para garantir que um resistor seja forte o bastante para evitar que um circuito derreta, mas você deve saber que essa equação também é útil para selecionar outras peças eletrônicas.

Lâmpadas, diodos (discutidos no Capítulo 9) e outros componentes também vêm com a potência nominal máxima. Se você espera que eles funcionem com níveis de potência maiores do que a potência nominal, vai ficar desapontado quando o excesso de potência os fizer estourar e queimar. Quando se seleciona uma peça, é necessário considerar a potência *máxima possível* que ela precisará suportar no circuito. Isso é feito determinando a corrente máxima que passará pela peça e a tensão na peça, e então multiplicando esses números juntos. Depois, escolhe-se uma peça com uma potência nominal que exceda essa potência nominal máxima.

Joule e Ohm: Perfeitos juntos

Você pode usar a criatividade e combinar a Lei de Joule e a Lei de Ohm para obter mais equações úteis que ajudem a calcular a potência de componentes resistivos em circuitos. Por exemplo, se você substituir $I \times R$ por V na Lei de Joule, você terá:

P = (i x R) x I = I²R

A equação oferece uma forma de calcular a potência se você souber qual é a corrente e a resistência, mas não a tensão. De forma semelhante, você pode substituir V/R por I na Lei de Joule para obter:

$$P = V \times \frac{V}{R} = \frac{V^2}{R}$$

Usando essa fórmula você pode calcular a potência caso saiba qual é a tensão e a resistência, mas não a corrente.

A Lei de Joule e a Lei de Ohm são utilizadas em combinação com tanta frequência que às vezes Georg Ohm recebe os créditos por ambas as leis!

> **NESTE CAPÍTULO**
>
> **Armazenando energia elétrica em capacitores**
>
> **Carregando e descarregando capacitores**
>
> **Dizendo "não" para DC e "sim" para AC**
>
> **Criando a dupla dinâmica: capacitores e resistores**
>
> **Bloqueando, filtrando, atenuando e retardando sinais**

Capítulo 7

Entendendo de Capacitores

Se os resistores são os componentes eletrônicos mais populares, os capacitores estão em segundo lugar. Com habilidade para armazenar energia elétrica, os capacitores são colaboradores importantes em todos os tipos de circuitos eletrônicos — e sua vida seria muito mais monótona sem eles.

Capacitores (cujo nome completo é *capacitores de potência em derivação*) possibilitam mudar a *forma* (o padrão ao longo do tempo) dos sinais elétricos levados pela corrente — uma tarefa que os resistores não podem realizar sozinhos. Embora não seja tão fácil entender os capacitores quanto os resistores, eles são ingredientes essenciais em muitos sistemas eletrônicos e industriais que você usufrui atualmente, como radiorreceptores, dispositivos de memória de computadores e sistemas de desdobramento de airbags, de modo que vale a pena investir tempo e raciocínio para compreender o funcionamento dos capacitores.

Este capítulo trata do que os capacitores são feitos, como armazenam energia elétrica e como os circuitos usam essa energia. Você vai observar um capacitor carregar e armazenar energia e depois liberá-la. Depois, descobrirá como os capacitores trabalham em conjunto com resistores para desempenhar funções úteis. Finalmente, mostro os vários usos de capacitores em circuitos eletrônicos — provando, acima de qualquer dúvida, que vale a pena entendê-los.

Capacitores: Reservatórios de Energia Elétrica

Quando você quer tomar água geralmente pode matar a sede de duas formas: pegando a água que sai de uma fonte e flui em canos quando abre a torneira, ou sorvendo-a de um reservatório, como um bebedouro. Você pode pensar na energia elétrica de forma semelhante: ela é obtida diretamente da fonte (como uma bateria ou um gerador), ou mediante um dispositivo que armazena energia elétrica — um capacitor.

Assim como se enche um recipiente que sirva de bebedouro conectando-o à fonte de água, dota-se um capacitor com energia elétrica conectando-o a uma fonte de energia elétrica. E assim como a água armazenada naquele recipiente lá permanece, ainda que a fonte seja removida, a energia elétrica armazenada em um capacitor também permanece ali, mesmo depois que a fonte é removida. Nos dois casos, a coisa (água ou energia elétrica) armazenada no dispositivo fica por lá até que algo venha e a utilize — um consumidor sedento, ou um componente eletrônico requerendo energia elétrica.

Um *capacitor* é um dispositivo eletrônico com dois terminais que armazena energia elétrica transferida de uma fonte de tensão (veja a Figura 7-1). Se você remover a fonte de tensão e isolar eletricamente o capacitor (de modo que não esteja conectado em um circuito completo), ele guarda a energia elétrica armazenada. Caso você o conecte a outros componentes em um circuito completo, ele vai liberar parte ou toda a energia armazenada. Um capacitor é feito de duas placas de metal separadas por um isolante conhecido como *dielétrico*.

CAPACITORES E BATERIAS: QUAL É A DIFERENÇA?

Capacitores e baterias armazenam energia elétrica, mas de modos diferentes. Uma bateria usa reações eletroquímicas para produzir partículas carregadas que se acumulam em seus dois terminais de metal, criando a tensão. Um capacitor não produz partículas carregadas, mas permite que elas se acumulem em suas placas, criando tensão entre elas (veja a seção "Carregando e Descarregando Capacitores"). A energia elétrica de uma bateria é resultado de um processo de conversão de energia originado das substâncias químicas armazenadas dentro dela, enquanto a energia elétrica do capacitor é fornecida por uma fonte externa a esse capacitor.

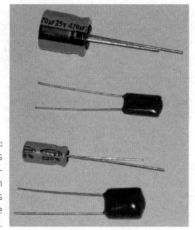

FIGURA 7-1: Capacitores são encontrados em diversos tamanhos e formas.

Carregando e Descarregando Capacitores

Se você fornecer uma alimentação DC a um circuito que contenha um capacitor em série com uma lâmpada (como mostra a Figura 7-2), o fluxo da corrente não pode ser sustentado porque não há um caminho condutor completo entre as placas. Em outras palavras, capacitores bloqueiam a corrente DC. Entretanto, os elétrons se movem ao redor desse pequeno circuito — temporariamente — de forma interessante.

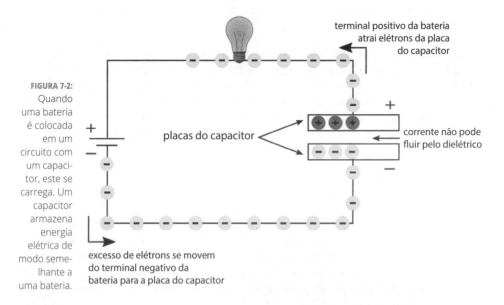

FIGURA 7-2: Quando uma bateria é colocada em um circuito com um capacitor, este se carrega. Um capacitor armazena energia elétrica de modo semelhante a uma bateria.

CAPÍTULO 7 **Entendendo de Capacitores**   109

Lembre-se que o terminal (ou polo) negativo de uma bateria tem um excesso de elétrons. Assim, no circuito mostrado na Figura 7-2, o excesso de elétrons começa a se afastar da bateria em direção a um dos lados do capacitor. Após alcançarem o capacitor, e sem um caminho condutor para atravessá-lo, eles param. O resultado é um excesso de elétrons nessa placa.

Ao mesmo tempo, o terminal positivo da bateria atrai elétrons da outra placa do capacitor, de modo que *eles* começam a se mover. Quando passam pela lâmpada, a acendem (mas apenas por uma fração de segundo, o que explico no próximo parágrafo). Uma carga positiva líquida (devido a uma deficiência de elétrons) é produzida nessa placa. Com a carga negativa líquida nessa placa, e uma carga positiva líquida na outra, o resultado é a diferença de tensão entre as duas placas. Essa diferença de tensão representa a energia elétrica armazenada no capacitor.

A bateria continua empurrando elétrons para uma placa (e puxando elétrons da outra) até que a queda de tensão nas placas do capacitor seja igual à tensão da bateria. Nesse ponto de equilíbrio não há diferença de tensão entre a bateria e o capacitor, de modo que não há um empurrão para que os elétrons fluam da bateria para o capacitor. O capacitor deixa de ser carregado e os elétrons já não se movem pelo circuito — e a lâmpada apaga.

Quando a queda de tensão nas duas placas é igual à tensão da bateria, diz-se que o capacitor está *totalmente carregado*. (São realmente as *placas* do capacitor que estão carregadas; o capacitor como um todo não tem carga líquida.) Ainda que a bateria permaneça conectada, o capacitor não vai mais carregar, porque não há diferencial de tensão entre a bateria e ele. Se você remover a bateria do circuito, a corrente não vai fluir e a carga vai permanecer nas placas do capacitor. O capacitor parece uma fonte de tensão, já que segura a carga, armazenando energia elétrica.

CUIDADO

Quanto maior for a tensão da bateria que você aplicar a um capacitor, maior será a carga que irá se acumular em cada placa, e maior a queda de tensão no capacitor — até certo ponto. Capacitores têm limitações físicas: eles podem suportar somente uma determinada tensão antes que o dielétrico entre as placas seja superado pela quantidade de energia elétrica no capacitor e comece a soltar elétrons, resultando em corrente que forma um arco sobre as placas. Você pode ler mais sobre o assunto em "Ficando de olho na tensão de trabalho", mais adiante neste capítulo.

Se você substituir a bateria por um fio simples, proporcionará um caminho pela lâmpada para que o excesso de elétrons na placa avance para a outra placa (com falta de elétrons). As placas do capacitor se *descarregam* pela lâmpada, acendendo-a de novo brevemente — mesmo sem uma bateria no circuito — até que a carga nas duas placas seja neutralizada. A energia elétrica que foi armazenada no capacitor é consumida pela lâmpada. Quando o capacitor se descarrega (na verdade, são as *placas* que se descarregam), a corrente não vai fluir mais.

CUIDADO

Um capacitor pode estocar energia elétrica durante horas a fio. É ideal se certificar de que o capacitor seja descarregado antes de manuseá-lo, para que ele não descarregue através de você. Para descarregar um capacitor, coloque com cuidado uma pequena lâmpada incandescente em seus terminais, usando para isso garras jacaré isoladas (consulte o Capítulo 2) para fazer a conexão. Caso a lâmpada acenda, você sabe que o capacitor estava carregado e a luz deve enfraquecer em alguns segundos à medida que o dispositivo descarrega. Se você não tem uma lâmpada à mão coloque um resistor 1MΩ 1W nos terminais e espere pelo menos 30 segundos (veja detalhes no Capítulo 16).

Assistindo ao carregamento de um capacitor

O circuito mostrado na Figura 7-3 permite que você observe um capacitor sendo carregado e descarregado diante de seus olhos. Ele é simbolizado por uma linha reta diante de uma linha curva.

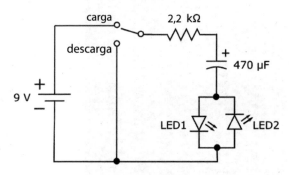

FIGURA 7-3: Este circuito permite que você assista à carga e descarga do capacitor.

Você precisa das seguintes peças para construir o circuito:

- » Uma bateria de 9 volts com um plug de bateria.
- » Um capacitor eletrolítico de 470μF.
- » Dois resistores 2,2kΩ ¼W (vermelho/vermelho/vermelho).
- » Dois diodos emissores de luz (LEDs), de qualquer tamanho, qualquer cor.
- » Um interruptor de polo único double-throw (SPDT).
- » Dois ou três cabos (fios) de ligação.
- » Uma matriz de contato (Protoboard).

O Capítulo 2 mostra onde encontrar as peças necessárias. Faço com que acompanhe a montagem do circuito nesta seção, mas se antes de começar você quiser saber mais, consulte o Capítulo 9 para informações sobre LEDs e o Capítulo 15 para informações detalhadas sobre a construção de circuitos usando uma matriz de contato sem solda.

Usando a Figura 7-4 como guia, monte o circuito seguindo os seguintes passos:

1. **Insira verticalmente o interruptor SPCT em qualquer uma das filas de uma coluna interior da seção à esquerda do centro de sua matriz de contato.**

   Em uma posição (rotulada *carga* na Figura 7-3), esse comutador vai conectar a bateria de 9V ao circuito, permitindo que o capacitor se carregue. Em outra posição (rotulada *descarga* na Figura 7-3), o interruptor vai desconectar a bateria e substituí-la por um fio de modo que o capacitor possa se descarregar.

2. **Insira um pequeno fio de ligação entre a trilha de energia positiva e a parte inferior final do terminal do interruptor SPDT.**

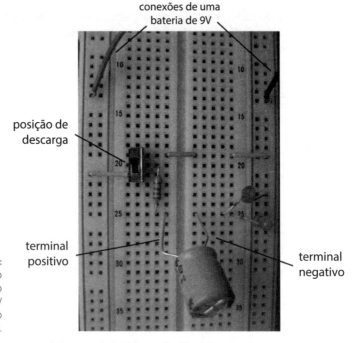

FIGURA 7-4: Montando o circuito de carga/descarga do capacitor.

3. **Insira um fio de ligação entre o terminal superior do interruptor e a trilha de energia negativa.**

   Eu usei os fios de dois cabos de ligação curtos e as conexões internas da matriz de contato para ligar o interruptor à trilha de energia negativa (consulte a Figura 7-4), mas você pode usar um fio mais longo para conectar o terminal do interruptor diretamente à trilha de energia negativa.

4. **Posicione o botão deslizante do interruptor perto do terminal superior.**

   Essa posição de descarga é mostrada na Figura 7-4.

5. **Insira o resistor de 2,2kΩ na matriz de contato.**

   Conecte um lado (qualquer um dos dois) do resistor a um orifício na mesma fileira que o terminal central do comutador SPDT. Conecte o outro lado do resistor a um orifício em uma fileira aberta (para um resultado mais caprichado, faça essa conexão na mesma coluna que a conexão do primeiro lado do resistor).

6. **Insira o capacitor eletrolítico de 470μF na matriz de contato.**

   Um capacitor eletrolítico de 470μF é polarizado, portanto, é importante o lado no qual você vai inserir o capacitor. Ele deve ter um sinal de menos (-) ou uma seta indicando o terminal negativo. Se não tiver, verifique o comprimento dos condutores; o mais curto está do lado negativo.

   Conecte o lado positivo ao lado do resistor não conectado ao interruptor, inserindo o condutor do capacitor em um orifício na mesma fileira que o condutor da resistência. Conecte o lado negativo do capacitor a um orifício na seção à direita do centro da matriz de contato. Certifique-se de verificar a orientação do capacitor, porque se você o inserir de forma errada poderá danificar — ou até explodir — o capacitor.

7. **Inserir os LEDs na matriz de contato em paralelo um com o outro, mas com orientação inversa.**

   LEDs são polarizados, assim, é importante o lado para o qual são orientados. A corrente flui do lado positivo para o negativo, mas não inversamente (consulte detalhes no Capítulo 9). O lado negativo de um LED tem uma perna mais curta.

   Insira o lado positivo do LED1 na mesma fileira que o lado negativo do capacitor. Conecte o lado negativo do LED1 à trilha de potência negativa. Insira o lado negativo do LED2 na mesma fileira que o condutor negativo do capacitor e o lado positivo do LED2 na trilha de potência negativa.

8. **Conecte a bateria de 9 volts.**

   Conecte o terminal negativo da bateria à trilha de potência negativa.

   Conecte o terminal positivo da bateria à trilha de potência positiva.

Após montar o circuito, você está pronto para observar o capacitor carregar e descarregar.

Ficando de olho nos LEDs, mova o controle deslizante do interruptor para a posição carregar (na direção do terminal mais baixo). O LED acendeu? Continuou aceso? (Ele deve acender imediatamente e então enfraquecer até apagar em cerca de 5 segundos.)

A seguir, mova o controle do interruptor de volta à posição descarregar (em direção ao terminal superior). O LED2 acendeu, enfraqueceu e apagou depois de cerca de 5 segundos?

Com o interruptor na posição carregar, a bateria está conectada ao circuito e a corrente flui enquanto o capacitor carrega. O LED1 acende temporariamente enquanto a corrente flui por ele durante o tempo necessário para o capacitor carregar. Quando o capacitor deixa de carregar, a corrente não flui mais e o LED1 apaga. Note que o LED2 está orientado "ao contrário", de modo que a corrente não passa por ele enquanto o capacitor carrega.

Com o interruptor na posição descarregar, a bateria é substituída por um fio (ou, na verdade, por dois cabos de ligação e uma conexão interna na matriz de contato, que juntos equivalem à conexão de um só fio). O capacitor descarrega e a corrente flui pelo resistor e o LED2, que acende enquanto o capacitor descarrega. Depois que o capacitor deixa de descarregar, a corrente já não flui e o LED2 apaga.

Você pode virar o comutador de um lado a outro o quanto quiser para observar os LEDs acendendo e enfraquecendo enquanto o capacitor carrega e descarrega.

O resistor protege os LEDs limitando a corrente que flui por eles (consulte detalhes no Capítulo 5). O resistor também desacelera o processo de carga/descarga do capacitor para que você possa observar os LEDs acenderem. Selecionando cuidadosamente a potência do resistor e do capacitor você pode controlar o tempo da carga e descarga, como vê na seção intitulada "Combinando Capacitores", mais adiante neste capítulo.

Opondo-se às mudanças de tensão

Pelo fato de levar muito tempo para que as cargas se acumulem nas placas do capacitor quando uma corrente DC é aplicada, e levar tempo para que a carga deixe as placas depois que a corrente DC é removida, diz-se que os capacitores "se opõem à mudança de tensão". Isso significa apenas que, se você mudar de repente a tensão aplicada a um capacitor, ele não pode reagir de imediato; a tensão que atravessa o capacitor muda mais lentamente do que a tensão que você aplicou.

Pense em quando você está no carro, parado no sinal vermelho. Quando a luz fica verde você põe o carro em movimento outra vez, aumentando a velocidade até atingir o limite máximo. Leva tempo para atingir essa velocidade, assim como leva tempo para que o capacitor atinja um determinado nível de tensão. Porém, se você ligar uma bateria no resistor, a tensão nele muda quase instantaneamente.

A tensão do capacitor demora um certo tempo para "alcançar" a da fonte. Isso não é ruim; muitos circuitos usam capacitores porque carregá-los demanda tempo. Esse é o motivo principal pelo qual os capacitores podem mudar a forma (o padrão) dos sinais elétricos.

Dando passagem à corrente alternada

Embora os capacitores não possam passar corrente direta (DC) — exceto temporariamente, como você viu na seção anterior — por causa do dielétrico que proporciona uma barreira ao fluxo de elétrons, eles podem passar corrente alternada (AC).

Suponha que você aplique uma fonte de alimentação de AC a um capacitor. Lembre-se de que uma fonte de alimentação AC varia para cima e para baixo, elevando-se de 0 volts para a tensão de pico, depois caindo até 0 volts para o pico de tensão negativa, depois elevando-se novamente de 0 volts para o pico de sua tensão, e assim por diante. Imagine-se sendo um átomo em uma das placas do capacitor olhando para o terminal da fonte AC mais perto de você. Às vezes, você sente uma força empurrando seus elétrons em uma direção, em outras, você sente uma força empurrando os elétrons em uma direção diferente. Em ambos os casos, a intensidade da força vai variar ao longo do tempo à medida que a tensão da fonte varia sua intensidade. Você e os outros átomos na placa do capacitor vão se alternar entre liberar e receber elétrons à medida que a tensão da força oscila para cima e para baixo.

O que realmente está acontecendo é que, enquanto a alimentação da fonte AC se eleva de 0 volts até o pico de sua tensão, o capacitor carrega, assim como acontece quando você aplica uma tensão DC. Quando a tensão de alimentação está no pico, o capacitor pode ou não ficar carregado por completo (isso depende de vários fatores, como o tamanho das placas do capacitor). Então, a tensão da fonte começa a diminuir de seu pico até chegar a 0 volts. Enquanto isso ocorre, em algum ponto a tensão da fonte torna-se menor do que a tensão do capacitor. Quando isso ocorre, o capacitor começa a descarregar através da fonte AC. Então, a tensão da fonte reverte a polaridade e o capacitor descarrega totalmente. Enquanto a tensão da fonte continua a descer na direção de sua tensão de pico negativo, as cargas começam a se acumular ao *contrário* nas placas do capacitor: a placa que anteriormente continha mais cargas negativas agora contém mais cargas positivas, e a placa que antes continha mais cargas positivas agora contém mais cargas negativas. À medida que a tensão da fonte se eleva de seu pico negativo, novamente o capacitor descarrega através da fonte AC, mas na direção oposta da carga original, e o ciclo se repete. Esse ciclo contínuo de carga/descarga pode ocorrer milhares — até milhões — de vezes por segundo, enquanto o capacitor tenta, por assim dizer, acompanhá-lo nos altos e baixos da fonte AC.

LEMBRE-SE

Como a fonte AC está constantemente mudando de direção, o capacitor passa por um ciclo contínuo de carga, descarga e recarga. Como resultado, cargas elétricas se movem para frente e para trás no circuito, e, embora praticamente nenhuma corrente flua pelo dielétrico (exceto uma pequena *corrente de vazamento*), o efeito é o mesmo que se a corrente estivesse fluindo pelo capacitor. Diz-se que esses fantásticos capacitores passam corrente alternada (AC), apesar de bloquearem corrente direta (DC).

Se você acrescentar uma lâmpada ao circuito de seu capacitor alimentado por uma fonte de alimentação AC, a lâmpada vai acender e *vai ficar acesa* enquanto a fonte AC estiver conectada. A corrente alterna sua direção através da lâmpada, mas a lâmpada não se importa com a direção em que a corrente flui através dela. (Não exatamente como em um LED, onde a direção para a qual a corrente flui é importante.) Embora nenhuma corrente passe *pelo* capacitor, a ação de carga/descarga do capacitor cria o efeito de uma corrente fluindo para trás e para frente pelo circuito.

Descobrindo Usos para os Capacitores

Capacitores são usados com eficiência na maioria dos circuitos eletrônicos que se encontra todos os dias. Suas principais capacidades — armazenar energia elétrica, bloquear corrente DC e variar oposição à corrente dependendo da frequência aplicada — são comumente exploradas por projetistas de circuitos para serem usadas em funcionalidades extremamente úteis em circuitos eletrônicos.

Aqui estão algumas formas de utilização dos capacitores em circuitos:

» **Armazenar energia elétrica:** Muitos dispositivos usam capacitores para estocar energia temporariamente para uso posterior. Fontes de alimentação ininterrupta (UPSs) e despertadores mantêm capacitores carregados à disposição para o caso de falta de energia. A energia armazenada no capacitor é liberada no momento em que o circuito de carregamento é desconectado (o que vai acontecer se acabar a luz!).

Câmeras usam capacitores para armazenamento temporário da energia usada para gerar o flash, e muitos dispositivos eletrônicos usam capacitores para fornecer energia enquanto as baterias estão sendo trocadas. Sistemas de som automotivos geralmente usam capacitores para fornecer energia quando o amplificador precisa mais do que o sistema elétrico do carro pode dar. Sem um capacitor em seu sistema, os faróis enfraqueceriam sempre que você ouvisse uma nota grave.

» **Evitar que corrente DC passe entre os estágios dos circuitos:** Quando conectados em série com uma fonte de sinais (como um microfone), os capacitores bloqueiam corrente DC, mas passam corrente AC. Isso é conhecido como acoplamento capacitivo ou acoplamento AC e, quando usado desta forma, diz-se que o capacitor é um capacitor de acoplamento.

Sistemas de áudio de múltiplos estágios comumente usam essa funcionalidade entre estágios de modo que somente a porção AC do sinal de áudio — a parte que carrega as informações de som codificadas — de um estágio passe para o estágio seguinte. Qualquer corrente DC usada para alimentar componentes em um estágio anterior é removida antes que o sinal de áudio seja amplificado.

» **Nivelar a tensão:** Fontes de alimentação que convertem AC para DC, como o carregador de seu celular, muitas vezes se aproveitam do fato de que capacitores não reagem rapidamente a mudanças repentinas de tensão. Esses dispositivos usam grandes capacitores eletrolíticos para suavizar fontes de DC variáveis. Esses capacitores de nivelação mantêm a tensão de saída em um nível relativamente constante, descarregando quando a alimentação DC cai abaixo de determinado nível. Esse é um exemplo clássico de usar um capacitor para armazenar energia elétrica até que ela seja necessária: quando a alimentação DC não pode manter a tensão, o capacitor libera parte da energia armazenada para compensar a deficiência.

» **Criar timers:** Como leva tempo carregar e descarregar um capacitor, muitas vezes eles são usados em circuitos de temporização para criar vaivéns quando a tensão se eleva acima ou cai abaixo de determinado nível. Os tempos dos vaivéns podem ser controlados pela seleção do capacitor e outros componentes do circuito. (Para detalhes, veja a seção "Aliando-se aos Resistores", mais adiante neste capítulo.)

» **Ligando (ou desligando) frequências:** Capacitores são muitas vezes usados para ajudar a selecionar ou rejeitar certos sinais elétricos — que são correntes elétricas com variação de tempo que carregam informações codificadas — dependendo de sua frequência.

Por exemplo, um circuito de sintonia em um sistema radiorreceptor conta com capacitores e outros componentes para permitir que o sinal de apenas uma estação de rádio por vez passe pelo estágio de amplificação, enquanto bloqueia os sinais de todas as outras estações de rádio. Cada estação de rádio recebe uma frequência de transmissão específica e é a função do construtor do rádio projetar circuitos que sintonizem as frequências-alvo. Como os capacitores se comportam de maneira diferente em variados sinais de frequência, eles são um componente-chave nesses circuitos de sintonia. O efeito líquido é uma espécie de filtragem eletrônica.

Caracterizando Capacitores

Capacitores podem ser construídos de muitas maneiras usando-se diferentes materiais para as placas e dielétricos e variando-se o tamanho das placas. A montagem específica de um capacitor vai determinar suas características e influenciar seu comportamento em um circuito.

Definindo capacitância

LEMBRE-SE

Capacitância é a capacidade de um corpo de armazenar uma carga elétrica. O mesmo termo — capacitância — é usado para descrever quanta carga um capacitor pode armazenar em qualquer uma de suas placas. Quanto mais alta a capacitância, mais carga o capacitor pode armazenar a qualquer momento.

A capacitância de um determinado capacitor depende de três fatores: a área da superfície das placas de metal, a espessura do dielétrico entre as placas e o tipo de dielétrico usado (mais sobre dielétricos logo a seguir nesta seção).

Você não precisa saber como calcular a capacitância (e, sim, existe uma fórmula assustadora), porque qualquer capacitor que valha a pena virá com o valor nominal documentado. É útil compreender que a quantidade de carga que um capacitor pode suportar depende de como ele é feito.

A capacitância é medida em unidades chamadas de *farads*. Um farad (abreviado como F) é definido como a capacitância necessária para fazer que um ampere de corrente flua quando a tensão muda à taxa de um volt por segundo. Não se preocupe com os detalhes da definição; saiba apenas que um farad (no caso, "um" é um numeral — 1F) é uma enorme quantidade de capacitância. É provável que você encontre capacitores com valores de capacitância muito menores — variando entre microfarads (µF) ou picofarad (pF). Um microfarad é um milionésimo de um farad, ou 0,000001 farad, e um picofarad é o milionésimo de um milionésimo de um farad, ou 0,000000000001 farad.

Aqui estão alguns exemplos:

» Um capacitor de 10µF corresponde a 10 milionésimos de um farad.

» Um capacitor de 1µF é um milionésimo de um farad.

» Um capacitor de 100pF corresponde a 100 milionésimos de um farad, ou 100 milionésimos de um microfarad. Uau!

Capacitores grandes (1F ou mais) são usados para armazenamento de sistemas de energia e capacitores menores são usados em várias aplicações, como mostra a Tabela 7-1.

TABELA 7-1   Características do Capacitor

Tipo	Variação normal	Aplicação
Cerâmica	1pF a 2,2µF	Filtração, derivação
Mica	1pF a 1µF	Temporização, oscilador, circuitos de precisão
Folha metálica	0,01 a 100µF	Bloqueio DC, fornecimento de energia, filtração
Poliéster (Mylar)	0,001 a 100µF	Acoplamento, derivação
Polipropileno	100pF a 50µF	Comutação de fornecimento de energia

Poliestireno	10pF a 10µF	Temporização, circuitos de sintonização
Tântalo (eletrolítico)	0,001 a 1,000µF	Derivação, acoplamento, bloqueio DC
Alumínio eletrolítico	10 a 220.000µF	Filtração, acoplamento, derivação, nivelação

A maioria dos capacitores são sujeitinhos inexatos. A capacitância real de um capacitor pode variar muito da capacitância nominal. Variações de fabricação causam tal problema; os fabricantes não pretendem simplesmente confundi--lo. Felizmente, a inexatidão raramente é um problema em circuitos caseiros. Mesmo assim, é necessário conhecer essas variações para que, no caso de um circuito exigir um capacitor de maior precisão, você saiba o que comprar. Como nos resistores, os capacitores são classificados segundo sua tolerância, expressa em porcentagem.

Ficando de olho na tensão de trabalho

A *tensão de trabalho*, às vezes abreviada como WV, é a tensão de segurança mais alta que o fabricante recomenda aplicar em um capacitor. Exceder a tensão de trabalho poderá danificar o dielétrico, que pode resultar em centelhas saltando entre as placas, como um raio durante uma tempestade. Você poderia provocar um curto-circuito em seu capacitor e permitir que todos os tipos de correntes indesejadas fluam — e talvez até danifiquem componentes vizinhos.

Capacitores projetados para circuitos DC normalmente são regulados para uma WV de não mais que 16V ou 35V. Isso é bastante para circuitos DC energizados por fontes que variam de 3,3V a 12V. Se você construir circuitos que usam tensões maiores, certifique-se de escolher um capacitor de no mínimo 10% a 15% mais do que a tensão de alimentação em seu circuito, só para garantir.

Escolhendo o dielétrico correto para o trabalho

Designers de circuitos elétricos especificam capacitores para um projeto pelo material dielétrico que contêm. Alguns materiais são mais adequados para certas aplicações e desaconselhados para outras. Por exemplo, capacitores eletrolíticos podem suportar correntes altas, mas apresentam um desempenho confiável somente para frequências de sinal de menos que 100kHz, de modo que são comumente usados em amplificadores de som e circuitos de fornecimento de energia. Porém, capacitores de mica apresentam características excepcionais de frequência e muitas vezes são usados em circuitos de transmissão de radiofrequência (RF).

Os materiais dielétricos mais comuns são o alumínio eletrolítico, o tântalo eletrolítico, a cerâmica, a mica, o polipropileno, o poliéster (ou Mylar) e o poliestireno. Se o diagrama de um circuito exige um capacitor de certo tipo, certifique-se de usar um que corresponda a essa determinação.

Consulte na Tabela 7-1 a lista dos tipos mais comuns de capacitores, a variação normal de valores e suas aplicações comuns.

Dimensionando o acondicionamento de capacitores

Capacitores são encontrados em vários tamanhos e formas (veja a Figura 7-1). Os eletrolíticos de alumínio e de papel normalmente vêm em forma cilíndrica. Capacitores eletrolíticos de tântalo, cerâmica, mica e poliestireno têm forma mais bulbosa porque costumam receber um banho de epóxi ou plástico para formar a camada externa. Entretanto, nem todos os capacitores de qualquer tipo específico (como mica ou Mylar) são fabricados da mesma maneira, assim, nem sempre se pode identificar o componente pelo invólucro.

Seu fornecedor de peças pode rotular os capacitores de acordo com a forma que os terminais estão dispostos: axial ou radial. Terminais axiais se estendem de cada lado de um capacitor cilíndrico ao longo de seu eixo; terminais radiais se estendem de uma ponta do capacitor e correm paralelos um ao outro (até que você os dobre para usá-los em um circuito).

Talvez você não reconheça alguns capacitores se os procurar dentro de seu tablet ou laptop. Isso ocorre porque muitos dos capacitores em seu PC não têm nenhum terminal! *Encapsulamento SMD* para capacitores são extremamente pequenos e projetados para serem soldados diretamente nas placas de circuitos impressos (PCB, sigla em inglês). Desde os anos 1980, os processos de fabricação em grandes volumes têm usado tecnologia de montagem em superfície (SMD, sigla em inglês) para conectar capacitores e outros componentes diretamente à superfície dos PCBs, poupando espaço e melhorando o desempenho do circuito.

Sendo positivo sobre a polaridade de capacitores

Alguns capacitores eletrolíticos de maior valor nominal (1µF ou mais) são *polarizados* — ou seja, o terminal positivo deve ser mantido em uma tensão mais alta do que o terminal negativo, portanto, é importante onde você insere o capacitor no circuito. Capacitores polarizados são projetados para serem usados em circuitos DC.

Muitos capacitores polarizados exibem um sinal de menos (–) ou uma grande seta apontando na direção do terminal negativo. Para capacitores radiais, o terminal negativo muitas vezes é mais curto do que o positivo.

CUIDADO

Caso um capacitor seja polarizado, você *realmente, mas realmente mesmo, precisa* se certificar de instalá-lo no circuito na posição adequada. Se você inverter os terminais e, por exemplo, conectar o lado + à fiação de aterramento de seu circuito, pode provocar a queima do dielétrico dentro do capacitor, o que efetivamente pode levar a um curto-circuito no capacitor. Inverter os terminais pode danificar outros componentes do circuito (enviando corrente excessiva) e seu capacitor pode até explodir.

Interpretando valores de capacitores

Alguns capacitores vêm com os valores impressos diretamente neles, em farads ou frações de farads. Geralmente isso ocorre em capacitores maiores, porque há mais espaço para imprimir a capacitância e a tensão de trabalho.

A maioria dos capacitores menores (como os capacitores de discos de mica de 0,1μF ou 0,01μF) usa um sistema de marcação de três dígitos para indicar a capacitância. A maioria das pessoas considera o sistema numérico fácil de usar. Mas há uma pegadinha! (Sempre há uma pegadinha.) O sistema se baseia em *pico*farads, não microfarads. Um número que usa esse sistema de marcação, como 103, significa 10 seguido pelos três zeros, como em 10.000, para um total de 10.000 picofarads. Alguns capacitores exibem um número de dois dígitos, que simplesmente é o valor em picofarads. Por exemplo, um valor de 22 significa 22 picofarads. Nenhum terceiro dígito significa nenhum zero a ser acrescentado no final.

Para valores acima de 1.000 picofarads, seu fornecedor de peças provavelmente vai listar o capacitor em microfarads, mesmo que as marcações indiquem picofarads. Para converter o valor em picofarads no capacitor em microfarads, simplesmente mova a vírgula decimal seis casas para a *esquerda*. Assim, um capacitor com a marca de 103 (digamos, o exemplo no parágrafo anterior) tem um valor de 10.000pF ou 0,01μF.

Suponha que você esteja construindo um circuito que exija um capacitor de disco de 0,1μF. Você pode converter microfarads em picofarads para calcular qual marcação procurar na embalagem do capacitor. Simplesmente mova a vírgula decimal seis casas para a *direita* e você terá 100.000pF. Como a marcação de três dígitos consiste nos dois primeiros dígitos de seu valor pF (10) seguidos pelo número adicional de zeros (4), você vai precisar de um capacitor de disco de mica com indicação 104.

A Tabela 7-2 serve como guia de referência para marcações de capacitores comuns que usam esse sistema de numeração.

TABELA 7-2 Valores de Referência de Capacitores

Marcação	Valor
nn (um número de 01 a 99)	*nn*pF
101	100pF
102	0,001µF
103	0,01µF
104	0,1µF
221	220pF
222	0,0022µF
223	0,022µF
224	0,22µF
331	330pF
332	0,0033µF
333	0,033µF
334	0,33µF
471	470pF
472	0,0047µF
473	0,047µF
474	0,47µF

Outro sistema de numeração menos utilizado emprega números e letras, desta forma: 4R1. A posição da letra R indica a localização da vírgula decimal: 4R1 é realmente 4,1 (atenção: se no capacitor constar "ponto" em vez de "vírgula", deve-se utilizar o sistema americano de notação numérica). Esse método de numeração, porém, não indica as unidades de mensuração, que podem ser microfarads ou picofarads.

Você pode testar a capacitância com um medidor de capacitor ou um multímetro com uma entrada para capacitância (consulte detalhes no Capítulo 16). A maioria dos medidores requer que se conecte o capacitor diretamente no instrumento de teste, uma vez que a capacitância pode aumentar com terminais mais longos, apresentando uma leitura menos acurada.

Em muitos capacitores, um código de apenas uma letra indica a tolerância. Você pode encontrar essa letra colocada no corpo do capacitor ou após a marca de três dígitos, assim: 103Z.

Aqui, a letra Z indica uma tolerância entre +80% e -20%. Essa tolerância significa que o capacitor, classificado como tendo 0,1μF, pode ter um valor real 80% maior ou 20% menor do que o valor declarado. A Tabela 7-3 lista os significados de letras de código comuns usadas para indicar a tolerância do capacitor. Note que as letras B, C e D representam tolerâncias expressas em valores absolutos de capacitância, e não em porcentagens. Essas três letras são usadas somente em capacitores muito pequenos (variação pF).

TABELA 7-3   Marcações de Tolerância de Capacitores

Código	Tolerância
B	±0,1pF
C	±0,25pF
D	±0,5pF
F	±1%
G	±2%
J	±5%
K	±10%
M	±20%
P	+100%, -0%
Z	+80%, -20%

Variando a capacitância

Capacitores variáveis permitem que você ajuste a capacitância para adequá-los às necessidades do circuito. O tipo mais comum de capacitor variável é o *dielétrico do ar*, que é encontrado com frequência nos controles de sintonia de rádios AM. Capacitores variáveis menores muitas vezes são usados em receptores e transmissores de rádio e funcionam em circuitos que usam cristais de quartzo para proporcionar um sinal de referência preciso. O valor desses capacitores variáveis costuma entrar na faixa de 5pF a 500pF.

Capacitores variáveis mecanicamente controlados funcionam mudando a distância entre as placas do capacitor ou a quantidade de sobreposição entre as superfícies das duas placas. Um *diodo* especialmente projetado (um dispositivo semicondutor,

CAPÍTULO 7 **Entendendo de Capacitores**   123

discutido no Capítulo 9) pode funcionar como um capacitor variável eletronicamente controlado; esses dispositivos são conhecidos como *varactores* ou *varicaps* — e pode-se mudar sua capacitância mudando a tensão DC aplicada neles.

É possível que você interaja mais com capacitores variáveis do que com seu cônjuge. Capacitores variáveis estão por trás de muitos dispositivos sensíveis ao toque, como as telas de certos smartphones, os botões dos teclados de computador, os painéis de controle de muitos eletrodomésticos, alguns elevadores e na operação de seu controle remoto favorito. Há um tipo de microfone que usa um capacitor variável para converter som em sinais elétricos, com o diafragma do microfone agindo como uma placa móvel do capacitor. Flutuações de som fazem o diafragma vibrar, o que varia a capacitância, produzindo flutuações de tensão. Esse dispositivo é conhecido como *microfone condensador*, assim chamado porque capacitores tinham o nome de condensadores.

Interpretando símbolos de capacitores

A Figura 7-5 mostra símbolos de circuitos para diferentes tipos de capacitores. Há dois símbolos de circuitos de capacitores: um com duas linhas paralelas (representando as placas do capacitor) e o outro com uma linha e uma curva. O lado curvo representa o lado mais negativo de um capacitor polarizado; entretanto, algumas pessoas usam os dois símbolos de forma intercambiável. Geralmente, se um circuito tem um capacitor polarizado, você vai ver um sinal de mais (+) ao lado do símbolo do capacitor, indicando para que lado voltá-lo no circuito. Uma seta atravessando qualquer tipo de símbolo representa um capacitor variável.

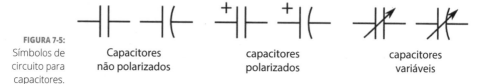

FIGURA 7-5: Símbolos de circuito para capacitores.

Capacitores não polarizados

capacitores polarizados

capacitores variáveis

Combinando Capacitores

Pode-se combinar capacitores em série, em paralelo ou fazer uma combinação de ambos para obter qualquer valor de capacitância necessário. Porém, como você vai ver, as regras para combinar capacitores são diferentes das regras para combinar resistores.

Capacitores em paralelo

A Figura 7-6 mostra dois capacitores em paralelo em que os pontos de conexão comuns são denominados A e B. Observe que o ponto A está conectado a uma placa do capacitor C1 e a uma placa do capacitor C2. Eletricamente falando, o ponto A está conectado a uma placa de metal do tamanho das duas placas combinadas. Da mesma forma no ponto B, que está conectado à placa do capacitor C1 e à outra placa do capacitor C2. Quanto maior a área da superfície da placa de um capacitor, maior a capacitância.

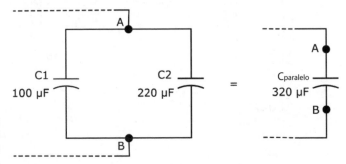

FIGURA 7-6: Capacitores em paralelo se somam.

LEMBRE-SE

Capacitores em paralelo se somam: cada placa de metal de um capacitor está ligada eletricamente a uma placa de metal do capacitor em paralelo. Cada par de placas se comporta como uma única placa maior com capacitância mais alta (veja a Figura 7-6).

A capacitância equivalente em um conjunto de capacitores em paralelo é

$C_{paralelo} = C1 + C2 + C3 + C4 + ...$

C1, C2, C3 e assim por diante representam os valores dos capacitores, e $C_{paralelo}$ representa a capacitância total equivalente.

Para os capacitores na Figura 7-6, a capacitância total é

$$C_{paralelo} = 100\,\mu F + 220\,\mu F$$
$$= 320\,\mu F$$

Se você colocasse os capacitores da Figura 7-6 em um circuito em funcionamento, a tensão em cada capacitor seria a mesma e a corrente que flui para o ponto A se dividiria para atravessar cada capacitor e, então, se juntar novamente no ponto B.

Capacitores em série

Capacitores colocados em série trabalham um contra o outro, reduzindo a capacitância efetiva da mesma forma que resistores em paralelo reduzem a resistência geral. O cálculo é parecido com este:

$$C_{série} = \frac{C1 \times C2}{C1 + C2}$$

C_1 e C_2 são os valores de capacitores individuais e $C_{série}$ é a capacitância equivalente. A capacitância total (em µF) de um capacitor em série de 100µF com um de 220µF, como mostra a Figura 7-7, é:

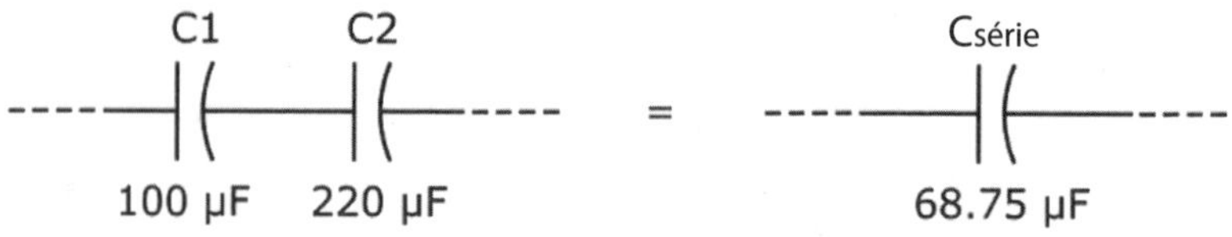

FIGURA 7-7: Capacitores em série trabalham um contra o outro, reduzindo a capacitância geral.

$$C_{série} = \frac{100 \times 220}{100 + 220}$$

$$= \frac{22{,}000}{320}$$

$$= 68.75$$

$$C_{série} = 68.75 \mu F$$

DICA

Você pode ignorar, temporariamente, a parte µ de µF enquanto está realizando o cálculo mostrado acima — contanto que todos os valores de capacitância estejam em µF e você se lembre de que a capacitância *total* resultante também está em µF.

A capacitância equivalente de um conjunto de capacitores em série é

$$C_{série} = \frac{1}{\frac{1}{C_1} + \frac{1}{C_2} + \frac{1}{C_3} + \cdots}$$

Como ocorre em qualquer componente em série, a corrente que flui em cada capacitor em série é a mesma, mas a queda de tensão em cada capacitor pode ser diferente.

Aliando-se aos Resistores

É comum encontrar capacitores trabalhando com resistores em circuitos eletrônicos, combinando seu talento para armazenar energia elétrica com o controle do fluxo de elétrons do resistor. Juntar essas duas capacidades implica em poder controlar a velocidade com que os elétrons preenchem (ou carregam) um capacitor — e a velocidade com que esses elétrons saem (ou descarregam) do capacitor. Essa dupla dinâmica é tão popular que circuitos que possuem resistores e capacitores são conhecidos por um apelido prático: *circuitos RC*.

O tempo é tudo

Dê uma olhada no circuito RC da Figura 7-8. A bateria vai carregar o capacitor através do resistor quando o interruptor for fechado.

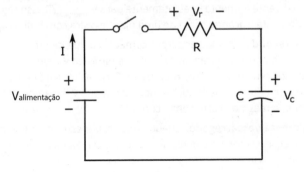

FIGURA 7-8: O capacitor carrega até sua tensão se igualar à tensão de alimentação.

Supondo que o capacitor tenha sido descarregado inicialmente, a tensão no capacitor, V_c, é zero. Quando você fecha o interruptor a corrente começa a fluir e a carga começa a se acumular nas placas do capacitor. A Lei de Ohm (veja no Capítulo 6) lhe diz que a corrente de carga, I, é determinada pela tensão no resistor, V_r, e o valor do resistor, R, como segue:

$$I = \frac{V_r}{R}$$

E como as quedas de tensão são iguais aos aumentos de tensão no circuito, você sabe que a tensão no resistor é a diferença entre a tensão de alimentação, $V_{alimentação}$, e a tensão do capacitor, V_c:

$$V_r = V_{alimentação} - V_c$$

De posse desses dois fatos você pode analisar o que está acontecendo nesse circuito ao longo do tempo, como segue:

» **Inicialmente**: Como a tensão do capacitor inicialmente é zero, a tensão do resistor é, de início, igual à tensão de alimentação.

» **Carregando**: Ao começar a carregar, o capacitor desenvolve uma tensão, de modo que a tensão do resistor começa a cair, o que, por sua vez, reduz a corrente de carga. O capacitor continua a carregar, mas agora em um ritmo mais lento, porque a corrente de carga diminuiu. Enquanto V_c continua a aumentar, V_r continua a diminuir, e assim a corrente também continua a diminuir.

» **Totalmente carregado**: Quando o capacitor estiver carregado por completo, a corrente deixa de fluir, a queda de tensão no resistor é zero e a queda de tensão no capacitor é igual à tensão de alimentação.

Se você remover a bateria e substituí-la por um fio, fazendo com que o circuito consista apenas no resistor e no capacitor, este vai descarregar pelo resistor.

Desta vez, a tensão no resistor é igual à tensão do capacitor ($V_r = V_c$), e, com isso, a corrente é V_c/R. Eis o que acontece:

» **Inicialmente:** Como o capacitor está carregado por inteiro, sua tensão inicial é $V_{alimentação}$. Porque $V_r = V_c$, a tensão inicial do resistor é $V_{alimentação}$, de modo que a corrente aumenta imediatamente para $V_{alimentação}/R$. Isso significa que o capacitor está trocando carga de uma placa a outra com muita rapidez.

» **Descarregando:** Quando as cargas começam a fluir de uma placa do capacitor à outra, a tensão do capacitor (e também V_r) começa a cair, resultando em uma corrente mais baixa. O capacitor continua a descarregar, mas em um ritmo mais lento. Na medida em que V_c (e também V_r) continua a diminuir, o mesmo ocorre com a corrente.

» **Totalmente descarregado:** Quando o capacitor estiver completamente descarregado, a corrente deixa de fluir e não há queda de tensão no resistor nem no capacitor.

A forma de onda na Figura 7-9 mostra como, quando uma tensão constante se aplica e então se remove do circuito, a tensão do capacitor muda ao longo do tempo enquanto o capacitor carrega e descarrega pelo resistor.

LEMBRE-SE

A rapidez com que o capacitor carrega (e descarrega) depende da resistência e capacitância do circuito RC. Quanto maior a resistência, menor é a corrente que flui para a mesma tensão de alimentação — e maior é a demora para o capacitor carregar. Uma resistência menor permite que mais corrente flua, carregando o capacitor mais depressa.

Da mesma maneira, quanto maior a capacitância, mais cargas serão necessárias para encher as placas do capacitor e maior será a demora para carregá-lo. Durante o ciclo de descarga, um resistor maior desacelera mais os elétrons conforme eles se movem de uma placa a outra, aumentando o tempo de descarga, e um capacitor maior conserva mais carga, levando mais tempo para descarregar.

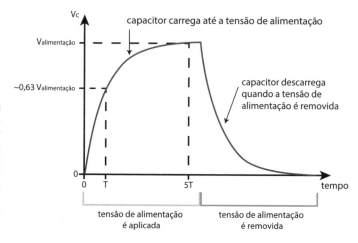

FIGURA 7-9: A tensão no capacitor muda ao longo do tempo conforme o capacitor carrega e descarrega.

Calculando constantes de tempo RC

Ao escolher cuidadosamente os valores do capacitor e do resistor você pode ajustar o tempo de carga e descarga do capacitor. Em consequência, a resistência, R, e a capacitância, C, que você escolher *definem* o tempo que leva para carregar e descarregar o capacitor selecionado pelo seu resistor escolhido. Se você multiplicar R (em ohms) por C (em farads), vai obter o que chamamos de *constante de tempo RC* de seu circuito RC, simbolizado por T. E isso cria outra fórmula útil:

T = R x C

LEMBRE-SE

Um capacitor carrega e descarrega quase completamente após cinco vezes sua constante de tempo RC, ou 5*RC* (o que significa 5x*R*x*C*). Depois que passou um período de tempo equivalente a uma constante de tempo, um capacitor descarregado carregará até mais ou menos 2/3 de sua capacidade — e um capacitor carregado vai descarregar cerca de 2/3 da capacidade.

Por exemplo, suponha que você escolha um resistor de 2MΩ e um capacitor de 15μF para o circuito da Figura 7-7. Você calcula a constante de tempo da seguinte forma:

Constante de tempo = $R \times C$
= 2,000,000 Ω × 0,000015 F
= 30 seconds

Agora você sabe que vai levar cerca de 150 segundos (ou 2,5 minutos) para carregar ou descarregar totalmente o capacitor. Se você quiser um ciclo de tempo de carga/descarga mais curto, pode reduzir o valor escolhido para o resistor ou o capacitor (ou de ambos). Suponha que você tenha somente um capacitor de 15μF e quer carregá-lo em cinco segundos. Para saber qual resistor vai precisar para que isso ocorra, você vai calcular assim:

» **Encontre a constante de tempo RC:** Você sabe que leva cinco vezes a constante de tempo RC para carregar totalmente o capacitor e deseja que seu capacitor seja completamente carregado em cinco segundos. Isso significa que 5RC= 5 segundos, portanto, RxC = 1 segundo.

» **Calcule R:** Se R x C = 1 segundo, e C é 15μF, então você sabe que R = 1 segundo ÷ 0,000015F, que é aproximadamente 66.667Ω, ou 67kΩ.

Variando a constante de tempo RC

Para verificar que realmente é possível controlar o tempo que leva para carregar e descarregar um capacitor, você pode construir o circuito mostrado na Figura 7-10 e usar seu multímetro para observar as mudanças de tensão no capacitor.

Você também pode observar o capacitor mantendo a carga (isto é, armazenando energia elétrica).

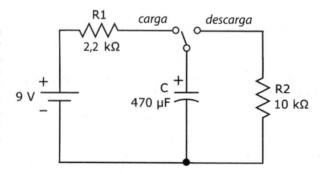

FIGURA 7-10: Ao escolher diferentes valores de resistência você pode alterar o tempo de carga e descarga de um capacitor.

O circuito na Figura 7-10 é, na verdade, dois circuitos em um. Uma chave de comutação alterna entre as posições rotuladas *carga* e *descarga*, com duas opções de circuito:

» **Carregando o circuito:** Quando o interruptor está na posição de carga, o circuito consiste em bateria, resistor *R1* e o capacitor *C*. O resistor *R2* não está conectado ao circuito.

» **Descarregando o circuito:** Quando o interruptor está na posição de descarga, o capacitor está conectado ao resistor *R2* em um circuito completo. A bateria e o resistor *R1* estão desconectados do circuito (estão abertos).

Para construir este circuito, você precisa das seguintes peças:

» Uma bateria de 9 volts com plug de bateria.
» Um capacitor eletrolítico de 470μF.
» Um resistor de 2,2kΩ (vermelho/vermelho/vermelho).
» Um resistor de 10kΩ (marrom/preto/laranja).
» Um fio de ligação (que vai desempenhar o papel de uma chave de comutação).
» Uma matriz de contato (Protoboard).

Monte o circuito usando a Figura 7-11 como guia. Certifique-se de colocar uma ponta do cabo de ligação na matriz de contato para que ele esteja eletricamente conectado ao lado positivo do capacitor. Então você pode usar a outra ponta para conectar o capacitor ao *R1* (para completar o circuito de carga) ou ao *R2* (para completar o circuito de descarga). Você também pode deixar a outra ponta do cabo de ligação desconectada (como ocorre na Figura 7-11), que sugiro você fazer mais adiante nesta seção. Logo verá por quê.

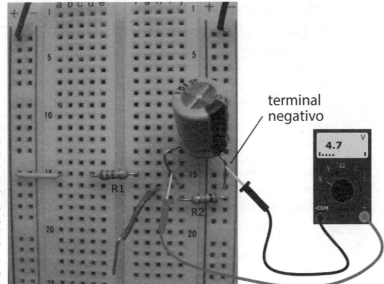

FIGURA 7-11: Montagem de circuito para observar diferentes constantes de tempo RC para carregar e descarregar um capacitor.

Para observar o capacitor carregar, manter a carga e depois descarregar, siga estes passos:

1. Ajuste o multímetro para DC volts com uma variação de 10V e conecte-o ao capacitor.

Conecte o terminal vermelho do multímetro no lado positivo do capacitor e o terminal preto do multímetro ao lado negativo do capacitor (veja a Figura 7-11).

2. Carregue o capacitor.

Conecte a chave de comutação à posição de carga colocando a ponta livre do cabo de ligação em um orifício na mesma fileira que o lado desconectado do *R1*. Observe a leitura da tensão em seu medidor. Você deve ver a leitura aumentar para aproximadamente 9V enquanto o capacitor carrega pelo resistor *R1*. Deve levar cerca de cinco segundos para que o capacitor se carregue totalmente.

3. Coloque o capacitor em padrão de espera.

Remova a ponta do cabo de ligação que foi conectado na etapa 2 e deixe-o solto. Observe a tensão em seu medidor. Ele deve continuar a mostrar 9V ou algo próximo. (Você pode ver a leitura diminuir um pouco enquanto o capacitor descarrega lentamente pela resistência interna de seu medidor.) O capacitor está mantendo a carga (realmente, armazenando energia elétrica), mesmo com a bateria desconectada.

4. Deixe o capacitor descarregar.

Conecte a chave de comutação na posição de descarga colocando a ponta livre do cabo de ligação em um buraco na mesma fileira do lado desconectado do *R2*. Observe a leitura da tensão em seu medidor. Você deve ver a tensão diminuir enquanto o capacitor descarrega pelo resistor *R2* até 0V. Decorrerão cerca de 25 segundos para que o capacitor fique descarregado por completo.

Na seção anterior ("Calculando constantes de tempo RC"), você constatou que um capacitor em um simples circuito RC atinge praticamente sua carga total em aproximadamente cinco vezes a constante de tempo RC. A constante de tempo, ou T, é simplesmente o valor da resistência (em ohms) vezes o valor da capacitância (em farads). Assim, você pode calcular o tempo necessário para carregar e descarregar o capacitor em seu circuito como segue:

$$\text{Tempo de carga} = 5 \times R_1 \times C$$
$$= 5 \times 2,200 \ \Omega \times 0,000470 \ \text{F}$$
$$= 5,17 \ \text{segundos}$$

$$\text{Tempo de descarga} = 5 \times R_2 \times C$$
$$= 5 \times 10,000 \ \Omega \times 0,000470 \ \text{F}$$
$$= 23,5 \ \textbf{segundos}$$

Esses tempos de carga/descarga parecem próximos aos que você observou? Repita o experimento de carga e descarga usando um timer e veja se os cálculos que fez estão corretos.

Se você quiser se aprofundar no assunto, tente substituir R_1 e R_2 por resistências diferentes ou use outro capacitor. Então, calcule os tempos de carga/descarga que espera encontrar e meça os tempos reais enquanto carrega e descarrega o capacitor. Você vai constatar que a constante de tempo RC não desaponta!

NESTE CAPÍTULO

Induzindo correntes em bobinas com um campo magnético variável

Opondo-se a mudanças de corrente com um indutor

Usando indutores para filtrar circuitos

Ressoando com circuitos RLC

Esclarecendo as frequências

Combinando o fluxo magnético para transferir energia entre circuitos

Capítulo 8

Identificando-se com Indutores

Muitas das melhores invenções do mundo, incluindo a penicilina, as notas adesivas, o champanhe e o marca-passo, decorreram de descobertas puramente acidentais. Uma dessas descobertas acidentais — a interação entre eletricidade e magnetismo — levou ao desenvolvimento de dois componentes eletrônicos surpreendentemente úteis: a bobina de indução e o transformador.

A *bobina de indução*, ou *indutor*, armazena energia elétrica em um campo magnético e, comparada ao capacitor, molda os sinais elétricos de uma forma diferente. Quer esteja trabalhando sozinho, em pares especiais como *transformadores*, ou como parte de uma equipe com capacitores e resistores, os indutores são parte essencial de muitas conveniências modernas das quais talvez não quiséssemos abrir mão, incluindo sistemas de rádio, televisão e redes de transmissão de energia elétrica.

Este capítulo expõe a relação entre eletricidade e magnetismo e explica como cientistas do século XIX deliberadamente exploraram essa relação para criar indutores e transformadores. Você vai dar uma olhada no que ocorre quando se tenta mudar depressa demais a direção da corrente através de um indutor. Depois, vai explorar como os indutores são usados em circuitos e por que cristais soam em apenas uma frequência. Finalmente, você vai compreender como transformadores transferem energia elétrica de um circuito a outro — sem qualquer contato direto entre os circuitos.

CAPÍTULO 8 **Identificando-se com Indutores** 133

Parentes Próximos: Magnetismo e Eletricidade

Magnetismo e eletricidade já foram considerados dois fenômenos não interligados, até que um cientista do século XIX chamado Hans Christian Ørsted descobriu que a agulha de uma bússola se afastava do norte quando a corrente fornecida por uma bateria próxima era ligada e desligada. A observação atenta de Ørsted levou a vários experimentos e pesquisas, finalmente confirmando o fato de que eletricidade e magnetismo estão intimamente ligados. Após vários anos (e muitas outras descobertas acidentais), Michael Faraday e outros cientistas do século XIX descobriram como aproveitar o fenômeno conhecido como *eletromagnetismo* para criar os primeiros dispositivos eletromecânicos do mundo. Os transformadores de força atuais, os geradores eletromagnéticos e muitos motores industriais têm base nos princípios do eletromagnetismo.

Esta seção analisa como a eletricidade e o magnetismo interagem.

Criando as linhas (de fluxo) com ímãs

Assim como a eletricidade envolve força (tensão) entre duas cargas elétricas, o magnetismo envolve uma força entre dois polos magnéticos. Se você já realizou na escola o clássico experimento científico no qual se coloca um ímã na superfície e joga vários pregos perto dele, viu os efeitos da força magnética. Lembra-se do que aconteceu com os pregos? Eles se acomodaram em trilhas lineares curvas do polo norte até o polo sul do ímã. Esses pregos mostraram linhas magnéticas de força — também conhecidas como linhas de fluxo — dentro do campo magnético criado pelo ímã. Você pode ter visto mais pregos perto do ímã porque é ali que o campo magnético é mais forte. A Figura 8-1 mostra o padrão produzido por linhas ou fluxos invisíveis em volta de um ímã.

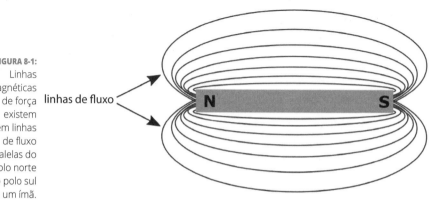

FIGURA 8-1: Linhas magnéticas de força existem em linhas de fluxo paralelas do polo norte ao polo sul de um ímã.

O fluxo magnético é somente uma forma de representar a força e a direção de um campo magnético. Para compreender as linhas de fluxo magnético, pense nos efeitos do ar sobre a vela de um barco. Quanto mais forte o vento e maior a vela, mais intensa é a força do ar sobre a vela. No entanto, se a vela for orientada paralelamente à direção do fluxo do vento, o ar desliza pela vela e até mesmo um vento forte não vai movê-la. O efeito do vento é mais intenso quando atinge a vela diretamente — ou seja, quando a superfície da vela é perpendicular à direção do fluxo do vento. Se você tentar representar a força e a direção do vento e a orientação da vela em um diagrama, talvez desenhe setas mostrando a força do vento se estendendo pela superfície da vela. De maneira similar, linhas de fluxo magnético ilustram a força e a orientação de um campo magnético, mostrando-lhe como a força de um campo magnético vai agir sobre um objeto colocado dentro dele. Objetos colocados no campo magnético vão ser afetados ao máximo por sua força se estiverem orientados perpendicularmente às linhas de fluxo.

Produzindo um campo magnético com eletricidade

LEMBRE-SE

Como Ørsted descobriu, a corrente elétrica que corre por um fio produz um campo magnético fraco ao redor do fio. É por esse motivo que a agulha da bússola se moveu quando a bússola estava perto do circuito de Ørsted. Interrompa o fluxo da corrente e o campo magnético desaparece. Esse ímã temporário é eletricamente controlável — isto é, você pode ligar e desligar o ímã ligando e desligando a corrente — e isso é conhecido como eletroímã.

Com a corrente ligada, as linhas de força circundam o fio e são espaçadas uniformemente ao longo de seu comprimento, como mostra a Figura 8-2. Imagine um rolo de toalhas de papel com um fio atravessando exatamente seu centro. Se você passar corrente pelo fio, linhas de fluxo invisíveis vão envolver o fio ao longo da superfície do rolo e ao longo de anéis semelhantes ao redor do fio a diferentes distâncias dele. A intensidade da força magnética diminui à medida que as linhas de fluxo se afastam do fio. Se você enrolar um fio portador de corrente em uma bobina uniforme de fios, as linhas de fluxo vão se alinhar e se reforçar mutuamente. Você fortaleceu o fluxo magnético.

FIGURA 8-2:
A corrente que flui pelo fio produz um campo magnético fraco ao redor do fio.

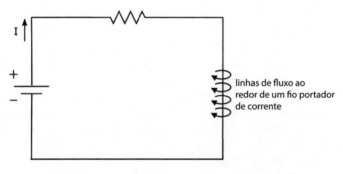

linhas de fluxo ao redor de um fio portador de corrente

CAPÍTULO 8 **Identificando-se com Indutores**   135

Induzindo corrente com um ímã

Hmmm... se a eletricidade que corre por um fio produz um campo magnético, o que vai acontecer se você colocar um laço apertado de fio perto de um ímã permanente? Na verdade, nada acontece — a menos que você mova o ímã. Um campo magnético em movimento *induz* a tensão para as pontas do fio, fazendo a corrente fluir por ele. A *indução eletromagnética* parece fazer a corrente surgir como em um passe de mágica — sem qualquer contato direto com o fio. A força da corrente depende de vários fatores, como a força do ímã, a quantidade de linhas de fluxo interceptadas pelo fio, o ângulo em que o fio corta essas linhas de fluxo e a velocidade do movimento do ímã. Você pode aumentar suas chances de induzir uma corrente forte envolvendo o fio em uma bobina e passando o ímã no centro (núcleo) da bobina. Quanto mais voltas de fio você enrolar, mais forte vai ser a corrente.

Suponha que você introduza um ímã permanente forte no centro de uma bobina de fio conetado como mostra a Figura 8-3 (note que o multímetro e o fio formam um caminho completo). Se você mover o ímã para cima, a corrente será induzida no fio e vai fluir em uma direção. Movendo o ímã para baixo, a corrente também será induzida, mas fluirá em outra direção. Movimentando o ímã para cima e para baixo repetidamente, você pode produzir uma corrente alternada (AC) no fio. Como alternativa, você pode mover o *fio* para cima e para baixo ao redor do ímã, e o mesmo fato vai se repetir. Enquanto houver um movimento relativo entre o fio e o ímã, a corrente será induzida para o fio.

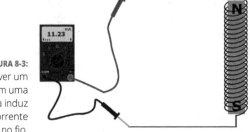

FIGURA 8-3: Mover um ímã em uma bobina induz a corrente no fio.

mova o ímã para cima e para baixo

DICA

Você pode observar a indução eletromagnética diretamente usando um ímã relativamente forte, um pedaço de pelo menos 30cm de fio 22 (ou mais fino), um lápis e seu multímetro. Descasque o fio nas pontas e enrole-o bem apertado em volta do lápis, como mostra a Figura 8-4, deixando as pontas descascadas acessíveis. Com o multímetro ajustado para medir miliamperes, conecte seus terminais ao fio. Você completou um caminho para a corrente fluir, mas como não há fonte de energia, nenhuma corrente flui. Em seguida, coloque o ímã bem ao lado do fio. Ainda nada de corrente, certo? Finalmente, mova o ímã para frente e para trás ao longo do fio e observe o visor do multímetro. Você deve ver uma leitura muito fraca (a minha foi de algumas centenas de miliamperes) alternando-se entre positivo e negativo.

FIGURA 8-4: Mover um ímã perto de uma bobina de fio induz a corrente nesse fio.

 LEMBRE-SE

Muitas usinas de força geram AC girando bobinas condutoras dentro de um ímã forte em forma de ferradura. As bobinas são ligadas a uma turbina giratória, que se movimenta quando a água ou o vapor exerce pressão em suas aletas. Conforme as bobinas fazem uma volta completa dentro do ímã, os elétrons são empurrados primeiro em uma direção e depois em outra, produzindo corrente alternada.

Introduzindo o Indutor: Uma Bobina com Personalidade Magnética

Um *indutor* é um componente eletrônico passivo que consiste de uma bobina de fio enrolado em torno de um núcleo — que pode ser ar, ferro ou ferrita (material quebradiço feito de ferro). Materiais do núcleo com base em ferro aumentam várias centenas de vezes a força do campo magnético induzido pela corrente. Às vezes, indutores são conhecidos como *bobinas, bobinas de reatância, eletroímãs* e *solenoides,* dependendo de como são usados nos circuitos. O símbolo de circuito para um indutor é mostrado na Figura 8-5.

FIGURA 8-5: Símbolo de circuito para um indutor.

 LEMBRE-SE

Se você passar corrente por um indutor, vai criar um campo magnético em volta do fio. *Mudar* a corrente, aumentando-a ou diminuindo-a, faz com que o fluxo magnético em volta da bobina se altere, e uma tensão é induzida através do indutor. Tal tensão, às vezes chamada de *tensão de retorno,* provoca um fluxo de corrente oposto à corrente principal. Essa propriedade dos indutores é conhecida como *autoindutância,* ou simplesmente *indutância.*

Medindo a indutância

A indutância, simbolizada por L, é medida em unidades chamadas *henrys* (por causa de Joseph Henry, um novaiorquino que gostava de brincar com ímãs e descobriu a propriedade da autoindutância). Uma indutância de um henry (abreviado por H) induzirá um volt quando a corrente muda seu ritmo de fluxo em um ampere por segundo. Um henry é demasiado para a eletrônica do dia a dia, de modo que é mais provável que você ouça falar de milihenrys (mH), porque a indutância medida em *milésimos* de um henry é mais comum. Você também vai encontrar microhenrys (μh), que são milionésimos de um henry.

Opondo-se a mudanças de corrente

Na Figura 8-6, uma tensão DC é aplicada a um resistor em série com um indutor. Se não houvesse indutor no circuito, uma corrente igual à $V_{alimentação}/R$ fluiria no mesmo instante assim que a tensão DC fosse ligada. Entretanto, introduzir um indutor afeta o que ocorre ao fluxo da corrente no circuito.

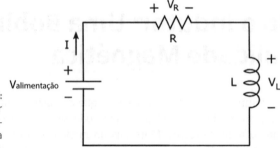

FIGURA 8-6: Um indutor retarda mudanças na corrente.

Quando a tensão DC é ligada, a corrente que começa a fluir induz um campo magnético ao redor das bobinas do indutor. À medida que a corrente aumenta (o que vai tentar fazer no mesmo instante), a força do campo magnético aumenta proporcionalmente. Como o campo magnético está mudando, ele induz a tensão de retorno, que por sua vez induz uma corrente no fio da bobina na *direção oposta* à da corrente que já flui da fonte de alimentação. O indutor parece tentar evitar que a corrente da fonte mude muito depressa; o efeito é que a corrente não aumenta instantaneamente. É por isso que se diz que os indutores se opõem a mudanças de corrente.

A corrente induzida na bobina reduz um pouco a força do campo magnético em expansão. Conforme a corrente da fonte permanece aumentando, o campo magnético vai se expandindo (mas cada vez mais lentamente), e a corrente que se opõe à corrente da fonte continua a ser induzida (mas é cada vez menor). O ciclo continua até que, finalmente, a corrente geral se acomoda em uma DC estável. Quando a corrente atinge um nível estável, o campo magnético não muda mais — e o indutor deixa de afetar a corrente no circuito.

O efeito geral é que é necessária uma quantidade de tempo finita para que a corrente que flui pelo indutor atinja um valor DC estável. (A quantidade específica de tempo necessário depende de alguns fatores, como as características do indutor e o tamanho do resistor no circuito. Veja a próxima seção, "Calculando a constante de tempo RL".) Quando isso ocorre, a corrente flui livremente pelo indutor, que age como um fio simples (normalmente chamado de *curto-circuito* ou simplesmente *curto*), portanto, V_L é praticamente 0 V (uma tensão muito pequena passa pelo indutor devido à resistência do fio da bobina) e a corrente em situação estável é determinada pela tensão da fonte e o resistor segundo a Lei de Ohm $\left(I = \dfrac{V_{alimentação}}{R} \right)$.

Caso você, então, remova a fonte de tensão DC e conecte o resistor através do indutor, a corrente vai fluir por um curto período de tempo, com o indutor novamente se opondo à súbita queda na corrente, até finalmente ela se acomodar em zero e o campo magnético desaparecer.

PAPO DE ESPECIALISTA

Sob o ponto de vista da energia, quando se aplica uma fonte DC a um indutor, ele armazena energia elétrica em um campo magnético. Quando se remove a fonte DC e se conecta um resistor através do indutor, a energia é transferida para o resistor, onde se dissipa na forma de calor. Indutores armazenam energia elétrica em campos magnéticos. Um verdadeiro indutor — em oposição a um indutor ideal teórico — exibe uma certa quantidade de resistência e capacitância, além de indutância, devido tanto às propriedades físicas do fio enrolado e do material do núcleo quanto à natureza dos campos magnéticos. Consequentemente, um indutor (ao contrário de um capacitor) não pode reter energia elétrica durante muito tempo porque a energia se perde pela dissipação do calor.

DICA

Para ajudá-lo a compreender indutores, pense na água que flui em um cano com uma turbina em seu interior. Inicialmente, aplica-se uma pressão na água, e as aletas da turbina, obstruindo o fluxo, exercem uma pressão contrária na água. Quando começam a girar, as pás exercem menos contrapressão, de modo que a água flui com mais facilidade. Se, de repente, você remover a pressão da água, as pás continuarão girando por um tempo, empurrando a água com elas, até que finalmente param de girar e a água deixa de fluir.

LEMBRE-SE

Não se preocupe com os detalhes intrincados das correntes induzidas, expandindo e contraindo campos magnéticos etc. Lembre-se apenas de alguns fatos sobre indutores:

» Um indutor se opõe (resiste) a mudanças na corrente.

» Um indutor age como um circuito aberto quando é aplicada DC inicialmente — isto é, nenhuma corrente flui de imediato e toda a fonte de alimentação cai através do indutor.

» Um indutor acaba por agir como um curto nos circuitos DC — isto é, quando toda a magia do campo magnético se acomoda, a tensão é zero e o indutor permite que toda a corrente DC passe.

Calculando a constante de tempo RL

Você pode calcular o tempo (em segundos) necessário para que a corrente que flui por um indutor em um circuito resistor/indutor atinja um valor DC estável. Para fazer isso você usa a *constante de tempo RL*, T, que lhe diz quanto tempo leva para que o indutor conduza aproximadamente 2/3 da corrente estável DC, que resulta de uma tensão aplicada através da combinação de resistor/indutor em série. A fórmula se parece com o seguinte:

$$T = \frac{L}{R}$$

Assim como a constante de tempo RC em circuitos RC (sobre a qual você pode ler no Capítulo 7) lhe dá uma ideia de quanto tempo um capacitor necessita para carregar até sua capacidade total, a constante de tempo RL o ajuda a calcular quanto tempo vai ser necessário para um indutor conduzir totalmente uma corrente DC: a corrente direta se acomoda em um valor estável depois de cerca de cinco constantes de tempo RL.

Acompanhando a corrente alternada (ou não!)

Quando se aplica uma tensão AC a um circuito que contém um indutor, este luta contra quaisquer mudanças na corrente da fonte. Se você continuar variando a tensão de alimentação para cima e para baixo em uma frequência muito alta, o indutor vai continuar a se opor a mudanças súbitas na corrente. No extremo mais alto do espectro da frequência não flui nenhuma corrente porque o indutor simplesmente não pode reagir com a devida velocidade para mudar a corrente.

Imagine-se parado diante de duas sobremesas extremamente tentadoras. Você quer saborear as duas, mas não consegue decidir qual comer primeiro. Vai correndo na direção de uma, mas logo muda de ideia e se vira e corre para a outra. Então, muda de ideia de novo, dá a volta e começa a correr na direção da primeira, e assim por diante. Quanto mais rápido você muda de ideia, mais você fica no centro — não chegando a lugar algum (ou a qualquer sobremesa). Essas sobremesas tentadoras fazem você agir como os elétrons em um indutor quando é aplicado um sinal de alta frequência ao circuito: nem você nem os elétrons fazem qualquer progresso.

Comportando-se de forma diferente de acordo com a frequência

Assim como os capacitores, os indutores em um circuito AC agem de forma diferente dependendo da frequência da tensão aplicada a eles. Como a corrente que passa através de um indutor é afetada pela frequência, a tensão cai no indutor e outros componentes no circuito também são afetados pela frequência. Esse comportamento dependente da frequência forma a base para funções úteis, como *filtros*, que são circuitos que permitem que algumas frequências passem através de outro estágio do circuito enquanto bloqueiam outras frequências. Quando você ajusta os graves e agudos de um sistema estéreo, você está usando filtros.

Aqui estão alguns tipos comuns de filtros:

» **Filtros passa-baixa:** São circuitos que permitem que frequências muito baixas passem da entrada para a saída enquanto bloqueiam frequências acima de uma *frequência de corte* específica.

» **Filtros passa-alta:** São circuitos que permitem que sinais de frequência mais alta passem enquanto bloqueiam frequências abaixo da frequência de corte.

» **Filtros passa-faixa:** São circuitos que permitem que uma banda de frequências passe entre uma frequência de corte mais baixa e uma frequência de corte mais alta.

» **Filtros elimina-faixa (ou rejeita-faixa):** São circuitos que permitem que todas as frequências passem, exceto uma faixa específica delas. Você pode usar esse tipo de filtro para reter chiados indesejados em uma linha de força de 60Hz — contanto que você conheça a banda de frequência do chiado.

Como os indutores passam DC e bloqueiam cada vez mais AC à medida que a frequência aumenta, eles são filtros naturais de baixa frequência. No Capítulo 7 você vai descobrir que os capacitores bloqueiam sinais DC e permitem que sinais AC passem, de modo que (como você pode adivinhar) eles são filtros naturais de alta frequência. No design de filtros eletrônicos — que é um tópico complexo e foge ao escopo deste livro — os componentes são cuidadosamente selecionados para controlar, com precisão, quais frequências podem passar pela saída.

LEMBRE-SE

Os indutores são uma espécie de alter ego dos capacitores. Capacitores se opõem a mudanças na tensão; indutores se opõem a mudanças na corrente. Capacitores bloqueiam DC e passam cada vez mais AC à medida que a frequência aumenta; indutores passam DC e bloqueiam cada vez mais AC à medida que a frequência aumenta.

Usos para Indutores

Indutores são utilizados principalmente em circuitos sintonizados para selecionar ou rejeitar sinais de frequências específicas e para bloquear (ou abafar) sinais de alta frequência, como eliminar interferência de radiofrequência (RF) nas transmissões a cabo. Em aplicações de áudio, os indutores também são comumente usados para remover chiados de 60Hz conhecidos como *ruído* (muitas vezes criado por linhas de força próximas). Aqui está uma lista que explica algumas das coisas fantásticas que uma simples bobina de fios pode fazer:

» **Filtrar e sintonizar:** Tal como os capacitores, os indutores podem ser usados para ajudar a selecionar ou rejeitar certos sinais elétricos dependendo de sua frequência. Indutores são, muitas vezes, usados para sintonizar frequências-alvo em sistemas radiorreceptores.

» **Motores AC:** Em um motor de indução AC, dois pares de bobinas são energizados por um suprimento de força AC (50Hz ou 60Hz), criando um campo magnético que induz a corrente em um rotor colocado no centro do campo magnético. Essa corrente, então, cria outro campo magnético que se opõe ao campo original, fazendo o rotor girar. Motores de indução são comumente usados em ventiladores e eletrodomésticos.

» **Bloquear AC:** Um bloqueador é um indutor usado para evitar que um sinal passe por ele até outra parte do circuito. Bloqueadores geralmente são usados em sistemas radiotransmissores para evitar que o sinal transmitido (uma forma de onda AC) sofra um curto-circuito através da fonte de alimentação. Ao bloquear o sinal e impedi-lo de atravessar um caminho até o chão, um bloqueador permite ao sinal seguir o rumo pretendido até a antena, onde ele pode ser transmitido.

» **Sensores sem contatos:** Muitos sensores de luzes de tráfego usam um indutor para fazer o sinal de luz mudar. Embutido na rua a vários metros antes do cruzamento há uma alça indutora que consiste em uma bobina gigante com várias voltas com cerca de 1,5m de diâmetro. Essa alça está conectada a um circuito que controla o semáforo. Quando seu carro passa por cima da alça, a parte inferior de aço do seu carro muda o fluxo magnético da alça. O circuito detecta essa mudança — e lhe dá a luz verde. Detectores de metal usam indutores de forma semelhante para descobrir a presença de objetos magnéticos ou metálicos.

» **Nivelar a corrente:** Indutores podem ser usados para reduzir oscilações de corrente (ondas) no suprimento de força. Quando a corrente muda, o fluxo magnético ao redor da bobina se altera e uma tensão de retorno é induzida pelo indutor, fazendo com que flua uma corrente que se opõe à corrente principal.

Usando Indutores em Circuitos

O fio que compõe um indutor muitas vezes é isolado para evitar curtos-circuitos não desejados entre as voltas. Os indutores também podem ser *blindados*, ou envoltos em uma lata de metal não ferroso (geralmente, bronze ou alumínio), para evitar que as linhas magnéticas de fluxo se infiltrem na vizinhança de outros componentes do circuito. Um indutor blindado é usado quando não se quer induzir tensões ou correntes em outros elementos do circuito. Utiliza-se um indutor (ou bobina) não blindado quando se quer afetar outros elementos do circuito. Discuto o uso de bobinas não blindadas em circuitos na seção "Influenciando a Bobina do Vizinho: Transformadores", mais adiante neste capítulo.

Interpretando os valores de indutância

O valor de um indutor costuma ser marcado na embalagem com a mesma técnica de codificação de cores usada nos resistores, disponível no Capítulo 5. Muitas vezes o valor de indutores maiores está impresso diretamente nos componentes. Indutores de valores menores se parecem muito com resistores de menor potência em watts; esses indutores e resistores até têm marcas de código de cores semelhantes. Indutores de valor maior são encontrados em diferentes tamanhos e formas, cada um oferecendo vantagens em termos de desempenho, custo e outros fatores.

Indutores podem ser fixos ou variáveis. Em cada tipo, um fio é enrolado ao redor de um núcleo. A quantidade de voltas do fio, o material do núcleo, o diâmetro do fio e o comprimento da bobina determinam o valor numérico do indutor. Indutores fixos têm um valor constante; indutores variáveis têm valores ajustáveis. O núcleo de um indutor pode ser feito de ar, ferrita ou qualquer outro material (incluindo seu carro). Ar e ferrita são os materiais de núcleo mais comuns.

Combinando indutores blindados

Há chances de que você não use indutores nos circuitos eletrônicos básicos que vai montar, mas você pode encontrar diagramas de circuitos para fornecimento de força e outros dispositivos que incluem indutores múltiplos. Só para o caso de usá-los, você deve saber como calcular a indutância equivalente de combinações de indutores blindados para entender bem como o circuito opera.

Indutores em série se somam, assim como resistores:

$$L_{série} = L1 + L2 + L3+...$$

Tal como os resistores, os indutores em paralelo combinam-se somando os recíprocos de cada indutância individual e, depois, tirando o recíproco dessa soma. (Você deve lembrar, das aulas de matemática, que o recíproco é o multiplicador inverso de um número, ou o número que você multiplica para que o resultado seja igual. Assim, para qualquer número x, $1/x$ é seu recíproco.)

$$L_{paralelo} = \cfrac{1}{\dfrac{1}{L1} + \dfrac{1}{L2} + \dfrac{1}{L3}\,...}$$

Outra forma de expressar a equação precedente é:

$$\frac{1}{L_{paralelo}} = \frac{1}{L1} + \frac{1}{L2} + \frac{1}{L3}\,...$$

Se você tem apenas dois indutores em paralelo, pode simplificar essa equação como segue:

$$L_{paralelo} = \frac{L1 \times L2}{L1 + L2}$$

Sintonizando Programas de Rádio

Indutores são filtros naturais de passagem baixa e capacitores são filtros naturais de passagem alta, portanto, o que ocorre quando você coloca os dois no mesmo circuito? Como você pode adivinhar, indutores e capacitores muitas vezes são usados em conjunto em circuitos de sintonia para sintonizar a frequência de transmissão de uma estação de rádio específica.

Ressoando com circuitos RLC

Observe o circuito RLC na Figura 8-7. Agora imagine o que acontece à corrente, i, que flui pelo circuito quando você varia a frequência do sinal de entrada, v_{in}. Como o capacitor bloqueia DC e permite que cada vez mais corrente alternada (AC) flua à medida que a frequência aumenta, a entrada de sinais de baixa frequência tende a ficar "esmagada". Uma vez que o indutor passa DC e bloqueia cada vez mais AC conforme a frequência aumenta, sinais de entrada de alta frequência também são "esmagados". O que acontece nas frequências intermediárias? Bem, alguma corrente consegue passar, com a maioria dela fluindo quando o sinal de entrada está em uma determinada frequência conhecida como *frequência ressoante*.

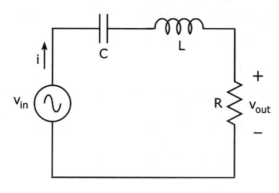

FIGURA 8-7: Um circuito RLC tem uma frequência ressoante, na qual flui a corrente máxima.

O valor da frequência ressoante, f_o, depende dos valores da indutância (L) e da capacitância (C), como segue:

$$f_0 = \frac{1}{2\pi\sqrt{LC}}$$

Diz-se que o circuito *ressoa* em determinada frequência, e assim é conhecido como *circuito ressoante*. A Figura 8-8 mostra um gráfico de frequência da corrente passando pelo circuito; note que a corrente está mais alta na frequência ressoante.

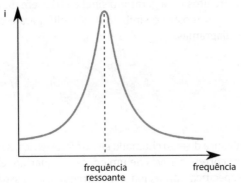

FIGURA 8-8: A corrente em um circuito RLC em série está mais alta na frequência ressoante.

Receptores de rádio analógicos valem-se de circuitos RLC para permitir que apenas uma frequência passe pelo circuito. Esse processo é conhecido como *sintonizar* a frequência; usado dessa maneira, o circuito é conhecido como um *circuito de sintonia*. Um capacitor variável é utilizado para ajustar a frequência ressoante, de modo que você pode sintonizar diferentes estações transmitindo em diferentes frequências. O botão que permite que a capacitância seja mudada está ligado ao botão de controle de sintonia de seu rádio.

Um equalizador gráfico usa uma série de circuitos de sintonia para separar um sinal de áudio em várias faixas de frequência. Os controles deslizantes do equalizador permitem que você ajuste o ganho (amplificação) de cada faixa de frequência independentemente. Em um estágio posterior do circuito as faixas individuais são recombinadas em um único sinal de áudio — personalizado de acordo com seu gosto — que é enviado aos alto-falantes.

Comutando um pouco os componentes, você pode criar uma variedade de configurações de filtragem. Por exemplo, ao colocar o resistor, o indutor e o capacitor em paralelo um com o outro você cria um circuito que produz a corrente *mínima* na frequência ressoante. Esse tipo de circuito ressoante tira essa frequência de sintonia, permitindo que todas as outras passem, e é usado para criar filtros de eliminação de faixas. Você pode encontrar um circuito como esse filtrando e removendo o ruído de 60Hz, que às vezes um equipamento eletrônico capta de uma linha de força próxima.

Garantindo ressonância confiável com cristais

Se você fatiar um cristal de quartzo da maneira correta, ligar dois terminais a ele e fechá-lo em um recipiente hermeticamente lacrado, você criará um componente que vai funcionar como um combinado RLC em um circuito RLC, ressoando em uma frequência em particular. *Cristais de quartzo*, ou simplesmente *cristais*, são usados em circuitos para gerar um sinal elétrico em uma frequência muito precisa. A Figura 8-9 mostra o símbolo de circuito para o cristal, que é chamado de XTAL nos diagramas.

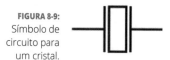

FIGURA 8-9: Símbolo de circuito para um cristal.

Cristais funcionam por causa de algo chamado *efeito piezoelétrico*: se você aplicar uma tensão da maneira correta através de um cristal de quartzo, ele vai vibrar em uma frequência específica conhecida como frequência ressoante. Então, caso você remova a tensão aplicada, o cristal continua a vibrar até voltar ao formato anterior. Enquanto vibra, ele gera uma tensão na frequência ressoante.

Você deve conhecer os captadores piezoelétricos das guitarras que usam cristais para converter as vibrações mecânicas geradas pelas cordas em sinais elétricos, que então são amplificados. E, se você lembra da era anterior à tecnologia dos CDs, pode estar interessado em saber que as agulhas fonográficas contavam com o efeito piezoelétrico para converter em energia elétrica os altos e baixos de uma faixa de um disco de vinil.

A frequência em que um cristal ressoa depende de sua espessura e tamanho, e você pode encontrar cristais com frequências ressoantes variando de alguns décimos de quilo-hertz para décimos de mega-hertz. Cristais são mais precisos e mais confiáveis do que combinações de capacitores e indutores, mas há uma questão aqui: eles geralmente são mais caros. Você vai encontrar cristais utilizados em circuitos chamados *osciladores* para gerar sinais elétricos em uma frequência muito precisa. Osciladores são responsáveis pelos tique-taques que controlam os relógios de pulso e circuitos digitais integrados (que discuto no Capítulo 11), e por controlar a precisão de equipamentos de rádio.

Um cristal de quartzo é preciso em aproximadamente 0,001% de sua frequência ressoante declarada. (É por isso que vale a pena pagar mais por eles!) Talvez você também ouça falar de ressoadores de cerâmica, que funcionam da mesma maneira, mas custam menos e não são tão precisos quanto o quartzo. Ressoadores de cerâmica têm uma tolerância de 0,5% — o que significa que a frequência ressoante real pode variar até 0,5% acima ou abaixo de sua frequência ressoante declarada — e são usados em muitos dispositivos eletrônicos, como TVs, câmeras e brinquedos.

Influenciando a Bobina do Vizinho: Transformadores

Indutores usados em circuitos de sintonia são blindados para que o campo magnético que produzem não interaja com outros componentes do circuito. Bobinas não blindadas às vezes são colocadas perto umas das outras com o objetivo expresso de permitir a interação de seus campos magnéticos. Nesta seção, descrevo como bobinas não blindadas interagem — e como você pode explorar sua interação para fazer algumas coisas úteis com um dispositivo eletrônico conhecido como *transformador*.

Permitindo que bobinas não blindadas interajam

Quando você coloca bobinas não blindadas próximas umas das outras, o campo magnético variável criado como resultado de passar corrente AC através da bobina induz uma tensão nessa bobina *e também na outra*. *Indutância mútua* é o termo usado para descrever o efeito de induzir uma tensão em outra bobina, enquanto que a *autoindutância* se refere ao efeito de induzir uma tensão na mesma bobina que produziu o campo magnético em primeiro lugar. Quanto mais próximas as bobinas estiverem, mais forte é a interação. A indutância mútua pode somar-se ou opor-se à autoindutância de cada bobina, dependendo de como você combina os polos norte e sul dos indutores.

Se você tem uma bobina não blindada em um circuito e colocá-la perto de uma bobina não blindada em outro circuito, elas vão interagir. Ao passar a corrente por uma bobina, você vai fazer com que a tensão seja induzida na vizinha — ainda que seja em um circuito separado e desconectado. Isso é conhecido como *ação de transformador*.

LEMBRE-SE

Um *transformador* é um dispositivo eletrônico que consiste em duas bobinas enroladas ao redor do mesmo material de núcleo de tal forma que a indutância mútua seja maximizada. A corrente que passa por uma bobina, conhecida como *primária*, induz a tensão na outra bobina, conhecida como *secundária*. A função de um transformador é transferir energia elétrica de um circuito para outro.

Os símbolos de circuito para um transformador com núcleo a ar e um transformador com núcleo sólido são mostrados, respectivamente, na Figura 8-10.

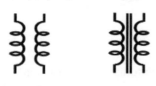

FIGURA 8-10: Símbolos de circuito para um transformador com núcleo a ar e um transformador com núcleo sólido.

Isolando circuitos de fonte de energia

Se o número de voltas de um fio no enrolamento primário de um transformador for igual ao número de voltas no enrolamento secundário, teoricamente toda a tensão que passa pelo primário será induzida através da secundária. Isso é conhecido como um *transformador 1:1*, porque existe uma relação 1:1 (leia um por um) entre as duas bobinas. (Na realidade, nenhum transformador é perfeito, ou *sem perdas*, e parte da energia elétrica se perde no translado.)

Um transformador 1:1 também é conhecido como um *transformador de separação* e é comumente usado para separar eletricamente dois circuitos, ao mesmo tempo em que permite que a alimentação ou um sinal AC de um alimente o outro. O primeiro circuito tipicamente contém a fonte de alimentação, e o segundo, a carga. (Você vai descobrir no Capítulo 1 que *carga* é o destino da energia elétrica, ou a coisa na qual você quer trabalhar, como o diafragma de um alto-falante.) Talvez você queira isolar circuitos para reduzir o risco de choques elétricos ou para evitar que um circuito interfira no outro.

Aumentando e diminuindo as tensões

Se o número de voltas no enrolamento primário de um transformador não é o mesmo que o número de voltas no enrolamento secundário, a tensão induzida no secundário será diferente da tensão no primário. As duas tensões serão mutuamente proporcionais, com a proporção determinada pela razão entre o número de voltas do secundário e o número de voltas do primário, como segue:

$$\frac{V_S}{V_P} = \frac{N_S}{N_P}$$

Nessa equação, V_S é a tensão induzida no secundário, V_P é a tensão no primário, N_S é o número de voltas no secundário e N_P é o número de voltas no primário.

Digamos que, por exemplo, o secundário consiste em 200 voltas de fio — duas vezes mais que o primário, que consiste em 100 voltas de fio. Se você aplicar uma tensão AC com um valor de pico de 50V ao primário, a tensão de pico induzida no secundário será de 100V, ou duas vezes o valor da tensão de pico no primário. Esse tipo de transformador é conhecido como um *transformador elevador*, pois ele eleva a tensão de primário para secundário.

Se, em vez disso, o secundário consistir em 50 voltas de fio e o primário consistir em 100 voltas, o mesmo sinal AC aplicado ao mesmo primário apresenta um resultado diferente: a tensão de pico através do secundário será de 25V, ou metade da tensão do primário. Isso é conhecido como *transformador redutor*, por motivos óbvios.

LEMBRE-SE

Em cada caso, a potência aplicada ao enrolamento primário é transferida para o secundário. Como a potência é produto da tensão e da corrente ($P = V \times I$), a *corrente* induzida no enrolamento secundário é inversamente proporcional à *tensão* induzida no secundário. Assim, um transformador elevador aumenta a tensão enquanto diminui a corrente; um transformador redutor reduz a tensão enquanto eleva a corrente.

Transformadores elevadores e redutores são usados em sistemas de transmissão de energia elétrica. A eletricidade gerada em uma usina de força é elevada a tensões de 110kV (1kV = 1.000V) ou mais, transportada por longas distâncias até uma subestação, e então reduzida para tensões menores para distribuição aos consumidores.

150   PARTE 2 **Controlando Correntes com Componentes**

NESTE CAPÍTULO

Espiando no interior de um semicondutor

Fundindo dois semicondutores para fazer um diodo

Deixando a corrente fluir para cá, mas não para lá

Capítulo 9

Mergulhando em Diodos

Semicondutores são essenciais em quase todos os sistemas eletrônicos de maior importância que existem atualmente, do marca-passo programável ao smartphone e ao ônibus espacial. É incrível pensar que dispositivos tão minúsculos sejam responsáveis por trazer imensos avanços na medicina moderna, na exploração do espaço, na automação industrial, nos sistemas de entretenimento doméstico e vários outros setores de atividade econômica.

O dispositivo semicondutor mais simples, chamado *diodo*, serve para conduzir ou bloquear a corrente elétrica e permitir que a corrente flua em uma direção, mas não em outra — dependendo de como você o controlar eletricamente.

Este capítulo explica o que são semicondutores, como fazer com que conduzam corrente e de que modo combinar dois semicondutores e criar um diodo. Depois, você vai testemunhar o comportamento dos diodos, parecido com o das válvulas — e dar uma olhada em como explorar esse comportamento a fim de realizar coisas fantásticas nos circuitos.

CAPÍTULO 9 **Mergulhando em Diodos** 151

Estamos Conduzindo ou Não?

Certos materiais, que estão em algum ponto entre os isolantes e os condutores, parecem indecisos entre prender seus elétrons ou deixá-los vagar livremente. Esses *semicondutores* comportam-se como condutores sob algumas condições e como isolantes em outras, algo que lhes confere capacidades únicas.

Com um dispositivo feito de materiais semicondutores, como o silício ou o germânio, você pode controlar com precisão o fluxo de portadores de carga elétrica em uma área do dispositivo ajustando a tensão em outra área do mesmo dispositivo. Por exemplo, ao ajustar a tensão em um diodo semicondutor de dois terminais (veja a Figura 9-1), você pode deixar que a corrente flua em uma direção enquanto bloqueia seu fluxo na outra direção, como uma válvula de retenção.

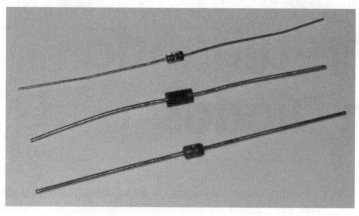

FIGURA 9-1: Diodos são dispositivos semicondutores de dois terminais semelhantes aos resistores no tamanho e no formato.

Avaliando semicondutores

Os átomos de materiais semicondutores se alinham de maneira estruturada, formando um padrão regular e tridimensional — um cristal — como mostra a Figura 9-2. Átomos no cristal agregam-se por meio de uma ligação especial, chamada de *ligação covalente*, em que cada átomo partilha seus elétrons mais externos (conhecidos como *elétrons de valência*) com seus vizinhos.

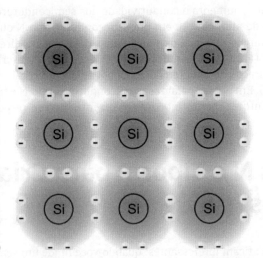

FIGURA 9-2: O silício e outros materiais semicondutores contêm fortes ligações de covalência que mantêm os átomos unidos em uma estrutura cristalina. (Somente os átomos mais externos são mostrados.)

É precisamente por causa dessa exclusiva ligação e compartilhamento de elétrons que o cristal semicondutor age como um isolante quase o tempo todo. Cada átomo supõe possuir mais elétrons de valência do que tem na realidade, e esses elétrons permanecem perto de casa. (Esse comportamento é muito diferente de um átomo condutor típico que, muitas vezes, tem apenas um elétron de valência que acha que pode vagar livremente.)

Criando tipos N e tipos P

Um semicondutor puro pode ser alterado de maneira a mudar suas propriedades elétricas. A explicação exata desse processo, chamado de *doping* (relaxe, nada a ver com anabolizantes), envolve alguns elementos fascinantes de física que não vou tratar aqui. Mas o resultado é este: o doping cria variantes de materiais semicondutores que (dependendo do tipo específico de doping) têm *mais* elétrons ou *menos* elétrons que o material semicondutor puro. Essas variantes são:

» **Semicondutores tipo N** têm mais elétrons, que são tratados como intrusos, incapazes de abrir caminho nas ligações covalentes. Semicondutores tipo N são assim denominados devido a esses elétrons rejeitados (portadores de cargas negativas), que se movem dentro do cristal.

» **Semicondutores tipo P** têm menos elétrons, deixando buracos na estrutura cristalina em que os elétrons costumavam ficar. Os buracos não permanecem imóveis por muito tempo porque elétrons vizinhos costumam ocupá-los, deixando novos buracos em outro lugar, que são rapidamente ocupados por mais elétrons, deixando mais buracos, e assim por diante. O resultado líquido é que esses buracos parecem estar se movendo dentro do cristal. Como representam uma ausência de elétrons, você pode pensar neles como cargas positivas. Tipos P têm esse nome por causa desses portadores de carga negativa.

CAPÍTULO 9 **Mergulhando em Diodos** 153

O processo de doping aumenta a condutividade dos semicondutores. Se você aplicar uma fonte de alimentação em um semicondutor tipo N ou tipo P, os elétrons se movem pelo material de tensão mais negativa em direção à tensão mais positiva. (Para semicondutores tipo P, essa ação é descrita como o movimento dos buracos de uma tensão mais positiva em direção a uma tensão mais negativa). Em outras palavras, semicondutores tipo N e tipo P estão agindo como condutores, permitindo que a corrente flua em resposta a uma tensão aplicada.

Unindo Tipos N e Tipos P para Criar Componentes

É aqui que as coisas ficam interessantes: quando você funde um semicondutor tipo N e um semicondutor tipo P, a corrente pode fluir pela *junção-pn* resultante — mas somente em uma direção.

O fato de uma corrente fluir ou não depende do lado em que você aplica a tensão. Se você conecta o terminal positivo de uma bateria ao material tipo P e o terminal negativo ao material tipo N, a corrente vai fluir (contanto que a tensão aplicada exceda um certo mínimo e não exceda um certo máximo). No entanto, se você inverter a bateria, a corrente não vai fluir (a menos que você aplique uma tensão muito alta).

O modo exato como esses semicondutores tipo N e tipo P são combinados determina que espécie de dispositivo semicondutor eles vão se tornar — e como eles vão permitir que a corrente flua (ou não) quando a tensão é aplicada. A junção-pn é a base da eletrônica de *estado sólido*, que envolve dispositivos eletrônicos feitos de materiais sólidos e não móveis, no lugar dos tubos de vácuo (também conhecidos por válvulas termiônicas ou, simplesmente, válvulas) de antigamente. Os semicondutores substituíram a maioria dos tubos de vácuo na eletrônica.

Formando um Diodo de Junção

Um *diodo* semicondutor é um dispositivo eletrônico de dois terminais que consiste em uma única junção-pn (veja a Figura 9-3). Diodos agem como válvulas de mão única, permitindo que a corrente flua em apenas uma direção quando a tensão é aplicada neles. Às vezes, essa capacidade é chamada de propriedade *retificadora*.

154   PARTE 2 **Controlando Correntes com Componentes**

FIGURA 9-3: Um diodo é formado de uma única junção-pn.

direção do fluxo da corrente quando a tensão é aplicada do anodo ao catodo (exceto diodos Zener)

LEMBRE-SE

Chamamos o lado P de uma junção-pn em um diodo de *anodo* e o lado N de *catodo*. Na maioria dos diodos, se você aplicar uma tensão mais positiva ao anodo e uma tensão mais negativa ao catodo, a corrente vai fluir do anodo para o catodo. Se você inverter a tensão, o diodo não vai conduzir corrente. (Diodos Zener são uma exceção: para detalhes, procure adiante neste capítulo a seção "Regulando a tensão com diodos Zener".)

PAPO DE ESPECIALISTA

Em eletrônica, *corrente* se refere à corrente convencional — que é o oposto do verdadeiro fluxo dos elétrons. Assim, quando você diz que a corrente (convencional) flui do anodo para o catodo, os elétrons estão se movendo do catodo para o anodo.

Você pode pensar na junção dentro do diodo como uma ladeira e na corrente como uma bola que você está tentando mover de um lado da ladeira para o outro: empurrar a bola para baixo (do anodo para o catodo) é fácil, mas empurrar a bola para cima (do catodo ao anodo) é difícil.

Diodos são cilíndricos, como resistores, mas não são tão coloridos. A maioria dos diodos mostra uma listra ou outra marca em uma extremidade, indicando o catodo (veja a Figura 9-1). Nos símbolos de circuitos mostrados na Figura 9-4, o anodo está na esquerda (parte larga da ponta da seta) e o catodo está na direita.

Em LEDs e diodos padrão, a ponta da seta está voltada na direção do fluxo da corrente (convencional). (A corrente flui na direção contrária nos diodos Zener.)

FIGURA 9-4: Símbolos de circuito para diferentes diodos semicondutores.

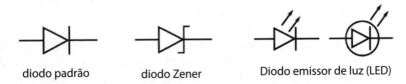

diodo padrão   diodo Zener   Diodo emissor de luz (LED)

CAPÍTULO 9 **Mergulhando em Diodos**   155

Polarizando o diodo

Quando você polariza um diodo, você aplica uma tensão, conhecida como *tensão polarizada*, através do diodo (do anodo para o catodo) de modo que o diodo permita o fluxo da corrente do anodo para o catodo ou bloqueie o seu fluxo. Um diodo padrão tem dois modos de funcionamento básicos:

» **Polarização direta (condutora):** Quando uma tensão positiva alta o suficiente é aplicada do anodo ao catodo, o diodo liga (conduz corrente).

Essa tensão mínima de ligação é conhecida como *tensão direta* e seu valor depende do tipo de diodo. Um diodo de silício típico tem uma tensão direta de cerca de 0,6V a 0,7V, enquanto que tensões diretas de diodos emissores de luz (LEDs) variam de cerca de 1,5V a 4,6V (dependendo da cor). (Verifique a classificação de diodos específicos usados em seus circuitos.)

Quando o diodo tem polarização direta, a corrente, conhecida como *corrente direta*, flui facilmente através da junção-pn do anodo para o catodo. Você pode aumentar a quantidade de corrente que flui através do diodo (até o máximo de corrente que ele pode suportar com segurança), mas a queda da tensão direta não vai variar muito.

» **Polarização inversa (não condutora):** Quando uma *tensão inversa* (uma tensão negativa do anodo para o catodo) é aplicada através do diodo, a corrente fica proibida de fluir. (Na verdade, uma pequena quantidade de corrente, na faixa dos μA, vai fluir.)

Se a tensão de polarização reversa exceder um certo nível (geralmente 50V ou mais), o diodo se rompe e a *corrente inversa* começa a fluir do catodo para o anodo. A tensão reversa na qual o diodo se rompe é conhecida como *tensão inversa de pico* (PRV, ou PIV, siglas em inglês).

A Figura 9-5 mostra um diodo de polarização progressiva permitindo que a corrente flua através de uma lâmpada e um diodo de polarização reversa impedindo a corrente de fluir.

Em geral, a polarização reversa de um diodo não ocorre intencionalmente (exceto se você estiver usando um diodo Zener, que descrevo na seção "Regulando a tensão com diodos Zener", mais adiante neste capítulo). Talvez você reverta a polarização por acidente orientando o diodo de modo incorreto em um circuito (veja a seção "Qual lado é o de cima?", mais adiante neste capítulo), mas não se preocupe: você não vai danificar o diodo e pode simplesmente reorientá-lo. (Porém, se você exceder o PRV, pode permitir que um excesso de corrente reversa flua, o que poderá danificar os componentes de outros circuitos.)

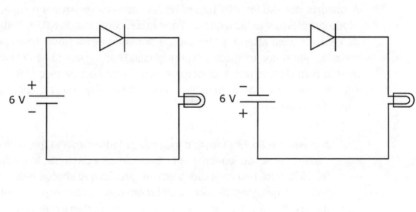

FIGURA 9-5: Na bateria esquerda há polarização progressiva no diodo, permitindo o fluxo de corrente. Inverter a bateria (a da direita) promove polarização reversa do diodo, evitando que a corrente flua.

Caso nenhuma tensão ou uma tensão baixa (menos que a tensão progressiva) seja aplicada através do diodo, ele está *não polarizado*. (Isso significa que você ainda não tomou nenhuma ação em relação ao diodo.)

PAPO DE ESPECIALISTA

Em eletrônica, o termo *polarização* se refere a uma tensão DC uniforme ou a uma corrente aplicada a um dispositivo ou circuito eletrônico para fazer com que ele funcione de uma determinada maneira. Dispositivos como transistores (de que falo no Capítulo 10) e diodos são dispositivos não lineares. Isto é, a relação entre tensão e corrente nesses dispositivos não é constante; ela varia em diferentes faixas de tensão e corrente. Diodos e transistores não são como resistores, que exibem uma relação linear (constante) entre tensão e corrente.

Conduzindo corrente por um diodo

Após a corrente começar a fluir através do diodo, a queda da tensão progressiva no diodo continua relativamente constante — mesmo que você aumente a corrente direta. Por exemplo, a maioria dos diodos de silício tem uma tensão direta entre 0,6V e 0,7V acima de uma ampla variedade de correntes diretas. Se você está analisando um circuito que contém um diodo de silício (como o circuito à esquerda na Figura 9-5), você pode supor que a queda de tensão no diodo é de cerca de 0,7V — mesmo se você aumentar a tensão de alimentação de 6V para 9V. Aumentar a tensão de alimentação aumenta a corrente no circuito, mas a queda de tensão do diodo continua a mesma, de modo que a tensão de alimentação cai na lâmpada.

CUIDADO

Naturalmente, cada componente eletrônico tem seus limites. Se você aumentar demais a corrente através de um diodo, vai gerar muito calor nele. Em algum ponto a junção-pn vai ser danificada com todo esse calor e você vai ter que tomar cuidado para não elevar demais a tensão de alimentação.

Classificando seu diodo

A maioria dos diodos não tem válvulas como os resistores e capacitores. Um diodo simplesmente faz o que tem que fazer, controlando o liga/desliga do fluxo de elétrons, sem alterar a forma ou o tamanho desse fluxo. Isso não significa, todavia, que todos os diodos sejam iguais. Diodos padrão são classificados de acordo com dois critérios principais: tensão inversa de pico (PRV) e corrente. Há critérios que o orientam quanto à escolha do diodo correto para um circuito específico, como segue:

» **A classificação PRV** lhe diz o máximo de tensão inversa que o diodo pode suportar antes de "queimar". Por exemplo, se a classificação do diodo for 100V, você não deve usá-lo em um circuito que aplique nele mais que 100V. (Os designers de diodos embutem considerável espaço livre acima da classificação PRV para acomodar picos de tensão e outras condições. Por exemplo, é prática comum usar um diodo retificador de 1.000 PRV em circuitos de fornecimento de força correndo em 120 VAC).

» **A classificação da corrente** indica a corrente direta máxima que o diodo pode suportar sem sofrer danos. Um diodo classificado como 3A não pode conduzir com segurança mais que 3A sem superaquecer e falhar.

Identificando diodos

A maior parte dos diodos produzidos na América do Norte é identificada com códigos de cinco ou seis dígitos que fazem parte de um sistema de identificação padrão na indústria. Os dois primeiros dígitos são sempre 1N para diodos; o 1 especifica o número de junções-pn, o N significa semicondutor e os restantes três ou quatro dígitos indicam características específicas dos diodos. Um exemplo clássico é a série de diodos de retificação identificados como 1N40xx, em que xx pode ser 00, 01 e assim por diante até 08. Eles são classificados em 1 ampere com classificações PRV variando de 50V a 1.000V, dependendo do número xx. Por exemplo, o diodo retificador 1N4001 está classificado em 1A e 50V, e o 1N4007 está classificado com 1A e 1.000V. Diodos da série 1N54xx têm uma classificação 3-A com classificações PRV de 50V a 1.000V. Você pode encontrar facilmente essas informações em qualquer catálogo de componentes eletrônicos ou livro de referências cruzadas com dados sobre diodos, geralmente acessíveis online. (Um *livro de referências cruzadas* mostra que peças podem ser trocadas por outras, no caso de uma peça especificada no diagrama de um circuito não estar disponível no revendedor escolhido.)

DICA

Apenas para deixar as coisas mais interessantes (para não dizer confusas), alguns diodos usam o mesmo esquema de código de cores dos resistores em suas embalagens, mas em vez de traduzir o código em um valor (como resistência), o código de cor simplesmente lhe dá o número de identificação de semicondutor do diodo. Por exemplo, a sequência de cores "marrom/laranja/vermelho" indica a sequência "1-3-2", portanto, é um diodo de germânio 1N132. (Consulte a tabela de códigos de cores para resistores no Capítulo 5.)

Qual lado é o de cima?

Quando se usa um diodo em um circuito é extremamente importante orientá-lo da forma correta (mais sobre o assunto em um minuto). A faixa, ou outra marca na embalagem do diodo, corresponde ao segmento de linha no símbolo do circuito para um diodo: ambos indicam o catodo, ou terminal negativo, do diodo.

Você também pode determinar qual é a extremidade correta medindo a resistência do diodo (antes de inseri-lo no circuito) com um ohmímetro ou um multímetro (que discuto no Capítulo 16). O diodo tem uma resistência baixa quando tem polarização direta e uma resistência alta quando tem polarização inversa. Ao aplicar o terminal positivo do medidor ao anodo e o terminal negativo ao catodo, seu medidor está essencialmente realizando uma polarização direta no diodo (porque quando usado para medir resistências, um multímetro aplica uma pequena tensão a seus terminais). Você pode medir a resistência duas vezes, primeiro aplicando os terminais em uma direção, depois em outra. O resultado mais baixo indica a condição de polarização direta.

Diodos são como válvulas de mão única que deixam a corrente fluir em apenas uma direção. Se você inserir um diodo invertido em um circuito, ele não vai funcionar por não haver fluxo de corrente, ou você poderá danificar alguns componentes se exceder a tensão inversa de pico (PRV) e deixar a corrente fluir inversamente — o que poderá danificar componentes como capacitores eletrolíticos. Fique sempre atento à orientação do diodo quando usá-lo em um circuito, verificando duas vezes para garantir que está tudo certo!

Usando Diodos em Circuitos

Você vai encontrar diferentes características em diodos semicondutores projetados para várias aplicações em circuitos eletrônicos.

Retificando AC

A Figura 9-6 mostra um circuito com um diodo de silício, um resistor e uma fonte de energia AC. Observe a orientação do diodo no circuito: o anodo (lado positivo) está conectado à fonte de energia. O diodo conduz corrente quando está polarizado diretamente, mas não se estiver com polarização inversa. Quando a fonte AC é positiva (e proporcionar pelo menos 0,7V para promover a polarização direta do diodo de silício), o diodo conduz corrente; quando a fonte

AC for inferior a 0,7V, o diodo não conduz corrente. A tensão de saída é uma versão cortada da tensão de entrada; apenas a porção do sinal de entrada que é maior que 0,7V passa para a saída.

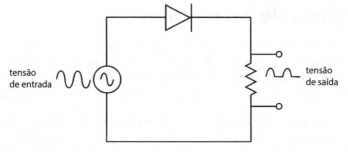

FIGURA 9-6: O diodo nesse circuito corta a porção mais baixa da fonte de tensão AC.

Se a orientação do diodo estiver invertida no circuito, ocorre o oposto. Somente a parte negativa da tensão de entrada passa para a saída:

» Quando a tensão de entrada é positiva, o diodo é polarizado inversamente e a corrente não flui.

» Quando a entrada é suficientemente negativa (pelo menos -0,7V), o diodo é polarizado diretamente e a corrente flui.

LEMBRE-SE

Diodos usados dessa maneira — para converter corrente AC em corrente DC variável (é DC porque a corrente flui somente em uma direção, mas não porque seja uma corrente constante) — são chamados de *diodos retificadores*, ou apenas *retificadores*. Diodos retificadores são projetados para suportar correntes que variam de diversas centenas de miliamperes a alguns amperes — potências muito maiores do que *diodos de sinal* de uso geral são projetados para suportar (essas correntes sobem até somente cerca de 100mA). Você vai encontrar retificadores sendo usados principalmente de duas maneiras:

» **Retificação de meia onda:** Usar um único diodo retificador para cortar um sinal AC é conhecido como retificação de meia onda, porque converte metade do sinal AC em DC.

» **Retificação de onda completa:** Ao arranjar quatro diodos em um circuito conhecido como retificador em ponte, você pode converter os altos e baixos (relativos a 0V) de uma tensão AC em apenas altos (veja a Figura 9-7). Esse retificador de onda completa é o primeiro estágio de circuitos em uma fonte de alimentação linear, que converte alimentação AC em uma fonte alimentação DC estável.

DICA

Retificadores em ponte são tão populares que é possível comprá-los como uma peça única de quatro terminais, com dois deles para a entrada AC e dois para a saída DC.

Regulando a tensão com diodos Zener

Diodos Zener são diodos especiais feitos para quebrar. Na verdade, são apenas diodos pesadamente dopados que quebram em tensões muito mais baixas do que diodos comuns. Quando você polariza inversamente um diodo Zener, e a tensão nele atinge ou excede a tensão de ruptura, repentinamente ele começa a conduzir corrente para trás (do catodo ao anodo). À medida que você continua a aumentar a tensão polarizada inversamente além do ponto de ruptura, o Zener continua a conduzir cada vez mais corrente — enquanto mantém uma queda de tensão regular.

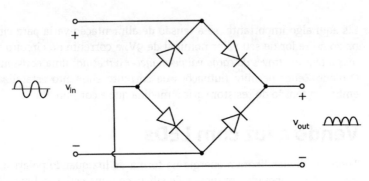

FIGURA 9-7: Em um retificador em ponte, quatro diodos transformam a tensão ou a corrente AC em uma tensão ou corrente puramente DC.

Tenha em mente estas duas potências nominais importantes de diodos Zener:

» **A tensão de ruptura**, comumente chamada de *tensão Zener*, é a tensão polarizada inversamente que provoca a quebra do diodo e conduz a corrente. Tensões de ruptura, que são controladas pelo processo de doping semicondutor, variam de 2,4V a centenas de volts.

» **A potência nominal** indica a força máxima (tensão x corrente) que o diodo Zener pode suportar. (Até mesmo diodos projetados para quebrar podem *realmente* quebrar se você exceder sua potência nominal.)

Para ver o símbolo de circuito para um diodo Zener, consulte a Figura 9-4.

Pelo fato de serem tão bons em manter uma tensão de polarização reversa constante, mesmo quando a corrente varia, os diodos Zener são usados para regular a tensão em circuitos. No circuito na Figura 9-8, por exemplo, uma alimentação de 9V DC está sendo usada para energizar uma carga e um diodo Zener é colocado de modo que essa alimentação DC exceda a tensão de ruptura de 6,8V. (Observe que essa tensão está polarizando inversamente o diodo.) Como a carga está em paralelo com o diodo Zener, a queda de tensão na carga é a mesma que a tensão Zener, que é de 6,8V. A tensão de alimentação restante é diminuída pelo resistor (que está ali para limitar a corrente pelo diodo de modo que a potência nominal não seja excedida).

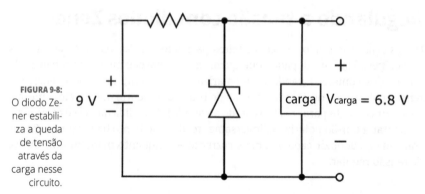

FIGURA 9-8: O diodo Zener estabiliza a queda de tensão através da carga nesse circuito.

Eis aqui algo importante: se a tensão de alimentação varia para cima ou para baixo ao redor de seu valor nominal de 9V, a corrente no circuito vai flutuar, *mas a tensão através da carga vai permanecer a mesma*: uma constante de 6,8V. O diodo Zener permite flutuações de corrente enquanto estabiliza a tensão, embora a tensão do resistor varie à medida que a corrente flutua.

Vendo a luz com LEDs

Todos os diodos liberam energia na forma de luz quando polarizados diretamente. A luz liberada por diodos de silício comuns estão na faixa do infravermelho, que não é visível ao olho humano. *Diodos emissores de luz infravermelha (IR LEDs)* são comumente usados em dispositivos de controle remoto para enviar mensagens secretas (bem, certo, invisíveis) a outros dispositivos eletrônicos, como seu aparelho de TV e DVD.

Diodos conhecidos como *LEDs visíveis* (ou apenas LEDs) são especialmente feitos para emitir grandes quantidades de luz visível. Ao variar os materiais semicondutores usados, diodos podem ser fabricados para emitir luz em várias cores, inclusive vermelho, laranja, amarelo, verde, azul, branco e até cor-de-rosa. (O Prêmio Nobel de física de 2014 foi concedido aos pesquisadores Akasaki, Amano e Nakamura pela invenção do LED azul nos anos 1990.) LEDs bicolores e tricolores contêm dois ou três diodos diferentes em uma cápsula.

Veja na Figura 9-4 os dois símbolos de circuito comumente usados para um LED. Observe que as setas apontadas para fora representam a luz visível emitida pelo diodo.

O diodo em um LED é instalado em um bulbo de plástico projetado para focar a luz em uma determinada direção. O terminal conectado ao catodo é mais curto do que o terminal conetado ao anodo. Comparado às lâmpadas incandescentes comuns, os LEDs são mais duráveis e eficientes, mais frios, atingem o brilho total mais depressa e duram muito mais. LEDs são normalmente usados como luzes indicadoras, luzes de trabalho e luzes decorativas; em faróis de carros, displays (como de despertadores) e TVs de alta definição.

A Figura 9-9 mostra um LED de uma só cor. O terminal mais curto geralmente é ligado ao catodo (lado negativo). Você também pode identificar o catodo olhando pelo invólucro de plástico: a placa de metal maior em seu interior é o catodo e a menor, o anodo. (É bom saber — especialmente depois que você cortou os terminais.)

FIGURA 9-9: O catodo (lado negativo) de um LED monocromático comum é ligado à placa de metal maior dentro da cápsula de plástico e ao terminal mais curto (até que você corte os terminais).

LEDs apresentam as mesmas especificações que diodos comuns, mas geralmente têm uma corrente e classificações PRV relativamente baixas. Um LED comum tem uma classificação PRV de cerca de 5V com taxa de corrente máxima inferior a 50mA. Se mais corrente passar pelo LED do que especifica sua taxa máxima, o LED queima como um pedaço de plástico sobre o fogo. A tensão direta varia, dependendo do tipo de LED; ela varia de 1,5V para LEDs IR até 3,4V para LEDs azuis. LEDs vermelhos, amarelos e verdes geralmente têm uma tensão direta de cerca de 2,0V. Certifique-se de checar as especificações nos LEDs que usar em circuitos.

DICA

A classificação de corrente máxima para um LED geralmente é chamada de *corrente direta* máxima, que é diferente de outra classificação de LED, conhecida como *corrente de pico* ou *corrente de pulso*. A corrente de pico ou de pulso, que é mais alta do que a corrente direta máxima, é a corrente absoluta máxima que se pode passar por um LED durante um período muito curto de tempo. Aqui, curto significa *curto mesmo* — na ordem de milissegundos. Se você confundir corrente direta com corrente de pico poderá estourar o LED.

CUIDADO

Você nunca deve conectar um LED diretamente a uma fonte de energia, pois corre o risco de queimá-lo no mesmo instante. Em vez disso use um resistor em série com o LED para limitar a corrente direta. Por exemplo, no circuito na Figura 9-10, uma bateria de 9 volts é usada para alimentar um LED vermelho. O LED tem queda da tensão direta de 2,0V e uma corrente nominal máxima de 24mA. A queda de tensão através do resistor é a diferença entre a tensão de alimentação e a tensão direta do LED, ou 9V − 2V = 7V. A questão é: de que tamanho deve ser o resistor para limitar a corrente a 24mA (ou seja, 0,024A) *ou menos* quando a queda de tensão através do resistor é de 7V? Você vai aplicar a Lei de Ohm (que discuto no Capítulo 6) para calcular o valor *mínimo* da resistência necessária para manter a corrente abaixo da corrente nominal máxima, como segue:

$$R = \frac{V_R}{I_{max}}$$

$$= \frac{7\ V}{0{,}024\ mA}$$

$$\approx 292\ \Omega$$

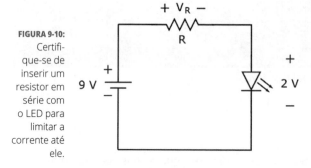

FIGURA 9-10: Certifique-se de inserir um resistor em série com o LED para limitar a corrente até ele.

As chances são de que você não encontre um resistor com o valor exato que calculou, portanto, escolha um resistor comum com um valor *mais alto* (como 330Ω ou 390Ω) para limitar um pouco mais a corrente. Se você escolher um valor menor (como 270Ω), a corrente vai exceder a corrente nominal máxima.

Acendendo um LED

O circuito na Figura 9-11 foi projetado para demonstrar a operação liga/desliga de um LED, e como aumentar a corrente fortalece a luz emitida pelo diodo.

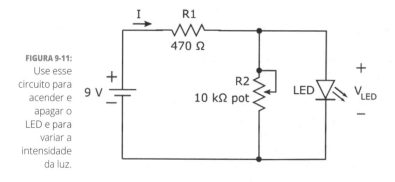

FIGURA 9-11: Use esse circuito para acender e apagar o LED e para variar a intensidade da luz.

164   PARTE 2 **Controlando Correntes com Componentes**

Aqui está o que você precisa para construir esse circuito:

- » Uma bateria de 9 volts e um plug de bateria.
- » Um resistor de 470Ω ¼W (mínimo) (amarelo/violeta/marrom).
- » Um potenciômetro de 10kΩ com dois fios de ligação.
- » Um LED vermelho, amarelo ou verde (de qualquer tamanho).
- » Pelo menos um fio de ligação.
- » Uma matriz de contato sem fio.

Você pode presenciar o LED acender quando a tensão que o atravessa atingir sua tensão direta usando um multímetro. Veja aqui como fazer:

1. **Zere o potenciômetro de 10Ω.**

    Ajuste o multímetro para ohms e coloque seus terminais no potenciômetro. Certifique-se de prender dois terminais juntos quando o fizer. Vire o botão do potenciômetro totalmente para qualquer uma das extremidades até obter uma leitura de 0Ω (ou cerca de 0Ω).

2. **Construa o circuito, usando a Figura 9-12 como guia.**

    Mantenha os mesmos dois terminais juntos para que o potenciômetro forneça 0 ohms de resistência ao circuito. Certifique-se de orientar o LED adequadamente, com o catodo (lado negativo) conectado ao terminal negativo da bateria. (Lembre-se de que o catodo tem um terminal mais curto e uma placa maior no interior da cápsula de plástico).

FIGURA 9-12: Virando o botão do potenciômetro você varia a tensão no LED. Quando a tensão do LED ultrapassar cerca de 2V, o LED acenderá.

3. **Ajuste o multímetro para volts DC com uma variação de 10V e coloque os terminais no LED (terminal vermelho no anodo; terminal preto no catodo).**

    O LED está aceso? Que tensão você atingiu? A tensão do LED deve ser de apenas alguns milivolts, o que não é suficiente para acender o diodo.

CAPÍTULO 9 **Mergulhando em Diodos** 165

4. **Gire o botão do potenciômetro para cima lentamente, os olhos atentos no LED. Quando ele acender, pare de girar o botão.**

   Observe a leitura no multímetro. A tensão do LED está perto de 2V?

5. **Continue a girar o botão do potenciômetro para cima enquanto observa o LED.**

   O que está acontecendo com a luminosidade? (Ela deve estar mais brilhante.)

6. **Gire o botão do potenciômetro até 10kΩ e observe a intensidade do LED. Observe a leitura da tensão no multímetro.**

   A tensão do LED mudou quando a intensidade da luz aumentou?

PAPO DE ESPECIALISTA

Para compreender por que o LED estava apagado quando o potenciômetro foi ajustado a 0Ω e então acendeu quando você aumentou a resistência, analise o circuito se você remover o LED. O circuito é um divisor de tensão (descrito no Capítulo 6), e a tensão no potenciômetro (resistor R2) — que é idêntica à tensão do LED — é dada pelo coeficiente da resistência multiplicado pela tensão de alimentação:

$$V_{LED} = \frac{R2}{R1+R2} \times 9\text{ V}$$
$$= \frac{R2}{470+R2} \times 9\text{ V}$$

Se a resistência do potenciômetro for 0Ω, a tensão no LED será de 0V. Quando você aumenta R2 (isto é, a resistência do potenciômetro), a tensão no LED sobe o suficiente para acendê-lo. V_{LED} se eleva até cerca de 2,0V quando R2 aumenta para cerca de 134Ω. (Considere 134 para R2 na equação anterior e veja por si mesmo!)

Naturalmente, seu LED em especial pode acender em uma tensão um pouco diferente, digamos algo em torno de 1,7V a 2,2V. Se você medir a resistência do potenciômetro (depois de removê-lo do circuito) no ponto em que seu LED se acende, poderá ver uma resistência um pouco mais baixa ou mais alta que 134Ω.

Você também pode observar a corrente que flui pelo LED acompanhando estes passos:

1. **Rompa o circuito entre o catodo (lado negativo) do LED e o terminal negativo da bateria.**

2. **Ajuste o multímetro para amperes DC e insira-o em série onde rompeu o circuito.**

   Assegure-se de que o terminal vermelho de seu multímetro esteja conectado ao catodo do LED e o terminal preto do multímetro esteja conectado ao terminal negativo da bateria para que você possa medir o fluxo da corrente positiva.

3. **Comece com o potenciômetro ajustado para 0Ω. À medida que você aumentar o potenciômetro, observe a leitura no momento.**

   Observe a leitura quando o LED acender pela primeira vez. Depois continue a girar o botão do potenciômetro para cima e observe a leitura da corrente. Você deve ver a corrente aumentar até mais que 14mA conforme a luz se intensifica.

DICA

Se você tiver dois multímetros, tente medir a tensão através do LED com um deles (ajustado para volts DC) e a corrente que flui através do LED com o outro (ajustado para amperes DC) simultaneamente. Você deve notar que o LED acende quando sua tensão se aproxima de 2,0V com apenas uma pequena corrente passando por ele nesse ponto. À medida que você aumenta a corrente através do LED, a luz se intensifica, mas a tensão através dele permanece relativamente estável.

Outros usos dos diodos

Entre os muitos usos dos diodos em circuitos eletrônicos estão os seguintes:

» **Proteção de sobretensão:** Diodos colocados em paralelo com um equipamento eletrônico sensível protegem o equipamento de altos picos de tensão. O diodo é colocado ao contrário, de modo que normalmente fica com a polarização reversa, agindo como um circuito aberto e não desempenhando nenhum papel na operação normal do circuito. Contudo, em condições anormais de circuito, se ocorrer uma grande elevação de tensão o diodo fica polarizado diretamente — o que limita a tensão através do componente sensível e desvia o excesso de corrente para a terra, evitando danos ao componente. (Os diodos podem não ter tanta sorte.)

» **Construção de portas lógicas:** Os diodos são a base de circuitos especializados conhecidos como *circuitos lógicos*, os quais processam sinais consistindo somente de dois níveis de tensão que são usados para representar informações binárias (como liga/desliga, alto/baixo ou 1/0) em sistemas digitais. Falo um pouco mais sobre lógica no Capítulo 11).

» **Direcionamento da corrente:** Às vezes os diodos são utilizados em fontes de alimentação ininterrupta (UPS, sigla em inglês) para evitar que a corrente use uma bateria reserva em circunstâncias normais, embora essa utilização seja permitida durante uma falta de energia.

168   PARTE 2 **Controlando Correntes com Componentes**

> **NESTE CAPÍTULO**
>
> **Revolucionando a eletrônica com o minúsculo transistor**
>
> **Compreendendo a ação do transistor**
>
> **Usando transistores como comutadores muito pequenos**
>
> **Dando um impulso aos sinais com transistores**

Capítulo 10

Transistores Tremendamente Talentosos

I magine o mundo sem o elemento essencial da eletrônica conhecido como transistor. Seu celular seria do tamanho de uma máquina de lavar, seu laptop não caberia no colo (ou em uma sala), seu iPod seria apenas outra ideia frustrada — e suas ações da Apple não valeriam um tostão furado.

Transistores são o coração de quase todos os dispositivos eletrônicos do mundo, funcionando em silêncio sem ocupar muito espaço, gerar muito calor ou quebrar com frequência. Geralmente considerados como a inovação tecnológica do século XX, transistores foram desenvolvidos como uma alternativa aos tubos de vácuo (ou, simplesmente, válvulas) que conduziram o desenvolvimento de sistemas eletrônicos desde as transmissões de rádio até computadores, mas apresentavam algumas características indesejáveis. O transistor de estado sólido permitiu a miniaturização da eletrônica, levando ao desenvolvimento dos celulares, iPods, sistemas de GPS, marca-passos implantáveis — e muito mais.

Neste capítulo você vai saber de que são feitos os transistores e os segredos de seu sucesso. Descobrirá como eles amplificam minúsculos sinais e como usar transistores como comutadores microscópicos. Finalmente, você vai observar a ação dos transistores diretamente, construindo alguns circuitos simples de transistores.

Transistores: Mestres da Comutação e da Amplificação

Transistores, basicamente, realizam duas tarefas em circuitos eletrônicos:

» **Comutação:** Se você pode ligar e desligar o fluxo de elétrons, tem controle sobre o fluxo e pode construir circuitos com a incorporação de vários comutadores (também conhecidos por interruptores) nos lugares corretos.

Considere, por exemplo, o sistema telefônico: ao clicar um número de dez dígitos você pode se conectar com qualquer um dos milhões de indivíduos em todo o mundo. Ou pense na internet: um botão permite que você, por exemplo, acesse um site de Pequim enquanto está sentado em um trem em, digamos, Londres. Outros sistemas que contam com a comutação são os computadores, os sinais de trânsito, a rede de energia elétrica — bem, acho que você captou a ideia. A comutação é extremamente importante.

» **Amplificação:** Se você puder amplificar um sinal elétrico poderá armazenar e transmitir minúsculos sinais e ampliá-los quando precisar que eles façam algo acontecer.

Por exemplo, ondas de rádio carregam minúsculos sinais de áudio em longas distâncias. E depende do amplificador de seu sistema estéreo ampliar o sinal para que ele possa mover o diafragma do alto-falante e você consiga ouvir o som.

Antes da invenção do transistor, os tubos de vácuo faziam toda a comutação e amplificação. Na verdade, o tubo de vácuo foi considerado a maior maravilha da eletricidade no início do século XX. Então, Bardeen, Brattain e Shockley mostraram ao mundo que minúsculos transistores semicondutores podiam realizar a mesma tarefa — só que melhor (e por menos dinheiro). O trio recebeu o Prêmio Nobel de física de 1956 pela invenção do transistor.

Atualmente, os transistores são microscopicamente pequenos, não têm peças móveis, são confiáveis e dissipam muito menos energia do que seus predecessores, os tubos de vácuo. (Contudo, muitos audiófilos acham que as válvulas oferecem uma qualidade de som melhor quando comparado ao proporcionado pela tecnologia de estado sólido do transistor.)

170   PARTE 2 **Controlando Correntes com Componentes**

Os dois tipos mais comuns de transistores são:

» Transistores de junção bipolar.
» Transistores de efeito de campo.

A Figura 10-1 mostra os símbolos de circuito comumente utilizados para vários tipos de transistores. As seções à frente examinam mais de perto os transistores bipolares e os transistores de efeito de campo.

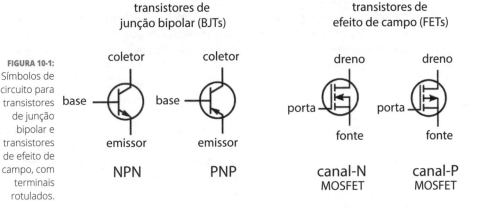

FIGURA 10-1: Símbolos de circuito para transistores de junção bipolar e transistores de efeito de campo, com terminais rotulados.

Transistores de junção bipolar

Um dos primeiros transistores a serem inventados foi o *transistor de junção bipolar* (BJT, sigla em inglês), utilizado pela maioria dos circuitos caseiros. BJTs consistem em duas junções-pn fundidas para formar uma estrutura de três camadas tipo sanduíche. Conforme explica o Capítulo 9, uma *junção-pn* é a fronteira entre dois diferentes tipos de semicondutores: um condutor tipo P, que contém condutores de carga positiva (conhecidos como *buracos*), e um semicondutor tipo N, que contém condutores de carga negativa (elétrons).

Terminais são ligados a cada seção do transistor e rotulados como *base, coletor e emissor*. Há dois tipos de transistores bipolares (veja a Figura 10-2):

» **Transistor NPN:** Um pedaço fino de semicondutor tipo P é colocado entre dois pedaços mais grossos de semicondutor tipo N como em um sanduíche, e terminais são ligados a cada uma das três seções.

» **Transistor PNP:** Um pedaço fino de semicondutor tipo N é ensanduichado entre dois pedaços mais grossos de semicondutor tipo P, e terminais são ligados a cada seção.

ESCOLHENDO O INTERRUPTOR CORRETO

Você pode se perguntar por que usar um transistor como interruptor quando há tantos outros tipos de interruptores e relés disponíveis (como o Capítulo 4 descreve). Bem, transistores apresentam várias vantagens sobre outros tipos de interruptores e, por isso, são usados quando forem a melhor opção. Transistores usam muito pouca energia, podem ser ligados e desligados bilhões de vezes por segundo e podem ser microscopicamente pequenos, de modo que circuitos integrados (que discuto no Capítulo 11) usam milhares de transistores para ligar e desligar sinais em um único chip minúsculo. Interruptores e relés mecânicos também têm sua utilidade em situações em que os transistores simplesmente não podem suportar a carga, como para ligar e desligar correntes maiores que 5A ou tensões mais altas (como em sistemas de energia elétrica).

LEMBRE-SE

Transistores bipolares contêm essencialmente duas junções-pn: a junção base/emissor e a junção base/coletor. Ao controlar a tensão aplicada à junção base/emissor, você controla como essa junção é polarizada (progressiva ou reversa), em última análise controlando o fluxo de corrente elétrica pelo transistor. (No Capítulo 9, explico que uma pequena tensão positiva *polariza diretamente* uma junção-pn, permitindo que a corrente flua, e que uma tensão negativa provoca uma polarização reversa na junção-pn, impedindo a corrente de fluir.)

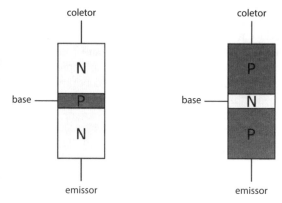

FIGURA 10-2: Transistores de junção bipolar contêm duas junções-pn: a junção base/emissor e a junção base/coletor.

Transistores de efeito de campo

Um *transistor de efeito de campo* (FET, sigla em inglês) consiste em um canal de material semicondutor tipo N ou tipo P pelo qual a corrente pode fluir, com um material diferente (colocado em uma seção do canal) controlando a condutividade do canal (veja a Figura 10-3).

172 PARTE 2 **Controlando Correntes com Componentes**

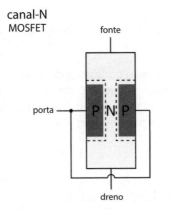 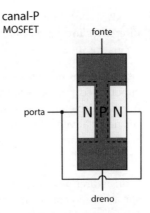

FIGURA 10-3: Em um transistor de efeito de campo (FET), a tensão aplicada à porta controla o fluxo da corrente através do canal da fonte até o dreno.

Uma extremidade do canal é conhecida como *fonte*, a outra como *dreno* e o mecanismo de controle é chamado de *porta*. Aplicando tensão à porta você controla o fluxo de corrente da fonte até o dreno. Terminais são ligados à fonte, ao dreno e à porta. Alguns FETs incluem um quarto terminal para que se possa aterrar parte do FET ao chassi do circuito. (Mas não confunda essas criaturas de quatro pernas com os *MOSFETs de duas portas,* que também têm quatro terminais.)

São encontrados dois tipos de FETs — canal-N e canal-P —, dependendo do tipo de material semicondutor (tipo N ou tipo P, respectivamente) através do qual flui a corrente. Há dois subtipos importantes de FETs: *MOSFET (semicondutor óxido metálico FET)* e *JFET (junção FET)*. Qual é qual depende de como a porta é construída — o que resulta, por sua vez, em diferentes propriedades elétricas e diferentes usos para cada tipo. Os detalhes de construção da porta ultrapassam o escopo deste livro, mas você deve estar atento aos nomes dos principais tipos de FETs.

FETs (particularmente MOSFETs) se tornaram muito mais populares do que transistores bipolares para uso em *circuitos integrados (CIs)*, que discuto no Capítulo 11, nos quais milhares de transistores trabalham em conjunto para realizar uma tarefa. Isso ocorre porque eles são dispositivos de baixa energia cuja estrutura permite que milhares de MOSFETs de canal N e P sejam apertados como sardinhas em uma única peça de silício (ou seja, material semicondutor).

CUIDADO

A *descarga eletrostática (ESD,* sigla em inglês) pode danificar FETs. Se você comprar FETs, certifique-se de mantê-los em uma sacola ou tubo antiestático — e deixe-os lá até estar pronto para usá-los. Você pode ler mais sobre efeitos danosos de ESD no Capítulo 13.

Reconhecendo um transistor quando vir um

O material semicondutor em um transistor é do tamanho de um grão de areia ou até menor, portanto, os fabricantes colocam esses minúsculos componentes em um invólucro de metal ou plástico com terminais espetados para fora para que se possa conectá-los aos circuitos. Você pode encontrar literalmente dezenas de diferentes formas e tamanhos de transistores, alguns dos quais são mostrados na Figura 10-4.

Os invólucros menores geralmente abrigam *transistores de sinal*, que costumam suportar correntes mais baixas. Invólucros maiores contêm *transistores de força*, que são projetados para suportar correntes maiores. A maioria dos transistores de sinal vem em cápsulas de plástico, mas algumas aplicações de precisão requerem transistores de sinal abrigados em cápsulas de metal para reduzir a probabilidade de interferência de frequências de rádio (RF) dispersas.

Transistores bipolares normalmente têm três terminais para que se possa acessar a base, o coletor e o emissor do transistor. Uma exceção é o *fototransistor* (que discuto no Capítulo 12), que vem embalado em uma cápsula transparente e tem apenas dois terminais (coletor e transmissor) — a luz é usada para polarizar o transistor, assim, você não precisa aplicar tensão à base. Todos os FETs têm terminais para a fonte, o dreno e a porta, e alguns incluem um quarto terminal para que se possa aterrar a cápsula do transistor ao chassi de seu circuito, ou para uma segunda porta de um MOSFET de duas portas.

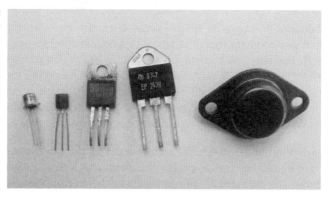

FIGURA 10-4: O invólucro apagado, pouco chamativo, do transistor comum é apenas um disfarce para seu interior empolgante e surpreendente.

LEMBRE-SE

A fim de descobrir para que serve cada terminal, consulte a documentação referente ao transistor específico. Tenha cuidado ao interpretar essa documentação: conexões de transistores muitas vezes (embora nem sempre) são mostradas no lado de baixo do invólucro, como se você o tivesse virado e estivesse olhando seu fundo.

CUIDADO

É absolutamente necessário instalar os transistores de forma correta nos circuitos. Trocar as conexões pode danificar o transistor e pode até prejudicar outros componentes do circuito.

Fazendo todos os tipos de componentes possíveis

Transistores podem ser combinados das formas mais variadas para fazer muitas coisas incríveis acontecerem. Como os materiais semicondutores fazem com que um transistor seja tão pequeno, é possível criar um circuito contendo centenas ou milhares de transistores (em conjunto com resistores e outros componentes) e colocar todo o circuito em um único componente que cabe facilmente na palma de sua mão. Essas incríveis criações, conhecidas como *circuitos integrados (CIs)*, permitem que você construa circuitos *realmente* complexos com apenas algumas peças. O próximo capítulo ocupa-se com alguns dos CIs disponíveis atualmente como resultado da revolução dos semicondutores.

Examinando o Funcionamento dos Transistores

LEMBRE-SE

BJTs e FETs funcionam basicamente da mesma forma. A tensão aplicada à entrada (*base*, em um BJT, ou *porta*, em um FET) determina se a corrente vai ou não fluir pelo transistor (do coletor para o emissor em um BJT, e da fonte para o dreno em um FET).

DICA

Para ter uma ideia de como um transistor funciona (especificamente um FET), pense em um cano que conecta uma fonte de água a um dreno com uma válvula controlável em uma seção do cano, conforme mostra a Figura 10-5. Ao controlar se a válvula está inteiramente fechada, ou total ou parcialmente aberta, você controla o fluxo de água da fonte para o dreno.

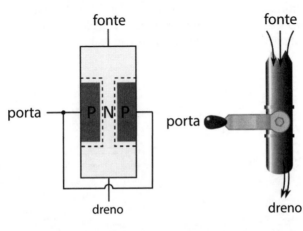

FIGURA 10-5: Como uma válvula, o transistor pode ficar desligado (sem corrente), inteiramente ligado (corrente máxima) ou parcialmente ligado (a quantidade de corrente depende do quanto a porta estiver aberta, por assim dizer).

CAPÍTULO 10 **Transistores Tremendamente Talentosos** 175

Você pode ajustar o mecanismo de controle da válvula de duas maneiras. O mecanismo de controle pode:

» **Atuar como um interruptor liga/desliga**, abrindo ou fechando totalmente, sem nada entre um estado e outro.

» **Abrir parcialmente**, dependendo de quanta força você exercer sobre ela. Quando estiver parcialmente aberta, você pode ajustar a válvula um pouco para permitir que mais ou menos água flua da fonte para o dreno; pequenas mudanças na força exercida na válvula criam mudanças semelhantes, embora maiores, no fluxo da água. É assim que um transistor funciona em um amplificador.

Transistores bipolares funcionam de modo semelhante: a base age como a válvula controlável na Figura 10-5, gerenciando o fluxo de elétrons do emissor para o coletor (ou, em termos de circuito, o fluxo da corrente convencional do coletor para o emissor). Ao controlar a base você pode ligar ou desligar o transistor, ou pode permitir pequenas mudanças na base para controlar grandes mudanças na corrente do coletor para o emissor.

Usando um modelo para compreender os transistores

O exato funcionamento interno de um transistor envolve detalhes técnicos sobre elétrons livres, buracos em movimento, junções-pn e polarização. Você não precisa conhecer todos os detalhes técnicos para usar transistores em circuitos. Em vez disso, familiarize-se com um modelo funcional de transistor e você vai saber o suficiente para prosseguir.

A Figura 10-6 mostra um modelo simples de transistor NPN na esquerda e o símbolo de circuito para um transistor NPN na direita. O modelo inclui um diodo representando a junção base/emissor e uma resistência variável, R_{CE}, entre o coletor e o emissor. O valor da resistência variável é controlado pelo diodo nesse modelo. Tensões, correntes e terminais são rotulados de modo que você possa ver como o modelo corresponde ao dispositivo real.

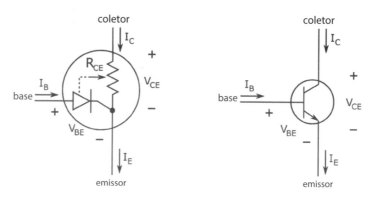

FIGURA 10-6: O transistor funciona como um interruptor ou um amplificador, depende do que você coloca na base.

Aqui está o que as tensões ou correntes representam:

- V_{BE} é a tensão através da junção base/emissor, que é uma junção-pn, como o diodo.
- I_B (corrente da base) é a corrente que flui para a base do transistor.
- V_{CE} é a tensão do coletor ao emissor. Essa tensão vai variar dependendo do que está acontecendo na base.
- I_C (corrente do coletor) é a corrente que flui para o coletor.
- I_E (corrente do emissor) é a corrente que flui para fora do emissor. A corrente do emissor é a soma da corrente do coletor e da corrente da base: $I_E = I_C + I_B$.

LEMBRE-SE

O transistor tem três *modos de operação*, ou possibilidades para ele funcionar:

- **Corte (transistor desligado):** Se V_{BE} " 0,7V, o diodo está desligado, portanto, $I_B = 0$. Isso torna a resistência R_{CE} infinita, o que significa que $I_C = 0$. A saída do transistor (coletor para emissor) é como um interruptor aberto: nenhuma corrente está fluindo. Tal modo de operação é chamado de *ligação cortada*.
- **Ativo (transistor parcialmente ligado):** Se $V_{BE} \geq 0{,}7V$, o diodo está ligado, e então a corrente da base flui. Se I_B for pequeno, a resistência R_{CE} fica reduzida e alguma corrente, I_C, flui. I_C é diretamente proporcional a I_B, com um *ganho de corrente*, h_{FE}, igual a I_C/I_B e o transistor funciona como um amplificador de corrente — isto é, opera no modo *ativo*.
- **Saturação (transistor inteiramente ligado):** Se $V_{BE} \geq 0{,}7V$ e I_B for aumentado bastante, a resistência R_{CE} é zero e a máxima corrente do coletor possível, I_C, flui. A tensão do coletor para o emissor, V_{CE}, é praticamente zero, de modo que a saída do transistor (coletor para emissor) é como um interruptor fechado: toda a corrente que pode fluir por ele está fluindo; o transistor está saturado. Nesse modo, a corrente do coletor, I_C, é muito maior do que a corrente da base, I_B, e como $I_E = I_C + I_B$, você pode aproximar I_E como segue: $I_E I_C$.

Operando um transistor

Quando se projeta um circuito de transistor, escolhe-se componentes que colocarão o transistor no modo de operação correto (corte, ativo ou saturação), dependendo do que se pretende que ele faça. Veja como:

- **Transistor amplificador:** Se você quiser usar o transistor como um amplificador (modo ativo), você seleciona tensões de alimentação e resistores para conectar ao transistor de maneira a provocar a polarização progressiva na junção base/emissor e permitir que flua somente a corrente da base — mas não tanto que o transistor fique saturado. Esse processo de seleção é conhecido como *polarizar* o transistor.

» **Transistor interruptor:** Se você quiser que o transistor funcione como um interruptor liga/desliga, deve escolher valores de tensões de alimentação e resistores de modo que a junção base/emissor seja não condutora (a tensão através dele é inferior a 0,7V) ou totalmente condutora — sem nada entre os dois. Quando a junção base/emissor for não condutora, o transistor está no modo de corte e o interruptor está desligado. Quando a junção base/emissor for totalmente condutora o transistor está no modo de saturação e o interruptor está ligado.

Amplificando Sinais com um Transistor

Transistores são comumente usados para amplificar sinais pequenos (veja o quadro intitulado "Decifrando sinais elétricos" para detalhes sobre o que são sinais).

Suponha que você produza um sinal de áudio como a saída de um estágio de um circuito eletrônico, e você gostaria de amplificá-lo antes de enviá-lo a outro estágio eletrônico, como um alto-falante. Você usa o transistor, como mostra a Figura 10-7, para amplificar as pequenas flutuações para cima e para baixo no sinal de áudio (v_{in}), que você põe na entrada da base do transistor (rotulado Q no diagrama). O transistor os transforma em *grandes* flutuações de sinal (v_{out}) que aparecem em sua saída (coletor). Então, você pega a saída do transistor e a aplica aos alto-falantes.

FIGURA 10-7: Ao posicionar estrategicamente alguns resistores em um circuito de transistor, você pode polarizar adequadamente um transistor e controlar o ganho desse circuito amplificador.

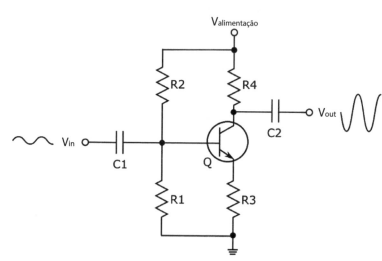

DECIFRANDO SINAIS ELÉTRICOS

Transistores são comumente utilizados para amplificar sinais. Um sinal elétrico é o padrão ao longo do tempo de uma corrente elétrica. Muitas vezes, o modo com que um sinal muda sua forma transmite informações sobre algo físico, como a intensidade da luz, do calor, do som ou a posição de um objeto, como o diafragma em um microfone ou o eixo de um motor. Pense no sinal elétrico como um código, algo parecido com o código Morse, enviando e recebendo mensagens secretas que você pode decifrar — se conhecer a chave.

Um sinal analógico elétrico, ou simplesmente sinal analógico, tem esse nome por que é um análogo, ou um mapeamento correspondente da quantidade física que representa. Por exemplo, quando um estúdio de som grava uma música, as flutuações na pressão do ar (é isso que é o som) movem o diafragma do microfone, que produz variações correspondentes na corrente elétrica. Essa corrente flutuante é a representação do som original, ou o sinal de áudio.

Sistemas digitais, como computadores, não conseguem lidar com sistemas análogos contínuos, de modo que os sinais elétricos precisam ser convertidos ao formato digital para poderem ser trabalhados em um sistema digital. O formato digital é apenas outro esquema de codificação que usa somente os valores binários 1 e 0 para representar informações, de modo muito semelhante ao código Morse, que usa pontos e traços. Um sinal digital é criado coletando-se o valor de um sinal analógico em intervalos regulares no tempo e convertendo cada valor em uma série de bits, ou dígitos binários.

Polarizando o transistor para que ele aja como um amplificador

Um transistor precisa estar parcialmente ligado para funcionar como um amplificador. Para colocar um transistor nesse estado você o polariza aplicando uma pequena tensão à base. No exemplo mostrado na Figura 10-7, os resistores R_1 e R_2 estão conectados à base do transistor e configurados como um divisor de tensão (para mais detalhes sobre como funciona um divisor de tensão, veja o Capítulo 6), dividindo a tensão de alimentação, $V_{alimentação}$. A saída desse divisor de tensão,

$$\frac{R_1}{R_1 + R_2} \times V_{alimentação}$$

fornece tensão suficiente à base para ligar o transistor e permitir que a corrente flua através dele, polarizando o transistor para que fique no modo ativo (ou seja, parcialmente ligado).

O capacitor *C1* permite que somente AC passe pelo transistor, bloqueando qualquer componente DC do sinal de entrada (um efeito conhecido como *offset DC*), como mostra a Figura 10-8. Sem esse capacitor de bloqueio, qualquer offset DC no sinal de entrada seria somado à tensão de polarização, potencialmente saturando o transistor ou desligando-o (corte) para que não agisse mais como um amplificador.

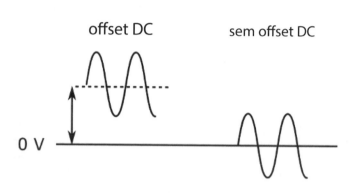

FIGURA 10-8: O capacitor de bloqueio C1 ajuda a manter a polarização do transistor com a filtragem de offsets DC no sinal de entrada antes que o sinal chegue ao transistor.

Controlando o ganho de tensão

Com o transistor da Figura 10-7 parcialmente ligado, flutuações na base da corrente, causadas por um sinal de entrada AC, são amplificadas pelo transistor. Como o ganho de corrente, h_{FE}, de qualquer transistor que você escolher, pode ser um tanto variável (na verdade, esquizofrênico), você projeta outro circuito amplificador para eliminar qualquer dependência do estranho ganho de corrente. Você vai abrir mão de alguma força de amplificação, mas em troca vai obter estabilidade e previsibilidade.

LEMBRE-SE

Ao colocar resistores *R3* e *R4* no circuito, você pode controlar *o ganho de tensão*, ou o quanto o sinal de entrada é amplificado — sem se preocupar com o ganho de corrente exato do transistor específico no centro de seu circuito. (Esse negócio é mesmo fantástico!) O ganho de tensão AC de um circuito de transistor com resistores mostrado na Figura 10-7 é $-R4/R3$. O sinal negativo significa apenas que o sinal de entrada é *invertido*. À medida que a tensão de entrada varia para cima e depois para baixo, a tensão de saída varia para baixo e, então, para cima, como mostram os sinais de ondas de entrada e saída na Figura 10-7. Antes de enviar o sinal de saída para, digamos, um alto-falante, você o passa através de outro capacitor de bloqueio (*C2*) para remover qualquer DC offset.

Configurando circuitos de transistor para amplificação

O tipo de configuração de transistor que discuto na seção anterior é conhecido como um *amplificador de emissor comum* (assim chamado porque o emissor é ligado a um ponto em comum); esse circuito é apenas um dos muitos meios de configurar circuitos de transistores para serem usados como amplificadores. Você usa diferentes configurações para atingir diferentes metas, como um alto ganho de potência *versus* um alto ganho de tensão. Como o circuito se comporta depende de:

» Como você conecta o transistor às fontes de alimentação.

» A localização da carga.

» Quais outros componentes (como resistores, capacitores e outros transistores) você vai acrescentar ao circuito.

» Onde você vai acrescentar outros componentes no circuito.

Por exemplo, você pode sobrepor dois transistores bipolares em uma montagem conhecida como *par de Darlington* para produzir múltiplos estágios de amplificação. (Na seção "Ganhando Experiência com Transistores", mais adiante neste capítulo, você vai descobrir como configurar um par de Darlington simples.) Ou pode conseguir o mesmo resultado de modo mais fácil: compre um componente de três terminais, chamado *transistor de Darlington*, que inclui um par de Darlington já montado.

DICA

Projetar circuitos de transistores para amplificadores é um campo de estudo por si só, muitos livros excelentes foram escritos sobre o tema. Se você estiver interessado em aprender mais sobre transistores e como projetar circuitos de amplificadores usando-os, tente adquirir um livro de projetos eletrônicos, como *The Art of Electronics*, 3rd edition, de Paul Horowitz e Winfield Hill (Cambridge University Press). Não é barato, mas é um clássico.

Ligando e Desligando Sinais com um Transistor

Você também pode usar um transistor como interruptor eletricamente operado. O terminal da base funciona como o botão de um interruptor mecânico, como segue:

» O interruptor (também chamado de comutador) do transistor está desligado quando a corrente flui na base (em corte), e o transistor age como um circuito aberto — mesmo que haja uma diferença de tensão do coletor para o emissor.

» O interruptor do transistor está ligado quando a corrente flui para a base (em saturação), e o transistor age como um interruptor fechado, conduzindo totalmente a corrente do coletor para o emissor — e para qualquer carga que você queira ligar.

Como você consegue que essa coisa de liga/desliga funcione? Digamos que você use um aparelho eletrônico para espalhar ração para galinhas automaticamente ao nascer do dia. Você pode usar um *fotodiodo*, que conduz corrente quando

CAPÍTULO 10 **Transistores Tremendamente Talentosos** 181

> ## DECODIFICANDO A PALAVRA TRANSISTOR
>
> Então, por que transistores têm esse nome? Bem, a palavra transistor é uma combinação de duas outras palavras: trans e resistor.
>
> A parte trans do nome transmite o fato de que, ao aplicar uma tensão de polarização progressiva na junção base/emissor, você faz com que elétrons fluam em outra parte do componente, do emissor ao coletor. Você transfere a ação de uma parte do componente para outra. Isso é conhecido como ação do transistor.
>
> Levanto em conta que as flutuações na corrente da base resultam em flutuações proporcionais na corrente do coletor/emissor, você pode pensar no transistor como um tipo de resistor variável: quando você vira o dial (variando a corrente da base), a resistência muda, produzindo uma corrente emissor/coletor proporcionalmente variável. É daí que vem a parte sistor do nome.

exposto à luz, para controlar a entrada para um interruptor transistor que passe corrente para seu aparelho (a carga). À noite o fotodiodo não gera nenhuma corrente e, assim, o transistor fica desligado. Quando o sol nasce, o fotodiodo gera corrente, ligando o transistor e permitindo que a corrente flua para o aparelho. Este, então, começa a espalhar a ração — mantendo as galinhas contentes enquanto você continua a cochilar.

Você está se perguntando por que não se pode simplesmente fornecer corrente do fotodiodo ao aparelho? Talvez seu aparelho precise de uma corrente mais alta do que o fotodiodo pode fornecer. A pequena corrente do fotodiodo controla a ação liga/desliga do transistor, que atua como um interruptor a fim de permitir uma corrente mais alta para energizar seu aparelho.

PAPO DE ESPECIALISTA

Um dos motivos pelos quais os transistores são tão populares para comutação é o fato de não dissiparem muita potência. Lembre-se de que a potência é produto da corrente e da tensão. Quando o transistor está desligado, a corrente não flui, de modo que a potência dissipada é zero. Quando um transistor está inteiramente ligado, V_{CE} é praticamente zero e a potência dissipada é praticamente zero também.

Escolhendo Transistores

Os transistores ficaram tão populares que milhares e milhares de transistores diferentes estão disponíveis. Então, como escolher o transistor para seu circuito, e como entender todas as opções existentes no mercado?

Caso esteja projetando um circuito de transistor, precisará entender como o circuito vai funcionar em diversas condições. Qual é a quantidade máxima de corrente do coletor que seu transistor terá de suportar? Qual é o ganho mínimo de corrente necessária para amplificar um sinal de entrada? Quanta potência pode ser dissipada em seu transistor em condições de funcionamento extremo (por exemplo, quando o transistor está desligado e a queda de toda a tensão da fonte de alimentação pode ocorrer através do emissor/coletor)?

Após compreender os detalhes intrincados de como seu circuito vai funcionar, você pode começar a examinar especificações de transistores e encontrar aquele que atende às suas necessidades.

Classificações importantes de transistores

Inúmeros parâmetros são usados para descrever os inúmeros transistores diferentes, mas você precisa conhecer apenas alguns desses parâmetros para escolher o transistor adequado para seu circuito. Em se tratando de transistores bipolares (NPN ou PNP), eis o que você precisa saber:

» **Corrente de coletor máxima (I_{cmax}):** O máximo de corrente DC que o transistor pode suportar. Quando projetar um circuito, certifique-se de usar um resistor para limitar a corrente do coletor para que ela não exceda esse valor.

» **Ganho de corrente DC (h_{FE} ou β):** A relação entre a corrente do coletor e a corrente da base (isto é, I_c/I_B), que proporciona a indicação da capacidade de amplificação do transistor. Os valores costumam variar entre 50 e 200. Como o ganho de corrente pode variar — até em transistores do mesmo tipo —, você precisa saber qual é o valor mínimo garantido de h_{FE}, e é isso que esse parâmetro informa. O valor de h_{FE} também varia para diferentes valores de I_c, então, às vezes h_{FE} é dado para um valor específico de I_c, como 20mA.

» **Tensão máxima do coletor/emissor (V_{CEmax}):** A tensão máxima através do coletor e emissor; geralmente, esse valor é de pelo menos 30V. Se você estiver trabalhando com aplicações de baixa potência, tais como circuitos eletrônicos amadores, não se preocupe com esse valor.

» **Dissipação de potência total (P_{total}):** A potência total que o transistor pode dissipar; esse valor é de aproximadamente $V_{CE} \times I_{cmax}$. Não há necessidade de se preocupar com tais números se você estiver usando o transistor como interruptor, porque a dissipação de potência é praticamente igual a zero. Contudo, se você estiver utilizando o transistor como amplificador, precisa estar ciente deles.

LEMBRE-SE

Se você achar que seu circuito vai se aproximar do valor total de dissipação de potência, certifique-se de ligar um dissipador de calor ao transistor.

Para determinar essas características, consulte as *especificações técnicas* do componente no site do fabricante. Se você estiver construindo um circuito projetado por terceiros, não precisa se preocupar muito com as especificações; você pode simplesmente usar o transistor especificado pelo projetista ou consultar referências cruzadas para encontrar um modelo semelhante para substituí-lo.

Identificando transistores

Muitos transistores bipolares originados na América do Norte são identificados por um código de cinco ou seis dígitos que faz parte de um sistema de identificação de semicondutores padronizados pela indústria. Os primeiros dois dígitos são sempre 2N para transistores, sendo que eles especificam o número de junções-pn, com N significando um semicondutor.

Os três ou quatro dígitos restantes indicam as características específicas do transistor. Entretanto, diferentes fabricantes podem usar diferentes esquemas de codificação, portanto, é melhor que você consulte o site, catálogo ou lista de especificações adequados para garantir que esteja adquirindo o que seu circuito requer.

Muitos fornecedores categorizam transistores de acordo com o tipo de aplicação em que serão usados, como de baixa potência, média potência, alta potência, áudio (baixo ruído) ou para uso geral. Saber a categoria que descreve seu projeto ajuda a orientá-lo na escolha do transistor ideal para um circuito em particular.

Ganhando Experiência com Transistores

Nesta seção você vai ver como minúsculos transistores controlam a corrente em um circuito (na saída do transistor) usando componentes eletrônicos em outro circuito (na entrada do transistor). É para isso que os transistores existem!

Amplificando a corrente

Você pode usar o circuito na Figura 10-9 para demonstrar as capacidades de amplificação de um transistor.

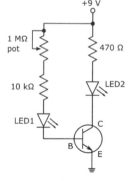

FIGURA 10-9: Um par de LEDs o ajuda a visualizar as capacidades de amplificação de um transistor.

184 PARTE 2 **Controlando Correntes com Componentes**

Aqui estão as peças necessárias para construir o circuito:

» Uma bateria de 9V com uma garra de bateria.

» Um transistor bipolar 2N3904 ou BC548 (ou qualquer um para uso geral) NPN.

» Um resistor de 470Ω (amarelo/violeta/marrom).

» Um resistor de 10kΩ (marrom/preto/laranja).

» Um potenciômetro de 1MΩ.

» Dois LEDs (de qualquer tamanho e qualquer cor).

» Uma matriz de contato sem solda e cabos de ligação.

Consulte no Capítulo 2 ou no Capítulo 19 as informações sobre onde adquirir peças.

Usando a Figura 10-10 como guia, siga os seguintes passos:

1. **Construa o circuito utilizando um transistor bipolar NPN de uso geral, como um 2N3904 ou um BC548.**

Tenha cuidado em conectar os terminais da base, do coletor e do emissor adequadamente (consulte a embalagem ou especificações técnicas do transistor) e ao orientar os LEDs, para fazê-lo corretamente (conforme mostrado no Capítulo 9).

MEDINDO CORRENTES MUITO PEQUENAS

A corrente de base do transistor bipolar na Figura 10-10, que passa pelo LED1, é muito pequena, especialmente quando o potenciômetro é ajustado em sua resistência máxima. Se você quer medir essa corrente minúscula, pode fazê-lo das seguintes formas diferentes:

• Faça a mensuração diretamente, ajustando o multímetro em amperes DC, rompendo o circuito em um lado do LED1 e inserindo o multímetro em série com o LED1. (A corrente é tão pequena que talvez não seja registrada pelo medidor.)

• Meça a corrente indiretamente, usando a Lei de Ohm para ajudá-lo. A mesma corrente que passa pelo LED1 e na base do transistor também passa por dois resistores: o resistor de 10kΩ e o potenciômetro. Você pode medir a queda de tensão no resistor e dividir a tensão pela resistência. (No Capítulo 6 você vai descobrir que a Lei de Ohm afirma que a corrente que passa por um resistor é igual à tensão que passa pelo resistor dividida pela resistência.)

• Se você quiser uma medida exata, reduza a potência do circuito, tire o resistor do circuito e meça sua resistência exata com o multímetro. Depois realize o cálculo da corrente. Usando esse método, eu consegui uma leitura da corrente da base em 6,7μ (que equivale a 0,0000067A).

CAPÍTULO 10 **Transistores Tremendamente Talentosos** 185

2. **Posicione o botão do potenciômetro totalmente para cima, de modo que a resistência seja 1MΩ.**

   Provavelmente você verá um leve brilho no LED2, mas talvez não perceba nenhuma luz sendo emitida pelo LED1 — embora haja uma corrente *muito pequena* passando pelo LED1.

3. **Agora, vire o botão do potenciômetro lentamente para baixo e observe os LEDs.**

   Você deverá notar o LED2 aumentando a luminosidade de modo uniforme à medida que você conduz o botão do potenciômetro para baixo. Conforme você continua a girar o botão para baixo, os dois LEDs vão brilhar com mais intensidade, mas o LED2 estará com um brilho muito mais forte que o LED1.

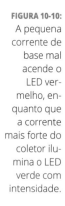

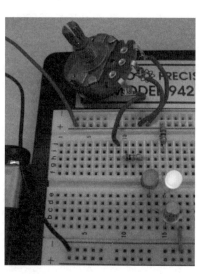

FIGURA 10-10: A pequena corrente de base mal acende o LED vermelho, enquanto que a corrente mais forte do coletor ilumina o LED verde com intensidade.

Você está testemunhando um transistor em ação: a minúscula corrente de base que passa pelo LED1 é amplificada pelo transistor, que permite que uma corrente muito mais forte flua pelo LED2. Há um brilho fraco no LED1 devido à minúscula corrente de base, e um brilho forte no LED2 por causa da corrente mais forte do coletor. Se quiser, você pode medir cada corrente. (Veja o quadro "Medindo correntes muito pequenas" para uma dica sobre como medir a pequena corrente de base.)

Com o potenciômetro ajustado em 1mΩ, medi a corrente da base como sendo 6,7µA (o que equivale a 0,0000067A) e a corrente do coletor como sendo de 0,94mA. Dividindo a corrente do coletor pela corrente da base, constatei que o ganho de corrente nesse circuito de transistor é de 140. Com o potenciômetro ajustado em 0Ω, medi a corrente da base em 0,65mA e a corrente do coletor em 14mA, para um ganho de corrente de aproximadamente 21,5. Muito intenso!

O interruptor está ligado!

O circuito na Figura 10-11 é um interruptor de toque. Ele usa um par de transistores NPN para amplificar uma corrente de base realmente muito pequena, mas o suficiente para acender o LED. Essa configuração composta de dois transistores bipolares, com seus coletores conectados e o emissor de um alimentando a base do outro, é conhecida como *par de Darlington*. (A letra Q é usada para rotular transistores em diagramas.)

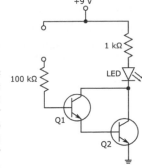

FIGURA 10-11: Um par de Darlington pode ser usado como um interruptor de toque.

Para testá-lo, monte o circuito como mostra a Figura 10-12 usando as seguintes peças:

- » Uma bateria de 9V com garra de bateria.
- » Um resistor de 100kΩ (marrom/preto/amarelo).
- » Um resistor de 1kΩ (marrom/preto/vermelho).
- » Um LED (de qualquer tamanho e qualquer cor).
- » Dois transistores bipolares NPN 2N3904 ou BC548 (ou qualquer um de uso geral).
- » Uma matriz de contato sem solda e fios de ligação.

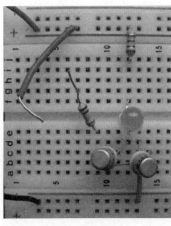

FIGURA 10-12: Uma forma de montar o circuito de transistor com interruptor de toque. Você pode acender o LED colocando o dedo no fio vermelho e no resistor de 100kΩ.

CAPÍTULO 10 **Transistores Tremendamente Talentosos** 187

Feche o circuito colocando o dedo no circuito aberto, como mostra a Figura 10-12 (não se preocupe, meu filho de 10 anos não levou um choque, e nem você vai levar). O LED acendeu? Quando você fecha o circuito, sua pele conduz uma corrente muito pequena (alguns microamperes), que é amplificada pelo par de transistores, acendendo o LED.

PAPO DE ESPECIALISTA

Se você tocar o terminal não conectado do resistor de 100 kΩ (sem fechar o circuito), verá a luz do LED acender brevemente e apagar (especialmente se você esfregar os pés no tapete primeiro). Isso ocorre porque você reuniu uma minúscula quantidade de carga em seu dedo, e quando você toca o resistor a carga flui para a base do primeiro transistor e é amplificada o suficiente pelo par de Darlington para acender o LED. (Se o ganho nominal, h_{FE}, de seus transistores for 100, o ganho total do par de Darlington é 100 x 100 = 10.000.) Quando a carga se dissipa, o LED apaga. (Observe que, se você usar uma pulseira antiestática, quando tocar o resistor o LED não vai acender.)

NESTE CAPÍTULO

Confinando componentes em um chip

Pensando logicamente a respeito de portas

Ponderando sobre diagramas de CIs

Reforçando sinais com amplificadores operacionais

Programando, contando e controlando tudo que se vê

Capítulo 11

Inovando com Circuitos Integrados

E xploração espacial, marca-passos programáveis, bens de consumo eletrônicos e muito mais nada seriam além de um sonho distante de mentes criativas se não fosse pelo circuito integrado (CI). Essa inovação incrível — na verdade, uma série de inovações incríveis — possibilita a existência de dispositivos como smartphones, tablets, iPods e o sistema de navegação GPS, além de tecnologias arrasadoras mais recentes, como a impressão em 3D e veículos autônomos (autodirigíveis). Quem sabe? Algum dia os CIs poderão permitir que você imprima em 3D seu próprio carro sem motorista!

Um *circuito integrado* incorpora desde algumas dezenas a muitos bilhões (sim, bilhões!) de componentes de circuito em um único dispositivo que cabe facilmente na palma da mão. Cada CI contém uma intrincada combinação de minúsculos mestres de obra baseados em transistores, com acesso ao mundo exterior oferecido por um número finito de entradas e saídas.

Este capítulo explora como os circuitos integrados passaram a existir, identifica seus três principais tipos e disseca o funcionamento interno de uma variedade

— os CIs digitais. Você vai ver como computadores e outros dispositivos digitais manipulam dois níveis distintos de tensão para processar informações usando regras especiais conhecidas como lógica. Em seguida, há uma explicação de como ler um CI para compreender que raios ele faz (porque não é possível dizer pela aparência) e como conectá-lo para uso em circuitos. Finalmente, você vai dar uma olhada mais de perto em três CIs campeões de vendas, saber o que fazem e como você pode utilizá-los para criar seus próprios circuitos inovadores.

Por que CIs?

O circuito integrado (CI) foi inventado em 1958 (veja o quadro "O nascimento do CI") para resolver os problemas inerentes à montagem manual de imensas quantidades de minúsculos transistores. Também chamados de *chips*, os circuitos integrados são miniaturizados e produzidos em uma única peça de semicondutor. Um circuito integrado típico contém centenas de transistores, resistores, diodos e capacitores; os CIs mais avançados contêm vários bilhões de componentes. Devido a essa eficiência, pode-se construir circuitos complexos com apenas algumas peças. CIs são a base de circuitos maiores. Você os une para formar praticamente qualquer dispositivo eletrônico em que puder pensar.

O NASCIMENTO DO CI

Com a invenção do transistor em 1947, o foco dos projetos eletrônicos passou dos volumosos tubos de vácuo para esse dispositivo novo, pequeno e mais confiável. Como o tamanho não era mais um obstáculo, os engenheiros trabalharam para construir circuitos cada vez mais avançados. Seu sucesso na criação de projetos avançados, porém, levou a alguns problemas práticos: interligar centenas de componentes inevitavelmente resultou em erros muito difíceis de isolar. Além disso, circuitos complexos muitas vezes não atendiam exigências de rapidez (porque leva tempo para os elétrons viajarem através de um labirinto de fios e componentes). Durante a década de 1950, um importante centro da indústria eletrônica foi descobrindo como fazer circuitos menores e mais confiáveis.

Em 1952, um engenheiro britânico chamado Geoffrey Dummer apresentou publicamente sua ideia de combinar múltiplos elementos de circuito em uma única peça de material semicondutor sem conexão de fios. Ele argumentou que isso eliminaria fios defeituosos e a incômoda montagem manual de componentes separados. Embora Dummer nunca tivesse de fato construído um CI, ele é amplamente considerado como o "Profeta do Circuito Integrado".

Então, no verão de 1958, Jack Kilby, um engenheiro recém-contratado da Texas Instruments, trabalhando sozinho no laboratório (enquanto os colegas estavam de férias) conseguiu construir componentes de circuitos múltiplos com uma única peça monolítica de germânio (um material semicondutor) e colocar conectores de metal em padrões sobre ela. O projeto rudimentar de Kilby foi a primeira demonstração bem-sucedida de um circuito integrado. Seis meses mais tarde, Robert Noyce, da Fairchild Semiconductor (que também foi cofundador da Intel) inventou sua própria versão de um CI, que resolveu muitos dos problemas práticos inerentes ao projeto de Kilby e levou à produção em massa de CIs. Juntos, Kilby e Noyce receberam os créditos pela invenção do circuito integrado. (Kilby recebeu o Prêmio Nobel de Física por suas contribuições ao invento do circuito integrado — mas somente 42 anos mais tarde — e declarou que, se Noyce estivesse vivo quando o prêmio foi concedido, certamente o teria dividido com ele.)

Muito se passou desde 1958. Todas essas pessoas inteligentes e criativas continuaram a se dedicar a seu trabalho e muitas outras inovações se sucederam. Como resultado, a indústria eletrônica explodiu à medida que as densidades de chip (uma medida de como os transistores são colocados próximos uns dos outros) aumentaram exponencialmente. Hoje, os fabricantes de semicondutores inserem rotineiramente milhões de transistores em uma peça de silício menor do que uma moeda de dez centavos, e microprocessadores contendo mais de um bilhão de transistores estão no mercado desde 2006. (Faz a sua cabeça girar, não é mesmo?)

Placa Linear, Digital ou Combinada?

Ao longo dos anos, fabricantes de chips criaram vários CIs diferentes, cada qual desempenhando uma função específica segundo a forma como os componentes estão conectados em seu interior. Muitos circuitos integrados que você encontra são tão populares que ficaram padronizados, você pode obter inúmeras informações sobre eles online e em livros. Vários fabricantes diferentes de chips oferecem esses CIs padronizados, e fabricantes e entusiastas de todo o mundo os compram e usam em diversos projetos. Outros CIs de função específica são projetados para realizar uma tarefa única. Com frequência, somente uma única companhia vende um determinado chip de função específica.

Quer sejam padronizados, quer de função específica, você pode separar CIs em três categorias principais: *linear (analógico), digital* e *de sinal misto*. Esses termos se referem aos tipos de sinais elétricos (mais sobre eles no Capítulo 10) que percorrem o circuito:

>> **CIs lineares (analógicos):** Esses CIs contêm circuitos que processam sinais analógicos, que consistem em voltagens e correntes que variam

CAPÍTULO 11 **Inovando com Circuitos Integrados** 191

continuamente. Eles são conhecidos como circuitos analógicos. Como exemplos de CIs analógicos temos os circuitos de gerenciamento de força, sensores, amplificadores e filtros.

» **CIs digitais:** Esses CIs contêm circuitos que processam sinais digitais, que são padrões consistindo de apenas dois níveis de tensão (ou corrente) representando dados digitais binários, por exemplo, liga/desliga, alto/baixo, ou 1/0. (Falo um pouco mais sobre dados digitais na próxima seção.) Eles são conhecidos como circuitos digitais. Alguns CIs digitais, tais como os microprocessadores, contêm milhões — ou bilhões — de minúsculos circuitos em apenas alguns milímetros quadrados.

» **CIs de sinal misto:** Esses CIs consistem em uma combinação de circuitos analógicos e digitais e são comumente usados para converter sinais analógicos em sinais digitais para uso em dispositivos digitais. Conversores de analógico para digital (ADCs, sigla em inglês), conversores de digital para analógico (DACs, sigla em inglês) e processadores de rádio digitais são exemplos de chips de sinal misto.

Tomando Decisões Lógicas

Quando você aprendeu a somar, memorizou fatos como "2+2=4" e "3+6=9". Então, quando chegou a vez de somar números com vários dígitos, você usou esses fatos simples da mesma maneira que um novo — "carregando" números para nós, pessoal mais velho, "reagruparmos" números para a geração mais jovem. Ao aplicar alguns fatos simples de adição e uma regra simples, você pode somar dois números grandes com relativa facilidade.

LEMBRE-SE

O microprocessador de seu computador funciona de forma semelhante. Ele usa muitos circuitos digitais minúsculos — conhecidos no jargão de informática como *lógica digital* — para processar funções simples semelhantes a "2+2=4". Depois, então, a lógica combina as saídas dessas funções aplicando regras semelhantes a carregar/reagrupar para obter a resposta. Ao sobrepor muitas dessas "respostas" juntas em uma complexa rede de circuitos, o microprocessador pode desempenhar algumas tarefas matemáticas complicadas. Mas, bem no fundo, porém, existe apenas muita lógica aplicando pequenas regras simples.

Nesta seção você vai ver como funcionam circuitos digitais lógicos.

Começando com bits

Quando se coloca dois dígitos juntos, há dez opções para cada dígito (de 0 a 9), porque é assim que funciona nosso sistema numérico (conhecido como base 10 ou *sistema decimal*). Quando um computador une dois dígitos, ele usa somente dois dígitos possíveis: 0 e 1 (isso é conhecido como base 2 ou *sistema binário*).

Como há somente dois, esses dígitos são conhecidos como dígitos binários, ou *bits*. Bits podem formar séries para representar letras ou números — por exemplo, a série de bits 1101 representa o número 13. O quadro "Adicionando bits de números" oferece uma rápida explicação sobre como esse processo funciona.

Além de representar números e letras, bits também podem ser usados para transportar informações. Como transportadores de informações, bits de dados são versáteis. Eles podem representar muitas coisas de *dois estados* (binários): se o pixel de uma tela está ligado ou desligado; se a tecla CTRL está pressionada ou não; um pit de laser (local onde estão armazenados dados) pode estar presente ou não na superfície de um DVD; uma transação no caixa eletrônico pode ser autorizada ou não; e muito mais. Ao designar valores lógicos de 1 e 0 a uma escolha específica de liga/desliga, você pode usar bits para carregar informações sobre eventos físicos — e permitir que essas informações controlem outros fatos pelo processamento dos bits em um circuito digital.

LEMBRE-SE

O 1 lógico e o 0 lógico também são chamados de falso e verdadeiro, ou alto e baixo. Mas exatamente o que *são* esses uns e zeros em um circuito digital? Eles são simplesmente correntes ou voltagens altas ou baixas controladas e processadas por transistores. (No Capítulo 10 falo sobre como os transistores funcionam e como eles podem ser usados como interruptores liga/desliga.) Níveis comuns de tensão usados para representar dados digitais são 0 volts para lógico 0 (baixo), e (muitas vezes) 5 volts para lógico 1 (alto).

PAPO DE
ESPECIALISTA

Um *byte*, de que você já deve ter ouvido falar muito, é um agrupamento de oito bits usado como uma unidade básica de informação para armazenamento em sistemas de computadores. A memória do computador, como a memória RAM (Random Access Memory), e dispositivos de armazenamento, como CDs e pendrives, usam bytes para organizar grandes massas de dados. Da mesma forma que os bancos embalam 40 moedas de 25 centavos em um rolo, 50 moedas de 10 centavos em outro rolo, e assim por diante para simplificar o processo de fornecer aos comerciantes troco para suas caixas registradoras, os computadores também reúnem bits de dados em bytes para simplificar o armazenamento de informações.

Processando dados com portas

Portas lógicas, ou simplesmente *portas*, são minúsculos circuitos digitais que aceitam um ou mais bits de dados como entrada e produzem um único bit de saída cujo valor (1 ou 0) tem base em uma regra específica. Da mesma maneira que diferentes operadores de aritmética produzem diferentes saídas para duas entradas iguais (por exemplo, três *mais* dois produz cinco, enquanto três *menos* dois produz um), diferentes tipos de portas lógicas produzem diferentes saídas para as mesmas entradas:

> » **Porta NOT (inversor):** Essa porta de uma entrada produz uma saída que inverte a entrada. Uma entrada de 1 gera uma saída de 0, e uma entrada de 0 gera uma saída de 1. O nome mais comum da porta NOT é *inversor*.

- » **Porta AND:** A saída é somente 1 se as duas entradas forem 1. Se cada entrada for 0, a saída será 0. Uma porta AND padrão tem duas entradas, mas você também pode encontrar portas AND com três, quatro e oito entradas. Para essas portas, a saída é 1 somente se *todas* as entradas forem 1.

- » **Porta NAND:** Essa função se comporta como uma porta AND seguida por um inversor (por isso o NAND, que significa NOT AND). Ela produz uma saída de 0 somente se todas as entradas forem 1. Se qualquer entrada for 0, a saída será 1.

- » **Porta OR:** A saída é 1 se ao menos uma de suas entradas for 1. Ela produz uma saída de 0 somente se ambas as entradas forem 0. Uma porta OR padrão tem duas entradas, mas também existem portas OR com três ou quatro entradas. Para essas portas, uma saída de 0 é gerada somente quando todas as entradas forem 0; se uma ou mais entradas forem 1, a saída será 1.

- » **Porta NOR:** Ela se comporta como uma porta OR seguida por uma porta NOT. Ela vai produzir uma saída de 0 se uma ou mais entradas forem 1, e gera uma saída de 1 somente se todas as entradas forem 0.

- » **Porta XOR:** A porta exclusiva OR produz uma entrada de 1 se qualquer uma — mas não as duas — entradas for 1; caso contrário, ela produz uma saída de 0. Todas as portas XOR têm duas entradas, mas portas XOR múltiplas juntas podem formar uma cascata para criar o efeito de XOR de múltiplas entradas.

- » **Porta XNOR:** A porta exclusiva NOR produz uma saída de 0 se uma — mas não ambas — das entradas for 1. Todas as portas XNOR têm duas entradas.

ADICIONANDO BITS DE NÚMEROS

No sistema decimal (base 10), se você quiser expressar um número maior do que 9, precisa usar dois dígitos. Cada posição, ou lugar, em um número decimal, representa uma potência de dez (10^0, 10^1, 10^2, 10^3 e assim por diante), e o valor do dígito (0 a 9) nessa posição é um multiplicador dessa potência de dez. Com potências de dez, o expoente (aquele minúsculo número elevado ao lado do 10) lhe diz quantas vezes deve multiplicar 10 por ele mesmo, de modo que 10^1 é igual a 10; 10^2 é igual a 10x10, que é 100; 10^3 é igual a 10x10x10, que é 1.000; e assim por diante. Quanto a 10^0, ele é igual a 1 porque qualquer número elevado à potência zero é igual a 1. Assim, as posições em um número decimal, começando da posição mais à direita, representam 1, 10, 100, 1.000 e assim por diante. Eles também são conhecidos como valores de posição (unidades, dezenas, centenas, milhares e assim por diante). O dígito (0 a 9) nessa posição (ou lugar) lhe diz quantas unidades, dezenas, centenas, milhares e assim por diante estão contidos em cada número decimal.

Por exemplo, o número 9.452 pode ser escrito em notação expandida como

$$(9 \times 1.000) + (4 \times 100) + (5 \times 10) + (2 \times 1)$$

Todo o nosso sistema matemático se baseia no número 10 (mas, se os humanos tivessem apenas 8 dedos, poderíamos estar usando um sistema base 8), de modo que nosso cérebro foi treinado para pensar automaticamente no formato decimal (é como uma linguagem matemática). Quando se coloca dois dígitos juntos, como 6 e 7, automaticamente se interpreta o resultado, 13, como "1 grupo de 10 mais 3 grupos de 1". Ele está arraigado em nosso cérebro, tanto quanto nossa linguagem nativa.

Bem, o sistema binário é como outra linguagem: ele usa a mesma metodologia, mas tem base no número 2. Se você quiser representar um número maior que 2, precisa de mais que um dígito e cada posição em seu número representa uma potência de dois: 2^0, 2^1, 2^2, 2^3, 2^4 e assim por diante, que é o mesmo que 1, 2, 4, 8, 16 e por aí vai. O bit (o bit é um dígito binário, apenas 0 ou 1) que está nessa posição em seu número é um multiplicador para essa potência de dois. Por exemplo, o número binário 1101 pode ser escrito em notação expandida como

$$(1 \times 2^3) + (1 \times 2^2) + (0 \times 2^1) + (1 \times 2^0)$$

Traduzindo isso para o formato decimal, você pode ver o que a quantidade numérica da série de bits 1101 representa:

$$(1 \times 8) + (1 \times 4) + (0 \times 2) + (1 \times 1)$$
$$= 8 + 4 + 0 + 1 = 13$$

Assim, o número binário 1101 é o mesmo que o número decimal 13. Eles são somente duas formas diferentes de representar a mesma quantidade física. Isso é o mesmo que dizer "bonjour" ou "buenos dias", em vez de "bom dia". Elas são apenas palavras diferentes para o mesmo cumprimento.

Quando se soma dois números binários, pode-se usar a mesma metodologia usada no sistema decimal, mas usando 2 como base. No sistema decimal, 1+1=2, mas no sistema binário, 1+1=10 (lembre-se de que o número binário 10 representa a mesma quantidade que o número decimal 2). Os computadores usam o sistema binário para operações aritméticas porque os circuitos eletrônicos em seu interior podem trabalhar facilmente com bits, que são somente voltagens (ou correntes) altas ou baixas para eles. O circuito que realiza somas dentro de um computador contém vários transistores arranjados da forma correta para que, quando sinais altos ou baixos representando os bits de dois números forem aplicados às entradas do transistor, o circuito produza a combinação certa de saídas altas ou baixas para representar os bits da soma numérica. Exatamente como isso é feito está fora do alcance deste livro, mas espero que você agora tenha uma ideia de como esse tipo de processo funciona.

A Figura 11-1 mostra os símbolos de circuito para essas portas lógicas comuns.

PAPO DE ESPECIALISTA

A maioria das portas são construídas com diodos e transistores, que discuto nos Capítulo 9 e 10. Dentro de cada porta lógica há um circuito que arranja esses componentes da maneira correta para que, quando aplicar voltagens (ou correntes) de entrada que representem uma combinação específica de bits de entrada, você tenha uma saída de tensão (ou corrente) que represente o bit de saída apropriado. O circuito é construído em um único chip com terminais, conhecidos como *pinos*, proporcionando acesso às entradas, saídas e conexões de força no circuito.

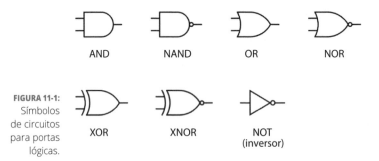

FIGURA 11-1: Símbolos de circuitos para portas lógicas.

Geralmente se encontram portas lógicas vendidas em circuitos integrados, como um CI contendo quatro portas NAND de duas entradas (chamadas porta NAND *com quad de duas entradas*), como mostra a Figura 11-2. A cápsula exibe pinos que se conectam às entradas e saídas da porta, assim como outros pinos que conectam uma fonte de alimentação aos circuitos. Procure no site do fabricante do CI uma planilha com as especificações técnicas informando quais pinos são entradas, saídas, V+ (tensão) e terra. (Essa planilha é como um manual do usuário; ela fornece especificações técnicas e informações sobre desempenho do chip.)

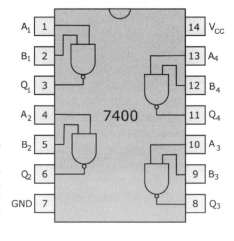

FIGURA 11-2: O diagrama funcional do CI padrão 7400 quad 2-entradas porta NAND.

Você pode ver rótulos além do V+ para o pino de alimentação de força positivo em um CI. Diferentes fabricantes de chips usam diferentes convenções, mas é comum ver V_{DD} usado em chips CMOS e V_{CC} usado em chips TTL (veja a Figura 11-2). Consulte o quadro "Conheça as famílias lógicas" e veja detalhes sobre CMOS e TTL.

DICA

Assegure-se de que a peça que você comprar tenha o número de entradas necessárias para seu projeto. Lembre-se de que você pode comprar portas lógicas com mais de duas entradas. Por exemplo, você pode encontrar uma porta NAND de 3 entradas em quase todos os fornecedores de peças eletrônicas.

DICA

Combinando apenas portas NAND ou portas NOR da forma correta, você pode criar qualquer das outras funções lógicas. É por isso que portas NAND ou NOR às vezes são chamadas de *portas universais*. Fabricantes de chips geralmente constroem circuitos digitais usando apenas portas NAND para que possam focar seus esforços de pesquisa e desenvolvimento na melhoria do processo e projeto de apenas uma porta lógica.

Simplificando portas com tabelas verdade

Rastrear todas as entradas 0 e 1 até as portas lógicas e as saídas que produzem pode ser um pouco confuso — especialmente para portas com mais de duas entradas —, de modo que os designers usam um instrumento chamado *"tabela verdade"* para manter tudo organizado. Essa tabela lista todas as combinações possíveis de entradas e correspondentes saídas para uma determinada função lógica.

A Figura 11-3 mostra as tabelas verdade para portas lógicas NOT (inversor), AND, NAND, OR, NOR, XOR e XNOR, bem como os símbolos rotulados para cada porta. Cada coluna na tabela verdade representa uma expressão lógica. Por exemplo, a segunda coluna da tabela verdade NAND está realmente dizendo o seguinte:

    0 NAND 1 = 1

Você também pode usar tabelas verdade para outros circuitos digitais, como um circuito *meio somador*, que é projetado para somar dois bits e produzir uma saída que consiste em um bit de soma e um bit de transporte. Por exemplo, na equação binária 1 + 1 = 10, o bit de soma é 0 e o bit de transporte é 1. A tabela verdade para o meio somador é mostrada na Figura 11-4.

Se você observar a coluna de bits transportadores na tabela verdade para o meio somador, pode notar que ela é igual à saída para a porta AND de duas entradas mostrada na Figura 11-3: isto é, o bit carregador é o mesmo que A AND B, em que A e B são os dois bits de entrada. Da mesma forma, o bit de soma é o mesmo que A XOR B. Qual a relevância disso? Você pode construir um meio somador usando uma porta AND e uma porta XOR. Você alimenta os bits de entrada nas duas portas e usa a porta AND para gerar o bit transportador e a porta XOR para gerar o bit de soma (veja a Figura 11-5).

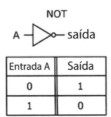

Entrada A	Saída
0	1
1	0

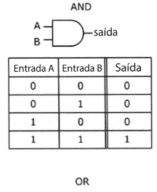

Entrada A	Entrada B	Saída		Entrada A	Entrada B	Saída
0	0	0		0	0	1
0	1	0		0	1	1
1	0	0		1	0	1
1	1	1		1	1	0

Entrada A	Entrada B	Saída		Entrada A	Entrada B	Saída
0	0	0		0	0	1
0	1	1		0	1	0
1	0	1		1	0	0
1	1	1		1	1	0

FIGURA 11-3: A tabela verdade mostra as saídas de uma porta lógica para cada combinação de entradas.

Entrada A	Entrada B	Saída		Entrada A	Entrada B	Saída
0	0	0		0	0	1
0	1	1		0	1	0
1	0	1		1	0	0
1	1	0		1	1	1

Criando componentes lógicos

Ao conectar vários somadores da maneira correta, você pode criar um circuito digital maior que receba duas entradas de bits múltiplos, como 10110110 e 00110011 e produza sua soma, 11101001. (Em notação decimal, essa soma é 182+51=233.)

ARMAZENANDO BITS EM REGISTRADORES

Conectar dezenas de portas em uma rede complexa de circuitos apresenta um pequeno problema de tempo. À medida que as entradas em uma etapa de lógica mudam, as saídas da porta também mudam — mas não no mesmo instante. (Leva algum tempo, embora muito pequeno, para cada porta reagir.) Essas saídas alimentam as entradas para outra etapa de lógica, e assim por diante.

Dispositivos complexos lógicos usam circuitos especiais chamados *registradores* entre etapas de lógica para manter (ou armazenar) os bits de saída em uma etapa por um breve período de tempo antes de permitir que eles sejam aplicados na próxima etapa lógica. Registradores enviam seus conteúdos para fora e aceitam novos conteúdos quando recebem um sinal conhecido como pulso do relógio, que dá a cada porta o tempo suficiente para computar sua saída. Os sinais de relógio são produzidos por circuitos temporizadores de precisão especiais. (Veja a seção sobre o timer 555 mais adiante neste capítulo para saber mais informações sobre como criar relógios e registradores.)

Entradas		Saídas	
A	B	Transportador	Soma
0	0	0	0
0	1	0	1
1	0	0	1
1	1	1	0

FIGURA 11-4: A tabela verdade para um circuito meio somador.

Você pode criar inúmeras outras funções complexas combinando portas múltiplas AND, OR e NOT. É tudo uma questão de que portas você vai usar e como vai interligá-las. Pense na formação de palavras com letras. Com apenas 26 opções diferentes, você pode criar milhões de palavras. Da mesma forma, você pode criar circuitos que desempenham funções matemáticas (como somadoras, multiplicadoras e muitas outras) ligando várias portas na combinação correta.

FIGURA 11-5: O circuito meio somador consiste em uma porta AND e uma porta XOR.

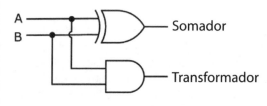

CAPÍTULO 11 **Inovando com Circuitos Integrados** 199

Ao longo dos anos, os projetistas de circuitos digitais aperfeiçoaram o design dos somadores e outros circuitos digitais comumente usados, descobrindo formas inteligentes de apressar o tempo de computação, reduzir a dissipação de potência e assegurar resultados precisos, mesmo o circuito estando sob condições severas, como temperaturas extremas. Designs de circuitos testados e aprovados são comumente transformados em ofertas de produtos de CI padronizados — de modo que você e outros construtores de circuitos não tenham que inventar a roda repetidas vezes.

Usando CIs

Circuitos integrados são componentes nada discretos — tais como resistores individuais, capacitores e transistores — que têm dois ou mais terminais conectados diretamente ao componente no interior da cápsula. Os componentes miniaturizados pré-fabricados no interior de um CI já estão interligados em um grande e feliz circuito, prontos para desempenhar uma tarefa específica. Você só tem que adicionar alguns ingredientes — digamos, potência e um ou mais sinais de entrada — e o CI vai fazer o que se espera dele. Parece simples, não é? Bem, e é. Você só precisa saber como "ler" as cápsulas de CIs — porque elas todas parecem criaturas cinzentas com muitas pernas — para que saiba fazer as conexões corretas.

Identificando CIs com números de peças

Cada CI tem um código único, como 7400 ou 4017, para identificar o tipo de dispositivo — na verdade, o circuito — que está em seu interior. Você pode usar esse código, também conhecido como *número da peça*, para procurar especificações e parâmetros sobre um CI em um recurso online. O código está impresso no alto do chip.

DICA

Muitos CIs também contêm outras informações, incluindo o número de catálogo do fabricante e talvez até um código que represente quando o chip foi feito. Não confunda o código da data ou o número de catálogo com o número da peça usado para identificar o dispositivo. Os fabricantes não adotam um padrão universal para estampar o código de data em seus circuitos integrados, de modo que você talvez tenha que realizar algum trabalho de detetive para descobrir o número verdadeiro da peça do CI.

A embalagem é tudo

Grandes coisas realmente vêm em pequenas embalagens. Muitos CIs que cabem na palma de sua mão contêm circuitos incrivelmente complexos; por exemplo, todo um circuito de rádio AM/FM (menos a bateria e a antena) cabe em uma cápsula de CI do tamanho de uma moeda. O verdadeiro circuito é tão pequeno que os fabricantes precisam montá-lo em uma cápsula de plástico ou cerâmica de tamanho razoável para que os humanos possam usá-lo. Durante o processo

CONHEÇA AS FAMÍLIAS LÓGICAS

Os fabricantes podem construir circuitos integrados digitais de várias maneiras. Uma porta única pode ser construída com um resistor e um transistor, ou apenas com transistores bipolares, ou apenas MOSFETs (outro tipo de transistor), ou outras combinações de componentes. Certas abordagens de projeto facilitam a tarefa de encher um chip com minúsculas portas juntas, enquanto outras abordagens resultam em circuitos mais rápidos ou de menor consumo de energia.

Cada CI digital é classificado de acordo com a abordagem do projeto e da tecnologia de processamento usada para construir seus minúsculos circuitos. Essas classificações são chamadas de famílias lógicas. Há literalmente dezenas de famílias lógicas, mas as duas mais famosas são a TTL e a CMOS.

TTL, ou transistor-transistor logic (lógica transistor-transistor), usa transistores bipolares para construir portas e amplificadores. Fabricar CIs TTL é relativamente barato, mas eles geralmente puxam muita energia e exigem uma fonte de alimentação específica (5 volts). Vários ramos da família TTL, notadamente a série Schottky de Baixa Potência, puxam praticamente 1/5 da energia da tecnologia convencional de TTL. A maioria dos CIs TTL usa o formato 74xx e 74xxx para números de peças, onde xx e xxx denotam um tipo específico de dispositivo lógico. Por exemplo, o 7400 é uma porta NAND quad de suas portas. A versão de baixa potência Shottky dessa peça tem o código 74LS00.

CMOS, que significa complementary metaloxide semiconductor (semicondutor complementar de óxido metálico), é um tipo de tecnologia usada para fazer MOSFETs (transistores de efeito de campo — veja no Capítulo 10). (Você pode perceber por que essa família abreviou o nome para CMOS!) Chips CMOS são um pouco mais caros do que seus equivalentes TTL, mas puxam muito menos energia e funcionam com uma faixa de voltagens de alimentação mais amplas (3 a 15 volts). Eles requerem manuseio especial porque são muito sensíveis à eletricidade estática. Alguns chips CMOS são equivalentes pino por pino aos TTL, e são identificados por um C no meio do número da peça. Por exemplo, o 74C00 é um CMOS, um componente de quatro portas NAND de duas entradas com a mesma pinagem de seu primo, o CI TTL 7400. Chips da série 40xx, por exemplo, o contador de décadas 4017 e o driver de mostrador 4511 de sete segmentos também são membros da família CMOS.

de *montagem do chip*, terminais são ligados aos pontos de acesso adequados do circuito e colocados para fora da cápsula para que você, e outras pessoas como você, possam fazer com que a corrente flua do interior do circuito, para o circuito e através dele.

Muitos CIs usados em projetos de eletrônica domésticos são montados em *pacotes de dupla linha* (*DIPs*, sigla em inglês), como os da Figura 11-6. DIPs (algumas vezes chamados de DILs) são cápsulas de plástico ou cerâmica retangulares com duas fileiras de terminais paralelos, chamados *pinos*, em cada lado. DIPs contêm entre 4 e 64 pinos, mas os tamanhos mais comuns são os de 8, 14 e 16 pinos.

FIGURA 11-6: Uma forma popular de circuito integrado é o dual in-line package (DIP).

DIPs são feitos para serem montados nos furos de uma placa de circuito impressa (PCB), com os pinos passando pelos orifícios da placa e soldados do outro lado. Você pode soldar pinos DIP diretamente em uma placa de circuito ou usar soquetes projetados para segurar o chip sem dobrar os pinos. Você solda as conexões dos soquetes ao circuito e então insere o chip no soquete. DIPs também se encaixam bem nos furos das matrizes de contato sem solda (de que falo no Capítulo 15), facilitando a criação de protótipos de circuito.

PAPO DE ESPECIALISTA

CIs usados em produtos feitos em massa geralmente são mais complexos e exigem um número maior de pinos do que os DIPs podem proporcionar, e em decorrência disso os fabricantes desenvolveram (e continuam a desenvolver) maneiras inteligentes de acondicionar CIs e conectá-los a placas de circuito impresso. Para economizar espaço na placa (conhecida como *propriedade*), a maioria dos CIs hoje é montada diretamente em conexões de metal construídas nos PCBs. Isso é conhecido como *tecnologia de montagem em superfície* (*SMT*, sigla em inglês), e muitas cápsulas de CI são especialmente projetadas para serem usadas dessa forma. Uma dessas cápsulas de CI de montagem em superfície é o *SOIC* (*small-outline integrated circuit*), que parece um DIP mais curto e estreito com terminais curvos (chamados de terminais *asa de gaivota*).

DICA

As cápsulas SMT têm tamanha aplicação que muitas vezes é difícil encontrar certos CIs vendidos em cápsulas DI. Se você quiser usar um CI montado em superfície em uma matriz de contato sem solda (porque talvez você não encontre a variedade DIP), procure módulos adaptadores para DIP que convertem várias cápsulas de CI de montagem em superfície em cápsulas DIP compatíveis, que você pode ligar diretamente na matriz de contato. (Digite "adaptador de DIP" na sua ferramenta de busca para obter uma lista de fornecedores desses dispositivos.)

CUIDADO

Alguns CIs são muito sensíveis à eletricidade estática (que discuto no Capítulo 13), então, quando guardar seus CIs, certifique-se de acomodá-los em um material protetor especial (em inglês, "conductive foam"), vendido por quase todos os fornecedores de produtos eletrônicos. E antes de manusear um CI, certifique-se de usar uma pulseira antiestática ou descarregue-se tocando um material condutivo conectado à terra (como a torre de metal ligada à terra de seu computador) para que você não queime o CI e fique se perguntando por que ele não funciona. (Não conte com os canos de metal de sua casa para proporcionar um condutor para a dissipação da carga estática. Muitos sistemas de encanamento doméstico usam canos de plástico [PVC], de modo que os canos de metal que você vê em sua casa não estão necessariamente conectados eletricamente à terra.)

Testando pinagens de CIs

Os pinos de uma cápsula de CI oferecem conexões aos minúsculos circuitos integrados em seu interior, mas infelizmente os pinos não são rotulados na embalagem e você tem que contar com as especificações técnicas daquele CI específico para fazer as conexões adequadas. Entre outras coisas, elas informam a *pinagem* do CI, que descreve a função de cada pino.

DICA

Use uma ferramenta de busca, como Google ou Yahoo! para encontrar as especificações técnicas dos CIs mais comuns (e incomuns).

Para determinar qual é o pino adequado, procure no alto do CI (não na barriga da criaturinha) a *marca do ponto* (*clocking mark*), que geralmente é um pequeno entalhe na cápsula, mas também pode ser uma covinha ou uma lista branca ou colorida. (Alguns CIs têm marcas múltiplas.) Por convenção, os pinos de um CI são numerados em sentido anti-horário, começando pelo pino superior esquerdo mais próximo da marca do relógio. Então, por exemplo, com o entalhe orientando o chip na posição de 12 horas, os pinos de um CI de 14 pinos são numerados de 1 a 7 de cima para baixo no lado esquerdo e de 8 a 14 de baixo para cima no lado direito, como mostra a Figura 11-7.

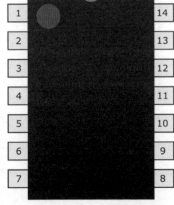

FIGURA 11-7: A numeração dos pinos corre em sentido anti-horário a partir da parte superior esquerda.

CUIDADO

Não parta do princípio de que todos os CIs com a mesma quantidade de pinos têm a mesma *pinagem* (arranjo de conexões externas — neste caso, pinos), ou mesmo que usam os mesmos pinos para conexões de alimentação. E nunca — *nunca!* — faça conexões aleatórias com pinos de CIs, com a noção equivocada de que pode explorar diferentes conexões até conseguir fazer o CI funcionar. Esse é um modo certeiro de destruir um pobre e indefeso circuito.

Muitos diagramas de circuitos (esquemas) indicam as conexões a circuitos integrados mostrando um contorno do CI com números ao lado de cada pino. Os números correspondem à sequência anti-horário dos pinos do dispositivo como vistos de cima. (Lembre-se: você começa com 1 na parte superior esquerda e conta no sentido anti-horário ao redor do chip.) Você pode usar esses tipos de diagramas para conectar facilmente um CI porque não precisa procurar o dispositivo em um livro ou nos dados técnicos. Assegure-se apenas de seguir o esquema e de contar os pinos corretamente.

Se um esquema não tiver o número dos pinos, você precisará encontrar uma cópia do diagrama da pinagem. Para CIs padronizados você encontra esses diagramas online; para CIs não padronizados, terá que visitar o site do fabricante para obter as especificações técnicas.

Contando com as especificações técnicas dos CIs

Os dados técnicos relativos aos CIs são como manuais do usuário, proporcionando informações detalhadas sobre a parte interna, externa e o uso recomendado de um circuito integrado. Eles são criados pelo fabricante de CIs e geralmente são extensos, com várias páginas. As informações típicas incluem:

- Nome do fabricante.
- Nome do CI e número da peça.
- Formatos de embalagem disponíveis (por exemplo, DIP 14 pinos) e fotos de cada formato.
- Dimensões e diagramas de pinagem.
- Breve descrição funcional.
- Classificações mínimas/máximas (como voltagens, correntes de fontes de alimentação, potência e temperatura).
- Condições de operação recomendadas.
- Formas de onda de entrada/saída (mostrando como o chip muda um sinal de entrada).

As informações podem incluir, também, diagramas de circuito mostrando como usar o CI em um circuito completo. Essas planilhas de dados constituem uma

ALIMENTANDO E DISSIPANDO CORRENTES

Como a parte interna dos circuitos integrados não está à vista, é difícil saber exatamente como a corrente flui quando se conecta uma carga ou outros circuitos ao pino ou pinos de saída do CI. Tipicamente, as planilhas de dados técnicos especificam quanta corrente uma saída de CI pode fornecer ou dissipar. Diz-se que uma saída fornece corrente quando a corrente flui para fora do pino de saída, e dissipa a corrente quando ela flui para o pino de saída.

Se você conectar um dispositivo — um resistor, por exemplo — entre um pino de saída e o terminal positivo de uma fonte de alimentação e a saída for baixa (0 volts), a corrente vai fluir pelo resistor para dentro do CI — o CI dissipa a corrente. Caso você conecte um resistor entre o pino de saída e a alimentação negativa (terra) e a saída for alta, a corrente vai fluir para fora do CI e pelo resistor — o CI alimenta a corrente. Consulte os dados técnicos para encontrar a corrente de alimentação ou dissipação máxima (que geralmente têm o mesmo valor) de uma saída de CI.

boa fonte de orientação e ideias. Às vezes, realmente vale a pena ler o manual do usuário!

DICA

Os fabricantes, com frequência, publicam notas sobre seus circuitos integrados. Uma *nota de aplicação* (muitas vezes chamada de *nota app*) é um documento de muitas páginas que explica mais detalhadamente que a planilha de dados como usar o CI em uma *aplicação* — um circuito projetado para uma tarefa prática específica.

Usando Sua Lógica

Nesta seção você vai saber como fazer as conexões certas em um CI com porta lógica NAND e vai observar a mudança na saída conforme experimenta várias combinações de entrada. Em seguida descobrirá como criar outro tipo de porta lógica, ou porta OR, combinando portas NAND da maneira correta.

Eis aqui as peças necessárias para construir os dois circuitos desta seção:

- » Quatro baterias AA de 1,5V.
- » Um suporte para quatro baterias AA com garra de bateria.
- » Um CI de quatro portas NAND de duas entradas 74C00 ou 74HC00.
- » Quatro resistores 10kΩ (marrom/preto/laranja).
- » Dois resistores 470kΩ (amarelo/violeta/marrom).

- » Quatro interruptores de polo único, throw duplo (SPDT).
- » Dois LEDs (qualquer tamanho, qualquer cor).
- » Uma matriz de contato sem solda e vários fios de ligação.

DICA

O 74C00 e o 74HC00 são chips CMOS (veja o quadro "Conheça as famílias lógicas", anteriormente neste capítulo). Você pode usar diferentes portas NAND de duas entradas, contanto que verifique as exigências de pinagem e de fonte de alimentação. Por exemplo, o 4011 é outra porta NAND de duas entradas CMOS, mas tem uma pinagem diferente do CI 74HC00. O 74C00 é um chip NAND TTL de duas entradas com a mesma pinagem que o CI 74HC00, mas exige uma fonte de alimentação de 5 volts relativamente uniforme, de modo que você vai precisar usar um regulador de tensão, como o LM7805, bem como alguns capacitores. Você fornece 9 volts para o LM7805 e ele supre uma saída uniforme de 5 volts que pode ser usada para energizar o CI 7400.

Vendo a luz no fim de uma porta NAND

O circuito na Figura 11-8 usa um LED para indicar o estado alto (1) ou baixo (0) da saída de uma porta NAND de duas entradas.

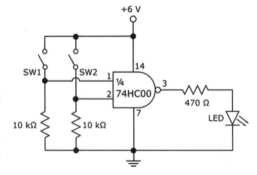

FIGURA 11-8: Use um LED para mostrar a saída de uma porta lógica NAND.

Monte o circuito usando a Figura 11-9 como guia e observando as seguintes informações importantes:

CUIDADO

- » O CI 74HC00 é um chip CMOS de alta velocidade sensível à estática, portanto, certifique-se de rever as precauções descritas no Capítulo 13 para evitar danificá-lo, e insira o CI por último — mas antes de ligar a força — quando construir o circuito, conforme sugerido no Capítulo 15.
- » Use somente um lado de cada interruptor SPDT nesse circuito para que cada um funcione como um interruptor liga/desliga (consulte detalhes no Capítulo 4). Você conecta o terminal do meio e um terminal final ao circuito e deixa o outro terminal final desconectado.

LEMBRE-SE

Não se esqueça de que a saída de uma porta NAND (NOT AND) está alta sempre que uma ou as duas entradas estiverem baixas, e a saída de uma porta NAND está baixa somente quando as duas entradas estão altas. Alto é definido pela força de alimentação positiva (6V) e baixo é 0V.

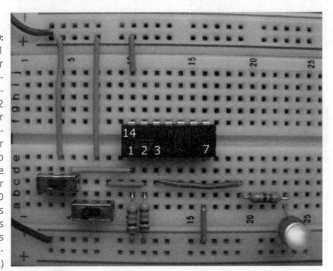

FIGURA 11-9: Com o INT1 (interruptor superior) ligado (cursor direito) e o INT2 (interruptor inferior) desligado (cursor esquerdo), o LED acende para mostrar que 1 NAND 0 = 1. (Rótulos com números dos pinos foram acrescentados.)

Quando você fecha um dos interruptores, deixa essa entrada alta, porque conecta a tensão da força de alimentação positiva à entrada. Quando você abre um dos interruptores, deixa essa entrada baixa, porque está conectada à terra por um resistor (0V).

Teste a funcionalidade da porta NAND experimentando todas as quatro combinações dos interruptores, fechando-os e abrindo-os, e preencha a tabela dada aqui (que é essencialmente uma tabela verdade).

Entrada 1	Entrada 2	Saída (Alta=LED ligado; Baixa=LED desligado)
Baixa (INT1 aberto)	Baixa (INT2 aberto)	
Baixa (INT1 aberto)	Alta (INT2 fechado)	
Alta (INT1 fechado)	Baixa (INT2 aberto)	
Alta (INT1 fechado)	Alta (INT2 fechado)	

Você viu o LED acender quando um ou ambos os interruptores estavam abertos? O LED apagou quando os dois interruptores estavam fechados? Veja lá, conte a verdade!

Transformando três portas NAND em uma porta OR

Você pode combinar várias portas NAND para criar qualquer outra função lógica. No circuito da Figura 11-10, três portas NAND foram combinadas para criar uma porta OR. As entradas para a porta OR são controladas pelos interruptores INT3 e INT4. A saída para a porta OR é indicada pelo estado ligado/desligado do LED.

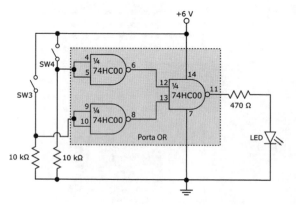

FIGURA 11-10: Três portas NAND configuradas para criar uma porta OR.

Cada uma das duas portas NAND à esquerda funciona como uma porta NOT (ou inversor). Cada porta NAND liga as entradas, pondo-as juntas de modo que cada entrada baixa produza uma saída alta, e uma entrada alta produza uma saída baixa. A porta NAND à direita produz uma saída alta quando uma ou suas duas saídas estão baixas, o que acontece quando um ou ambos os interruptores (INT3 e INT4) estão fechados. Em consequência, se um ou os dois interruptores estiverem fechados, a saída do circuito está alta. Essa é uma porta OR!

Monte o circuito com o cuidado de evitar estática. Você pode usar as três portas NAND restantes no CI 74HC00 que usou para construir o circuito da Figura 11-9. A Figura 11-11 mostra os circuitos das Figuras 11-8 e 11-10 montados juntos como um único 74C00. Tente não se confundir!

Teste a funcionalidade abrindo e fechando os interruptores. O LED deve acender quando um ou ambos os interruptores estiverem fechados.

FIGURA 11-11: Usando o 74HC00 para demonstrar uma porta NAND, e uma porta OR consistindo em três portas NAND. (Rótulos para os quatro pinos dos cantos foram acrescentados.)

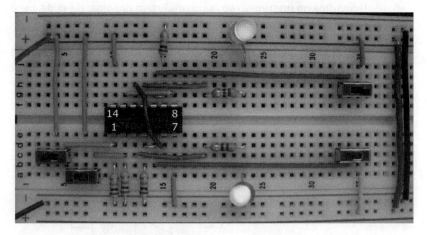

Na Companhia de Alguns CIs Populares

Você pode se deparar com uma oferta aparentemente interminável de circuitos integrados no mercado hoje em dia, mas dois em especial são amplamente conhecidos por sua fantástica versatilidade e facilidade de uso: o amplificador operacional (um CI realmente excelente) e o timer 555. Vale a pena conhecer esses dois circuitos relativamente bem se estiver pensando quase seriamente sobre desenvolver o hábito de lidar com a eletrônica.

Nesta seção descrevo esses dois CIs populares e outro CI, o CMOS 4017 contador de décadas. Você encontra o CI timer 555 e o CCI contador de décadas 4017 em projetos no Capítulo 17, de modo que as próximas seções apresentam uma rápida visão de como eles funcionam.

Amplificadores operacionais

O tipo de CI linear (analógico) mais popular é, sem dúvida alguma, o *amplificador operacional*, cujo apelido é *op-amp*, que é projetado para fortalecer (isto é, amplificar) um sinal fraco. Um op-amp contém vários transistores, resistores e capacitores e oferece um desempenho mais robusto do que um único transistor. Por exemplo, um op-amp pode proporcionar amplificação em uma faixa muito mais ampla de frequências (largura de faixa) do que um amplificador com um transistor é capaz.

Os op-amps, em sua maioria, são encontrados com DIPs de 8 pinos (como mostra a Figura 11-12) e incluem dois pinos de entrada (pino 2, conhecido como *entrada de inversão*, e pino 3, conhecido como *entrada de não inversão*) e um pino de saída (pino 6). Um op-amp é uma espécie de *amplificador diferencial*: os circuitos no interior do op-amp produzem um sinal de saída que é um múltiplo da *diferença* entre os sinais aplicados às duas entradas.

Utilizada de certa maneira, essa montagem pode ajudar a eliminar ruídos (voltagens indesejadas) no sinal de entrada subtraindo-os daquilo que está sendo amplificado.

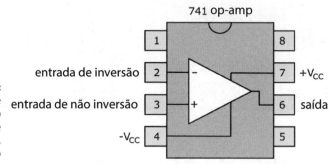

FIGURA 11-12: Pinagem de um op-amp padrão de oito pinos, como o LM741.

Você pode configurar um op-amp para multiplicar um sinal de entrada por um fator de ganho conhecido que é determinado por resistores externos. Uma dessas configurações, conhecida como *amplificador de inversão*, é mostrada na Figura 11-13.

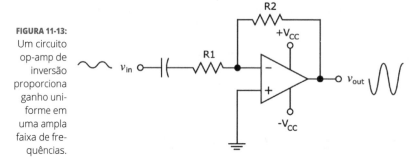

FIGURA 11-13: Um circuito op-amp de inversão proporciona ganho uniforme em uma ampla faixa de frequências.

Os valores dos resistores conectados ao op-amp determinam o ganho do circuito amplificador de inversão:

$$\text{Ganho} = -\frac{R2}{R1}$$

O sinal negativo indica que o sinal de entrada está virado, ou *invertido*, para produzir o sinal de saída. Digamos, por exemplo, que o valor de R2 é 10kΩ e o de R1 é 1kΩ. O ganho é -10. Com um ganho de -10, um sinal de entrada de 1V (valor de pico) produz um sinal de saída invertido de 10V (pico).

Para usar o amplificador inversor, simplesmente se aplica o sinal (por exemplo, a saída de um microfone) entre os pinos de entrada. O sinal, amplificado várias vezes, aparece então na saída, onde pode acionar um componente, como um alto-falante.

DICA

A maioria dos op-amps requer voltagens de alimentação positivas e negativas. Uma tensão de alimentação positiva, VCC, na faixa de 8V a 12V (conectada ao pino 7) e uma tensão de alimentação negativa, -VCC, na faixa de -8V a -12V (conectada ao pino 4) funciona. (Se você estiver procurando uma leitura leve, pode encontrar notas explicativas sobre como operar tais op-amps de alimentação dupla usando uma fonte de alimentação simples.)

Inúmeros op-amps diferentes estão disponíveis a preços que variam de apenas alguns centavos para CIs op-amps padrão, como o op-amp LM741 de uso geral, a $10 ou mais para op-amps de alto desempenho.

CI máquina do tempo: O timer 555

Um dos circuitos integrados mais populares e de fácil utilização é o versátil timer 555, apresentado em 1971 e ainda muito usado atualmente, com mais de um milhão de unidades produzidas todos os anos. Esse pequeno burro de carga pode ser usado em várias funções em circuitos analógicos e digitais, principalmente em temporização (variando de microssegundos a horas), e é essencial a muitos projetos que se pode construir (como você vê no Capítulo 17).

A Figura 11-14 ilustra as designações de pinos para o timer 555. Entre as funções dos pinos estão:

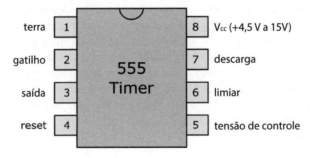

FIGURA 11-14: A pinagem do CI timer 555.

» **Entrada de gatilho:** Quando você aplica uma tensão baixa no pino 2, deflagra o gatilho do circuito interno de temporização para que ele comece a funcionar. Isto é conhecido como gatilho ativo baixo.

» **Pino de saída:** A forma de onda da saída aparece no pino 3.

» **Reset:** Aplicar uma tensão baixa ao pino 4 significa reiniciar a função de temporização, e o pino de saída (pino 3) fica baixo. (Alguns circuitos não usam a função reset, e esse pino é ligado à alimentação positiva.)

CAPÍTULO 11 **Inovando com Circuitos Integrados** 211

- **Entrada de controle de tensão:** Se quiser sobrescrever o circuito de gatilho interno (o que normalmente não se faz), você aplica a tensão ao pino 5. Do contrário, você conecta o pino 5 à terra, preferivelmente através de um capacitor 0,01μF.
- **Entrada de limiar:** Quando a tensão aplicada ao pino 6 atinge um certo nível (geralmente 2/3 da tensão positiva de alimentação), o ciclo de temporização termina. Você conecta um resistor entre o pino 6 e a alimentação positiva. O valor desse *resistor de temporização* influencia a duração do ciclo de temporização.
- **Pino de descarga:** Você conecta um capacitor ao pino 7. O tempo de descarga desse *capacitor de temporização* influencia a duração dos intervalos de temporização.

DICA

Você pode encontrar vários modelos do CI timer 555. O Timer 556 é uma versão dupla do timer 555, embalado em um DIB de 14 pinos. Os dois timers no interior partilham os mesmos pinos de alimentação de força.

Ao conectar alguns resistores, capacitores e interruptores aos vários pinos do timer 555, você pode conseguir que essa pequena joia desempenhe inúmeras funções diferentes — o que se faz com extraordinária facilidade. Você pode encontrar informações detalhadas e de fácil compreensão sobre suas várias aplicações na planilha de dados técnicos. Discuto aqui três formas populares de configurar um circuito temporizador usando um 555.

Multivibrador astável (oscilador)

O 555 pode se comportar como um *multivibrador astável*, que é apenas um termo sofisticado para descrever um tipo de metrônomo eletrônico. Ao conectar componentes ao chip (como mostra a Figura 11-15), você configura o 555 de modo a produzir uma série contínua de pulsos de tensão que automaticamente se alternam entre baixa (0 volts) e alta (a tensão de alimentação positiva, V_{cc}), conforme mostra a Figura 11-16. (O termo *astável* refere-se ao fato de que este circuito não se acomoda a uma condição estável, mas fica mudando sozinho entre dois estados diferentes.) Esse circuito autoativador também é conhecido como *oscilador*.

Você pode usar o multivibrador astável 444 para muitas coisas divertidas:

- **Luzes pisca-pisca:** Um trem de pulsos de baixa frequência (<10Hz) pode controlar a operação liga/desliga de um LED ou lâmpada (veja o projeto de LED piscante no Capítulo 17).
- **Criar um metrônomo eletrônico:** Use um trem de pulsos de baixa frequência (<20Hz) como entrada para um alto-falante ou transdutor piezoelétrico para gerar um clique sonoro periódico.

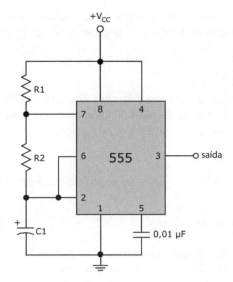

FIGURA 11-15: A configuração de um circuito multivibrador astável 555.

> » **Soar um alarme:** Ajustando a frequência à faixa de áudio (20Hz a 20kHz) e alimentando a saída para o alto-falante ou transdutor piezoelétrico, você pode produzir um tom alto e irritante (veja os projetos de sirene e alarme com sensor de luz no Capítulo 17).
>
> » **Cronometrar um chip lógico:** Você pode ajustar as larguras de pulso para que correspondam às especificações para o sinal que mede a lógica no interior de um chip, como o contador de décadas 4017 que descrevo mais adiante neste capítulo (veja os projetos de gerador de efeitos luminosos e o simulador de luzes de tráfego no Capítulo 17).

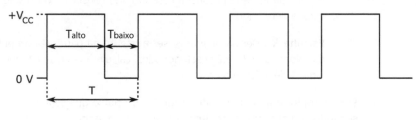

FIGURA 11-16: Séries de pulsos de tensão em um circuito multivibrador astável 555. Componentes externos controlam a largura do pulso.

A frequência f (em hertz), que é o número dos ciclos completos de "sobe e desce" por segundo da onda quadrada produzida, é determinada por sua escolha de três componentes externos, segundo esta equação:

$$f = \frac{1{,}44}{(R_1 + 2R_2) \times C_1}$$

CAPÍTULO 11 **Inovando com Circuitos Integrados**

Se você inverter o numerador e o denominador dessa equação, obtém o período *de tempo* (T) que é a duração de tempo (em segundos) de um pulso completo para cima e para baixo:

$$T = 0{,}693 \times (R1 + 2R2) \times C1$$

Você pode ajustar seu circuito para que a largura da parte alta do pulso seja diferente da largura da parte baixa do pulso. Para encontrar a largura da parte alta do pulso (expressa como T_{alto}), use a seguinte equação:

$$T_{alto} = 0{,}693 \times (R1+R2) \times C1$$

Você vai encontrar a largura da parte baixa do pulso (expressa como T_{baixo}) desta forma:

$$T_{baixo} = 0{,}693 \times R2 \times C1$$

Se *R2* for muito, muito maior do que *R1*, as larguras de pulso alta e baixa vão ser relativamente iguais. Se *R1=R2*, a porção alta do pulso vai ser duas vezes mais larga do que a porção baixa. Acho que você entendeu a ideia.

DICA

Você também pode usar um potenciômetro (resistor variável) em série com um resistor pequeno como *R1* ou *R2* e ajustar sua resistência para variar os pulsos.

Para escolher valores para *R1*, *R2* e *C1*, sugiro-lhe seguir os seguintes passos:

1. **Escolha** *C1*. Decida a faixa de frequência que deseja gerar e escolha um capacitor adequado. Quanto menor a faixa de frequência, mais alto deve ser o capacitor escolhido. (Suponha que *R1* e *R2* estejam em uma faixa em torno de 10kΩ e 1MΩ.) Para muitas aplicações de baixa frequência, escolha um capacitor na faixa de 0,01μF a 0,001μF.

2. **Escolha** *R2*. Decida qual deve ser a largura da parte baixa do pulso e escolha o valor de *R2*, que produzirá essa largura, considerando o valor de *C1* que você já determinou.

3. **Escolha** *R1*. Decida qual deve ser a largura da parte alta do pulso. Usando os valores de *C1* e *R2* já selecionados, calcule o valor de *R1*, que produzirá a largura de pulso alto desejada.

Por exemplo, uma maneira de produzir um pulso que seja alto por cerca de 3 segundos e baixo por aproximadamente 1,5 segundos é usar um capacitor de 10μF e resistores de 220kΩ para *R1* e *R2*. (Insira os valores nas equações para T_{alto} e T_{baixo} e veja por si próprio!)

Multivibrador monoestável (one shot)

Configurando o timer 555 como mostra a Figura 11-17, você pode usá-lo como um *multivibrador monoestável* que gera um único pulso quando acionado. Essa configuração às vezes é chamada de "*one shot*". Sem um gatilho, esse circuito produz uma tensão baixa (zero); essa é a sua condição estável. Quando acionado pelo fechamento do interruptor entre o pino 2 e terra, tal circuito gera um pulso de saída no nível da tensão de alimentação, V_{CC}. A largura do pulso, T, é determinada pelos valores de R_1 e C_1, como segue:

$$T = 1{,}1 \times R_1 \times C_1$$

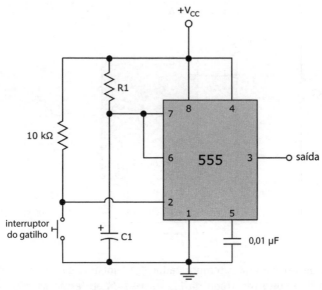

FIGURA 11-17: Acionado ao fechar o gatilho momentâneo no pino 2, o circuito monoestável 555 produz um único pulso cuja largura é determinada pelos valores de R1 e C1.

CUIDADO

Como os valores do capacitor podem, com frequência, variar até 20%, talvez você precise escolher um resistor com um valor diferente do que a fórmula sugere para produzir a largura de pulso que deseja.

DICA

Você pode usar um "one shot" para acionar com segurança um dispositivo lógico digital (como o contador de décadas 4017 CMOS descrito mais adiante neste capítulo). Interruptores mecânicos tendem a "dar trancos" quando fechados, produzindo múltiplos picos de tensão que um CI digital pode interpretar erroneamente como sinais de acionamento múltiplos. Em vez disso, se você acionar um one shot com um interruptor mecânico e usar a saída do one shot para acionar o CI digital, pode eliminar os trancos no interruptor com eficiência.

Multivibrador biestável (flip flop)

Se um circuito astável não tiver uma situação estável e um circuito monoestável tiver uma condição estável, o que é um circuito biestável? Se você imagina que um circuito biestável é um circuito com duas situações estáveis, acertou.

O *multivibrador biestável* 555 mostrado na Figura 11-18 produz voltagens alternadas altas (V_{CC}) e baixas (0V), passando de um estado a outro apenas quando acionado. Esse circuito é comumente conhecido como *"flip flop"*. Não há necessidade de calcular valores de resistores, ativar o interruptor do gatilho controla a temporização dos pulsos gerados.

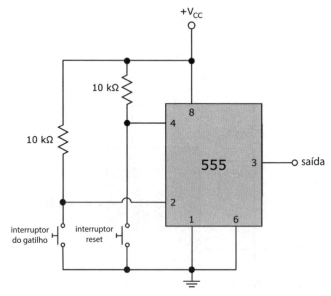

FIGURA 11-18: O circuito biestável 555 (ou flip flop) produz uma saída alta quando acionado pelo interruptor no pino 2 e uma saída baixa quando colocado na posição reset pelo interruptor no pino 4.

Você pode ver como um temporizador 555 funciona como um flip flop construindo o circuito mostrado na Figura 11-19. Aqui estão as peças de que vai precisar:

- » Quatro baterias AA de 1,5 volts.
- » Um suporte de bateria (para baterias AA) com garra de bateria.
- » Um CI temporizador 555.
- » Dois resistores 10kΩ (marrom/preto/laranja).
- » Um resistor 470Ω (amarelo/violeta/marrom).
- » Um LED (qualquer tamanho, qualquer cor).
- » Um interruptor SPDT (polo único, throw duplo).
- » Uma matriz de contato sem solda.
- » Diversos fios de ligação.

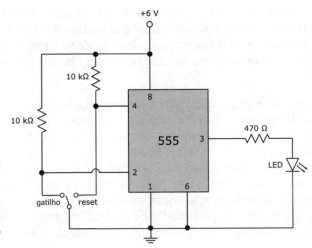

FIGURA 11-19: Use um LED para visualizar a saída de um circuito flip flop.

Monte o circuito usando a Figura 11-19 como guia. Observe que uma extremidade do interruptor SPDT está conectada ao pino 2 (gatilho) do temporizador 555, e o terminal central está conectado à terra. Dependendo da posição do cursor do interruptor SPDT, ele aciona ou restaura o temporizador 555.

FIGURA 11-20: O interruptor SPDT é usado para acionar e restaurar o temporizador 555 neste circuito flip flop. (Os rótulos dos pinos e do interruptor foram acrescentados.)

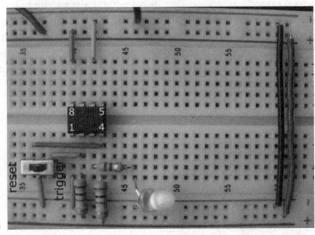

Depois de montar o circuito, coloque o interruptor na posição de gatilho. O LED acendeu? Ele permanece aceso enquanto você deixa o interruptor na posição de gatilho? Agora, deslize o interruptor para a posição reset. O LED se apaga e fica apagado enquanto o interruptor está na posição reset?

PAPO DE ESPECIALISTA

Como uma saída flip flop fica alta (ou baixa) até ser acionada (ou restaurada), ela costuma ser usada para armazenar um bit de dados. (Lembre-se: um bit é 0 ou 1, que é uma tensão baixa ou alta, respectivamente.) Os registros usados para armazenar saídas temporárias entre estágios de lógica consistem em flip flops múltiplos. Flip flops também são usados em certos circuitos contadores digitais, conservando bits em uma série de registros interligados que formam uma sucessão, cujas saídas formam uma cadeia de bits que representam a contagem. (Consulte o quadro "Armazenando bits em registradores", anteriormente neste capítulo, para mais informações sobre registros.)

DICA

Você pode usar vários tipos de circuitos de temporização 555 para acionar outros circuitos de temporização 555. Por exemplo, você pode usar um oscilador para acionar um flip flop (útil para registros de tempo de relógio). Ou você pode usar um one shot para produzir um tom temporário de baixo volume — e quando ele terminar, mudar o estado de um flip flop, cuja saída aciona um oscilador que pulsa, ligando e desligando um alto-falante. Tal circuito pode ser usado em um sistema de alarme doméstico: ao entrar em casa, o proprietário (ou o intruso) tem cerca de dez segundos para desativar o sistema (enquanto escuta um ruído de advertência de baixo volume) antes que a sirene acorde os vizinhos.

Contando com o contador de décadas 4017

O contador de décadas 4017 mostrado na Figura 11-21 é um CI de 16 pinos que conta de 0 a 9 quando acionado. Os pinos 1 a 7 e 9 a 11 vão de baixo para o alto um por vez quando um sinal de gatilho é aplicado ao pino 14. (Eles *não* vão de baixo a alto em um estrito sentido anti-horário.) Você pode usar as saídas de contagem para acender LEDs (como nos projetos de gerador de efeitos luminosos e o simulador de luzes de tráfego no Capítulo 17) ou acionar um one shot que controla outro circuito.

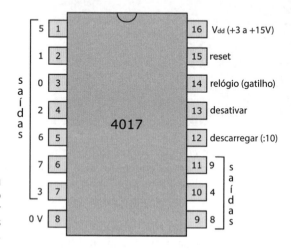

FIGURA 11-21
Pinagem do contador de décadas CMOS 4017.

A contagem apenas acontece quando o pino *desativar* (pino 13) está baixo; você pode desativar a contagem aplicando um sinal alto ao pino 13. Também pode

218   PARTE 2 **Controlando Correntes com Componentes**

forçar o contador a se restaurar (reset) em zero (o que significa que a saída de contagem zero, que é o pino 3, fica alto) aplicando um sinal alto ao pino 14.

PAPO DE ESPECIALISTA

Ao sobrepor múltiplos CIs 4017, você pode contar em dezenas, centenas, milhares e assim por diante. O pino 12 está alto quando a contagem é de 0 a 4 e baixa quando a contagem é de 5 a 9, portanto, parece um sinal de gatilho que muda de baixo para alto a 1/10 da razão da contagem. Se você alimentar a saída do pino 12 para a saída do gatilho (pino 14) de outro contador de década, esse segundo contador vai contar dezenas. Alimentando a saída do segundo contador do pino 12 para o pino 14 do terceiro contador, você pode contar em centenas. Com vários CIs 4017 é possível até contar a dívida nacional!

DICA

Você também pode conectar duas ou mais das saídas de contagem usando diodos para produzir uma sequência de temporização variável. Para fazer isso conecte cada anodo (lado positivo de um diodo) a um pino de saída e conecte todos os catodos (lados negativos dos diodos) juntos e, depois, através de um resistor. Com esse arranjo, quando qualquer uma das saídas estiver alta, a corrente vai fluir pelo resistor. Por exemplo, você pode simular a operação de uma luz de tráfego unindo as saídas 0 a 4 e alimentando o resultado (através de um resistor) para um LED vermelho, conectando a saída 5 a um LED amarelo e ligando as saídas 6 a 9 juntas para controlar um LED verde (veja o projeto de luzes de tráfego no Capítulo 17).

Microcontroladores

Um dos circuitos integrados mais versáteis que se pode encontrar é o microcontrolador. Um *microcontrolador* é um computador pequeno e completo embutido em um chip. Para programá-lo você o coloca em uma placa de desenvolvimento que permita que o CI interaja com seu computador pessoal. Depois que ele estiver programado você monta o microcontrolador em um soquete em seu dispositivo eletrônico (que pode ser uma matriz de contato sem solda). Você vai adicionar alguns outros componentes para proporcionar uma interação entre o microcontrolador e LEDs, motores ou interruptores — e *voilà*! Seu pequeno CI programado faz as coisas acontecerem (por exemplo, ele pode controlar o movimento de um robô). A coisa boa em um microcontrolador é que você pode simplesmente alterar algumas linhas de código (ou reprogramá-lo completamente) para mudar o que ele faz; você não precisa trocar fios, resistores e outros componentes para que esse CI flexível assuma uma nova personalidade.

Há centenas de microcontroladores disponíveis, porém, muitos são destinados especificamente para iniciantes. Alguns, como o mostrado na PCB (sigla em inglês para placa de circuito impresso) na Figura 11-22, podem ser comprados como parte de um pacote de desenvolvimento completo: Você consegue uma placa de circuito impresso pré-montada coberta com o CI microcontrolador, componentes diversos e conectores padronizados para que você possa conectar o microcontrolador a um circuito durante uma operação ou a seu computador para programação. Muitos desses kits também incluem um *ambiente de desenvolvimento integrado* (*IDE*, sigla em inglês), que contém ferramentas de software para programar o microcontrolador. (Veja mais sobre kits de microcontroladores no Capítulo 18).

FIGURA 11-22: O chip quadrado para o qual o sr. Washington está olhando fixamente é um microcontrolador montado na superfície de uma mini PCB lotada de componentes adicionais e um conector.

Outros CIs populares

Entre as outras funções comuns proporcionadas pelos CIs estão operações matemáticas (adição, subtração, multiplicação e divisão), *multiplex* (selecionar uma única saída entre várias entradas) e a conversão de sinais entre analógicos e digitais:

» Você usa um conversor *analógico para digital (A/D)* para converter um sinal analógico para um sinal digital para poder processá-lo com um computador ou outro sistema eletrônico digital.

» Você usa um conversor *digital para analógico* (*D/A*) para converter um sinal digital processado de volta para um sinal analógico. (Por exemplo, você precisa de um sinal analógico para vibrar os alto-falantes de seu sistema de computador doméstico.)

Naturalmente, o *microprocessador* que gerencia seu computador pessoal (e talvez até sua vida pessoal) também é muito popular no que se refere a CIs.

Há muito mais circuitos integrados do que eu tenho condições de descrever neste livro. Designers de circuitos realmente inteligentes estão sempre surgindo com novas ideias e aprimorando velhas ideias, de modo que há muitas opções no mundo dos circuitos integrados.

NESTE CAPÍTULO

Escolhendo o tipo perfeito de fio

Energizando com baterias e células solares

Controlando conexões com interruptores

Acionando circuitos com sensores

Transformando eletricidade em luz, som e movimento

Capítulo 12

Adquirindo Peças Adicionais

Embora os componentes individuais e os circuitos integrados discutidos nos Capítulos 4 a 11 formem o primeiro time quando se trata de modelar o fluxo de elétrons em circuitos eletrônicos, há muitas outras peças importantes com que essas estrelas contam para ajudar a realizar o trabalho.

Algumas dessas outras peças — como fios, conectores e baterias — são ingredientes essenciais em qualquer circuito eletrônico. Afinal, você vai ser muito pressionado para construir circuitos eletrônicos sem fios para conectar coisas ou uma fonte de alimentação para fazer as coisas funcionarem. Quanto às outras peças que discuto neste capítulo, você poderá usá-las somente vez ou outra em certos circuitos. Por exemplo, quando você precisa fazer barulho, uma campainha certamente vem a calhar — mas você pode não querer usar uma no circuito que está construindo.

Este capítulo discorre sobre uma variada série de componentes, alguns dos quais você deve manter em estoque (assim como papel higiênico e pasta de dentes), enquanto outros podem ser comprados sempre que tiver uma ideia interessante.

Fazendo Conexões

Construir um circuito requer que você conecte componentes para permitir que a corrente elétrica flua entre eles. As próximas seções descrevem fios, cabos e conectores que possibilitam fazer exatamente isso.

Escolhendo fios com sabedoria

O *fio* usado em projetos eletrônicos é apenas um cordão de metal, geralmente feito de cobre. O fio tem apenas uma função: permitir que os elétrons viajem através dele. Entretanto, você pode encontrar algumas variações nos tipos de fios disponíveis. Nas próximas seções lhe dou informações sobre que tipo de fio escolher para várias situações.

Flexível ou não?

Corte o fio de qualquer abajur velho de sua casa (só *depois* de tirá-lo da tomada, é claro) e você vai ver dois ou três pequenos feixes de fios muito finos, cada um envolto em material isolante. Isso se chama fio *flexível*. Outro tipo de fio, conhecido como fio *sólido*, consiste em um único fio (mais grosso) envolto em material isolante. Você pode ver exemplos de fios flexíveis e sólidos na Figura 12-1.

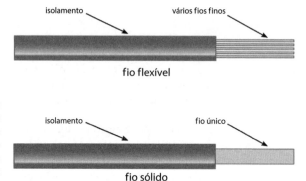

FIGURA 12-1: Os fios flexíveis e sólidos são comumente usados em eletrônica.

O fio flexível é muito mais maleável do que o sólido, e você o usa em situações em que o fio vai ser muito movido ou dobrado (como em fios de abajures e nos cabos que você liga ao seu sistema de som). Você usa fios sólidos em lugares em que não planeja mover o fio de um lado para o outro, e para conectar componentes em matrizes de contato (verifique o Capítulo 15 para mais detalhes sobre matrizes de contato). É fácil inserir um fio sólido em furos da matriz de contato, mas se você tentar usar um fio flexível vai ter que torcer os fios para conseguir colocar todos no orifício, e pode quebrar um fio ou outro no processo (acredite em mim — isso acontece), o que pode provocar um curto no circuito.

Avaliando a bitola do fio

Chamamos o diâmetro do fio de *bitola do fio*. Por estranho que pareça, a relação entre a bitola e o diâmetro do fio em eletrônica é essencialmente oposta: quanto menor sua bitola, maior é o diâmetro do fio. Você pode ver bitolas comuns na Tabela 12-1.

TABELA 12-1   **Fios Comumente Utilizados em Projetos Eletrônicos**

Bitola do fio	Diâmetro do fio (em polegadas)	Usos
16	0,051	Aplicações eletrônicas pesadas (de alta demanda)
18	0,040	Aplicações eletrônicas pesadas (de alta demanda)
20	0,032	Maioria dos projetos eletrônicos
22	0,025	Maioria dos projetos eletrônicos
30	0,01	Conexões de protótipos de pequenas placas de circuito ou conexões de fios revestidos

Para a maioria dos projetos eletrônicos, incluindo os deste livro, usa-se fio de bitola 20 ou 22. Se você está ligando um motor a uma fonte de alimentação, vai precisar de um fio de bitola 16 ou 18. E pode achar que uma bitola menor, entre 28 e 30, seja útil para fazer conexões em protótipos com pequenas placas de circuito. O fio de bitola 30 era comumente usado para conectar componentes em placas de circuito especiais usando uma técnica conhecida como *enrolamento*, algo raramente feito hoje em dia. (Consulte detalhes sobre construção de circuitos no Capítulo 15.)

DICA

Às vezes você vê bitolas abreviadas de formas estranhas e maravilhosas. Por exemplo, você pode ver uma bitola de 20 abreviada como 20 ga, #20, ou 20 AWG (American Wire Gauge).

CUIDADO

Se você começar a trabalhar em projetos que envolvam tensões ou correntes mais altas do que as descritas neste livro, consulte as instruções para seu projeto ou uma referência confiável para determinar a bitola do fio adequada. Por exemplo, nos EUA, o *National Electric Code* enumera as bitolas exigidas para cada tipo de fiação usada em uma casa. Certifique-se também de ter as habilidades certas e o conhecimento suficiente sobre procedimentos de segurança para trabalhar em um projeto desses.

O mundo colorido dos fios

Assim como as faixas coloridas que descortinam os segredos dos valores dos resistores, o isolamento colorido em volta dos fios pode ajudar a acompanhar conexões em um circuito. Quando conectar um circuito DC (por exemplo, quando você trabalha com uma matriz de contato), é prática comum usar fio vermelho para todas as conexões em que a tensão é positiva (+V) e fio preto para todas as conexões de tensão negativa (−V) ou para terra. Fio amarelo ou laranja muitas vezes são usados para sinais de entrada, como o sinal de um microfone para um circuito. Se você mantiver muitas diferentes cores à mão, vai poder codificar as conexões de seus componentes por cor, facilitando a tarefa de dizer o que está acontecendo no circuito só de olhar para ele (a menos, é claro, que você seja daltônico).

Reunindo fios em cabos ou cordões

Cabos são grupos de dois ou mais fios protegidos por uma camada externa isolante. Os fios que trazem energia AC de uma tomada na parede para um dispositivo elétrico, como uma lâmpada, são cabos — da mesma forma que os fios na confusão de conexões do seu sistema de som. Cabos são diferentes de fios flexíveis, porque os fios usados nos cabos são separados por um isolante.

Ligando a conectores

Se você observar um cabo — digamos, o que vai do decodificador ao aparelho de TV — perceberá que ele têm umas coisas de metal ou plástico em cada ponta. Essas coisas são chamadas de plugues, e representam um tipo de *conector*. Também há receptáculos de metal ou plástico em seu decodificador e aparelho de TV em que os terminais desses cabos se encaixam. Esses *receptáculos* (às vezes chamados de *soquetes* ou *jaques*) são outro tipo de conector. Os vários pinos e buracos em conectores conectam o fio apropriado do cabo ao fio correspondente no dispositivo.

Diferentes tipos de conectores são usados para diversos objetivos. Entre os conectores que você provavelmente vai encontrar em suas aventuras eletrônicas estão os seguintes:

» Um *terminal* e um bloco *terminal* trabalham juntos como o mais simples tipo de conector. Um bloco terminal contém conjuntos de pares de parafusos. Você liga o bloco à caixa ou chassis de seu projeto. Então, para cada fio que você quer conectar, você solda (ou esmaga) um fio ao terminal. Em seguida, conecta cada terminal a um parafuso no bloco. Quando quiser conectar dois fios, simplesmente escolha um par de parafusos e conecte o terminal de cada fio a um desses parafusos.

» *Plugues* e *receptáculos* carregam sinais de áudio e vídeo entre peças de equipamento que têm cabos como os que você vê na Figura 12-2. Plugues em cada extremidade dos cabos conectam-se a receptáculos do equipamento sendo conectado. Cabos de áudio analógicos (veja a Figura 12-2) contêm um ou dois fios de sinal (que carregam o sinal de áudio) e um escudo de metal envolvendo os fios. O *escudo* de metal protege os fios de sinal de interferência elétrica (conhecido como *ruído*) minimizando a introdução de correntes parasitas nos fios. Cabos digitais de multimídia, como o cabo Interface de Multimídia de Alta Definição (HDMI, sigla em inglês) à direita da Figura 12-2, contém múltiplos fios protegidos que carregam dados digitais de áudio e vídeo.

FIGURA 12-2: Um cabo de áudio analógico (esquerda) e um cabo HDMI (direita) facilitam a transmissão de informações entre duas peças de equipamento eletrônico.

> » Geralmente usa-se *pin headers* para levar e trazer sinais para placas de circuito, que são placas finas projetadas para incorporar um circuito permanente. Pin headers são úteis para projetos complexos de eletrônica que envolvem múltiplas placas de circuito. A maioria de pin headers consiste em uma ou duas fileiras de hastes de metal fixadas em um bloco plástico que você monta na placa de circuito. Você conecta o pin header a fios individuais ou agrupados, ou a um conector compatível no fim de um *cabo plano* — uma série de fios isolados atados lado a lado para formar um cabo chato e flexível. A forma retangular do conector permite o fácil roteamento de sinais de cada fio no cabo para a peça correta da placa de circuito. O formato de um pin header lembra o de um pente.

A eletrônica usa inúmeros conectores nos quais você não precisa se aprofundar até começar a fazer projetos mais complexos. Se você quiser descobrir mais sobre a ampla coleção de conectores pode consultar os catálogos ou sites de fornecedores listados no Capítulo 19. A maioria dedica uma seção inteira de produtos a conectores.

Energizando

Todos os fios e conectores do mundo de nada vão adiantar se você não tiver uma fonte de energia. No Capítulo 3 discuto fontes de eletricidade, incluindo a corrente AC nas tomadas na parede e a corrente DC de baterias e células solares (também conhecidas como células fotovoltaicas). Aqui, discorro sobre como escolher uma fonte de energia e alimentar os circuitos com sua potência.

Ligando a energia com baterias

Para a maioria dos projetos eletrônicos amadores, as células ou baterias — que são uma combinação de células — são a forma correta de proceder. Os símbolos usados para representar uma célula e uma bateria no diagrama de um circuito são mostrados na Figura 12-3.

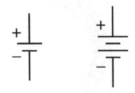

FIGURA 12-3 Símbolos de circuito para uma célula (à esquerda) e uma bateria (à direita).

Muitos diagramas usam o símbolo de uma célula para representar uma bateria. Células são relativamente leves e portáteis e, ao combinar múltiplas células em série, você pode criar uma variedade de fontes de tensão DC. Células de uso cotidiano (pilhas), como as comuns AAA-, AA-, C- e Células-D, produzem cerca de 1,5 volts cada. Uma bateria de 9 volts (às vezes chamada de *bateria transistor* ou bateria PP3) tem a forma de um retângulo 3-D e geralmente contém seis células de 1,5 volts. (Algumas marcas baratas podem conter somente cinco células de 1,5 volts). Uma *bateria de lanterna* (uma coisa meio quadrada e grande, que pode energizar lanternas do tamanho de uma caixa de som) produz cerca de 6 volts.

Conectando baterias a circuitos

Você usa uma garra de bateria de 9 volts (PP3) — mostrada na Figura 12-4 — para conectar uma bateria individual de 9 volts a um circuito. Garras de bateria se fixam aos terminais da bateria (aqueles prendedores no topo da bateria são conhecidos como conectores PP3); elas contêm terminais pretos e vermelhos que você conecta ao circuito. Você tira o isolamento das pontas dos fios preto e vermelho e então os conecta aos terminais, insere-os nos furos da matriz de contato, ou solda diretamente nos componentes. Eu discuto todas essas técnicas no Capítulo 15.

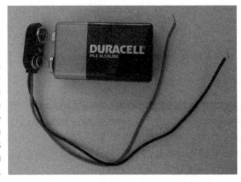

FIGURA 12-4: Uma garra de bateria facilita a conexão de uma bateria de 9 volts em seu circuito.

CALCULANDO O TEMPO DE VIDA DA BATERIA COMUM

A *classificação de ampere-hora* ou *miliamperes-hora* de uma bateria dá uma ideia de quanta corrente ela pode conduzir durante um certo período de tempo. Por exemplo, uma bateria de 9 volts geralmente tem uma classificação de 500 miliamperes-hora. Esse tipo de bateria pode alimentar um circuito usando 25 miliamperes durante aproximadamente 20 horas antes que sua tensão comece a cair. (Verifiquei uma bateria de 9 volts que usei durante alguns dias e descobri que estava produzindo somente 7 volts.) Uma bateria (pilha) AA que tem uma classificação de 1.500 miliamperes-hora pode alimentar um circuito extraindo 25 miliamperes de corrente durante aproximadamente 60 horas.

Seis baterias AA em série, que produzem cerca de 9 volts, vão durar mais do que uma única bateria de 9 volts. Isso ocorre porque as seis baterias em série contêm mais produtos químicos do que uma única bateria, e podem produzir mais corrente ao longo do tempo antes de se esgotarem. (No Capítulo 3 falo de como as baterias são feitas e por que se gastam.) Se você tiver um projeto que usa bastante corrente, ou planeja deixar seu circuito em funcionamento o tempo todo, pense em usar baterias C- ou D- maiores, que duram mais do que baterias pequenas ou a maioria das baterias recarregáveis.

Veja a seção "Escolhendo baterias pelo seu interior" para mais detalhes sobre diferentes tipos de baterias e quanto tempo você pode esperar que elas durem.

Quando você conecta o terminal positivo de uma bateria ao terminal negativo de outra bateria, a tensão total dessa conexão em série é a soma das tensões individuais das baterias.

Suportes de baterias fazem conexões em série entre baterias ao mesmo tempo em que acomodam várias baterias no lugar. Alguns suportes proporcionam terminais vermelhos e pretos para acesso à tensão total; outros, como os mostrados na Figura 12-5, vêm com pontas conectoras PP3 para que você possa prender uma garra de bateria e acessar a tensão total nos terminais vermelho e preto da garra.

FIGURA 12-5: Quatro baterias de 1,5 volts em um suporte de bateria produzem cerca de 6 volts pelos terminais vermelho e preto.

Escolhendo baterias pelo seu interior

Baterias são classificadas pelos produtos químicos que contêm; e o tipo de produto químico determina se uma bateria é recarregável. Os seguintes tipos de baterias são encontrados com facilidade:

» Baterias descartáveis (não recarregáveis):

- Baterias de **zinco-carbono** vêm em vários tamanhos (AAA, AA, C, D e 9 volts, entre outras) e estão na ponta mais baixa da cadeia alimentar das baterias. Elas são baratas, mas também não duram muito.

- Baterias **alcalinas** também vêm em vários tamanhos e duram cerca de três vezes mais que as de zinco-carbono. Sugiro que você comece com esse tipo de bateria em seus projetos. Se você tiver que substituí-las com frequência, pode passar a usar baterias recarregáveis.

- Baterias leves de **lítio** geram tensões mais altas — cerca de 3 volts — do que outros tipos e têm uma capacidade de corrente mais elevada do que baterias alcalinas. Elas custam mais e você não pode recarregar a maior parte delas, mas são imbatíveis quando seu projeto (por exemplo, um pequeno robô) exigir uma bateria leve.

» Baterias recarregáveis:

- Baterias de **níquel-hidreto metálico (NiMH)** são os tipos mais populares de baterias recarregáveis hoje em dia. Elas são encontradas em vários tamanhos (AAA, AA, C, D e 9 volts) e geram cerca de 1,2 volts. Uma desvantagem das baterias NiMH é que elas se descarregam automaticamente depois de alguns meses sem uso, mas alguns modelos NiMH de baixo poder de descarga podem ser encontrados. Sugiro que você use baterias NiMH em projetos que necessitem de baterias descarregáveis.

- Baterias de **lítio-ion (Li-ion)** são o tipo mais recente de baterias recarregáveis. A maioria gera 3,7 volts nominais e um máximo de 4,2 volts e todas precisam de um carregador especial (um carregador NiMH não vai funcionar). Apesar de alguns modelos se parecerem com as baterias comuns AA ou AAA, baterias Li-ion usam uma convenção de denominação diferente (por exemplo, uma bateria 14500 Li-ion tem o mesmo tamanho que uma bateria AA). Se você optar por usar baterias Li-ion, lembre-se das diferenças de tensão entre essas baterias e as células convencionais. (Por exemplo, duas baterias Li-ion em série geram 7,4V enquanto duas baterias AA em série geram 3,0V.)

- Baterias de **níquel-cádmio (NiCd)**, assim como as NiMH, geram cerca de 1,2 volts. A popularidade das NiCds caiu drasticamente em meados dos anos 1990 devido à pouca capacidade, ao conteúdo tóxico (cádmio) melhoramentos nas tecnologias de outras baterias (especialmente NiMH) e uma falha das NiCds, conhecida como efeito memória, que exige que você descarregue totalmente a bateria antes de recarregá-la para

228 PARTE 2 **Controlando Correntes com Componentes**

assegurar que ela recarregue sua capacidade total. Recomendo que você fique longe das baterias NiCd — a menos que tenha algumas em casa e queira aproveitá-las.

CUIDADO

Cuide para não misturar tipos de bateria no mesmo circuito, e *nunca* tente recarregar baterias descartáveis. Elas podem romper e vazar ácido ou até explodir. A maioria das baterias descartáveis contêm advertências sobre os perigos de uso impróprio em seus rótulos.

DICA

Comprar um recarregador e um suprimento de baterias recarregáveis pode lhe poupar muito dinheiro ao longo do tempo. Certifique-se apenas de que o carregador que usar é ideal para o tipo de baterias recarregáveis que escolher. Verifique as substâncias químicas (por exemplo, Li-ion ou NiMH) e a tensão da bateria quando escolher um recarregador.

DICA

Certifique-se de descartar as baterias adequadamente. Baterias que contêm metais pesados (como níquel, cádmio, chumbo e mercúrio) podem prejudicar o meio ambiente quando descartadas de modo inapropriado. Se você residir nos Estados Unidos, oriente-se sobre descarte adequado — que pode variar de um estado a outro — acessando os sites dos fabricantes de baterias ou outros, como www.ehso.com/ehsome/batteries.php. Caso você tenha domicílio no Brasil, o procedimento de descarte é regulamentado pelo CONAMA (Conselho Nacional do Meio Ambiente), que determina enviar as pilhas gastas para postos autorizados, fabricantes e distribuidores.

Obtendo energia do sol

Se você estiver construindo um circuito destinado a funcionar ao ar livre — ou se quiser apenas usar uma fonte de energia "verde", limpa —, talvez queira comprar um ou mais painéis solares. Um *painel solar* consiste em uma série de células solares (que são grandes diodos conhecidos como *fotodiodos*) que geram corrente quando expostos a uma fonte de luz, como o sol. (Discuto diodos no Capítulo 9 e fotodiodos na seção "Usando seus Sensores", mais adiante neste capítulo.) Um painel medindo cerca de 12,5cm x 12,5cm pode gerar 100 miliamperes com 5 volts sob o sol brilhante. Se você precisar de 10 amperes, certamente pode consegui-los, mas talvez ache o tamanho do painel problemático — e caro — para um projeto pequeno ou portátil.

Alguns painéis solares contêm fios de saída que podem ser conectados a seu circuito, muito parecidos com os fios de uma garra ou suporte de bateria. Outros painéis solares não têm fios, de modo que você terá que soldar seus fios nos dois terminais.

Aqui estão alguns critérios para considerar ao determinar se um painel solar é adequado a seu projeto:

- » **Você planeja colocar o painel ao sol quando quiser ligar o circuito, ou usar o painel para carregar um acumulador que possa alimentar seu projeto?** Se não, procure outra fonte de energia.
- » **O painel solar vai se ajustar ao aparelho que está construindo?** Para responder a essa pergunta você precisa saber de quanta energia seu aparelho vai precisar e o tamanho do painel solar que poderá proporcionar energia suficiente. Se o painel for muito grande para seu aparelho, você deve redesenhá-lo para usar menos energia ou procurar uma fonte de energia alternativa.

Usando instalação elétrica de parede para obter uma corrente DC ou uma tensão mais alta (não recomendado)

CUIDADO

A corrente AC fornecida por sua companhia de energia pode causar ferimentos ou morte se usada de forma inadequada, portanto, não recomento que você alimente circuitos diretamente com a corrente elétrica doméstica. E porque a grande maioria dos projetos eletrônicos amadores funciona com baterias, talvez você nunca se veja tentado a usar a corrente AC.

ADQUIRINDO FONTES PORTÁTEIS DE PAREDE

Adaptadores AC muitas vezes são chamados de fontes portáteis de parede porque ficam protuberantes na parede. Você pode comprar fontes portáteis novas ou excedentes (verifique no Capítulo 19 algumas boas indicações de fornecedores). E, é claro, você talvez já tenha algumas fontes velhas guardadas de algum telefone sem fio inutilizado ou de outro aparelho eletrônico. Nesse caso, verifique se a saída é DC (alguns têm saída AC) e verifique a classificação de tensão e de corrente, geralmente impressa no adaptador, para ver se é adequada para seu próximo projeto. Se for, tenha certeza de como o conector está ligado para que você mantenha a polaridade apropriada (conexões de tensão negativa e positiva) ao usá-lo em seu circuito. Uma pequena advertência: muitas fontes portáteis de parede fornecem uma energia DC barulhenta, em vez da energia DC regular que você está esperando, e algumas delas fornecem energia com interruptor (não são analógicas) que também podem ser barulhentas ou conter picos de tensão.

Alguns projetos requerem mais corrente DC ou tensões DC mais altas do que as fornecidas facilmente por baterias. Nesses casos você pode usar um adaptador AC, como o mostrado na Figura 12-6, para converter AC em DC e obter a corrente ou tensão mais alta de que necessita. Todas as peças de funcionamento são autônomas no transformador de parede e, assim, você não fica exposto a altas correntes AC.

CUIDADO

Em nenhuma circunstância abra a caixa de plástico dos circuitos dentro de um adaptador AC. Capacitores dentro da caixa armazenam carga elétrica significativa. (Consulte detalhes sobre capacitores no Capítulo 7.)

FIGURA 12-6: Esse adaptador AC converte 120 volts AC para 7,5 volts DC e fornece até 300mA de corrente. Eu modifiquei a saída desse adaptador para usá-lo com mais facilidade em circuitos DC.

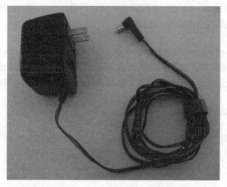
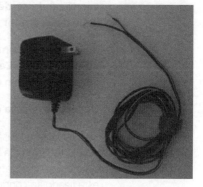

Adaptadores AC fornecem correntes que vão de centenas de miliamperes a alguns amperes com tensões que variam de 5 volts DC a 20 volts DC. Alguns fornecem uma tensão DC positiva e uma tensão DC negativa. Diferentes modelos usam diferentes tipos de conectores para fornecer energia. Se você comprar um adaptador DC, leia as especificações técnicas com atenção para determinar sua potência nominal e como conectá-lo a seu circuito.

DICA

Talvez você queira preparar o adaptador AC para ser facilmente usado em seus circuitos removendo o plugue de saída, separando e descascando os dois fios de saída, de modo a poder conectá-los diretamente ao circuito para fornecer tensão AC (como mostra a Figura 12-6). Observe os passos a seguir para preparar seu adaptador:

1. **Certifique-se de que o adaptador não está ligado a uma saída AC.**
2. **Usando o cortador de fios (veja no Capítulo 13), corte o conector de saída.**
3. **Usando uma faca pequena (ou as unhas), separe os dois fios isolados por uma distância de cerca de 5cm.**

CAPÍTULO 12 **Adquirindo Peças Adicionais** 231

4. **Usando o cortador de fios, corte um dos dois fios isolados para que fique pelo menos 2cm mais curto do que o outro fio.**

    Ao deixar um fio mais curto do que o outro você evita que os dois fios entrem em contato acidentalmente quando o adaptador AC estiver ligado, o que poderia provocar um curto-circuito e deixá-lo imprestável.

5. **Usando o descascador de fios (veja o Capítulo 13), tire o isolamento de cada fio por cerca de 1,5cm.**

6. **Torça os fios flexíveis de cobre de cada condutor para que não fiquem fios soltos.**

7. **Certificando-se de que os dois condutores não estejam se tocando, ligue o adaptador AC a uma saída AC.**

8. **Ajuste seu multímetro para medir volts DC com uma variação de 20V ou mais (veja o Capítulo 16) e coloque um terminal no fio de saída do adaptador DC e o outro terminal do multímetro no outro fio de saída.**

9. **Observe a leitura da tensão.**

    Se a leitura da tensão for positiva, o terminal positivo (geralmente vermelho) do multímetro está ligado ao condutor positivo do adaptador AC. Se a leitura da tensão for negativa, o terminal negativo do multímetro (geralmente preto) está ligado ao condutor positivo do adaptador AC. Rotule o condutor positivo com um marcador ou prendendo uma etiqueta.

    Note que é provável que a magnitude da leitura da tensão conseguida seja significativamente mais alta do que a tensão nominal especificada no rótulo ou nas especificações técnicas do adaptador AC. Essa discrepância é normal e se deve ao fato de que você está usando uma fonte de alimentação não regulada e medindo a tensão de saída do adaptador em condições de não carregamento. *Fontes de energia não reguladas* geram tensões que variam, dependendo da corrente extraída da *carga*, isto é, do dispositivo que recebe a energia. Depois que você conectar os terminais de saída do adaptador a um circuito, a tensão de saída vai baixar. Eu medi 10,5V em um adaptador AC cujo rótulo dizia 7,5VDC (volts DC).

Parabéns! Agora você tem uma fonte de alimentação para seus projetos eletrônicos que pode fornecer mais energia do que as baterias.

CUIDADO

Mesmo depois de remover o adaptador AC da tomada você ainda vai encontrar tensão DC nos terminais durante algum tempo, porque há um grande capacitor em seu interior que mantém a carga. O capacitor vai descarregar, mas isso pode levar horas. Para descarregar o capacitor mais depressa use seu alicate de ponta fina para pegar um resistor de 680Ω, use as pontas com cuidado para colocar os terminais do resistor nos terminais de saída do adaptador AC e espere cerca de 30 segundos.

Usando Seus Sensores

Quando você quiser acionar a operação de um circuito como resposta a algum acontecimento físico (como uma mudança de temperatura), vai usar componentes eletrônicos conhecidos como *sensores*. Eles se aproveitam do fato de que várias formas de energia — incluindo luz, calor e movimento — podem ser convertidas em energia elétrica. Sensores são uma espécie de *transdutor*, que é um dispositivo eletrônico que converte energia de uma forma para outra. Nesta seção descrevo alguns transdutores de entrada mais comuns, ou sensores, usados em circuitos eletrônicos.

O símbolo de circuito para vários tipos de sensores discutidos nesta seção são mostrados na Figura 12-7.

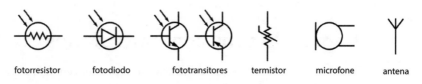

FIGURA 12-7: Símbolos de circuito para vários sensores.

fotorresistor   fotodiodo   fototransitores   termistor   microfone   antena

Enxergando a luz

Muitos componentes eletrônicos se comportam de modo diferente dependendo da luz a que são expostos. Fabricantes disponibilizam certas versões de componentes para explorar essa sensibilidade à luz, fechando-os em caixas de plástico para que se possa usá-los como sensores em equipamentos como alarmes contra ladrões, detectores de fumaça, acendimento automático de luzes ao anoitecer e dispositivos de segurança que impedem a porta da garagem eletricamente controlada de fechar quando um carro passa debaixo dela. Você também pode usá-los para comunicação entre seu controle remoto, que envia instruções codificadas via luz infravermelha usando um diodo emissor de luz (LED, que discuto no Capítulo 9), e seu aparelho de TV ou DVD, que contêm um diodo sensível à luz ou transistor para receber as instruções em código.

Exemplo de dispositivos sensíveis à luz usados como sensores incluem os seguintes:

> » **Fotorresistores (ou fotocélulas)** são resistores dependentes de luz (LDRs, sigla em inglês) feitos com material semicondutor. Tipicamente, eles apresentam uma resistência alta (cerca de 1MΩ) no escuro e uma resistência relativamente baixa (cerca de 100Ω) sob luz forte, porém, você pode usar um multímetro (conforme descrevo no Capítulo 16) para determinar a resistência real apresentada por um fotorresistor específico. O fotorresistor comum é

mais sensível à luz visível, especialmente no espectro verde-amarelo. Um fotorresistor pode ser instalado com a corrente passando para qualquer lado em seu circuito.

» **Fotodiodos** são como que o oposto de diodos emissores de luz, que discuto no Capítulo 9. Eles conduzem corrente ou diminuem a tensão somente quando expostos a luz suficiente, em geral na faixa do infravermelho (não visível). Assim como os diodos padrão, os fotodiodos contêm dois terminais: o mais curto é o catodo (lado negativo) e o mais longo é o anodo (lado positivo).

» A maioria dos **fototransistores** são simplesmente transistores de junção bipolar (como discuto no Capítulo 10) inseridos em uma caixa transparente para que a luz polarize a junção base/emissor. Esses dispositivos geralmente contêm somente dois terminais (enquanto transistores padrão têm três). Isso ocorre porque não é necessário acessar a base do transistor a fim de polarizá-la — a luz realiza essa tarefa. Do lado de fora, os fototransistores parecem fotodiodos, de modo que você deve prestar atenção em qual é qual.

Captando sons com microfones

Microfones são transdutores de entrada que convertem energia acústica (conhecida como som) em energia elétrica. A maioria usa uma membrana fina, ou *diafragma*, que vibra em resposta a mudanças ocasionadas pelo som na pressão do ar. As vibrações da membrana são traduzidas em um sinal elétrico AC de várias formas, dependendo do tipo de microfone:

» Em um **microfone de condensador**, a membrana vibratória desempenha o papel da placa de um capacitor, de modo que as variações de som produzam correspondentes variações na capacitância (para mais detalhes sobre capacitores, consulte o Capítulo 7).

» Em um **microfone dinâmico**, o diafragma está ligado a uma bobina de indução móvel localizada dentro de um ímã permanente. Quando o som move o diafragma, a bobina se move dentro do campo magnético produzido pelo ímã e uma corrente é induzida na bobina. (O Capítulo 8 mostra informações sobre este fenômeno, que é conhecido como *indução eletromagnética.*)

» Em um **microfone de cristal**, um cristal piezoelétrico especial é usado para converter som em energia elétrica, aproveitando o *efeito piezoelétrico*, que ocorre quando certas substâncias produzem tensão quando pressão é aplicada sobre elas.

» Em um **microfone de fibra óptica**, uma fonte de laser dirige um feixe de luz para a superfície de um minúsculo diafragma reflexivo. Quando o diafragma se move, mudanças na luz refletida dele são captadas por um detector, que transforma as diferenças na luz em um sinal elétrico. Microfones de fibra óptica são imunes a interferências eletromagnéticas (EMI) e a interferências de radiofrequência (RFI).

234   PARTE 2 **Controlando Correntes com Componentes**

OUTRAS FORMAS DE MEDIR A TEMPERATURA

Na seção "Sentindo o calor" discuto sensores de temperatura chamados termistores — mas há vários outros tipos de sensores de temperatura. Eis um breve resumo de suas características:

- **Sensor de temperatura semicondutor:** O tipo mais comum de sensor de temperatura, cuja tensão de saída depende da temperatura, contém dois transistores (mais a respeito desse assunto no Capítulo 10).

- **Par térmico:** Um par térmico consiste em dois fios feitos de materiais diferentes (por exemplo, cobre e níquel/liga de cobre) que são caldeados ou soldados juntos em um ponto. Esses sensores geram uma tensão que muda com a temperatura. Os metais usados determinam como a tensão muda com a temperatura. Pares térmicos podem medir altas temperaturas — várias centenas de graus ou mesmo acima de mil graus.

- **Sensor de temperatura infravermelho:** Esse sensor mede a luz infravermelha emitida por um objeto. Você opta por ele quando precisa que um sensor esteja localizado a certa distância do objeto que planeja medir. Por exemplo, você usa esse sensor se um gás corrosivo cerca o objeto. Fábricas e laboratórios científicos costumam usar pares térmicos e sensores infravermelhos de temperatura.

Sentindo o calor

Um *termistor* é um resistor cujo valor de resistência muda com as alterações de temperatura. Termistores têm dois terminais e nenhuma polaridade, de modo que você não precisa se preocupar com que lado vai inseri-los em seu circuito.

Há dois tipos de termistores:

> » **Termistor de temperatura de coeficiente negativo (NTC):** A resistência em um termistor NTC diminui com o aumento da temperatura. Esse tipo de termistor é o mais comum.

> » **Termistor de temperatura de coeficiente positivo (PTC):** A resistência de um termistor PTC aumenta com a elevação da temperatura.

Catálogos de fornecedores geralmente listam a resistência de termistores medida em 250 Celsius. Meça a resistência do termistor com um multímetro em algumas temperaturas diferentes (veja o Capítulo 16 para mais informações sobre o uso de multímetros). Essas mensurações permitem que você *calibre* o termistor ou consiga a relação exata entre temperatura e resistência. Se você não tem certeza sobre o tipo de termistor, poderá calcular isso identificando se o valor aumenta ou diminui com a elevação da temperatura.

USANDO UM SENSOR DE LUZ PARA DETECTAR MOVIMENTO

Você já passou na calçada escura em frente a casa de alguém e de repente as luzes externas se acenderam? Ou viu a porta de uma garagem parar de descer quando uma criança ou um objeto com rodas passou por baixo dela? Em caso positivo, você viu detectores de movimento em ação. Dispositivos de detecção de movimento comumente usam sensores de luz para detectar a presença de luz infravermelha emitida de um objeto que transmite calor (como uma pessoa ou animal) ou a ausência de luz infravermelha quando um objeto interrompe um feixe luminoso emitido por outra parte do dispositivo.

Muitas casas, escolas e lojas usam detectores de movimento infravermelhos passivos (PIR, sigla em inglês) para acender luzes e detectar intrusos. Detectores de movimento PIR contêm um sensor (que geralmente consiste em dois cristais), uma lente e um pequeno circuito eletrônico. Quando a luz infravermelha atinge o cristal, ele gera uma carga elétrica. Como corpos de sangue quente (como a da maioria dos humanos) emitem luz infravermelha em diferentes comprimentos de onda que os objetos mais frios (como uma parede), diferenças na saída do sensor PIR podem ser usadas para detectar a presença de um corpo quente. O circuito eletrônico interpreta as diferenças na saída do sensor PIR e determina se um objeto que transmite calor em movimento está ou não nas proximidades. (A utilização de dois cristais no sensor PIR permite a ele diferenciar entre eventos que afetam os cristais igual e simultaneamente — como as mudanças na temperatura de um aposento — e eventos que afetam os cristais de forma diferente — como um corpo quente movendo-se diante de um cristal e depois do outro.)

Detetores de movimento PIR industriais usam ou controlam circuitos de 120 volts e são projetados para serem instalados em uma parede ou no alto de um holofote. Para projetos amadores usando um pacote de baterias, você precisa de um detector de movimento compacto que funcione com cerca de 5 volts. Um detector de movimento comum tem três terminais: terra, alimentação de tensão positiva e saída do detector. Se você fornecer mais de 5 volts ao detector, a tensão no terminal de saída vai ler cerca de 0 volts quando o movimento for detectado. Você pode encontrar detectores de movimento compactos em fornecedores de sistemas de segurança online, mas certifique-se de comprar um detector de movimento, não apenas um sensor PIR. As lentes incluídas em um detector de movimento ajudam o dispositivo a detectar o movimento de um objeto, e não apenas a presença de um objeto.

DICA

Se você estiver planejando usar o termistor para acionar seu funcionamento em uma determinada temperatura, certifique-se de medir a resistência do termistor *naquela temperatura.*

Mais transdutores de entrada energizados

Muitos outros transdutores de entrada são usados em circuitos eletrônicos. Aqui estão os exemplos mais comuns:

> » **Antenas:** Uma antena percebe ondas eletromagnéticas e transforma energia em um sinal elétrico. (Ela também funciona como um *transdutor de saída,* convertendo sinais elétricos em ondas eletromagnéticas.)
>
> » **Sensores de posição ou pressão:** Esses sensores aproveitam as propriedades de resistência variável de certos materiais quando eles passam por uma deformação. Cristais piezoelétricos são um desses conjuntos de materiais.
>
> » **Acelerômetros:** Um tipo de acelerômetro que detecta a localização de seu smartphone conta com variações de capacitância que ocorrem quando forças de aceleração movem uma placa capacitiva fina ligada a uma mola em uma placa fixa.

Muitas vezes, transdutores são categorizados pelo tipo de conversão de energia que promovem, por exemplo, transdutores eletroacústicos, eletromagnéticos, fotoelétricos e eletromecânicos. Esses dispositivos fantásticos criam tremendas oportunidades para que circuitos eletrônicos desempenhem inúmeras tarefas úteis.

Experimentando os Resultados da Eletrônica

Sensores, ou *transdutores de entrada,* tomam uma forma de energia e a convertem em energia elétrica, que é canalizada para a entrada de um circuito eletrônico. *Transdutores de saída* fazem o oposto: eles pegam um sinal eletrônico na saída de um circuito e o convertem em outra forma de energia — por exemplo, som, luz ou movimento (que é energia mecânica).

Talvez você não perceba, mas provavelmente conhece muitos dispositivos que realmente são transdutores de saída. Lâmpadas, LEDs, motores, alto-falantes, displays de cristal líquido (LCDs) e outros displays visuais eletrônicos convertem energia elétrica em algum outro tipo de energia. Sem esses filhotinhos, você pode criar, formar e enviar sinais elétricos através de fios e componentes o dia todo sem nunca colher as belas recompensas da eletrônica. Você só começa a usufruir os frutos de seu trabalho quando transforma a energia elétrica em uma forma de energia que pode experimentar (e usar).

Os símbolos de diagrama para três transdutores discutidos nesta seção são mostrados na Figura 12-8.

FIGURA 12-8: Símbolos de circuito para alguns transdutores de saída populares.

alto-falante   campainha   motor

Falando de alto-falantes

Alto-falantes convertem sinais elétricos em energia sonora. A maioria dos alto-falantes consiste simplesmente em um ímã permanente, um eletroímã (que é um ímã temporário controlado eletricamente), e um cone de vibração. A Figura 12-9 mostra como os componentes de um alto-falante são interconectados.

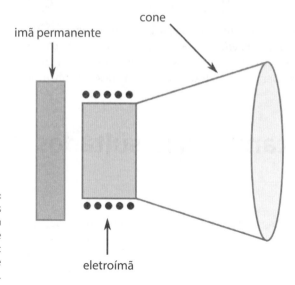

FIGURA 12-9: As peças de um alto-falante comum: dois ímãs e um cone.

O eletroímã, que consiste em uma bobina enrolada ao redor de um núcleo de ferro, está ligado ao cone. Quando a corrente elétrica se alterna para frente e para trás na bobina, o eletroímã é puxado e depois empurrado para longe do ímã permanente. (O Capítulo 8 fala mais sobre os altos e baixos dos eletroímãs.) O movimento do eletroímã faz com que o cone vibre, o que cria as ondas de som.

A maioria dos alto-falantes vem com dois terminais que podem ser usados intercambiavelmente. Para projetos mais sérios, como alto-falantes de sistemas estéreos, você deve prestar atenção às marcas de polaridade nos alto-falantes em razão da maneira pela qual eles são usados nos circuitos eletrônicos dentro do sistema estéreo.

Alto-falantes são classificados de acordo com os seguintes critérios:

> **Amplitude de frequência:** Alto-falantes podem gerar som em diferentes amplitudes de frequência, dependendo de seu tamanho e design, dentro da *amplitude de frequência audível* (cerca de 20Hz [hertz] a 20kHz [quilo-hertz]). Por exemplo, um alto-falante em um sistema estéreo pode gerar som em amplitudes baixas (frequência audível baixa) enquanto outro gera som em uma amplitude mais alta. Você precisa prestar atenção à frequência do alto-falante somente quando está construindo um sistema de áudio de alta qualidade.
>
> **Impedância:** É a medida da resistência do alto-falante à corrente AC. Você pode facilmente encontrar alto-falantes de 4Ω, 8Ω, 16Ω e 32Ω. É importante selecionar um alto-falante que corresponda à impedância mínima do amplificador que você está usando para acionar o alto-falante. (Você pode encontrar a classificação nas especificações técnicas do amplificador no site de seu fornecedor.) Se a impedância do alto-falante for muito alta você não vai conseguir o volume que gostaria. Se a impedância do alto-falante for muito baixa você pode superaquecer o amplificador.
>
> **Nível de potência:** Este nível lhe diz quanta potência (*potência = tensão x corrente*) o alto-falante pode suportar sem ser danificado. Os níveis de potência normalmente são 0,25 watt, 0,5 watt, 1 watt e 2 watts. Certifique-se de verificar qual é a saída máxima de potência do amplificador que aciona seu alto-falante (cheque os dados técnicos) e escolha um alto-falante com um nível de potência pelo menos do mesmo valor.

DICA

Em projetos de eletrônica amadores, alto-falantes em miniatura (cerca de duas ou três polegadas de diâmetro) com uma impedância de saída de 8Ω muitas vezes são exatamente o que você precisa. Apenas tenha cuidado de não sobrecarregar esses pequenos criadores de barulho, que tipicamente lidam somente com 0,25 a 0,5 watt.

Fazendo barulho com campainhas

Tal como os alto-falantes, as campainhas geram sons — contudo, ao contrário dos alto-falantes, campainhas indiscriminadamente produzem o *mesmo* som irritante, não importa que tensão é aplicada (dentro do razoável). Com alto-falantes, "Mozart na entrada" cria "Mozart na saída"; com campainhas, "Mozart na entrada" não cria nada além de barulho.

Um tipo de campainha, a *campainha piezoelétrica*, contém um diafragma ligado a um cristal piezoelétrico. Quando se aplica tensão ao cristal, este expande ou contrai (o efeito piezoelétrico); tal efeito, por sua vez, faz o diafragma vibrar, gerando ondas sonoras. (Observe que as campainhas piezoelétricas funcionam praticamente do modo oposto a um microfone de cristal, como descrito anteriormente neste capítulo.)

Campainhas têm dois fios terminais e são encontradas em diversas formas. A Figura 12-10 mostra uma campainha comum. Para conectar os terminais de modo correto, lembre-se de que o terminal vermelho é conectado a uma tensão DC positiva.

FIGURA 12-10: Essa pequena campainha barulhenta é simples de operar.

Quando comprar uma campainha leve em conta três especificações:

» **A frequência de som que emite:** A maioria das campainhas emite som em determinada frequência, algo em torno de 2kHz ou 4kHz.

» **A tensão de operação e a faixa de tensão:** Assegure-se de comprar uma campainha que funcione com a tensão DC que seu projeto fornece.

» **O nível de som que produz em unidades de decibéis (dB):** Quanto mais alto o nível de decibéis, mais alto (e irritante) é o som emitido. Uma tensão DC mais alta proporciona um nível de som mais elevado.

CUIDADO

Tenha cuidado para que o som não fique tão alto que prejudique sua audição. Você poderá sofrer de perda de audição permanente se for exposto a sons com 90dB ou mais por um longo tempo — mas você só vai sentir dor quando o som atingir pelo menos 125dB.

Criando boas vibrações com motores DC

Você já se perguntou o que faz o smartphone vibrar? Não, não são feijões mágicos saltadores: esses dispositivos geralmente usam um *motor DC*, que transforma energia elétrica (como a energia armazenada em uma bateria) em movimento. Esse movimento pode envolver girar as rodas de um robô que você construiu ou sacudir seu smartphone. Na verdade, você pode usar um motor DC em qualquer projeto que necessite de movimento.

Eletroímãs são parte importante de motores DC, porque esses motores consistem, essencialmente, de um eletroímã em um eixo que gira entre dois ímãs permanentes, como você pode ver na Figura 12-11.

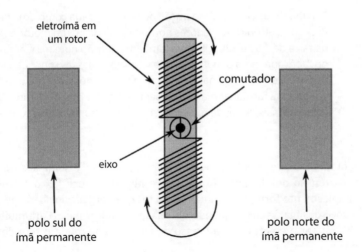

FIGURA 12-11: Como as peças de um simples motor DC se encaixam.

Os terminais positivos e negativos da bateria se conectam de modo que cada extremidade do eletroímã tenha a mesma polaridade que o ímã permanente ao lado dele. Como os polos dos ímãs se repelem, essa ação move o eletroímã e faz o eixo girar. Enquanto o eixo gira, as conexões positivas e negativas com o eletroímã trocam de lugar, fazendo os ímãs continuarem a empurrar o eixo.

Um mecanismo simples — consistindo de um *comutador* (uma roda segmentada em que cada segmento está conectado a uma extremidade diferente do eletroímã) e escovas que tocam o comutador — faz as conexões mudarem. O comutador gira com o eixo e as escovas ficam estacionárias, com uma escova conectada ao terminal positivo da bateria e a outra ao terminal negativo. Enquanto o eixo — e (portanto) o comutador — gira, o segmento em contato com cada escova muda. Isso, por sua vez, muda o lado do eletroímã que está conectado à tensão negativa ou positiva.

DICA

Se você quiser sentir o mecanismo no interior de um motor DC, compre um bem barato e o desmonte.

O eixo de um motor DC gira algumas milhares de vezes por minuto — um pouco rápido para a maioria das aplicações. Fornecedores vendem motores DC com algo chamado *cabeçote de engrenagem* pré-montado; esse dispositivo reduz a velocidade do eixo de saída para menos de 100 rotações por minuto (rpm). Essa técnica é similar àquela que possibilita a mudança de marchas alterar a velocidade do carro.

Os catálogos dos fornecedores costumam listar várias especificações para os motores que vendem. Quando você comprar motores elétricos, considere estas duas características importantes:

» **Velocidade:** A velocidade (em rpm) de que você necessita depende do projeto. Por exemplo, quando girar as rodas de um carro, sua meta pode ser 60 rpm, com o motor girando as rodas uma vez por segundo.

CAPÍTULO 12 **Adquirindo Peças Adicionais** 241

> » **Tensão de operação:** A operação de tensão é dada como uma faixa. Projetos eletrônicos amadores normalmente usam um motor que funciona na faixa de 4,5V a 12V. Observe também a tensão nominal e a rpm declarada do fabricante para o motor. O motor funciona nessas rpm quando você fornece a tensão nominal. Se você fornecer menos do que a tensão nominal, o motor vai funcionar mais lentamente do que a rpm declarada. Se você fornecer mais, ele pode funcionar mais depressa, mas provavelmente vai queimar.

Motores DC têm dois fios (ou terminais em que você solda aos fios), um para cada tensão de alimentação positiva e negativa. Você faz o motor funcionar simplesmente fornecendo uma tensão DC que gera a velocidade que você quer, e você desliga a tensão quando quiser que o motor pare. Para muitos motores DC, mudar a polaridade da tensão de alimentação muda o sentido da rotação do eixo.

Você pode usar um método mais eficiente de controlar a velocidade do motor chamado *modulação de largura de pulso*. Esse método liga e desliga a tensão em pulsos rápidos. Quanto mais longos forem os intervalos em que estiver ligada, mais rápido o motor funciona. Se você estiver construindo um kit para algo controlado por um motor (como um robô), esse tipo de controle de velocidade pode ser incluído nos componentes eletrônicos do kit.

CUIDADO

Se você estiver ligando ao eixo do motor peças como rodas, hélices de ventilador e assim por diante, certifique-se de que ligou o componente *com segurança* antes de ligar a energia do motor. Se não o fizer a peça pode se soltar, atingi-lo, ou a alguém próximo e querido, no rosto.

3
Levando a Eletrônica a Sério

NESTA PARTE...

Montando seu laboratório de cientista louco.

Aprendendo a ler diagramas.

Dominando a arte de soldar.

Construindo circuitos plug and play em uma matriz de contato sem solda.

Criando circuitos permanentes.

Explorando a operação de circuitos usando multímetro.

Construindo projetos legais que controlam luzes, soam alarmes, fazem música e mais.

NESTE CAPÍTULO
Criando um local de trabalho adequado
Criando um kit de componentes eletrônicos para iniciantes
Compreendendo que a Lei de Ohm também se aplica a humanos
Prevenindo-se contra a eletrocussão
Evitando que seus componentes se transformem em montes de carvão

Capítulo 13

Preparando Seu Laboratório e Garantindo Sua Segurança

É ótimo descobrir como resistores, diodos, transistores e outros componentes eletrônicos funcionam, mas a verdadeira diversão está em criar projetos de verdade, que façam as coisas tocarem, apitarem e fazerem ruídos assustadores no meio da noite! Para aproveitar ao máximo sua jornada no mundo da eletrônica, seria bom passar algum tempo se preparando adequadamente.

Neste capítulo ofereço as diretrizes para montar um pequeno laboratório de eletrônica em sua casa. Descrevo as ferramentas e materiais de que você precisa para realizar tarefas que envolvam a construção de circuitos e lhe apresento uma lista de compras de componentes eletrônicos para que você possa construir vários projetos diferentes.

Como a construção de circuitos não é para os fracos de coração (até mesmo correntes fracas podem afetar seu coração), vou mostrar as informações de segurança que precisa saber para continuar sendo um entusiasta saudável.

CUIDADO

Um conselho para gente sensata: não é necessário uma corrente elétrica muito alta para feri-lo gravemente ou mesmo matá-lo. Até os profissionais mais preparados tomam precauções adequadas para ficar em segurança. Sugiro (de fato, insisto) que você leia com atenção as informações sobre segurança fornecidas (ei, tive muito trabalhado para reuni-las) e que, antes de começar algum projeto, reveja a lista de segurança no fim deste capítulo. Promete?

Escolhendo um Lugar para Praticar Eletrônica

O local em que vai instalar sua oficina é tão importante quanto os projetos que vai criar e as ferramentas que vai usar. Assim como nos negócios imobiliários, a palavra de ordem para a eletrônica é local, local, local. Ao escolher o ponto correto em sua casa ou apartamento, você vai se organizar melhor e apreciar muito mais seus experimentos. Nada é pior do que trabalhar em uma bancada desorganizada, mal iluminada e mal ventilada.

Os principais ingredientes para um ótimo laboratório

Os principais ingredientes para um laboratório de eletrônica bem montado são os seguintes:

- » Um local confortável para trabalhar, com uma mesa e cadeira.
- » Boa iluminação.
- » Muitas tomadas, com corrente de pelo menos 15 amperes.
- » Ferramentas e caixas de ferramentas em estantes ou aparadores próximos.
- » Ambiente confortável e seco.
- » Uma superfície de trabalho sólida e plana.
- » Paz e silêncio.

CUIDADO

O espaço de trabalho ideal não deve ser remexido mesmo que você tenha que se ausentar por horas ou dias. Além disso, a mesa de trabalho deve ficar fora dos limites ou inacessível a seus filhos. Crianças curiosas e eletrônica não combinam!

246 PARTE 3 **Levando a Eletrônica a Sério**

A garagem tem o ambiente ideal porque lhe dá a liberdade de trabalhar com solda e outros materiais que fazem sujeira sem se preocupar com manchar o tapete ou a mobília próxima. Você não precisa de muito espaço; cerca de 1m x 1,20m deve ser suficiente. Se você não puder liberar esse espaço na garagem (ou não possuir uma), pode usar um quarto da casa, mas tente destinar um canto ou uma parte dele para o trabalho em eletrônica. Se trabalhar em um aposento acarpetado, você pode evitar a eletricidade estática espalhando uma cobertura protetora no chão como uma esteira antiestática. Discuto esse detalhe mais adiante neste capítulo.

CUIDADO

Caso sua área de trabalho precise ficar exposta a outros membros da família, encontre uma forma de fazer com que ela fique resguardada daqueles com pouco conhecimento de segurança em eletrônica (de que trato mais adiante neste capítulo), especialmente crianças pequenas. Mantenha seus projetos, ferramentas e materiais fora de alcance ou atrás de portas fechadas. E certifique-se de manter circuitos integrados e outras peças pontiagudas acima do chão — dói pisar neles!

Não importa onde você vai montar sua oficina, considere o clima. Extremos de calor, frio ou umidade podem causar um efeito profundo em seus circuitos eletrônicos. Se você encontrar uma área de trabalho fria, quente ou úmida, tome medidas para controlar o clima nela, ou não a use para trabalhar com eletrônica. Talvez você precise instalar um isolamento, ar-condicionado ou um desumidificador para controlar a temperatura e a umidade de sua área de trabalho. Coloque sua bancada de trabalho longe de portas e janelas abertas que possam permitir a entrada de umidade e temperaturas extremas. E, por motivos de segurança, nunca — repito, *nunca* — trabalhe em uma área em que o piso esteja molhado ou mesmo levemente úmido.

Aspectos básicos de uma bancada de trabalho

Os tipos de projetos que você faz determinam o tamanho da bancada de trabalho de que precisa, mas para a maioria das aplicações uma mesa ou outra superfície plana de uns 60cm x 90cm será suficiente. Você talvez tenha uma pequena escrivaninha, mesa ou mesa de desenho que possa usar como bancada de eletrônica.

Você pode fazer sua própria bancada facilmente usando uma velha porta como superfície de mesa. Se não tem em casa uma porta velha guardada, compre uma porta barata oca ou uma porta mais sólida na loja de materiais de construção. Construa as pernas usando sarrafos de uns 70cm de madeira serrada e prenda-as usando fixadores de metal. Como alternativa, você pode usar uma peça de compensado de 3/4 de polegada de espessura para fazer sua superfície de trabalho.

Se preferir, deixe de lado as pernas de sarrafos e faça uma bancada simples usando uma porta e dois cavaletes. Dessa forma você pode desmontar a bancada e guardá-la em um canto quando não estiver em uso. Use cordas elásticas para prender a porta aos cavaletes a fim de evitar soltar e virar o tampo acidentalmente.

Lembre-se: enquanto trabalha em projetos, você fica curvado sobre a bancada durante horas a fio. Você pode economizar e comprar ou fazer uma bancada barata, mas se você não tiver uma boa cadeira, coloque-a no topo de sua lista de compras. Certifique-se de ajustar o assento à altura da mesa de trabalho. Uma cadeira desconfortável pode provocar dor nas costas e fadiga.

Adquirindo Ferramentas e Materiais

Todos os hobbies têm sua própria variedade de ferramentas e materiais, e a eletrônica não é exceção. Da simples chave de fenda à furadeira de alta velocidade, você vai apreciar muito mais brincar com eletrônica se tiver as ferramentas adequadas e uma variedade de materiais, organizados e guardados de modo a poder encontrá-los quando precisar sem atulhar sua área de trabalho.

Esta seção lhe diz exatamente quais são as ferramentas e materiais necessários para completar projetos de eletrônica básicos e intermediários.

DICA

Se você tiver um local permanente em sua casa para trabalhar com eletrônica, pode pendurar algumas das ferramentas manuais mencionadas nesta seção na parede ou em uma chapa perfurada. Reserve esse tratamento especial para as ferramentas que usa com mais frequência. Você pode guardar outras ferramentas pequenas e alguns materiais em uma pequena caixa de ferramentas, que pode ficar em sua bancada. Uma pequena caixa, que tenha muitos compartimentos e uma seção maior, pode ajudá-lo a manter suas coisas organizadas.

Buscando um multímetro

Uma das ferramentas mais importantes de que você vai precisar é um *multímetro*, cuja função é medir tensões AC e DC, resistências e correntes quando quiser explorar o que está acontecendo em um circuito. A maioria dos multímetros encontrada hoje em dia são digitais (veja a Figura 13-1), o que significa apenas que eles usam mostradores numéricos, como um relógio digital. (Você pode usá-los para explorar circuitos analógicos e digitais.) Um multímetro analógico mais antigo usa uma agulha para apontar um conjunto de escalas graduadas.

Cada multímetro vem com um par de terminais de teste: um preto (para conexão terra) e um vermelho (para conexão positiva). Em pequenos aparelhos de bolso os terminais de teste estão ligados permanentemente aos medidores, embora em modelos maiores você possa desconectá-los. Cada terminal de teste tem uma ponta de metal cônica usada para medir os circuitos. Você também pode comprar garras de teste que deslizam sobre as pontas, facilitando a tarefa de testar, porque essas garras podem ser ligadas aos fios ou terminais de componentes.

FIGURA 13-1: Multímetros medem tensões, resistências e correntes.

Os preços de multímetros novos variam entre $10 até mais de $100. Os medidores mais caros incluem recursos adicionais, como capacidade para medir capacitores, diodos e transistores. Pense em um multímetro como um par de olhos em seus circuitos e considere comprar o melhor modelo que puder. Dessa forma, quando seus projetos ficarem mais complexos, você ainda vai ter uma visão magnífica do que ocorre dentro deles.

Eu lhe repasso as informações sobre como usar um multímetro no Capítulo 16.

Reunindo equipamento de solda

Soldagem é um método usado para fazer conexões semipermanentes entre componentes enquanto constrói um circuito. Em vez de usar cola para unir as peças, você usa pequenos globos de metal derretido chamados solda, aplicados com um aparelho chamado *ferro de soldar*. O metal fornece uma junção condutora física, chamada *junta de solda*, entre os fios e terminais de componentes de seu circuito.

Você vai ficar satisfeito em saber que precisa apenas de algumas ferramentas simples para soldar. Pode-se comprar um conjunto de soldar básico por menos de $10, mas as melhores ferramentas de solda custam um pouco mais. No mínimo, você vai precisar dos seguintes itens básicos para solda:

» **Ferro de soldar:** Um *ferro de soldar*, é uma ferramenta parecida com um bastão que consiste em um cabo isolante, um elemento aquecedor e uma ponta de metal polido (veja a Figura 13-2). Escolha um ferro de soldar de 25 a 30 watts que tenha uma ponta substituível e um plugue de três pinos para que possa ser aterrado. Alguns modelos permitem que você use pontas de tamanhos diferentes para diferentes tipos de projetos, e alguns incluem controles variáveis que permitem que você mude a potência. (Ambos são bons, mas não absolutamente necessários.)

FIGURA 13-2: Alguns modelos de ferro de soldar têm temperatura ajustável e vêm acompanhados por seus suportes.

» **Suporte de solda:** O suporte segura o ferro de soldar e evita que a ponta, muito quente, entre em contato com qualquer coisa na superfície de contato. Alguns ferros de soldar já vêm com suportes. (Geralmente, esses conjuntos são conhecidos como *estações de solda*.) O suporte deve ter um fundo pesado; se não tiver, prenda-o à mesa de trabalho para que não vire. Um suporte é obrigatório — a menos que você queira queimar seu projeto, sua mesa ou a si mesmo!

» **Solda:** Solda é um metal macio que é aquecido por um ferro de soldar e, então, deixado para esfriar, formando uma junta condutora. A solda padrão usada em eletrônica é o *núcleo de resina 60/40*, que contém cerca de 60% de estanho e 40% de chumbo com um núcleo de fluxo de resina. (Evite solda formulada para encanamentos, que corrói peças eletrônicas e placas de circuito.) O *fluxo*, parecido com cera, ajuda a limpar os metais que você está unindo e melhora a capacidade da solda derretida de fluir e aderir aos componentes e aos fios, assegurando uma boa junta de solda. Solda é vendida em carretéis e eu recomendo diâmetros de 0,031 polegada (bitola 22) ou 0,062 polegada (bitola 16) para projetos eletrônicos amadores.

CUIDADO

O conteúdo de chumbo na solda com núcleo de resina 60/40 pode prejudicar sua saúde se não for manuseado com cuidado. Certifique-se de manter as mãos longe da boca e dos olhos sempre que tocar essa solda. Acima de tudo, não use os dentes para segurar um pedaço de solda enquanto as mãos estiverem ocupadas.

Recomendo que você também adquira estas ferramentas e acessórios de solda adicionais:

» **Esponja molhada:** Você vai usá-la para limpar o excesso de solda e fluxo da ponta quente do ferro de soldar. Alguns suportes de solda incluem uma pequena esponja e um espaço para guardá-la, mas uma esponja limpa comum também funciona muito bem.

» **Ferramentas de remoção de solda:** Um *sugador de solda*, também conhecido como *bomba dessoldadora*, é um aparelho a vácuo com mola que pode ser usado para remover uma junta de solda ou excesso de solda de seu circuito. Para usá-lo, derreta a solda que você quer remover, posicione rapidamente o sugador de solda sobre a bolha derretida e ative-a para sugar a solda. Como alternativa você pode usar um *pavio* ou *cadarço para soldar* (ou *dessoldar*), que é um fio de cobre trançado que se coloca sobre a solda indesejada e se aquece. Ao atingir o ponto de fusão, a solda vai aderir ao fio de cobre e, então, você pode removê-la e descartá-la.

» **Pasta para limpeza da ponta do ferro de soldar:** Ela vai deixar a ponta do ferro de soldar bem limpa.

» **Removedor de fluxo de resina:** Disponível em garrafa ou lata de spray, use o removedor depois de soldar para limpar qualquer fluxo restante e evitar que ele oxide (ou enferruje, em termos não científicos) seu circuito, o que pode enfraquecer a junta de metal.

» **Pontas de solda extra:** Para a maioria dos trabalhos eletrônicos, uma ponta pequena (3/64 polegadas e 7/64 polegadas de raio) e cônica ou em forma de cinzel[01], ou uma simplesmente descrita como ponta fina, funciona bem. Você pode encontrar pontas maiores ou menores usadas para diferentes tipos de projetos. Certifique-se de comprar a correta para sua marca e modelo de ferro de soldar. Substitua a ponta quando ela mostrar sinais de corrosão, arranhões ou a camada de metal começar a descascar; uma ponta gasta não passa muito calor.

No Capítulo 15 explico em detalhes como usar um ferro de soldar.

Acumulando ferramentas manuais

Ferramentas manuais são o esteio de qualquer caixa de ferramentas. Essas ferramentas apertam parafusos, cortam fios, dobram pequenos pedaços de metal e realizam todas aquelas outras tarefas rotineiras. Certifique-se de ter as seguintes ferramentas disponíveis em sua bancada de trabalho:

» **Cortador de fios:** Você pode encontrar cortadores de fio de uso geral na loja de ferragens ou de materiais de construção, mas vale a pena investir cerca de $5 em um *cortador diagonal*, mostrado na Figura 13-3, para fazer cortes em espaços apertados, como acima de uma junta de solda.

FIGURA 13-3: Cortadores diagonais cortam os fios rente à superfície.

---

[01] N.E.: Cinzel é um instrumento de corte manual usado para gravar o metal ou esculpir a pedra. Possui em uma extremidade uma lâmina de metal aguçada e na outra um cabo de madeira reforçado, nos extremos, com anéis de aço para proteger a zona de impactos desferidos por uma terceira ferramenta, (geralmente) o martelo.

- » **Descascador de fios:** Muitas vezes você precisa expor alguns centímetros de fio para poder soldá-lo aos furos de uma matriz de contato sem solda (que discuto a seguir). Um bom descascador de fios contém entalhes que permitem que você descasque com facilidade e capricho somente o isolamento de plástico de fios de vários tamanhos (conhecidos como bitolas, conforme descrito no Capítulo 12), sem atingir o fio de cobre em seu interior. Você também pode encontrar uma combinação de cortador e descascador, mas talvez você mesmo tenha que controlar a bitola.
- » **Alicate de bico fino (dois):** Esses alicates ajudam a dobrar fios, inserir terminais em furos de uma matriz de contato e segurar peças no lugar. Compre dois: um mini (uns 12cm de comprimento) para trabalho intrincado e um tamanho padrão para usar quando precisar aplicar um pouco mais de pressão.
- » **Chaves de fenda de precisão:** Certifique-se de ter chaves de fenda normais com ponta reta e *phillips* (com ponta em cruz) pequenas o bastante para suas necessidades de eletrônica. Use o tamanho certo para o trabalho para evitar danificar a cabeça do parafuso. Para facilitar o trabalho com parafusos pequenos, use uma chave de fenda imantada ou coloque um pouco de massa plástica na cabeça do parafuso antes de inserir a ponta da chave de fenda. Funciona maravilhosamente.
- » **Lente de aumento (ou lupa):** Uma lente de aumento 3X (ou mais) pode ajudá-lo a checar juntas de soldas e ler minúsculos números de peças.
- » **Terceira mão:** Não, não é a parte do corpo de um amigo. É uma ferramenta que é presa a sua mesa de trabalho e tem garras ajustáveis que seguram pequenas peças enquanto você está trabalhando. Uma terceira mão facilita muito tarefas como soldar. Veja a Figura 13-4 para um exemplo de terceira mão que também contém uma lente de aumento.

FIGURA 13-4: Essas mãos auxiliares combinam garras jacaré com uma lente de aumento.

Coletando panos e limpadores

Se você não mantiver circuitos, componentes e outras peças de seus projetos de eletrônica muito limpos eles podem não funcionar conforme prometido. É especialmente importante começar com um ambiente limpo se você estiver juntando peças com solda ou soldando-as a uma matriz de contato. Sujeira produz más juntas de solda, e más juntas de solda fazem os circuitos falharem.

Eis uma lista de itens que podem ajudá-lo a manter seus projetos imaculadamente limpos:

» **Pano macio ou atadura de gaze:** Mantenha suas coisas livres de poeira usando um pano macio ou uma atadura esterilizada sem fiapos. Não use sprays domésticos para tirar pó, porque alguns geram cargas estáticas que podem danificar os eletrônicos.

» **Ar comprimido:** Um jato de ar comprimido, disponível em latas, pode remover poeira das delicadas partes internas dos eletrônicos. Porém, mantenha-o trancado quando não estiver em uso; se for mal empregado como inalante, o ar comprimido pode causar a morte.

» **Limpador doméstico à base de água:** Borrife levemente para remover sujeiras difíceis e excesso de graxa de ferramentas, superfícies de trabalho e superfícies externas de seus projetos. Não o use em circuitos energizados ou poderá provocar um curto-circuito.

» **Limpador/desengordurante para eletrônicos:** Use somente um limpador/desengordurante feito especificamente para componentes eletrônicos.

» **Pincéis artísticos:** Compre um pincel pequeno e um largo para tirar a sujeira, mas evite pincéis baratos que soltam pelos. Uma escova de dentes seca e limpa também serve.

» **Escova de luz fotográfica:** Disponível em qualquer loja de produtos fotográficos, uma escova de luz combina a ação de atrito de uma escova macia com a ação de limpeza de um forte sopro de ar.

» **Limpador de contatos:** Disponível em spray, o limpador de contatos permite que se limpe contatos elétricos. Borrife-o em uma escova e depois esfregue-a nos contatos para promover uma boa limpeza.

» **Cotonetes de algodão:** Enxugue o excesso de óleo, lubrificante e limpador com os cotonetes.

» **Varetinhas de cutículas e lixas de unhas:** Raspe a sujeira das matrizes de contato e contatos elétricos e depois faça as unhas!

» **Borracha cor-de-rosa de lápis:** Ótima para limpar contatos elétricos, principalmente os que foram contaminados pelo ácido que vazou de uma bateria. Precisa ser cor-de-rosa; outras borrachas podem deixar um resíduo de difícil remoção. Evite esfregar a borracha na matriz de contato, porque pode criar eletricidade estática.

Selecionando os lubrificantes

Motores e outras peças mecânicas usadas em projetos eletrônicos requerem um pouco de graxa ou óleo para funcionar e você precisa lubrificá-los periodicamente. Dois tipos de lubrificantes são comumente usados em projetos eletrônicos — e há um tipo de lubrificante que você deve evitar nesses projetos.

CUIDADO

Evite usar um lubrificante sintético em spray (como WD-40 e LPS) em seus projetos eletrônicos. Como você não pode controlar o alcance do jato, corre o risco de lubrificar partes que não devem ser lubrificadas. Além disso, alguns lubrificantes sintéticos são não condutivos e podem atrapalhar, interrompendo contatos elétricos.

Os lubrificantes adequados são:

> » **Óleo leve de máquina:** Use esse tipo de óleo para peças que giram. Evite usar óleo com ingredientes antioxidantes que possam reagir com peças plásticas, fazendo com que derretam. Uma seringa de óleo com bico fino e longo é ideal para locais de difícil alcance.
> » **Graxa sintética:** Use graxa de lítio ou outra graxa sintética para peças que se mexem ou deslizam.

Você pode encontrar óleo leve de máquina e graxa sintética em lojas de produtos eletrônicos assim como em muitas lojas de música, máquinas de costura, hobby e ferragens.

CUIDADO

Só aplique lubrificante se tiver certeza de que uma peça mecânica precisa de lubrificação. Certos plásticos autolubrificantes usados em componentes mecânicos podem quebrar quando expostos a lubrificantes à base de petróleo. Se você estiver consertando um CD player ou outra peça de equipamento eletrônico, verifique com o fabricante as instruções sobre o uso de lubrificantes.

Armazenando coisas pegajosas

Muitos projetos eletrônicos requerem que se use algum tipo de adesivo. Por exemplo, você pode querer prender uma pequena placa de circuito ao interior de uma caixa muito pequena. Dependendo da aplicação, você pode usar um ou mais dos seguintes adesivos:

> » **Cola doméstica branca** é melhor para projetos que envolvem madeira ou outros materiais porosos. Espere de 20 a 30 minutos para a cola secar e cerca de 12 horas para curar.
> » **Cimento epóxi** cria uma ligação forte resistente à água e pode ser usado em qualquer material. Espere de 5 a 30 minutos para o epóxi assentar e 12 horas para curar.
> » **Cola de cianoacrilato (AC) ou supercola** liga praticamente tudo (inclusive os dedos, então, tenha cuidado) quase instantaneamente. Use cola AC comum quando ligar peças lisas que se encaixem perfeitamente; reserve a cola AC mais forte para preenchimento de frestas se as partes não corresponderem totalmente.
> » **Fita adesiva de espuma dupla face** é um jeito fácil de prender placas de circuito em caixas ou garantir que componentes frouxamente colocados fiquem no lugar.

» **Uma pistola de cola quente** permite que você cole objetos com um tempo de secagem de apenas 30 segundos. A cola à prova d'água que fecha frestas vem em um bastão que é deslizado em uma ranhura da pistola, que aquece a cola a uma temperatura de 120ºC a 180ºC, quente o bastante para feri-lo, mas não o suficiente para derreter solda.

Outras ferramentas e materiais

Recomendo seriamente que você compre três outros itens antes de começar qualquer trabalho em eletrônica:

» **Óculos de segurança:** Estilosos óculos de segurança de plástico nunca saem de moda. Eles são uma necessidade para proteger os olhos de pedaços de fio que voam, pingos de solda, peças eletrônicas que explodem e muitos outros pequenos objetos. Se você usa óculos de grau, coloque os de segurança sobre eles para assegurar total proteção ao redor dos olhos.

» **Pulseira antiestática:** Essa pulseira barata evita que a descarga eletrostática danifique componentes eletrônicos sensíveis. Falo sobre esse dispositivo mais adiante neste capítulo.

» **Guia e estojo de primeiros socorros:** Queimaduras (ou coisa pior) podem acontecer quando se trabalha com circuitos eletrônicos. Manter um estojo de primeiros socorros em sua bancada de trabalho é uma ideia. Certifique-se de incluir um guia para aplicação de primeiros socorros.

Chegará o momento em que você vai querer colocar um projeto eletrônico em um recipiente com fios e botões sobressaindo. Por exemplo, você constrói um jogo de luzes de Natal com um pisca-pisca controlável. Talvez você queira colocar o circuito principal em uma caixa, cortar um buraco na frente dela e inserir um *potenciômetro* (resistor variável) pelo buraco para que você (ou outra pessoa) possa controlar a rapidez com que as luzes piscam. Ou talvez você queira construir um circuito que detecta intrusos abrindo sua geladeira. Você poderia dissimular o circuito disfarçando-o como uma cesta de pães colocada em cima da geladeira. Seja como for, você vai precisar de algumas ferramentas e materiais adicionais para encerrar seu projeto.

Aqui está uma lista de materiais e ferramentas relevantes que talvez você queira para encaixotar seu projeto:

» **Caixas prontas:** Você pode encontrar caixas simples de madeira semiacabadas em lojas de artesanato e caixas de ABS de plástico na maioria das lojas de eletrônicos. Ou pode fazer sua própria caixa de compensado ou plástico PVC usando cimento de contato ou outro adesivo para mantê-la inteira.

- » **Garras de fios:** Garras de plástico com a parte posterior adesiva prendem fios no interior da caixa.

- » **Braçadeiras de plástico:** Use braçadeiras de plástico para prender fios a superfícies irregulares, como cavilhas de madeira.

- » **Furadeira elétrica:** Uma furadeira com um mandril (a abertura da furadeira em que se insere a broca) de 3/8 polegadas é útil para fazer buracos na caixa para botões e interruptores. Você também pode usá-la para prender rodas ou outras peças externas à caixa.

- » **Serra manual:** Você pode usar um serrote para cortar madeira ou plástico para fazer a caixa e uma serra de arco para fazer grandes aberturas nela.

Estocando Peças e Componentes

Muito bem, então você montou sua bancada de trabalho completa, com chaves de fenda, alicates, serras manuais, você comprou a pulseira antiestática e os óculos de segurança (além das roupas comuns, por favor!) e ligou o ferro de soldar na tomada, pronto para começar. Então, o que falta? Ah, sim! Componentes para circuitos!

Quando você for comprar componentes para circuitos, normalmente não vai sair e comprar apenas as peças para um diagrama de circuito específico. Você compra uma variedade de peças a fim de poder construir vários projetos diferentes sem precisar ir atrás de peças cada vez que experimentar fazer algo novo. Pense nisso como reunir ingredientes para cozinhar e fazer um bolo. Você mantém vários ingredientes básicos, como farinha, açúcar, óleo, arroz e temperos disponíveis a qualquer momento e adquire outros ingredientes para que possa cozinhar os pratos que quiser por uma ou duas semanas. Bem, o mesmo se aplica quanto a um estoque de peças e componentes.

Nesta seção lhe digo quais e quantas peças você deve manter à mão para construir alguns projetos eletrônicos básicos.

Matrizes de contato sem solda

Uma *matriz de contato* assemelha-se, de certa forma, a uma base para LEGO: é uma superfície na qual se pode construir projetos temporários simplesmente plugando componentes em furos arranjados em filas e colunas sobre a placa. Você pode desmontar um circuito com facilidade e construir outro diferente na mesma superfície.

Os orifícios em uma matriz de contato não são simples furos; eles são *furos de contato* com fios de cobre que correm embaixo para que os componentes plugados em dois ou mais buracos de uma determinada fileira sejam conectados sob a superfície da matriz de contato. Você pluga *componentes diversos* (resistores,

256   PARTE 3 **Levando a Eletrônica a Sério**

capacitores, diodos e transistores) e *circuitos integrados* (CIs) do modo certo e — *voilà* — tem um circuito conectado sem solda. Quando se cansar do circuito você pode simplesmente remover as peças e construir algo diferente usando a mesma matriz de contato.

A Figura 13-5 mostra uma pequena matriz de contato conectada a um circuito movido a bateria. A matriz de contato da figura tem seções de fileiras e colunas conectadas de uma determinada maneira sob a placa. No Capítulo 15 discuto como os vários orifícios de contato estão conectados e, também, como construir circuitos usando matrizes de contato. Por ora, saiba apenas quais os diferentes tamanhos de matrizes de contato com diferentes quantidades de furos de contato estão disponíveis.

FIGURA 13-5: Você pode construir um circuito em uma pequena matriz de contato sem solda em poucos minutos.

Uma matriz de contato comum tem 400 furos de contato e é útil para construir circuitos menores com não mais de dois CIs (e mais outros componentes diversos). Uma matriz de contato comum maior contém 830 contatos e você pode usá-la para construir circuitos um pouco mais complexos. Também é possível ligar várias matrizes de contato simplesmente conectando um ou mais fios entre os orifícios de contato em uma placa e os orifícios de contato na outra.

DICA

Recomendo que você compre pelo menos duas matrizes de contato sem solda, sendo uma delas maior (830 contatos). Além disso, compre algumas tiras de velcro para ajudar a manter as matrizes no lugar em sua superfície de trabalho.

Você geralmente usa matrizes de contato sem solda para testar suas ideias de projetos de circuito ou explorar circuitos enquanto aprende como as coisas funcionam. Se você criar e testar um circuito usando uma matriz de contato e quiser usá-lo permanentemente, poderá recriá-lo em uma placa de circuito impresso (PCB) ou soldado. Um PCB é um tipo de matriz de contato, mas, em vez de furos de contato, ele tem furos comuns com apoios de cobre cercando cada furo e tiras de metal que conectam os furos em cada fileira. Você faz conexões soldando os terminais dos componentes aos apoios de cobre, assegurando-se de que os componentes conectados estejam localizados na mesma fileira.

Neste livro concentro-me exclusivamente na construção de circuitos usando matrizes de contato sem solda.

Kit de construção de circuitos para iniciantes

Você precisa de uma variedade de diferentes componentes eletrônicos (com dois ou três terminais individuais), alguns CIs, diversas baterias e muitos fios para conectar tudo. Alguns componentes, como resistores e capacitores, vêm em pacotes de 10 ou mais peças. A boa notícia é que esses componentes não são caros (são até baratos); vai lhe custar uma ou duas semanas de economia no cafezinho para compor seu estoque.

DICA

Talvez você queira refrescar a memória sobre o que são esses componentes e como funcionam consultando outros capítulos deste livro. Resistores e potenciômetros são descritos no Capítulo 5; capacitores, no Capítulo 7; diodos (incluindo LEDs), no Capítulo 9 e transistores, no Capítulo 10. Circuitos integrados são explicados no Capítulo 11 e baterias e fios, no Capítulo 12.

Eis aqui os diferentes componentes com os quais recomendo que comece:

» **Resistores fixos (filme de carbono ¼ watt ou ½ watt):** Dez a 20 (um ou dois pacotes) de cada uma dessas resistências: 1kΩ, 10kΩ, 100kΩ, 1MΩ, 2,2MΩ, 22kΩ, 220kΩ, 33kΩ, 470Ω, 4,7kΩ, 47kΩ, 470kΩ.

» **Potenciômetros:** Dois de cada de 10kΩ, 50kΩ, 100kΩ, 1MΩ.

» **Capacitores:** Dez de cada (um pacote) de 0,01μF não polarizado (poliéster ou disco de cerâmica); dez de cada (um pacote) de 1μF, 10μF, 100μF eletrolítico; três a cinco de cada de 220μF e 470μF eletrolítico.

» **Diodos:** Dez diodos retificadores 1N4001 (ou qualquer 1N400x) e diodos de sinal pequeno 1N4148, um diodo Zener de 4,3 volts (ou outro Zener de tensão de ruptura entre 3 e 7 volts).

» **LEDs (diodos emissores de luz):** Dez de cada (um pacote) de LEDs difusos de 5mm vermelhos, amarelos e verdes.

» **Transistores:** Três a cinco transistores bipolares de baixa potência de uso geral, (como o 2N3904 NPN ou o 2N3906 PNP), e três a cinco transistores bipolares de média potência (como o NTE123A NPN ou NTE159M PNP).

Sugiro que você obtenha alguns destes CIs populares:

» **CI timer 555:** Compre de três a cinco. Você vai usá-los!

» **CIs Op-amp:** Compre um ou dois, como o amplificador de uso geral LM741.

» **CI contador de década 4017 CMOS:** Compre dois ou três. Você vai precisar de dois se quiser fazer um contador de dezenas também, como discuto no Capítulo 11, e é boa ideia ter um extra à mão se achar que pode queimar um deles acidentalmente com descarga eletrostática.

Não se esqueça destes componentes essenciais de baterias e fios:

» **Baterias:** Escolha uma variedade de baterias de 9V assim como algumas de 1,5V. (O tamanho depende de quanto tempo você pretende fazer seu circuito funcionar.)

» **Garras e suportes de bateria:** Esses dispositivos se conectam a baterias e têm terminais com fios para facilitar a conexão da energia da bateria ao circuito. Compre de três a cinco garras para o tamanho das baterias que planeja usar.

» **Fios:** Bastante fio sólido de bitola 20-22. Você pode comprar um rolo de 30m em qualquer uma das várias cores por cerca de $7. Corte-o em vários comprimentos e remova o isolamento de cada extremidade para conectar componentes. Você pode soldar cada ponta ao terminal de um componente, ou inserir cada ponta nos orifícios de contato de sua matriz de contato sem solda. Algumas lojas de eletrônicos vendem kits contendo dúzias de *jumpers* (fios de ligação) pré-cortados de vários comprimentos e cores, ideais para uso em matrizes de contato sem solda. Um kit de 140 a 350 *jumpers* pode custar de $8 a $12, mas pode lhe poupar o tempo (e o trabalho) de cortar e desencapar seus fios. (Além do mais, você terá um arco-íris de cores!)

DICA

Você pode usar um jumper como uma espécie de interruptor liga/desliga em seu circuito, conectando ou desconectando energia ou componentes. Simplesmente coloque uma ponta do fio de ligação em sua matriz de contato sem solda, ou coloque e remova a outra ponta para fazer ou romper a conexão.

Adicionando os extras

Muitas outras peças e componentes que podem enriquecer seus circuitos estão por aí, disponíveis. Recomendo que você compre alguns dos itens enumerados abaixo:

» **Garras jacaré:** Assim chamadas porque parecem as mandíbulas de um jacaré feroz, essas garras isoladas podem ajudá-lo a conectar equipamento de teste a terminais de componentes e podem dobrar quando o calor diminuir!

» **Alto-falantes:** Você tem que construir um circuito que faça barulho, então, compre um ou dois mini alto-falantes de 8-ohm. (O Capítulo 12 trata de alto-falantes.)

» **Interruptores:** Compre de cinco a dez interruptores (também conhecidos por comutadores) de polo único, double-throw (SPDT) com 0,1" de espaço entre os terminais para uso em matrizes de contato sem solda. Esses interruptores SPDT podem se duplicar como interruptores liga/desliga em seus circuitos. Talvez você também queira comprar alguns interruptores semiautomáticos (momentaneamente ligado). Se você acha que poderá instalar um ou mais projetos em uma caixa e gostaria de um robusto controle liga/desliga em um painel frontal, escolha alguns interruptores SPST (polo único, single-throw), como um mini-interruptor basculante SPST. Gastando um pouco mais, você pode conseguir um mini-interruptor basculante com um LED embutido que acende quando o interruptor está na posição ligado. (O Capítulo 4 mostra detalhes sobre interruptores.)

Organizando todas as suas peças

É essencial manter todas essas peças e componentes organizados — a menos que você seja do tipo que gosta de remexer em gavetas bagunçadas à procura de algum objeto minúsculo, mas importante. Uma forma fácil de reuni-los é correr até a loja de variedades e comprar um ou mais gaveteiros de plástico transparente. Certifique-se de borrifar o plástico com um spray antiestático ESD (descarga eletrostática). Em seguida, coloque etiquetas em cada gaveta para um componente específico (ou grupo de componentes, como LEDs, resistores de 10Ω a 99Ω, e assim por diante). Você vai saber com uma olhada onde tudo está, inclusive se seu estoque está ficando baixo.

Protegendo Você e Seus Produtos Eletrônicos

É provável que você saiba que Benjamin Franklin "descobriu" a eletricidade em 1752 ao soltar uma pipa durante uma tempestade de raios. Na verdade, Franklin já conhecia a eletricidade e estava muito ciente de sua força (e perigo) potencial. Ao realizar seu experimento, Franklin tomou cuidado em se isolar dos materiais condutores ligados à pipa (a chave e um fio de metal) e em se manter seco e abrigado em um celeiro. Não tivesse feito isso, poderíamos ver o rosto de outra pessoa na nota de $100 dólares!

É vital respeitar a força da eletricidade quando se trabalha com eletrônica. Nesta seção você vai saber como manter a si mesmo — e seus projetos eletrônicos — em segurança. Esta é uma seção que você tem que ler do início ao fim, mesmo se já tiver alguma experiência com eletrônica.

260   PARTE 3 **Levando a Eletrônica a Sério**

Ao ler esta seção, lembre-se de que você pode descrever a corrente elétrica como sendo uma das seguintes coisas:

» **Corrente direta (DC):** Os elétrons fluem para um lado através de um fio ou circuito.
» **Corrente alternada (AC):** Os elétrons fluem para um lado e depois para o outro em um ciclo recorrente.

Consulte mais informações sobre esses dois tipos de corrente elétrica no Capítulo 1.

Entendendo que a eletricidade pode mesmo machucar

De longe, o aspecto mais perigoso de trabalhar com eletrônica é, certamente, a possibilidade de eletrocussão. O choque elétrico ocorre quando o corpo reage a uma corrente elétrica — essa reação pode incluir uma intensa contração muscular (a saber, o coração) e um calor muito intenso no local de contato entre a pele e a corrente elétrica. O calor provoca queimaduras que podem causar morte ou desfiguração. Até correntes mais fracas podem perturbar seus batimentos cardíacos.

O grau em que um choque elétrico pode lhe causar danos depende de uma série de fatores, incluindo idade, estado geral de saúde, tensão e corrente. Se você tiver muito mais que 50 anos e não tiver boa saúde, provavelmente não vai suportar o choque, assim como se tiver 14 anos e tão saudável quanto um atleta olímpico. Não importa sua idade ou condição física: a tensão e a corrente podem provocar um golpe e tanto; portanto, é importante que você compreenda o quanto elas podem machucar você.

CUIDADO

No que diz respeito à corrente elétrica, os dois caminhos mais perigosos pelo corpo humano são mão para mão, e mão esquerda para qualquer um dos pés. Se a corrente elétrica passar de uma mão à outra, em seu caminho há o coração. Se a corrente passar da mão esquerda para qualquer um dos pés, ela vai passar não só pelo coração mas também por vários órgãos importantes.

Vendo-se como um resistor gigante

Seu corpo proporciona alguma resistência à corrente elétrica, principalmente em virtude da pouca condutividade da pele seca. A quantidade de resistência pode variar muito, dependendo da química corporal, do nível de umidade da pele, do caminho total pela qual a resistência é medida e de outros fatores. Você vai ver os números variando em torno de 50.000 ohms para 1.000.000 ohms de resistência para um ser humano comum. (Discuto o que é resistência e como é medida no Capítulo 5.)

Caso sua pele esteja úmida (digamos que esteja com as mãos suadas), você esteja usando um anel de metal ou esteja parado em uma poça d'água, pode apostar que sua resistência está baixa. Números da indústria indicam que essa atividade pode resultar em resistências tão baixas quanto 100Ω a 300Ω de uma mão a outra ou de uma das mãos a um dos pés. Essa não é uma resistência muito grande.

Para piorar as coisas, se você estiver lidando com altas tensões AC (o que não deveria fazer), a resistência de sua pele — úmida ou seca — não vai ajudá-lo nem um pouco. Quando você está em contato com um metal, seu corpo e o metal formam um capacitor: o tecido sob a pele é a placa, o metal é a outra placa e sua pele é o dielétrico. (Ver Capítulo 7 para informações sobre capacitores.) Se o fio de metal que você está segurando está carregando uma corrente AC, o capacitor que é seu corpo vai agir como um curto-circuito, permitindo que a corrente ignore a resistência da pele. Choques de tensões superiores a 240 volts vão atravessar a pele, deixando profundas queimaduras de terceiro grau nos pontos de entrada.

Sabendo como a tensão e a corrente podem feri-lo

Você já se deparou com as placas: PERIGO! ALTA TENSÃO! Bem, você pode pensar que é a tensão que causa danos ao corpo humano; no entanto, na verdade, é a corrente que fere. Então, por que os sinais de aviso? Isso ocorre porque quanto mais alta a tensão, mais corrente pode fluir por uma mesma quantidade de resistência. E, considerando que seu corpo é como um resistor gigante, você deve ficar longe de tensões altas.

Quanta tensão é necessária para ferir um ser humano comum? Não muita. A Tabela 13-1 resume algumas estimativas de quanta — ou quão pouca — corrente DC ou AC de 60Hz (hertz) é necessária para afetar o corpo humano. Lembre-se de que um miliampere (mA) equivale a um milésimo de um ampere (ou 0,001A). Tenha em mente que essas são *estimativas* (ninguém realizou experiências em seres humanos para chegar a esses números) e que cada pessoa é afetada de maneira diferente dependendo da idade, química corporal, condições de saúde e outros fatores.

TABELA 13-1 Efeitos da Corrente no Corpo Humano Normal

Efeito	Corrente DC	Corrente AC 60Hz
Leve sensação de formigamento	0,6mA a 1,0mA	0,3mA a 0,4mA
Sensação perceptível	3,5mA a 5,2mA	0,7mA a 1,1mA
Sensação de dor, mas conservação de controle muscular	41mA a 62mA	6mA a 9mA
Sensação de dor, incapaz de soltar os fios	51mA a 76mA	10mA a 16mA
Dificuldade de respirar (paralisia dos músculos peitorais)	60mA a 90mA	15mA a 23mA
Fibrilação do coração (dentro de 3 segundos)	500mA	65mA a 100mA

LIDANDO COM CIRCUITOS ALIMENTADOS POR CORRENTE ALTERNADA (AC)

Embora eu recomende fortemente e com insistência que você evite trabalhar com circuitos que operem diretamente da corrente doméstica, compreendo que nem sempre é possível fazer isso. Aqui estão algumas dicas formuladas para ajudá-lo a evitar eletrocussão se decidir trabalhar com energia AC.

- **Use uma fonte de energia independente.** Caso seu projeto exija uma fonte de energia AC (que converte AC para uma tensão mais baixa DC), utilizar uma fonte de energia autônoma, como um transformador ligado na tomada, é muito mais seguro do que usar uma fonte de energia doméstica. Um *transformador de parede* é uma pequena caixa preta com um plugue, como o que você usa para carregar o celular.

- **Mantenha sua AC longe de sua DC.** Separar fisicamente porções de AC e DC de seu circuito pode ajudar a evitar um choque sério se um fio se soltar.

- **Mantenha os circuitos AC cobertos.** Um pequeno pedaço de plástico faz maravilhas.

- **Use o fusível adequado.** Não use um fusível com valor nominal muito alto e nunca ignore-o em nenhum dispositivo.

- **Cheque seu trabalho duas ou três vezes antes de ligar a energia.** Peça a alguém que entenda de circuitos para inspecionar seu trabalho antes de ligar o interruptor pela primeira vez. Se você decidir fazer mais testes, primeiro remova a energia desligando o fio da parede.

- **Quando testar um circuito vivo (aquele em que há passagem de corrente), mantenha uma das mãos o tempo todo no bolso.** Ao usar apenas uma das mãos para manipular a aparelhagem de teste você evita uma situação em que uma das mãos toca a terra e a outra um circuito vivo, permitindo que AC flua por seu coração.

- **Tome cuidado ao enclausurar seu circuito em uma caixa.** Use uma caixa de metal somente se o aparelho estiver aterrado por inteiro. Para isso, você precisa usar um plugue de três pontas e um fio. Certifique-se de ligar o fio verde (que sempre está conectado à terra) ao metal da caixa com firmeza. Se você não puder garantir um recipiente de metal inteiramente aterrado, use uma caixa de plástico. O plástico ajuda a isolá-lo de quaisquer fios soltos ou eletrocussão acidental. Para projetos que não estão totalmente aterrados use somente alimentação de energia aterrada, como um transformador de parede.

- **Prenda todos os fios no interior de seu projeto.** Utilize cabos especiais, confeccionados para promover um alívio de tensão na junção com a tomada elétrica, ou braçadeiras de plástico que protejam o cabo de força da linha AC à caixa de seu projeto para não expor um fio energizado. Tanto um como o outro (disponíveis em lojas de ferragens e eletrônicos) seguram os fios e evitam que você os puxe para fora da caixa.

- **Inspecione seus circuitos AC periodicamente.** Procure fios ou componentes gastos, quebrados ou soltos e faça os consertos necessários de imediato — com a energia desligada!

- **Jamais deixe a cautela de lado.** Aprenda uma lição com o sr. Murphy e presuma que, se algo pode dar errado, vai dar errado. Mantenha seu ambiente de trabalho livre de líquidos, animais de estimação e crianças pequenas. Afixe um quadro de primeiros socorros perto da mesa de trabalho. Não trabalhe quando estiver cansado ou distraído. Fique sério e concentrado quando estiver trabalhando com eletricidade.

Um último conselho: se você simplesmente precisa trabalhar com tensões AC, *não o faça sozinho*. Certifique-se de que tenha um amigo — de preferência alguém *não* beneficiado em seu testamento — por perto, disposto e capaz de ligar para a emergência quando você estiver deitado inconsciente no chão. É sério.

CUIDADO

Como mostra a Tabela 13-1, o corpo humano normal é de quatro a seis vezes mais sensível à corrente AC do que à corrente DC. Enquanto a corrente DC de 15mA não é muito perigosa, 15mA de corrente alternada tem potencial para levar à morte.

Então, o que tudo isso significa para você enquanto pratica seu hobby em eletrônica? Você provavelmente sabe o suficiente para ficar longe de tensões altas, mas e quanto a se aproximar e ficar íntimo de tensões baixas? Bem, até mesmo tensões baixas podem ser perigosas — dependendo de sua resistência.

Lembre-se de que a Lei de Ohm (que comento no Capítulo 6) diz que a tensão é o produto da corrente e da resistência:

tensão = corrente x resistência
$V = I \times R$

Digamos que suas mãos estão secas e você não está usando um anel de metal ou parado em uma poça d'água, e sua resistência de mão a mão seja de cerca de 50.000 ohms. (Lembre-se de que sua resistência nessas condições — seca e sem anel — pode de fato ser menor). Você pode calcular uma estimativa (repito: *estimativa*) dos níveis de tensão que podem feri-lo multiplicando sua resistência pelos diferentes níveis de corrente da Tabela 13-1. Por exemplo, se você não quiser sentir nem mesmo o leve formigamento nos dedos, precisa evitar ficar em contato com fios carregando tensões DC de 30V (isto é 0,6mA x 50.000Ω).

Para evitar contrações musculares involuntárias (agarrando os fios), você precisa manter a corrente AC abaixo de 10mA, portanto evite ficar próximo de 500 volts AC (VAC) ou mais.

Agora, se você não for tão cuidadoso e usar um anel no dedo enquanto mexer com eletrônica, ou pisar em uma poça d'água criada por um cachorro ou uma criança pequena, pode acidentalmente baixar sua resistência para um nível perigoso. Caso sua resistência seja de 5.000 ohms — e pode ser até menos — você vai notar uma sensação se lidar com apenas 17,5VDC (porque 0,0035A x 5.000Ω = 17,5V), perderá o controle muscular e terá dificuldade de respirar se lidar com uma linha de energia de 120VAC (porque $\frac{120\,V}{5.000\Omega} = 0{,}024A = 24\,mA$).

CUIDADO

Sistemas elétricos domésticos nos Estados Unidos e no Canadá operam com cerca de 120VAC (no Brasil, dependendo da região, operam com 110, 115 ou 127VAC). Essa tensão significativamente alta pode, de fato, matar. Você precisa ter *o máximo cuidado* se trabalhar com uma linha de energia em torno de 120VAC.

DICA

Até ficar experiente em lidar com eletrônica, é melhor evitar circuitos que correm diretamente da corrente de casa. Lide com circuitos que funcionam com baterias de tamanho padrão, ou aqueles pequenos transformadores plugados a uma tomada. (Você pode ler sobre essas fontes DC no Capítulo 12.) A menos que você faça uma tolice, como lamber um terminal de uma bateria de 9V (e, sim, vai levar um choque!), você estará relativamente seguro com essas tensões e correntes.

O principal perigo da corrente doméstica é o efeito que pode causar em seu músculo cardíaco. Bastam somente 65mA a 100mA para fazer seu coração fibrilar, o que significa que os músculos se contraem de uma maneira descontrolada e descoordenada — e o coração não está bombeando sangue. Em níveis muito menores (10mA a 16mA), a corrente AC pode causar graves contrações musculares, de modo que algo que pode começar com uma leve pegadinha em um fio de alta tensão solto (só para movê-lo um pouquinho ou algo parecido) acaba com uma pegada forte que não solta. Acredite em mim: você não vai conseguir soltá-lo. Uma pegada mais forte significa uma resistência menor (você só está facilitando a tarefa dos elétrons de viajar por sua mão para dentro de seu corpo) e uma resistência menor significa uma corrente mais alta e muitas vezes fatal. (Situações como essa realmente acontecem. O corpo age como um resistor variável, com sua resistência diminuindo rapidamente à medida que as mãos apertam o fio.)

Os potenciais perigos de correntes DC também não devem ser ignorados. Queimaduras são a forma mais comum de ferimento causado por uma corrente DC alta. Lembre-se de que a tensão não precisa vir de uma usina de força para ser perigosa. Vale a pena respeitar até uma bateria transistor de 9V. Se você encurtar seus terminais, a bateria pode superaquecer e até explodir. Essas explosões, muitas vezes, fazem pequenos pedaços de bateria voarem em grandes velocidades, queimando a pele e ferindo os olhos. Muitas pessoas se queimaram por colocar uma bateria no bolso junto com moedas, chaves e outros objetos metálicos. Quando os terminais da bateria são encurtados, ela aquece rapidamente.

Maximizando sua resistência — E sua segurança

Quando estiver trabalhando com eletrônica, vale a pena maximizar sua resistência para o caso de entrar em contato com um fio exposto. Assegure-se de que quaisquer ferramentas que pegar estejam isoladas de modo a colocar mais resistência entre você e quaisquer tensões que possa encontrar.

Tome precauções simples para ficar certo de que sua área de trabalho comece seca e permaneça seca. Por exemplo, não coloque um copo de água ou uma xícara de café muito perto da área de trabalho; se acidentalmente você os derrubar, poderá reduzir sua resistência ou provocar um curto-circuito nos componentes.

Mantendo um quadro de primeiros socorros à mão

Ainda que você seja a pessoa mais cuidadosa do mundo, continua sendo uma boa ideia conseguir um daqueles quadros sobre emergências e primeiros socorros que incluem informações sobre o que fazer no caso de choque elétrico. Você pode encontrar esses quadros na internet; tente buscar *quadro de primeiros socorros para parede*. Você também pode encontrá-lo na escola e em catálogos de suprimentos industriais.

CUIDADO

Ajudar alguém que tenha sido eletrocutado pode exigir ressuscitação cardiopulmonar (RCP). Certifique-se de estar adequadamente treinado antes de administrar RCP em alguém. Pesquise em http://www.cvbsp.org.br/media/ para obter mais informações sobre treinamento para RCP.

Soldando com segurança

O ferro de soldar que você usa para juntar componentes em um projeto eletrônico funciona a temperaturas superiores a 370ºC. (Você pode ler sobre solda no Capítulo 15.) Essa é praticamente a mesma temperatura de um queimador de fogão elétrico na temperatura máxima. Você pode imaginar o quanto dói tocá-lo.

Ao usar um ferro de soldar, lembre-se das seguintes dicas de segurança:

» **Solde apenas em um ambiente bem ventilado.** Soldar produz vapores levemente cáusticos e tóxicos que podem irritar olhos e garganta.

» **Use óculos de segurança quando soldar.** Sabe-se que a solda libera faíscas.

» **Sempre coloque o ferro de soldar em um suporte adequado para o trabalho.** Quando quente, nunca o coloque diretamente na mesa ou bancada de trabalho. Você pode facilmente provocar um incêndio ou queimar suas mãos.

» **Certifique-se de que o fio elétrico não fique preso na mesa ou qualquer outro objeto.** Do contrário, o ferro de soldar quente poderá ser puxado do apoio e cair no chão. Ou, pior, cair em seu colo!

» **Use a configuração de solda apropriada.** Se o ferro de soldar possibilitar o controle de temperatura, ajuste-a para aquela que for recomendada para o tipo de solda que você está usando. Calor em demasia pode estragar um bom circuito!

» **Nunca solde um _circuito vivo_ (um circuito em que se aplicou tensão).** Você pode danificar o circuito ou o ferro de soldar — e você pode levar um choque forte.

» **Nunca agarre um ferro de soldar se ele cair.** Simplesmente deixe-o cair e compre um novo se ele quebrar.

» **Cogite usar solda de prata.** Se você estiver preocupado com questões de saúde — ou costumar colocar os dedos na boca ou esfregar muito os olhos — você pode querer evitar soldas que contenham chumbo. Em vez disso, use solda de prata especificamente destinada para uso em equipamentos eletrônicos. (Nunca use fluxo de solda ácido em eletrônica; ele destrói seus circuitos.)

Tire o ferro de soldar da tomada quando terminar de usá-lo.

Evitando estática como se fosse uma praga

Uma espécie de eletricidade cotidiana que pode ser perigosa para pessoas e componentes eletrônicos é a eletricidade estática. Ela é chamada de _eletricidade estática_, porque é uma forma de corrente que permanece presa em um corpo isolante mesmo depois de se remover a fonte de energia. Ela paira no ambiente até se dissipar de alguma forma. A maioria da eletricidade estática se dissipa lentamente ao longo do tempo, mas, em alguns casos, é liberada de uma só vez. O raio é uma das formas mais comuns de eletricidade estática.

Se você arrastar os pés em um piso acarpetado, seu corpo capta uma carga elétrica. Caso você toque um objeto de metal, como uma maçaneta ou uma pia metálica, a estática rapidamente sai de seu corpo e você sente um leve choque. Isso é conhecido como _descarga eletrostática_ (ESD, sigla em inglês), e pode chegar até a 50.000V. A corrente resultante é pequena — na faixa de µA — por causa da alta resistência do ar pelo qual as cargas passam ao deixar a ponta de

LISTA DE VERIFICAÇÃO DE SEGURANÇA

Depois de ler todas as advertências de segurança neste capítulo, talvez você queira rever esta simples lista de verificação de requisitos *mínimos* de segurança antes de iniciar um projeto de eletrônica. Melhor ainda, você pode fazer uma cópia desta lista, plastificá-la e fixá-la em sua bancada de trabalho como um lembrete dos passos simples que podem garantir sua segurança — e o bem-estar de seus projetos eletrônicos.

Verificação do espaço de trabalho:

- Ampla ventilação.
- Superfície de trabalho e chão secos.
- Nada de líquidos, animais ou crianças pequenas em um perímetro de 3 metros.
- Ferramentas e materiais perigosos trancados.
- Quadro de primeiros socorros à vista.
- Telefone (e amigo atencioso) por perto.
- Ferro de soldar aterrado com suporte pesado.

Verificação pessoal:

- Óculos de segurança.
- Pulseira antiestática (fixa a você e à terra).
- Nada de anéis, relógios de pulso e joias soltas.
- Roupas de algodão ou lã.
- Mãos secas (ou use luvas).
- Estar alerta e bem descansado.

seus dedos, e isso não dura muito. Assim, os choques estáticos provocados pela maçaneta da porta geralmente não causam ferimentos no corpo — mas podem facilmente destruir componentes eletrônicos sensíveis.

Por outro lado, choques estáticos de certos componentes eletrônicos podem ser perigosos. O *capacitor*, um componente eletrônico que armazena energia em um campo elétrico, é projetado para conservar uma carga estática. A maioria dos capacitores em circuitos eletrônicos armazena uma quantidade muito pequena de carga durante períodos de tempo muito curtos, porém, alguns deles, como os usados em volumosas fontes de alimentação, podem armazenar doses quase letais por vários minutos — ou até horas.

CUIDADO

Seja cuidadoso quando trabalhar com capacitores que podem armazenar muita carga para que você não leve um choque indesejado.

Sensibilidade em relação à descarga eletrostática

A ESD que resulta quando você arrasta os pés no carpete ou penteia os cabelos em um dia seco pode ser de milhares de volts — ou mais. Embora talvez você sinta apenas uma comichão desagradável (ou, quem sabe, um dia de cabelos rebeldes), seus componentes eletrônicos podem não ter tanta sorte. Transistores e circuitos integrados que são feitos com a tecnologia de semicondutores de óxido metálico (MOS – metal-oxide semiconductor) são especialmente sensíveis à ESD, independentemente da quantidade de corrente.

Um dispositivo MOS contém uma fina camada de vidro isolante que pode ser destruída facilmente por uma descarga de 50V ou menos. Se você, suas roupas e suas ferramentas não ficarem livres de carga eletrostática, aquele CI transistor MOS de efeito de campo (MOSFET) ou MOS complementar (CMOS) que você planejou usar não vai ser nada além de um torrão inútil. Por serem construídos de forma diferente, os transistores bipolares são menos suscetíveis aos danos da ESD. Outros componentes — resistores, capacitores, indutores, transformadores e diodos — não parecem ser afetados pela ESD.

Recomendo que você crie hábitos de trabalho seguros em relação à estática para todos os componentes que manusear, sejam eles exageradamente sensíveis ou não.

Minimizando a eletricidade estática

Pode apostar que a maioria dos projetos eletrônicos que você quer construir contém ao menos alguns componentes suscetíveis a danos por parte de descarga eletrostática. Você pode tomar as seguintes medidas para evitar expor seus projetos aos perigos da ESD:

FIGURA 13-6: Uma pulseira antiestática reduz ou elimina o risco de descarga eletrostática.

> » **Use uma pulseira antiestática.** Mostrada na Figura 13-6, uma pulseira antiestática aterra você e evita o acúmulo de estática. É um dos meios mais eficazes de eliminar a ESD e é barata (menos que $10). Para usar uma,

arregace as mangas da camisa, tire anéis, relógios, braceletes e outros metais e prenda a pulseira em volta do pulso com firmeza. Em seguida, prenda a garra que sai da pulseira a uma conexão terra adequada, que pode ser a superfície nua (não pintada) do gabinete do computador — com o computador ligado na tomada — ou simplesmente o fio terra de uma tomada de parede adequadamente instalada. Certifique-se de rever a folha de instruções que acompanha a pulseira.

» **Use roupas de baixa estática.** Sempre que possível, use tecidos naturais, como algodão ou lã. Evite roupas de poliéster e acetato, porque esses tecidos costumam desenvolver muita estática.

» **Use uma esteira antiestática.** Disponível em modelos para mesa e chão, uma esteira antiestática parece uma esponja, mas na realidade é espuma antiestática. Ela pode reduzir ou eliminar o acúmulo de eletricidade estática em sua mesa ou no corpo.

Geralmente, usar roupas de algodão e uma pulseira antiestática é suficiente para evitar danos de ESD.

Aterrando suas ferramentas

As ferramentas que você usa ao construir projetos eletrônicos também podem acumular eletricidade estática — e muita. Se o ferro de soldar funciona com uma corrente AC, aterre-o para protegê-lo da ESD. Aqui temos um duplo benefício: um ferro de soldar aterrado não só ajuda a evitar danos da ESD mas também diminui a chance de um choque grave se você acidentalmente tocar um fio vivo com o ferro.

Ferros de soldar baratinhos usam somente plugues de dois pinos e não têm conexão terra. Alguns ferros de soldar que têm plugues de três pinos ainda correm o risco de serem afetados pela ESD pois suas pontas não são aterradas, mesmo que o corpo seja. Como não se pode encontrar um meio realmente seguro e certo de ligar um fio terra a um ferro de soldar barato, sua melhor opção é juntar algum dinheiro para adquirir um novo e bem aterrado. O popular Weller WES51 é seguro contra ESD e tem preço razoável.

Contanto que você se aterre usando uma pulseira antiestática, geralmente não vai precisar aterrar suas outras ferramentas de metal, como chaves de fenda e cortadores de fios. Qualquer estática gerada por elas será dissipada através de seu corpo e para a pulseira antiestática.

> **NESTE CAPÍTULO**
>
> **Compreendendo o papel dos diagramas esquemáticos**
>
> **Conhecendo os símbolos mais comuns**
>
> **Usando (e não abusando) da polaridade dos componentes**
>
> **Mergulhando em alguns componentes especializados**
>
> **Divertindo-se com diagramas esquemáticos de todo o mundo**

Capítulo 14

Interpretando Diagramas Esquemáticos

magine-se viajando pelo país sem um mapa rodoviário. É provável que você perca o rumo e acabe dirigindo em círculos. Mapas rodoviários existem para ajudá-lo a encontrar o caminho. Você vai usar o equivalente a mapas rodoviários para construir circuitos eletrônicos. Denominados *diagramas esquemáticos*, eles mostram como todas as peças dos circuitos estão conectadas. Os diagramas esquemáticos exibem essas conexões com símbolos que representam peças eletrônicas e linhas que revelam como ligar as peças.

Embora nem todos os circuitos eletrônicos que você encontra estejam descritos na forma de um diagrama esquemático, muitos estão. Se você está levando o estudo da eletrônica a sério, (cedo ou tarde) vai precisar entender como interpretar um deles. Não há com o que se preocupar! Não é tão difícil aprender a linguagem dos diagramas esquemáticos. A maioria deles usa somente uma porção de símbolos para os componentes, como resistores, capacitores e transistores.

Este capítulo lhe diz tudo que realmente precisa saber para interpretar quase todo diagrama esquemático que encontrar.

CAPÍTULO 14 **Interpretando Diagramas Esquemáticos**   271

O que É um Diagrama Esquemático e por que Devo me Importar?

Um *diagrama esquemático* é um diagrama de circuito que exibe todos os componentes, incluindo fontes de alimentação e suas conexões. Quando você estiver lendo um diagrama esquemático, as coisas mais importantes em que deve se concentrar são as *conexões*, uma vez que a posição dos componentes em um diagrama esquemático não corresponde necessariamente ao layout físico dos componentes em um circuito construído. (Na verdade, em se tratando de circuitos complexos, é improvável que o layout físico do circuito reflita a posição mostrada em um diagrama esquemático. Circuitos complexos muitas vezes requerem diagramas esquemáticos de *layout* separados, às vezes chamados de *arte-final*.)

LEMBRE-SE

Os diagramas esquemáticos (DE) usam símbolos para representar resistores, transistores e outros componentes de circuitos, e linhas para mostrar conexões entre os componentes. Ao ler os símbolos e seguir as interconexões, você pode construir o circuito mostrado no esquema. Os DEs também podem ajudá-lo a compreender como um circuito funciona, o que é útil quando você o estiver testando ou consertando.

Descobrir como ler um diagrama esquemático é um pouco como aprender uma língua estrangeira. No geral, você vai descobrir que a maioria dos DEs seguem convenções relativamente padronizadas. Entretanto, assim como muitas línguas têm diferentes dialetos, a linguagem dos DEs está longe de ser universal. Os diagramas esquemáticos podem variar dependendo da idade, do país de origem, do capricho do projetista e de muitos outros fatores.

DICA

Este livro usa convenções comumente aceitas na América do Norte. Mas, para ajudá-lo a lidar com as variações que poderá encontrar, incluo algumas outras convenções, como as geralmente usadas na Europa.

Vendo o Quadro Geral

Existe uma regra não escrita em eletrônica sobre como orientar determinadas peças de um diagrama esquemático — principalmente quando se está desenhando DEs de circuitos complexos. Baterias e outras fontes de alimentação são quase sempre orientadas verticalmente, com o terminal positivo no alto. Em DEs complexos, as fontes de alimentação são divididas em dois símbolos (como você vai ver depois), mas o terminal positivo geralmente é mostrado no alto do DE (às vezes se estendendo por uma linha horizontal, ou *trilho*) e o terminal negativo aparece na parte inferior (às vezes ao longo de um trilho). Entradas geralmente são mostradas à esquerda, e saídas, à direita.

272   PARTE 3 **Levando a Eletrônica a Sério**

DICA

Muitos sistemas eletrônicos, como o sistema de radiorreceptor mostrado na Figura 14-1, são representados em diagramas esquemáticos por vários estágios do processo de construção do circuito — mesmo que o sistema consista realmente em um único circuito grande e complexo. O DE para tal sistema mostra os subcircuitos para cada estágio em uma progressão da esquerda para a direita (por exemplo, o subcircuito sintonizador na esquerda, o detector no meio e o amplificador na direita), com a saída do primeiro estágio alimentando a entrada do segundo estágio e assim por diante. Organizar diagramas esquemáticos dessa maneira facilita a compreensão de circuitos complexos.

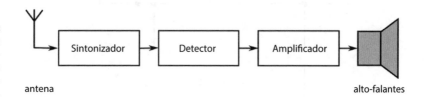

FIGURA 14-1: Diagrama em bloco representando um sistema radiorreceptor.

Tudo se refere às suas conexões

Em todos os diagramas esquemáticos, simples ou complexos, componentes são arranjados ordenadamente tanto quanto possível e conexões em um circuito são desenhadas em forma de linhas, com quaisquer dobras mostradas em ângulos de 90°. (Rabiscos curvilíneos e arcos são proibidos!) É absolutamente crítico compreender o que todas as linhas de um diagrama esquemático realmente significam — e seu significado nem sempre é óbvio.

Quanto mais complexo o DE, maior a probabilidade de que algumas linhas se cruzem (devido à natureza 2-D — ou seja, em duas dimensões — de tais desenhos). É necessário que você saiba quando linhas cruzadas representam ou não uma conexão real de fios. O ideal é que um diagrama esquemático distingua com clareza a conexão ou não conexão de fios do seguinte modo:

» Uma quebra ou laço (pense nisto como uma ponte) em uma das duas linhas na intersecção indica fios que *não* devem ser conectados.

» Um ponto na intersecção de duas linhas indica que os fios *devem* ser conectados.

Você pode ver algumas variações comuns na Figura 14-2.

CUIDADO

Esse método de mostrar conexões não é universal, portanto, você vai ter que descobrir que fios se conectam e quais ficam separados checando o estilo de desenho usado no diagrama esquemático. Caso você se depare com uma intersecção de duas linhas sem um ponto para identificar positivamente uma conexão real, simplesmente não há como ter certeza se os fios devem ser conectados ou não. É melhor consultar a pessoa que criou o DE para determinar como interpretar as linhas cruzadas.

DICA

Para implementar fisicamente as conexões mostradas em um DE, em geral você usa fios isolados ou fios finos de cobre em uma placa de circuito. A maioria dos diagramas esquemáticos não faz distinção sobre como conectar os componentes; essa conexão depende totalmente de como você decide montar o circuito. A representação esquemática da fiação apenas mostra as conexões que devem ser feitas entre os componentes.

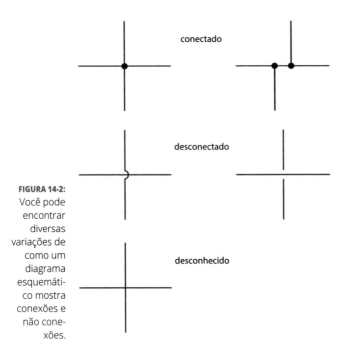

FIGURA 14-2: Você pode encontrar diversas variações de como um diagrama esquemático mostra conexões e não conexões.

Observando um circuito de bateria simples

A Figura 14-3 mostra um circuito DC simples com uma bateria de 1,5v conectada a um resistor rotulado *R1*. O terminal positivo da bateria (rotulado +) está conectado ao terminal de um lado do resistor; o terminal negativo da bateria está conectado ao terminal do outro lado do resistor. Feitas essas conexões, a corrente flui do terminal positivo da bateria através do resistor e volta ao terminal negativo da bateria.

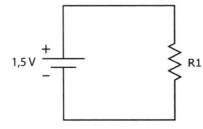

FIGURA 14-3: Um diagrama simples que mostra as conexões entre uma bateria e um resistor.

PARTE 3 **Levando a Eletrônica a Sério**

LEMBRE-SE

Em diagramas esquemáticos supõe-se que a *corrente* seja *convencional*, que é descrita como um fluxo de cargas positivas viajando na direção oposta à do fluxo real dos elétrons. (Para mais informações sobre corrente convencional e fluxo de elétrons veja o Capítulo 3.)

Reconhecendo os Símbolos de Potência

A potência para um circuito pode vir de uma fonte de corrente alternada (AC), como os 127VAC (volts AC) das tomadas de sua casa ou escritório (linha de força), ou uma fonte de corrente contínua (DC), como uma bateria ou a saída de baixa tensão de um transformador de parede. No que se refere à referência zero-volt (conhecida como *terra comum*, ou simplesmente *comum*) em um circuito, as fontes DC podem ser positivas ou negativas. A Figura 14-4 mostra vários símbolos usados para representar conexões de potência e terra. Esses símbolos são discutidos com mais detalhes nas próximas duas subseções.

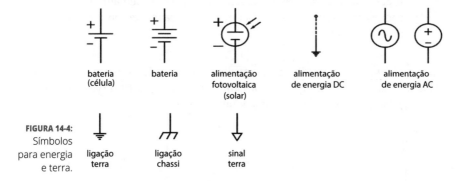

FIGURA 14-4: Símbolos para energia e terra.

Descobrir várias conexões em DE complexos às vezes é uma tarefa difícil por si só. Essa seção tem o objetivo de clarear as coisas um pouco. Como aprendeu antes, use a Figura 14-4 para ver os símbolos como são descritos.

Mostrando onde está a energia

A alimentação de energia é mostrada de duas maneiras:

> » **Símbolo de bateria ou célula solar:** Cada um dos símbolos de bateria na Figura 14-4 representa uma fonte DC com dois terminais. Tecnicamente, o símbolo de bateria que inclui duas linhas paralelas (o primeiro para bateria) representa uma única *célula* eletroquímica; o símbolo com múltiplos pares de linhas (o segundo símbolo) representa uma *bateria* (que consiste em células múltiplas).

LEMBRE-SE

Muitos diagramas esquemáticos (incluindo os deste livro) usam o símbolo de uma célula para representar a bateria.

Cada símbolo inclui um terminal positivo (indicado pela linha horizontal maior) e um terminal negativo. Os símbolos de polaridade (+ e -) e de tensão nominal geralmente são mostrados ao lado do símbolo. Muitas vezes se presume que o terminal negativo esteja com 0 volts, a menos que claramente apresentado como sendo diferente de uma referência de tensão zero (conhecida como *terra comum*, detalhada mais adiante neste capítulo). A corrente convencional flui do terminal positivo para o terminal negativo quando a bateria está conectada a um circuito completo.

» **Símbolos separados de alimentação DC e terra:** Para simplificar os diagramas esquemáticos, uma fonte de alimentação DC muitas vezes é mostrada usando dois símbolos separados. Esses símbolos são um pequeno círculo na ponta de uma linha representando um lado da alimentação, com ou sem a indicação da tensão específica, e o símbolo para terra (linha vertical com três linhas horizontais na parte inferior) representando o outro lado da alimentação, com um valor de 0 volts. Em circuitos complexos com múltiplas conexões à energia, você pode ver o lado positivo da alimentação representado por um trilho rotulado +V estendendo-se em toda a parte superior do DE. Esses símbolos separados que representam alimentação de energia são usados para eliminar muitas (e geralmente confusas) conexões em um diagrama esquemático.

O circuito mostrado na Figura 14-3 também pode ser desenhado usando símbolos separados para potência e terra, como na Figura 14-5. Observe que o circuito na Figura 14-5, na verdade, é um circuito completo.

FIGURA 14-5: Uma forma mais simples de mostrar as conexões entre uma bateria e um resistor.

DICA

Muitos circuitos DC usam múltiplas alimentações DC, como +5VDC (volts DC), +12VDC e até -5DC ou -2VDC, de modo que os símbolos de fonte de tensão nos DEs geralmente são rotulados com a tensão nominal. Se um DE não especifica a tensão, muitas vezes (mas nem sempre) você está lidando com 5VDC. E lembre-se: a menos que especificado o contrário, a tensão em um diagrama esquemático quase sempre é DC, *não* AC.

PAPO DE ESPECIALISTA

Alguns circuitos (por exemplo, alguns circuitos op-amp, que discutimos no Capítulo 11) requerem alimentação de energia DC positiva e negativa. Você notará, muitas vezes, a alimentação positiva ser representada por um círculo aberto rotulado +V e a alimentação negativa representada por um círculo aberto rotulado -V. Se não estiverem especificadas, as tensões podem ser +5VDC e -5VDC. A Figura 14-6 mostra como esses pontos de conexão de alimentação de energia realmente são implementados.

FIGURA 14-6: Alguns circuitos requerem alimentação de energia positiva e negativa.

Uma alimentação de energia AC geralmente é representada por um círculo com dois terminais, com ou sem forma de onda e indicadores de polaridade:

» **Círculo contendo forma de onda:** Uma linha irregular ou outra forma dentro de um círculo aberto representa um ciclo da tensão alternada produzida pela alimentação de energia. Geralmente a fonte é uma onda senoidal, mas poderia ser uma onda quadrada, uma onda triangular ou alguma outra forma.

» **Círculo com polaridade:** Alguns DEs incluem um ou ambos os indicadores de polaridade dentro ou fora do círculo aberto. Indicadores de polaridade servem apenas como referência para que você possa relacionar a direção do fluxo da corrente à direção das oscilações de tensão.

A energia para um circuito pode vir de uma fonte AC, como a saída 127VAC na sua casa ou escritório (esses circuitos são chamados de *alimentados por linha*). Você geralmente usa uma alimentação de energia interna para *reduzir* (ou baixar) a 127VAC e convertê-la para DC. Essa alimentação DC de tensão mais baixa é então passada para os componentes em seu circuito. Se você estiver procurando um diagrama esquemático para um aparelho de DVD ou algum outro dispositivo que recebe a energia de uma tomada, esse DE provavelmente vai mostrar alimentação AC e DC.

Marcando seu território

Pronto para uma conversa informal sobre diagramas esquemáticos de eletrônica? Quando se trata de rotular conexões terra em DEs, é prática comum usar o símbolo para *terra* (que é uma conexão real com a terra) para representar o *terra comum* (o ponto de referência para zero volts) em um circuito. (O Capítulo 3 detalha esses dois tipos de terra.) Com mais frequência, os pontos de "terra" em circuitos de baixa tensão não estão conectados à terra; em vez disso, eles são ligados uns aos outros — daí o termo *terra comum* (ou simplesmente *comum*). Presume-se que quaisquer tensões rotuladas em pontos específicos em um circuito se relacionem com esse terra comum. (Lembre-se: a tensão é realmente a medida referencial entre dois pontos em um circuito.)

Então, que símbolo deve *realmente* ser usado para pontos terra que não são verdadeiramente conectados a terra? É o símbolo rotulado de *chassi terra*. O terra comum é às vezes chamado de chassi terra porque em equipamentos mais antigos o chassi de metal do aparelho (hi-fi, televisão etc.) servia como a conexão terra comum. Atualmente não é usual utilizar um chassi de metal para conexão terra, mas o termo ainda é muito usado.

Você também poderá ver o símbolo para *terra de sinal* usado para representar um ponto de referência de zero volts para sinais (formas de ondas que carregam informações) carregados por dois fios. Um fio é conectado a esse ponto de referência e o outro fio carrega uma tensão variável representando o sinal. Novamente: em muitos diagramas esquemáticos o símbolo para terra é usado em seu lugar.

DICA

Neste livro uso somente o símbolo de diagrama esquemático para terra porque a maior parte de DEs que se vê hoje em dia usa esse símbolo.

Como você vê na Figura 14-7, o DE pode mostrar as conexões terra de diversas formas:

» **Nenhum símbolo terra:** O diagrama esquemático pode mostrar dois fios de energia conectados ao circuito. Em um circuito alimentado por bateria considera-se o terminal negativo da bateria como sendo o terra comum.

» **Símbolo de terra único:** O DE mostra todas as conexões terra ligadas a um único ponto. Raramente mostra a fonte, ou fontes, de alimentação (por exemplo, a bateria), mas você deve tomar como certo que o terra se conecta às fontes DC positivas ou negativas (veja a Figura 14-6).

» **Símbolos terra múltiplos:** Em DEs mais complexos geralmente é mais fácil desenhar o circuito com vários pontos terra. No circuito em funcionamento, todos esses pontos terra ficam conectados.

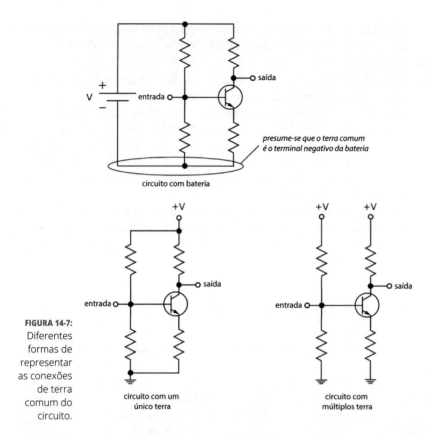

FIGURA 14-7: Diferentes formas de representar as conexões de terra comum do circuito.

Rotulando Componentes de Circuitos

Você pode encontrar centenas de símbolos de componentes eletrônicos por aí, porque há centenas de componentes para representar. Felizmente você vai encontrar somente poucos desses símbolos em diagramas esquemáticos para projetos eletrônicos amadores.

Junto com o símbolo de circuito para um componente eletrônico em especial, você pode ver informações adicionais que ajudam a identificar a peça:

» **ID de referência:** Um identificador, como R1 ou Q3. A convenção manda usar uma ou mais letras para representar o tipo do componente e um sufixo numérico (às vezes subscrito) para distinguir um componente específico de outros do mesmo tipo. O tipo mais comum de designadores são R para resistor, C para capacitor, D para diodo, L para indutor, T para transformador, Q para transistor e U ou CI para circuito integrado.

» **Número da peça:** Usado se o componente é padronizado (como ocorre com um transistor ou um circuito integrado) ou se você tiver uma peça de um fabricante. Por exemplo, o número da peça pode ser algo como 2N2222 (comumente usado para transistores) ou 555 (um tipo de CI usado em aplicações de temporização).

» **Valor:** Valores de componentes às vezes são mostrados em peças passivas, como resistores e capacitores, que não seguem números de peças convencionais. Por exemplo, quando indicando um resistor, o valor (em ohms) pode estar marcado ao lado do símbolo do resistor ou do ID de referência. Você vai ver com mais frequência apenas o valor sem um rótulo para a unidade de medida (ohms, microfarads e assim por diante). Em geral, presume-se que os valores dos resistores aparecem em ohms, e os de capacitores em microfarads.

» **Informações adicionais:** Um DE pode incluir detalhes adicionais sobre um ou mais componentes, como os watts de um resistor quando não é o valor comum 1/4 ou 1/8 watts. Se você vir 10W ao lado do valor do resistor, saberá que precisa de um resistor de força.

O ABC DO ID DE REFERÊNCIA

É comum os componentes serem identificados em um diagrama esquemático usando um designador alfabético, como C para capacitor, seguido por um identificador numérico (1, 2, 3 e assim por diante) para distinguir componentes múltiplos do mesmo tipo. Juntos, esses identificadores formam um ID de referência que identifica exclusivamente um determinado capacitor ou outros componentes. Se esse valor não estiver impresso ao lado do símbolo do componente, não se preocupe; você pode encontrar o ID de referência na lista de peças para indicar o valor exato do componente a ser usado. Os seguintes designadores estão entre os mais comumente usados:

C	Capacitor
D	Diodo
CI (ou U)	Circuito integrado
L	Indutor
LED	Diodo emissor de luz
Q	Transistor
R	Resistor
RLY	Relé
T	Transformador
XTAL	Cristal

DICA Muitos diagramas esquemáticos mostram somente o ID de referência e o símbolo de circuito para cada componente e, então, incluem uma *lista de peças* separada para fornecer detalhes sobre números, valores e outras informações sobre as peças. A lista de peças mapeia o ID de referência para as informações específicas sobre cada componente.

Componentes eletrônicos analógicos

Componentes analógicos controlam o fluxo de sinais elétricos contínuos (analógicos). A Tabela 14-1 mostra os símbolos de circuito usados para componentes eletrônicos analógicos básicos. A terceira coluna na tabela fornece a referência do capítulo deste livro em que você pode encontrar informações detalhadas sobre a funcionalidade de cada componente.

TABELA 14-1   Símbolos para Componentes Analógicos

Componente	Símbolo	Capítulo
Resistor		Capítulo 5
Resistor variável (potenciômetro)		Capítulo 5
Fotorresistor (fotocélula)		Capítulo 12
Capacitor		Capítulo 7
Capacitor polarizado		Capítulo 7
Capacitor variável		Capítulo 7
Indutor		Capítulo 8
Transformador a núcleo a ar		Capítulo 8
Transformador de núcleo sólido		Capítulo 8

Componente	Símbolo	Capítulo
Cristal		Capítulo 8
Transistor NPN (bipolar)		Capítulo 10
Transistor PNP (bipolar)		Capítulo 10
MOSFET de canal N		Capítulo 10
MOSFET de canal P		Capítulo 10
Fototransistor (NPN)		Capítulo 12
Fototransistor (PNP)		Capítulo 12
Diodo padrão		Capítulo 9
Diodo Zener		Capítulo 9
Diodo emissor de luz (LED)		Capítulo 9
Fotodiodo		Capítulo 12
Amplificador operacional (op-amp)		Capítulo 11

282   PARTE 3 **Levando a Eletrônica a Sério**

DICA

O símbolo de circuito para um op-amp representa a interconexão de dezenas de componentes individuais em um circuito quase completo (a energia em um op-amp é externa). Os diagramas esquemáticos sempre usam um único símbolo para representar todo o circuito, que é embalado como um circuito integrado (CI). O símbolo de circuito para um op-amp é comumente usado para representar muitos outros amplificadores, como um amplificador de som LM386.

Componentes lógicos digitais e CI

Componentes eletrônicos lógicos, como portas lógicas, manipulam sinais digitais que consistem em apenas dois níveis de tensão (baixo ou alto). Dentro de cada componente digital há um circuito quase completo (a energia é externa), consistindo de transistores individuais ou outros componentes analógicos. Símbolos de circuitos para componentes digitais representam a interconexão de vários componentes individuais que compõem a lógica do circuito. Você pode construir a lógica a partir do zero ou obtê-la na forma de um circuito integrado. CIs lógicos geralmente contêm várias portas (não necessariamente todas do mesmo tipo) partilhando uma única conexão de energia.

A Figura 14-8 mostra os símbolos de circuito para portas lógicas digitais individuais. Você pode encontrar informações detalhadas sobre a funcionalidade de cada porta lógica no Capítulo 11.

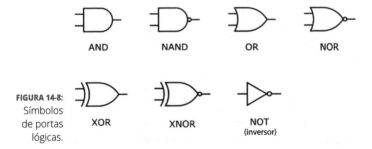

FIGURA 14-8: Símbolos de portas lógicas.

Alguns diagramas esquemáticos mostram portas lógicas individuais; outros mostram conexões para todo o circuito integrado, representado por um retângulo. Você pode ver um exemplo de cada abordagem na Figura 14-9.

O CI 74HC00 mostrado na Figura 14-9 é uma porta CMOS quad de duas entradas NAND. No diagrama de circuito superior, cada porta NAND é rotulada 1/4 *74HC00* porque é uma das quatro portas NAND no CI. (Esse tipo de rotulação de porta é comum em DEs digitais.) Note que a quarta porta NAND não é usada nesse circuito em particular (motivo pelo qual os pinos 11, 12 e 13 não são usados). Quer o DE use portas individuais ou todo um pacote CI, ele geralmente marca as conexões externas de energia. Caso isso não aconteça, você deve procurar a pinagem do dispositivo nas especificações do CI para determinar como conectar a energia. (Para mais detalhes sobre pinagens e especificações, veja o Capítulo 11.)

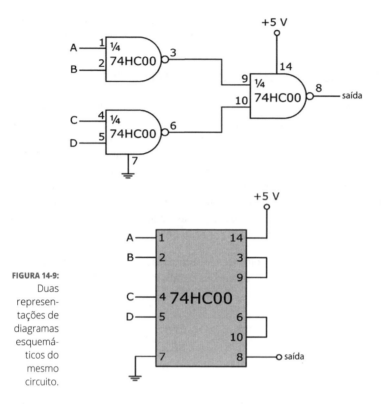

FIGURA 14-9: Duas representações de diagramas esquemáticos do mesmo circuito.

Você vai encontrar mais CIs digitais além dos que contêm apenas portas lógicas. Vai também se deparar com CIs lineares (analógicos) que contêm circuitos analógicos e CIs de sinal misto que contêm uma combinação de circuitos analógicos e digitais. A maioria dos CIs — exceto op-amps — são mostrados do mesmo modo em DEs: por um retângulo, marcado com um ID de referência (como ICI) ou o número da peça (como 74CH00), com conexões de pinos numeradas. A função do CI geralmente é determinada ao se encontrar o número da peça, mas um DE ocasional pode incluir um rótulo funcional, como *one shot*.

Componentes variados

A Figura 14-10 exibe os símbolos de interruptores e relés. Consulte informações detalhadas sobre cada um desses componentes no Capítulo 4.

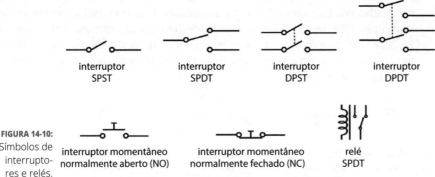

FIGURA 14-10: Símbolos de interruptores e relés.

A Figura 14-11 exibe os símbolos de vários transdutores de entrada (sensores) e transdutores de saída. (Alguns desses símbolos estão referenciados na Tabela 14-1.) No Capítulo 12 você encontra mais sobre a maioria desses componentes; e no Capítulo 9 pode ler sobre LEDs.

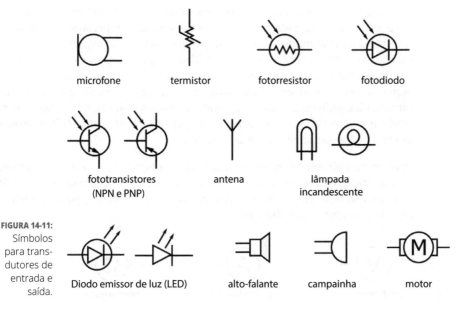

FIGURA 14-11: Símbolos para transdutores de entrada e saída.

Alguns circuitos aceitam entradas e saídas de e para outros circuitos ou dispositivos. Diagramas esquemáticos muitas vezes mostram o que parece um fio solto entrando ou saindo de um circuito. Geralmente ele é rotulado com algo parecido com *sinal de entrada* ou *saída de xxx #1*, ou *saída*, para que você saiba que deve conectar algo a ele. (Você conecta um fio do sinal para esse ponto de entrada e o outro para o sinal terra.) Outro DE pode mostrar um símbolo para um conector específico, como um *plugue* e uma *tomada*, que conecta um sinal de saída de um dispositivo à entrada de outro. (O Capítulo 12 apresenta mais detalhes.)

A Figura 14-12 apresenta algumas formas como conexões de entrada e saída são mostradas nos DEs. Os símbolos para conexões de entrada/saída podem variar muito nos DEs. Os símbolos usados neste livro estão entre os mais comuns. Embora o estilo exato do símbolo possa variar de um diagrama esquemático para outro, a ideia é a mesma: o símbolo está mostrando como fazer a conexão com algo fora do circuito.

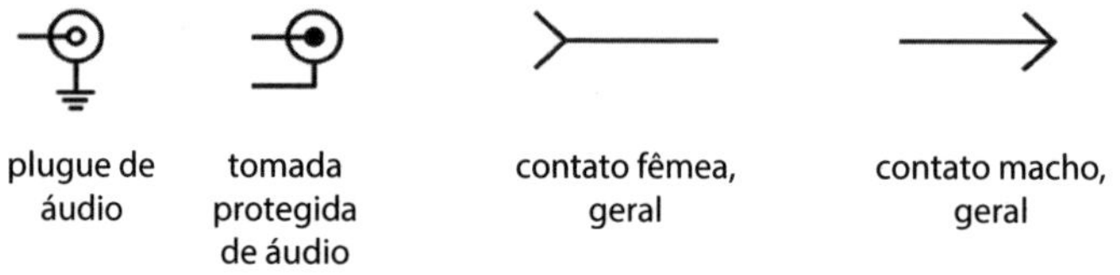

FIGURA 14-12: Símbolos para conexões a outros circuitos.

plugue de áudio

tomada protegida de áudio

contato fêmea, geral

contato macho, geral

Sabendo Onde Medir

Você pode encontrar um ou outro DE que inclua símbolos para instrumentos de teste, como um voltímetro (que mede a tensão), um amperímetro (que mede corrente) ou um ohmímetro (que mede resistência). (Como é explicado no Capítulo 16, um multímetro de várias finalidades pode funcionar como qualquer um desses medidores — e mais.) Você pode ver esses símbolos em diagramas esquemáticos de sites educacionais ou em documentos criados para fins educativos. Eles assinalam exatamente onde colocar os terminais do medidor para verificar com precisão. (A abreviação *TP*, para ponto de teste, muitas vezes é usada para indicar onde tirar uma medida.)

Quando você vir um dos símbolos mostrados na Figura 14-13 em um diagrama esquemático, lembre-se de que ele representa um instrumento de teste — não alguma novidade em termos de "vulcanistores" ou outro componente eletrônico de que nunca ouviu falar antes.

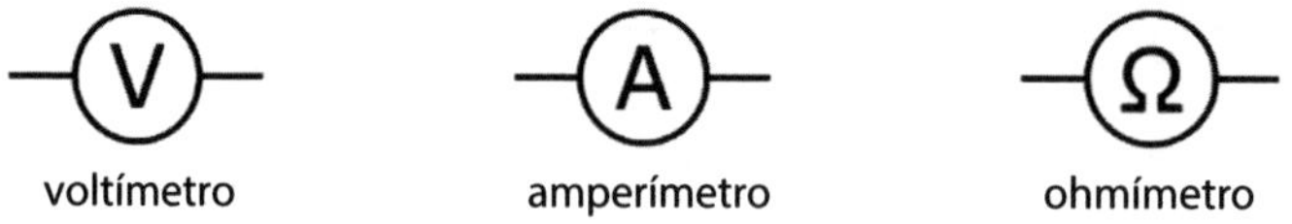

FIGURA 14-13: Símbolos para instrumentos de teste comuns.

voltímetro

amperímetro

ohmímetro

Explorando um Diagrama Esquemático

Agora que você conhece o ABC dos diagramas esquemáticos, é hora de reunir tudo e analisar cada parte de um DE simples. O DE exibido na Figura 14-14 mostra o circuito de LED pisca-pisca usado no Capítulo 17. Esse circuito controla o liga/desliga do LED, com o ritmo da intermitência sendo controlado ao girar o botão de um potenciômetro (resistor variável).

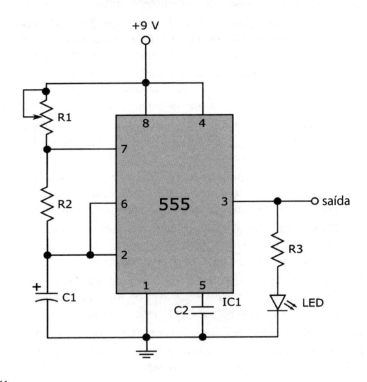

FIGURA 14-14: O diagrama e a lista de peças usadas para o projeto de LED pisca-pisca no Capítulo 17.

Lista de peças:

IC1: CI temporizador LM555
R1: potenciômetro 1 MΩ
R2: resistor 47 kΩ
R3: resistor 330 Ω
C1: capacitor de tântalo 1 μF
C2: capacitor de disco 0,1 μF
LED: diodo emissor de luz

CAPÍTULO 14 **Interpretando Diagramas Esquemáticos** 287

Eis o que o diagrama esquemático apresenta:

» No centro do DE está *ICI*, **um CI temporizador 555 de 8 pinos**, com todos os oito pinos conectados a peças do circuito. Os pinos 2 e 6 estão conectados juntos.

» O circuito é energizado por uma fonte de alimentação de 9 volts, que pode ser uma bateria de 9V.

  • O terminal positivo da fonte de alimentação está conectado aos pinos 4 e 8 do *ICI* e a um terminal fixo e ao terminal de contato variável (wiper) do *R1*, que é um resistor variável (potenciômetro).

  • O terminal negativo da fonte de alimentação (mostrado como conexão terra comum) está conectado ao pino 1 do *ICI*, ao lado negativo do capacitor *C1*, ao capacitor *C2* e ao catodo (lado negativo) do LED.

» *R1* **é um potenciômetro** com um terminal fixo conectado ao pino 7 do *ICI* e ao resistor *R2*, e os dois outros terminais fixos e o terminal do wiper conectados ao terminal positivo da bateria (e aos pinos 4 e 8 do *ICI*).

» *R2* **é um resistor fixo** com um terminal conectado ao pino 7 do *ICI* e a um terminal fixo de *R1*, o outro terminal conectado aos pinos 2 e 6 do *ICI* e ao lado positivo do capacitor *C1*.

» *C1* **é um capacitor polarizado.** Seu lado positivo é conectado a *R2* e aos pinos 2 e 6 do *ICI*, e seu lado negativo é conectado ao terminal negativo da bateria (e também ao pino 1 do *ICI*, ao capacitor *C2*, e ao catodo do LED).

» *C2* **é um capacitor não polarizado** com um lado conectado ao pino 5 do *ICI* e o outro lado ao terminal negativo da bateria (e também ao lado negativo do capacitor *C1*, ao pino 1 do *ICI* e ao catodo do LED).

» O anodo (lado positivo) do **LED** é conectado ao resistor *R3,* e o catodo do LED está conectado ao terminal negativo da bateria (e também ao lado negativo do capacitor *C1*, ao capacitor *C2* e ao pino 1 do *ICI*).

» *R3* **é um resistor fixo** conectado entre o pino 3 do *ICI* e ao anodo do LED.

» Finalmente, a **saída** mostrada no pino 3 do *ICI* pode ser utilizada como uma fonte de sinal (entrada) para outro estágio do circuito.

Cada item do passo a passo que acabo de apresentar concentra-se em um componente do circuito e suas conexões. Embora a lista mencione as mesmas conexões inúmeras vezes, isso é consistente com uma boa prática; sempre vale a pena conferir duas vezes as conexões de seu circuito certificando-se de que *cada terminal* ou *pino de cada componente individual* está conectado corretamente. (Já ouviu a regra baseada na experiência que diz "meça duas vezes, corte uma vez"? Bem, o mesmo princípio se aplica aqui.) Todo cuidado é pouco quando se está conectando componentes eletrônicos

288   PARTE 3 **Levando a Eletrônica a Sério**

Estilos Alternativos de Representação de Diagramas Esquemáticos

Os símbolos de diagramas esquemáticos neste capítulo pertencem ao estilo de representação usado na América do Norte (especialmente nos Estados Unidos) e no Japão. Alguns países — notadamente, nações europeias e também a Austrália — usam símbolos de diagramas um tanto diferentes. Se você estiver usando um DE para um circuito não projetado nos Estados Unidos ou no Japão, vai precisar traduzi-lo para compreender todos os componentes.

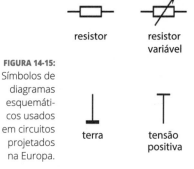

FIGURA 14-15: Símbolos de diagramas esquemáticos usados em circuitos projetados na Europa.

A Figura 14-15 apresenta uma amostra de símbolos de diagramas esquemáticos comumente usados no Reino Unido e outros países europeus. Note as diferenças óbvias em símbolos de resistores, fixos e variáveis.

Nota-se que os símbolos são organizados de modo diferente do estilo americano. Nos Estados Unidos você expressa valores de resistores acima de 1.000Ω na forma de 6,8k ou 10,2k com a letra *k* minúscula seguindo o valor. No estilo europeu de diagramas esquemáticos o ponto, que no estilo americano indica a casa decimal, é eliminado. Nos DEs do Reino Unido é comum encontrar valores de resistores expressos na forma 6k8 ou 10k2. Esse estilo substitui o ponto decimal pela letra minúscula *k* (que significa *quilohm*, ou milhares de ohms).

Você pode encontrar algumas outras variações em estilos de representação de diagramas esquemáticos, mas todos são relativamente autoexplicativos e as diferenças não são tão significativas. Depois que você aprender a usar um estilo de representação, os outros ficam relativamente fáceis.

> **NESTE CAPÍTULO**
>
> **Sondando as profundezas de uma matriz de contato sem solda**
>
> **Soldando — com segurança — como um profissional**
>
> **Aceitando e consertando erros de solda (como um profissional)**
>
> **Solidificando sua relação com os circuitos com uma matriz de contato para solda ou uma placa perfurada (perfboard)**

Capítulo 15

Construindo Circuitos

Com todo o cuidado, você montou sua bancada de trabalho, posicionou estrategicamente seus novos e lustrosos brinquedos — opa! Eu quis dizer *ferramentas* — para impressionar os amigos e fez ótimos negócios na compra de resistores e outros componentes. Agora está pronto para pôr a mão na massa e construir alguns circuitos piscantes e barulhentos. Então, como transformar um singelo diagrama bidimensional de circuito em um circuito eletrônico real, vivo, que funcione (e talvez se mova)?

Neste capítulo apresento várias maneiras de conectar componentes eletrônicos em circuitos que, a seu comando, empurram elétrons para todos os lados. Primeiro, descrevo como fazer circuitos flexíveis e temporários usando matrizes de contato sem solda "plug and play", que proporcionam a plataforma ideal para testar e mudar seus projetos. Em seguida, lhe forneço as informações de como fundir componentes com segurança usando uma substância derretida chamada solda (muito divertido!). Finalmente, descrevo as opções para criar circuitos permanentes usando uma variedade de placas de circuito mais comuns atualmente.

Portanto, arme-se com chaves de fenda, alicates de ponta fina e um ferro de soldar, coloque os óculos de segurança e a pulseira antiestática: você está prestes a entrar na zona de construção de eletrônicos!

Dando uma Olhada em Matrizes de Contato sem Solda

Matrizes de contato, também chamadas de *placas para protótipos* ou *matrizes de contato para circuitos*, facilitam muito construir (e desmontar) circuitos temporários (veja a Figura 15-1). Essas placas de plástico retangulares reutilizáveis contêm várias centenas de soquetes quadrados, ou *furos de contato*, nos quais você liga seus componentes (por exemplo, resistores, capacitores, diodos, transistores e circuitos integrados). Grupos de furos (ou orifícios) de contato são eletricamente conectados por tiras de metal flexível situadas sob a superfície. Você insere um fio ou um terminal em um furo e ele estabelece uma conexão com o metal embaixo. Ao plugar componentes da forma correta e passar fios da matriz de contato para a fonte de alimentação, você pode construir um circuito que funciona sem ter que ligar componentes de forma permanente.

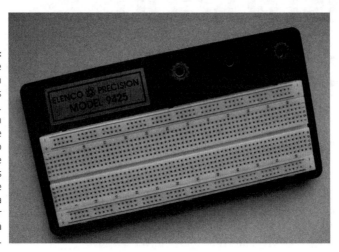

FIGURA 15-1: Matrizes de contato vêm em vários tamanhos. Essa tem 830 furos e inclui quatro trilhos de força e três pontos de ligação para conectar energia externa.

Recomendo fortemente que você use uma matriz (ou duas) de contato quando construir um circuito pela primeira vez. Isso lhe permite testá-lo para garantir que funciona adequadamente e fazer os ajustes necessários. Muitas vezes pode-se melhorar o desempenho de um circuito realizando apenas pequenos ajustes em alguns valores de componentes. Você pode facilmente fazer essas mudanças com a simples remoção de um componente e a inserção de outro na matriz — sem ter que desfazer e refazer uma solda. (Para detalhes sobre solda pule para a seção "Introdução à Soldagem", mais adiante neste capítulo.)

Quando estiver convencido de que seu circuito funciona da maneira desejada, você cria um circuito permanente em outros tipos de placas (conforme descrito na seção "Criando um Circuito Permanente", mais adiante neste capítulo).

CUIDADO

Matrizes de contato sem solda são feitas para circuitos DC de baixa tensão. Nunca use uma matriz de contato para corrente doméstica de 127VAC. Excesso de corrente ou tensão pode derreter o plástico ou entortar o espaço entre os contatos — arruinando a matriz e possivelmente expondo você a correntes elétricas perigosas.

Explorando uma matriz de contato sem solda

A foto na Figura 15-2 exibe uma matriz de contato sem solda com linhas amarelas adicionadas para ajudá-lo a visualizar as conexões subjacentes entre os furos de contato. A maioria das matrizes de contato contém três características dignas de nota:

» **Faixas de terminais:** No centro da matriz, buracos são ligados horizontalmente em blocos de cinco chamados de *faixas de terminais*, conforme indicado pelas linhas brancas na foto da Figura 15-2. Por exemplo, os orifícios na fila 1, colunas a, b, c, d e e, estão eletricamente conectados entre si, assim como os buracos da fila 1, colunas f, g, h, i e j. Não há conexões verticais dentro dessas duas seções centrais, de modo que, por exemplo, o furo 1a não está eletricamente conectado ao furo 2a.

» **Brecha central:** O espaço entre as colunas e e f na matriz de contato na Figura 15-2 isola eletricamente as duas seções centrais da placa. *É importante lembrar que não há conexões internas através dessa lacuna central.* Muitos circuitos integrados (CIs) são embalados em *pacotes duplos em linha* (*DIPs*, sigla em inglês) para que você possa passá-los por cima da brecha central e instantaneamente montar conjuntos independentes de conexões para cada um de seus pinos.

» **Trilhos de energia:** Ao longo da esquerda e da direita de quase todas as matrizes de contato existem quatro colunas (duas de cada lado) de furos de contato ligados verticalmente. Essas colunas, rotuladas + e -, são conhecidas como "*corredores de ônibus*", ou trilhos de energia, porque são normalmente usadas para distribuir energia ao longo do comprimento da placa. Se você conectar energia (ou terra) para somente um furo em cada uma dessas colunas, você pode acessar essa energia (ou terra) passando um fio de qualquer outro furo nessas colunas para um furo em uma faixa terminal.

Você não pode dizer exatamente quantos orifícios em cada trilho de energia estão eletricamente conectados só de olhar para a placa. Em algumas, como a mostrada na Figura 15-2, todos os contatos em cada um dos trilhos de energia

CAPÍTULO 15 **Construindo Circuitos** 293

estão eletricamente conectados, porém, outras placas têm um intervalo nas conexões na metade de cada coluna. Se houver um intervalo, você pode conectar um fio entre os contatos vizinhos para formar uma ponte entre os dois conjuntos separados de conexões em cada coluna.

Não há nada de especial nos trilhos de energia — exceto seus rótulos e código de cores — de modo que você está livre para conectar qualquer coisa que queira a essas colunas. Contudo, se você for esperto, vai se aproveitar dos rótulos para acompanhar suas conexões de energia. Eu recomendo que você conecte a fonte de alimentação positiva ao trilho de energia positivo em um lado da placa, e use o trilho de energia negativa do outro lado da placa para a conexão terra.

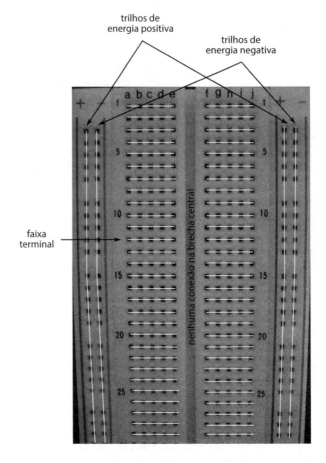

FIGURA 15-2: Os furos de contato em uma matriz de contato sem solda são arranjados em fileiras e colunas eletricamente conectadas em pequenos grupos debaixo da superfície.

DICA Você pode usar um multímetro para verificar se dois pontos em uma fileira — ou entre fileiras — estão eletricamente conectados. Coloque um jumper (fio de ligação) em cada orifício e então encoste uma ponta do multímetro em um fio e a outra ponta ao outro fio. Se você obtiver uma leitura de ohms baixa, os dois pontos estão conectados. Se houver uma leitura infinita, eles não estão conectados (veja no Capítulo 16 mais detalhes sobre testes com o multímetro).

Os furos têm espaçamento de 1/10 de polegada (0,1 polegada), o tamanho ideal para CIs DIP, a maioria dos transistores e diversos componentes, como capacitores e resistores. É só plugar CIs DIP, resistores, capacitores, transistores e fios sólidos com bitola 20 ou 22 nos furos de contato adequados para criar seu circuito. Normalmente você usa as duas seções centrais na placa para fazer conexões entre componentes; use as seções da direita e da esquerda da placa para conectar energia.

CUIDADO

Os fabricantes de matrizes de contato fazem faixas de contato com um metal flexível galvanizado. A galvanização evita a oxidação dos contatos e a flexibilidade do metal permite que você use fios de componentes de diferentes diâmetros sem deformar seriamente os contatos. Note, porém, que você pode danificar os contatos se tentar usar fios de bitola superior a 20 ou usar os componentes com terminais muito grossos. Se o fio for muito grosso para penetrar no furo, não tente colocá-lo mesmo assim. Ao forçar, o encaixe do contato poderá soltar e sua matriz de contato poderá não funcionar como você quer.

DICA

Quando não estiver usando a matriz de contato guarde-a em uma sacola de plástico que possa ser fechada. Por quê? Para manter a poeira do lado de fora. Contatos sujos proporcionam conexões elétricas ineficientes. Embora se possa usar um limpador elétrico em spray para remover a poeira e outros contaminantes, você vai facilitar as coisas para si mesmo se mantiver a placa limpa.

Avaliando variedades de matrizes de contato sem solda

Matrizes de contato sem solda existem em diversos tamanhos. Modelos menores (com 400 a 550 furos) acomodam projetos com até três ou quatro CIs mais uma pequena quantidade de componentes diversos. Modelos maiores, como a matriz de 830 furos exibida nas Figuras 15-1 e 15-2, proporcionam maior flexibilidade e acomodam cinco ou mais CIs. Se você está realizando um projeto elaborado, compre matrizes de contato extragrandes com algo entre 1.660 até mais que 3.200 furos de contato. Essas placas podem acomodar de uma a três dúzias de CIs, além de outros componentes diversos.

DICA

Não exagere ao comprar matrizes de contato sem solda. Você não precisa de uma matriz imensa se estiver fazendo circuitos pequenos e médios, como os que apresento no Capítulo 17. E, se você atingir a metade do projeto de um circuito e descobrir que precisa de um pouco mais de espaço, sempre pode fazer conexões entre duas placas. Algumas matrizes de contato têm peças de engate para que você possa juntar várias para formar uma matriz maior.

Construindo Circuitos com Matrizes de Contato sem Solda

Trabalhar com matrizes de contato, em essência, consiste em colocar componentes na placa, conectar energia a ela e fazer conexões com os fios. Há, no entanto, uma forma certa e uma errada para fazer isso. Esta seção lhe dá as informações sobre que tipo de fio usar, técnicas de trabalho eficientes e como dar à sua placa um desenho lógico e organizado.

Preparando suas peças e ferramentas

Antes de começar a preencher sua matriz de contato ao acaso assegure-se de que tem tudo o que precisa. Confira a lista de peças — a lista de ingredientes eletrônicos necessários para construir o circuito — e separe os componentes necessários. Reúna as ferramentas básicas, como alicates de ponta fina, cortador e desencapador de fios (veja a Figura 15-3).

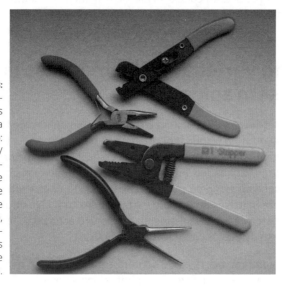

FIGURA 15-3: Ferramentas básicas (de cima para baixo): cortador/desencapador de fios, alicate pequeno de ponta fina, desencapador de fios e alicate de ponta fina.

Certifique-se de que todos os terminais estejam em condições adequadas para serem inseridos nos furos da matriz de contato. Deixe-os longos, se possível, para que os componentes fiquem bem acomodados na placa. (Não se preocupe se não puder reutilizá-los em outro circuito — eles são muito baratos.) Alguns componentes, como potenciômetros, podem não ter terminais, de modo que você terá que soldar fios sólidos neles (veja a seção "Introdução à Soldagem", mais adiante neste capítulo, para ver como se faz). Familiarize-se com a polaridade das peças, com os terminais dos transistores, potenciômetros e CIs. E, finalmente, deixe fios de interligação prontos, conforme descrito na próxima seção.

Ganhando tempo com fios pré-desencapados

Muitas das conexões entre componentes na matriz de contato são feitas pela própria matriz, sob a superfície, mas quando você não conseguir fazer uma conexão direta pela placa, utilize fios de ligação (às vezes chamados de *jumpers*). Você vai usar fios sólidos (não flexíveis) de bitola 20/22 para conectar componentes na matriz de contato. Fios mais finos ou mais grossos não vão funcionar na matriz: grossos demais não vão entrar nos furos; finos demais podem criar um contato elétrico ineficiente.

CUIDADO

Não use fios flexíveis na matriz de contato. Os fios, individualmente, podem quebrar e se alojar nos contatos de metal da placa.

DICA

Ao comprar uma matriz de contato, adquira um jogo de jumpers pré-desencapados, conforme sugiro no Capítulo 13. (Não faça economia aqui; essa compra vai valer a pena.) Fios pré-desencapados vêm em diversos comprimentos e já vêm desencapados (é obvio) e curvados, prontos para uso na matriz de contato. Por exemplo, uma variedade popular contém dez unidades cada de 14 fios de comprimentos diferentes, variando de 0,1 polegada a 5 polegadas (veja a Figura 15-4). Um jogo de 140 a 350 fios pré-desencapados pode custar entre $10 e $15, mas você pode apostar que o preço vale o tempo que ele poupa. A alternativa é comprar muito fio, cortar segmentos de vários comprimentos e laboriosamente desencapar cerca de 1/3 de polegada de isolante de cada ponta.

Mesmo adquirindo uma grande variedade de fios pré-desencapados poderá haver ocasiões em que você mesmo precise fazer um ou dois fios de ligação. Comece com fio 20 ou 22 (ou uma seção mais longa de fio pré-desencapado que você quer cortar em seções mais curtas), e corte-o no comprimento desejado. Se você tiver um desencapador de fios com um seletor de tamanho de bitola, ajuste-o para a bitola do fio que vai usar. Outros desencapadores de fios podem ter vários entalhes de corte marcados com diversas bitolas. Usar um desses dispositivos de bitola específica em vez de um desencapador genérico evita que você picote o fio quando estiver removendo o isolante. Picotes enfraquecem o fio, e um fio fraco pode ficar preso em um furo da matriz de contato e estragar o dia.

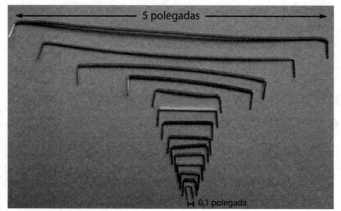

FIGURA 15-4: Fios de ligação pré-desencapados podem lhe poupar tempo e trabalho.

Para fazer seus próprios fios para a matriz de contato siga os seguintes passos (veja a Figura 15-5):

1. **Corte o fio no tamanho necessário usando uma ferramenta para cortar fios.**

2. **Desencape cerca de 1/4 a 1/3 de polegada de isolante de cada ponta.**

   Se você usar uma ferramenta com ajuste de bitola, insira uma ponta do fio no desencapador, segure a outra ponta com um alicate de ponta fina e desbaste o fio dentro dele. Se você usar um desencapador genérico, você controla a bitola pela pressão que vai exercer ao redor do fio: pressão demais, você vai beliscar o fio; pouca pressão, você não vai cortar todo o isolante.

3. **Dobre as pontas expostas de fio em um ângulo reto (90º).**

   Use um alicate de ponta fina para a tarefa.

FIGURA 15-5: Cortar, remover o isolante e dobrar um fio de interligação.

Planejando seu circuito

As peças e ferramentas estão prontas e o esquema (o diagrama esquemático) está à mão. Agora você quer construir um circuito na matriz de contato. Mas por onde deve começar? Qual é a melhor maneira de conectar tudo?

Bem-vindo ao mundo do planejamento de circuitos — calcular onde tudo deve ser colocado na placa de modo organizado, limpo e sem erros. Não espere que o layout de seu circuito se pareça exatamente com o diagrama esquemático — fazer isso não só é difícil mas, geralmente, contraproducente. Porém, você pode orientar os elementos principais de modo que o circuito seja mais fácil de compreender e de corrigir erros.

LEMBRE-SE

Quando estiver construindo um circuito em uma matriz de contato concentre--se nas *conexões entre componentes*, e não nas posições no diagrama esquemático (DE).

Aqui estão algumas diretrizes para construir seu circuito na matriz de contato:

» Oriente a matriz de contato de maneira que os trilhos de energia fiquem na parte superior e inferior da placa, conforme mostra a Figura 15-1.

» **Use um dos trilhos de energia superiores (de preferência aquele com a marca +) para a alimentação de energia positiva e um dos trilhos inferiores (de preferência com a marca -) para terra (e a alimentação de energia negativa, se houver).**

Esses trilhos oferecem muitos soquetes interligados para que você possa conectar componentes à energia e à terra com facilidade.

» **Oriente as entradas do circuito do lado esquerdo da placa e as saídas do lado direito.** Planeje o layout dos componentes de modo a minimizar a quantidade de jumpers (fios de ligação). Quanto mais fios você tiver que colocar, mais atulhada e confusa fica a placa.

» **Coloque primeiro os CIs, passando por cima da brecha central.** Deixe pelo menos três — de preferência, dez — colunas de furos (isto é, faixas de terminais) entre cada CI. Você pode usar uma ferramenta introdutora/extratora para colocar e retirar CIs a fim de reduzir as chances de danificá-lo enquanto o manuseia.

LEMBRE-SE

Se você estiver trabalhando com chips CMOS, certifique-se de aterrar a ferramenta para eliminar a eletricidade estática (consulte detalhes no Capítulo 13).

» **Trabalhe ao redor de cada CI, começando no pino 1, inserindo os componentes que se conectam a cada pino. Em seguida, insira quaisquer componentes adicionais para completar o circuito.** Use um alicate de ponta fina para dobrar terminais e fios em um ângulo de 90º e os insira nos soquetes, mantendo terminais e fios o mais próximos da placa quanto possível para evitar que se soltem.

» **Caso seu circuito exija pontos de conexão em comum além dos de energia e você não tenha pontos suficientes em uma coluna de furos, use pedaços de fios mais longos para levar a conexão até outra parte da placa onde houver mais espaço.** Por exemplo, você pode fazer o ponto de conexão comum entre uma ou duas colunas de alguns CIs.

CAPÍTULO 15 **Construindo Circuitos** 299

MEU CIRCUITO NA MATRIZ DE CONTATO NÃO FUNCIONA DIREITO!

À medida que você trabalha com matrizes de contato sem solda, poderá se deparar com problemas relativamente comuns de capacitância residual, que é capacitância indesejada (energia elétrica armazenada) em um circuito. Todos os circuitos têm uma capacitância inerente que não pode ser evitada, mas quando muitos fios estão conectados em todos os lados, a capacitância pode aumentar inesperadamente. Em certo ponto (e isso difere de um circuito para outro), essa capacitância residual pode causar mau funcionamento do circuito.

Como as matrizes de contato possuem tiras de metal e exigem terminais de componentes um pouco mais longos, elas costumam introduzir uma quantidade de capacitância razoável em circuitos aparentemente confiáveis. Como resultado, as matrizes de contato sem solda costumam mudar as características de alguns componentes — mais notadamente capacitores e indutores. Essas variações podem mudar o comportamento de um circuito. Lembre-se desse fato se estiver trabalhando com circuitos de RF (radiofrequência), como radiorreceptores e radiotransmissores, com circuitos digitais que usam sinais que mudam em um ritmo muito rápido (na ordem de alguns milhões de Hertz) e com circuitos de temporização mais sensíveis que dependem de valores exatos dos componentes.

Se você estiver construindo um rádio ou outro circuito que possa ser afetado pela capacitância residual, talvez tenha que renunciar de primeiro construir o circuito em uma matriz de contato sem solda. Em vez disso, pode ter que ir direto para um perfboard (descrito na seção "Criando um Circuito Permanente", mais adiante neste capítulo).

A Figura 15-6 exibe a placa montada para um circuito simples de resistor/LED (diodo emissor de luz) antes e depois de a energia ser aplicada.

FIGURA 15-6: Desencape e dobre as pontas do jumper e prenda os terminais dos componentes para que eles se encaixem com perfeição na matriz de contato.

Não se preocupe com a expansão urbana em sua matriz de contato. É melhor você colocar os componentes um pouco mais afastados do que amontoá-los muito perto uns dos outros. Manter uma grande distância entre CIs e componentes também o ajuda a fazer ajustes e melhorar o circuito. É mais fácil acrescentar peças sem perturbar as existentes.

LEMBRE-SE

Fios bagunçados dificultam a tarefa de identificar e corrigir o circuito, e um emaranhado de fios aumenta muito a chance de erros. Fios escapam quando você não quer, ou o circuito pode funcionar mal. Para evitar o caos planeje e construa os circuitos na matriz de contato com cuidado. O esforço extra pode lhe poupar muito tempo e frustração durante o trabalho.

Evitando danificar circuitos

Você precisa saber só algumas coisas para manter sua matriz de contato e os circuitos funcionando bem:

CUIDADO

- » **Se o circuito usar um ou mais chips CMOS, insira-os por último.** Se for necessário, use um CI TTL como tapa-buraco para garantir que os fios estejam conectados do modo certo. Chips TTL não são muito sensíveis à estática como os CMOS. Certifique-se de fornecer conexões para a alimentação de energia positiva e negativa — e de conectar todas as entradas (prenda as entradas que você não estiver usando ao trilho de alimentação positiva ou negativa). Quando você estiver pronto para testar o circuito, remova o chip tapa-buraco e substitua-o pelo CI CMOS.

- » **Nunca exponha uma matriz de contato ao calor porque você pode danificar o plástico para sempre.** CIs e outros componentes que ficam muito quentes (por causa de um curto-circuito ou excesso de corrente, por exemplo) podem derreter o plástico debaixo deles. Toque todos os componentes enquanto você estiver com o circuito ligado para verificar um superaquecimento.

- » **Nunca use uma matriz de contato para carregar uma corrente doméstica de 127VAC.** A corrente pode correr sobre os contatos, danificando a placa e causar uma situação de perigo.

- » Se um pequeno pedaço de chumbo ou fio ficar alojado em um soquete, use um alicate de ponta fina para tirá-lo com delicadeza do buraco — com a energia desligada.

- » Nem sempre você vai poder terminar e testar um circuito de uma só vez. Se você tiver que deixar a matriz de contato de lado por algum tempo, coloque-a fora do alcance de crianças, animais e gente muito curiosa.

CAPÍTULO 15 **Construindo Circuitos** 301

Introdução à Soldagem

Soldar é o método usado para fazer conexões condutivas entre componentes ou fios, ou ambos. Você usa um aparelho chamado *ferro de solda* (ou ferro de soldar) para derreter um metal macio, chamado *solda*, de maneira a juntar fluxos ao redor de dois terminais de metal que você está unindo. Quando o ferro de soldar é removido, a solda esfria e forma uma junta física condutiva, conhecida como *junta de solda*, entre os fios ou terminais de componentes.

Você deve se preocupar com soldagens quando planeja usar matrizes de contato sem solda para a construção de seus projetos de circuitos? A resposta é sim. Quase todos os projetos eletrônicos envolvem uma certa quantidade de soldagem. Por exemplo, talvez você compre componentes (como potenciômetros, interruptores e microfones) que não têm terminais — e nesse caso você tem que soldar dois ou mais fios em suas extremidades para criar terminais a fim de poder conectá-los a sua matriz de contato.

Naturalmente, você vai usar muito essa técnica quando construir circuitos permanentes em matrizes de contato, perfboards e placas de circuito impresso (como descritos na seção "Criando um Circuito Permanente", mais adiante neste capítulo).

Preparando-se para soldar

Para soldar é necessário um ferro de soldar (25 a 30 watts), um carretel de solda padrão (com núcleo de resina 60/40) com bitola de 16 ou 22, um suporte de solda seguro e uma pequena esponja. Assegure-se de prender o ferro no suporte e colocá-lo em um lugar seguro de sua bancada de trabalho, onde não possa ser derrubado.

Recomendo dar uma olhada no Capítulo 12 e verificar as informações detalhadas sobre como escolher o equipamento de solda para seu projeto eletrônico, incluindo a discussão sobre o uso da solda com núcleo de resina 60/40 — que contém chumbo — *versus* a solda sem chumbo.

Reúna alguns outros itens, como óculos de segurança (para proteger os olhos de borrifos de solda), uma garra jacaré (que dobra sua capacidade de dissipar calor em componentes sensíveis à temperatura), uma pulseira antiestática (descrita no Capítulo 13), álcool isopropílico, um pedaço de papel, um lápis e fita adesiva. Coloque todas as peças que precisa soldar no papel e prenda-as com a fita adesiva. Escreva um rótulo, como R1, no papel ao lado de cada peça para que corresponda ao rótulo em seu DE. Coloque os óculos de segurança e a pulseira antiestática e certifique-se de que a sua área de trabalho está devidamente ventilada.

Molhe a esponja e esprema o excesso de água. Ligue o ferro de solda, espere cerca de um minuto para que aqueça (até cerca de 370°C) e então molhe a ponta do ferro de solda tocando a esponja *brevemente*. Se a ponta for nova, *estanhe-a* antes de soldar para evitar que a solda grude na ponta. (A solda grudenta pode formar uma bolha terrível, que pode causar prejuízos se cair em seu circuito.) Você estanha a ponta aplicando uma pequena quantidade de solda derretida nela. Em seguida, limpe o excesso de solda na esponja.

DICA

Estanhe a ponta do ferro de solda periodicamente para mantê-la limpa. Você também pode comprar limpadores para bicos de solda se a sujeira se acumular e você não conseguir tirá-la durante o estanhamento regular.

Soldando com êxito

A soldagem bem-sucedida exige que você siga alguns passos simples e reúna muita prática. É importante lembrar que o tempo é crítico quando se trata da arte de soldar. Ao ler os procedimentos de soldagem, preste muita atenção às palavras *imediatamente* e *alguns segundos* — e interprete-as literalmente. Aqui estão os passos para soldar uma junta:

1. **Limpe as superfícies de metal a serem soldadas.**

    Limpe terminais, pontas de fios ou a superfície das placas de circuito impresso (descritas mais adiante neste capítulo) com álcool isopropílico para que a solda tenha melhor aderência. Deixe as superfícies secarem bem antes de soldar: você não quer que elas peguem fogo!

2. **Prenda as peças a serem soldadas.**

    Você pode usar um prendedor tipo terceira mão (como descrito no Capítulo 13) ou um torno e uma garra jacaré para manter determinado componente firme enquanto você solda um fio nele, ou ainda um alicate de ponta fina para segurar o componente no lugar em uma placa de circuito. Para componentes com terminais, curvá-los levemente vai ajudar a mantê-los no lugar.

3. **Posicione o ferro de soldar.**

    Segure o ferro como se fosse um lápis, posicione a ponta entre 30° e 45° em relação à superfície de trabalho, como mostra a Figura 15-7.

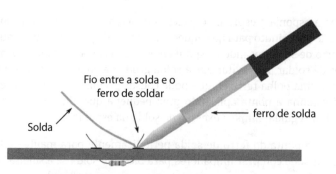

FIGURA 15-7: Segurando o ferro na diagonal, primeiro esquente as peças de metal que você estiver soldando e depois coloque a solda fria na junta.

4. **Aplique a ponta à junta em que estiver trabalhando. (Não use qualquer solda nesse ponto do processo.)**

LEMBRE-SE

Certifique-se de encostar a ponta do ferro de soldar nas duas partes que está tentando unir (por exemplo, o terminal de um resistor e um bloco de cobre nas costas de uma placa de circuito impresso). Você quer aquecer os dois, portanto, não aplique calor diretamente sobre a solda. Deixe que o metal aqueça durante alguns segundos.

5. **Coloque solda fria na área de metal aquecido.**

   A solda vai derreter e fluir ao redor da junta em poucos segundos.

6. **Remova a solda imediatamente e então remova o ferro.**

   Quando você os remover, mantenha o componente imóvel até que a solda esfrie e a junta solidifique.

7. **Coloque o ferro de soldar no apoio com segurança.**

   Nunca coloque o ferro de soldar quente na superfície de trabalho.

8. **Use o cortador diagonal para cortar o excesso de terminais dos componentes o mais próximo possível da junta soldada.**

DICA

Cuide para usar a quantidade correta de solda (o que significa aplicar solda somente durante o tempo certo): usar muito pouco significa formar uma conexão fraca; se usar muito, a solda poderá formar gotas que podem provocar curtos-circuitos.

CUIDADO

Você pode danificar muitos componentes eletrônicos se os expuser a calor prolongado ou excessivo, portanto, tenha cuidado e aplique o ferro de soldar somente o tempo suficiente para aquecer o terminal do componente para uma solda adequada — nem muito, nem pouco.

DICA

Para evitar danificar componentes sensíveis ao calor (como transistores) prenda uma garra jacaré ao terminal entre a junta que pretende soldar e o corpo do componente. Agindo assim, qualquer excesso de calor vai ser dissipado através da garra e não vai danificar o componente. Certifique-se de deixar a garra esfriar antes de manuseá-la outra vez.

Inspecionando a junta

Após soldar, você deve inspecionar a junta visualmente para garantir que seja forte e condutiva. A junta soldada fria deve estar brilhante, não opaca, e deve poder suportar um leve puxão de um dos lados. Se você soldou um terminal a uma placa de circuito, poderá ver um *filete* (uma área de solda em forma de vulcão) nesse local. Uma solda opaca ou com picos irregulares é sinal de uma *junta de solda fria*. Soldas frias são fisicamente mais fracas do que juntas feitas corretamente e não conduzem bem eletricidade.

Juntas de solda fria podem se formar se você mover o componente enquanto a solda ainda estiver esfriando, se a junta estiver suja ou oleosa, ou se você não aqueceu a solda adequadamente. Ressoldar sem dessoldar primeiro muitas vezes produz juntas de solda fria porque a original não foi aquecida o suficiente.

Se você tiver uma junta com solda fria é melhor remover a solda existente (como descrito na seção seguinte, "Dessoldando quando necessário"), limpar a superfície com álcool isopropílico e aplicar uma solda nova.

Dessoldando quando necessário

Em algum ponto de seu trabalho com eletrônica é possível que você se depare com uma junta com solda fria, um componente colocado ao contrário ou algum outro erro de soldagem. Para corrigir esses erros é necessário remover a solda na junta e então aplicar uma nova. Você pode usar um sugador de solda (também conhecido como aspirador de solda e descrito rapidamente), uma malha de solda ou ambas para remover a solda da junta.

Use uma *malha de solda* (também conhecida como *fita removedora de solda*), que é uma fita chata de cobre, para remover solda de difícil alcance. Você a coloca sobre a solda indesejada e aplica calor. Quando a solda atingir o ponto de fusão, ela vai aderir à fita de cobre, que você então remove e descarta.

CUIDADO

Tenha cautela ao usar a malha de solda. Se você tocar a fita quente pode se queimar gravemente — o cobre é um excelente condutor de calor.

Um sugador de solda usa um vácuo para sugar o excesso de solda que você derrete com o ferro de soldar. Existem dois tipos:

> » **Bomba com mola tipo desentupidor:** Para usar um sugador de mola, você aperta o desentupidor e coloca o bico na junta que deseja remover. Depois, posiciona a ponta do ferro de solda com cuidado na junta para aquecer a solda evitando contato com a extremidade do sugador. Quando a solda

começar a fluir você solta o desentupidor para sugar a solda. Finalmente, você expele a solda da bomba (em um recipiente de lixo) apertando o desentupidor mais uma vez. Repita esses passos tantas vezes quantas forem necessárias para remover o máximo da solda velha possível.

CUIDADO

Não guarde o sugador de solda com o desentupidor cheio. O lacre de borracha pode ficar deformado, diminuindo o vácuo a ponto de a bomba não conseguir mais sugar a solda.

» **Bomba estilo ampola:** Um sugador de solda tipo ampola funciona muito como o tipo com mola, exceto que você aperta a ampola para criar o vácuo e solta para sugar a solda. Talvez você ache difícil usar essa bomba, a menos que monte a ampola no ferro de soldar. Na verdade, um aparelho chamado *ferro de dessoldar* consiste em um ferro de soldar com uma ampola de vácuo adaptada nele.

Resfriando após a soldagem

Crie o hábito de tirar o ferro de soldar da tomada — e não apenas desligá-lo — quando terminar o trabalho de solda. Esfregue a ponta do ferro ainda morno em uma esponja molhada para tirar o excesso de solda. Com o ferro já frio use a pasta para limpeza de bico para remover a sujeira mais difícil. Depois, conclua com três boas práticas:

» Certifique-se de que o ferro esteja totalmente frio antes de guardá-lo.
» Guarde o rolo de solda em um saco plástico para que não suje.
» Sempre lave as mãos quando terminar de soldar: a maior parte das soldas contém chumbo, que é venenoso.

Praticando a soldagem segura

Mesmo planejando soldar somente uma conexão, tome as precauções adequadas para proteger a si mesmo — e aos que o cercam. Lembre-se, o ferro atinge temperaturas acima de 370°C e a maior parte das soldas contém chumbo venenoso. Você (ou um amigo ou animal próximo) podem inadvertidamente ser atingidos por espirros de solda se você se deparar com uma ocasional bolsa de ar ou outra impureza existente no carretel. Uma única gotinha de solda que atingir seu olho ou o ferro de soldar que cair em seu pé pode arruinar seu dia, uma parte do corpo — e uma amizade.

Organize sua área de trabalho — e a si mesmo — tendo a segurança em mente. Certifique-se de que o aposento é bem ventilado, de que apoiou o ferro de soldar no suporte com firmeza e de que os fios estão esticados para evitar tropeços. Use sapatos (e não chinelos!), óculos de segurança e uma pulseira antiestática quando soldar. Evite aproximar muito o rosto da solda quente, que pode irritar seu sistema respiratório e soltar borrifos. Mantenha o rosto de lado e use uma lupa, se necessário, para ver componentes minúsculos que estiver soldando.

DICA

Nunca solde um circuito ligado à energia elétrica! Assegure-se de que a bateria ou outra fonte de alimentação esteja desligada antes de usar o ferro de soldar nos componentes. Caso seu ferro tenha um controle de temperatura ajustável, ajuste-o para a posição recomendada para a solda que estiver usando. E se o ferro de soldar acidentalmente virar, *afaste-se* e deixe-o cair. Se você tentar segurá-lo, a Lei de Murphy diz que você vai segurar o lado quente.

Finalmente, sempre tire o ferro de soldar da tomada quando terminar e lave as mãos imediatamente.

Criando um Circuito Permanente

Bem, você aperfeiçoou o melhor circuito do mundo e deseja que ele seja permanente. A forma mais comum de transferir um circuito e realizar conexões duradouras é utilizar uma placa perfurada (perfboard). Um *perfboard* é um tipo simples de placa de circuito impresso (PCB, sigla em inglês) planejado para protótipos.

Nesta seção, explico o que é uma PCB e discuto diferentes tipos de perfboards.

Explorando uma placa de circuito impresso

A maioria de placas de circuitos impressos consiste em uma camada não condutiva (geralmente plástico), conhecida como *substrato*, com interconexões de cobre em um ou ambos os lados. (Muitas PCBs de resistência industrial contêm múltiplas camadas, com componentes embutidos no substrato.) Há dois tipos de interconexões de cobre: *ilhas*, que são pequenos círculos de cobre nos quais você solda os terminais dos componentes; e *trilhas*, que são um tipo de caminho de cobre que, como os fios, criam conexões entre as placas.

PCBs são encontradas em duas variedades básicas:

> » **Com furos:** Nessas PCBs há furos cercados por ilhas de cobre em um ou nos dois lados da placa. Tais orifícios têm espaços de 0,1 polegada entre si para acomodar CIs e componentes diversos. Você instala vários componentes, como resistores, diodos e capacitores em um lado da placa

CAPÍTULO 15 **Construindo Circuitos** 307

inserindo os terminais nos furos, soldando os terminais às ilhas de cobre do outro lado da placa e então aparando as pontas. Você pode montar CIs diretamente na placa ou pode montar soquetes de CI na placa e depois inserir o CI na placa.

» **Montagem de superfície:** Essas PCBs são sólidas (sem furos). Componentes especialmente desenhados para montagem na superfície — que não se parecem em nada com os inseridos em furos — são montados e presos a um lado da placa. A tecnologia de montagem em superfície (SMT, sigla em inglês), que inclui as placas e componentes, é voltada para circuitos de alta densidade e processos de montagem de circuitos automatizados de larga escala.

Embora você possa encontrar componentes SMT e matrizes de contato SMT compatíveis com protótipos, é difícil trabalhar com eles porque os componentes são minúsculos, seus terminais são ainda menores e é difícil manter os componentes no lugar enquanto solda. É por isso que recomendo que você prefira os perfboards, também conhecidos como placas perfuradas, que são placas com furos relativamente baratas especialmente desenhadas para protótipos.

Mudando seu circuito para um perfboard

Perfboards são placas de circuito com furos arranjados em grades para poderem ser usados em protótipos. A maioria dos perfboards contêm ilhas e trilhas. Você pode encontrar uma variedade de perfboards com um ou dois lados no fornecedor de eletrônicos local ou online. Na Figura 15-8 há uma pequena amostra de perfboards. Outras formas e tamanhos são encontrados com facilidade, incluindo placas pré-impressas redondas com diferentes diâmetros e perfboards vazios sem conexões de cobre.

Alguns perfboards têm o mesmo layout de uma matriz de contato, com múltiplos furos conectados em faixas de terminais e "corredores de ônibus". Por exemplo, a placa mostrada na parte inferior esquerda da Figura 15-8 tem a mesma geometria de uma matriz de contato sem solda de 550 furos.

Às vezes chamados de *matrizes de contato soldáveis*, os perfboards permitem que você transfira com facilidade o circuito de uma matriz de contato sem solda para um perfboard, porque não é necessário mudar o layout. Você simplesmente tira as peças de sua matriz sem solda, insere-as nos furos correspondentes do perfboard, solda os terminais às ilhas de cobre e apara as pontas. Você usa fios isolados da mesma maneira que fez na matriz de contato sem solda original: para conectar no perfboard componentes que não estão eletricamente conectados por faixas de metal, você as solda no lugar. A desvantagem de usar matrizes de contato soldáveis é que elas desperdiçam espaço.

308   PARTE 3 **Levando a Eletrônica a Sério**

FIGURA 15-8: Uma variedade de perfboards está disponível para construir circuitos permanentes. Apenas limpe a placa (se necessário) e acrescente os componentes eletrônicos.

Outros perfboards de uso geral têm furos colocados a intervalos regulares em uma grade quadrada ou retangular. Existem perfboards com diferentes layouts. Você escolhe a grade com o layout que melhor atender as suas necessidades. Por exemplo, se o circuito usar muitos CIs, opte por um modelo que tenha "ônibus" correndo para um lado e outro da placa, como mostrado na Figura 15-9. (Alternar os ônibus para a alimentação de energia e terra também ajuda a reduzir efeitos indutivos e capacitivos indesejáveis.) Se precisar conservar espaço construa seu circuito usando um perfboard vazio e *fiação ponto a ponto*, em que você passa os terminais dos componentes pelos furos e solda os componentes diretamente uns aos outros.

DICA

Se você projetar um circuito pequeno, meio perfboard basta. Antes de transferir os componentes corte a placa com uma serra usando uma máscara de proteção para evitar respirar a poeira produzida pelo corte. Limpe a porção da placa que pretende usar e faça o trabalho de solda. Algumas PCBs pré-impressas são estriadas para que você possa simplesmente dobrá-las e obter duas ou quatro placas menores.

FIGURA 15-9: Vários "ônibus" correm para cima e para baixo nesse perfboard, o que é ótimo para circuitos que usam múltiplos CIs.

CAPÍTULO 15 **Construindo Circuitos** 309

FAZENDO PLACAS DE CIRCUITO COM CIS "PLUG AND PLAY"

Quando construir placas de circuito que incluem circuitos integrados, use um soquete de CI em vez de soldar o CI diretamente na placa. Você solda o soquete na placa e então pluga o CI e liga o interruptor.

Soquetes de CI vêm em diferentes formas e tamanhos para se adequar aos circuitos integrados com que devem trabalhar. Por exemplo, se você tem um circuito integrado de 16 pinos, escolha um soquete de 16 pinos.

Eis aqui alguns bons motivos para usar soquetes:

- **Soldar uma placa de circuito pode provocar estática.** Ao soldar o soquete em vez do CI propriamente dito você pode evitar arruinar CMOS e outros CIs sensíveis à estática.

- **CIs frequentemente estão entre os primeiros componentes que ficam danificados quando se faz experiências com eletrônica.** Ter a opção de tirar um chip que você desconfia estar com problemas e poder substituí-lo por um em bom estado deixa a tarefa de localizar falhas muito mais fácil.

- **Você pode compartilhar um CI caro, tal como um microcontrolador, entre vários circuitos.** Apenas retire a peça do soquete e plugue-a em outro.

Soquetes são encontrados em todos os tamanhos para corresponder aos diferentes arranjos de pinos de circuitos integrados. Eles não custam muito — apenas alguns trocados cada soquete.

Muitos perfboards vêm com furos de montagem nos cantos para que você possa prendê-los dentro que qualquer espaço que seu projeto proporcionar (como o chassi de um robô). Caso seu perfboard não tenha orifícios de montagem, talvez você queira deixar um espaço nas bordas para poder fazer furos. Como alternativa, pode prender a placa a uma estrutura ou a uma caixa usando fita adesiva de espuma dupla face. A fita protege a placa e evita sua quebra, e a espessura da espuma evita que a parte inferior da placa toque o chassi.

Construindo uma placa de circuito personalizada

Depois de ficar experiente em projetar e construir projetos eletrônicos, talvez você queira passar para o time de cima e criar sua própria placa de circuito personalizada, voltada para um projeto de circuito específico. Você pode fazer (sim, fazer) sua PCB personalizada — assim como fazem os fabricantes de

310   PARTE 3 **Levando a Eletrônica a Sério**

eletrônicos. PCBs são confiáveis, resistentes, aceitam circuitos de alta densidade e permitem que você inclua componentes de tamanho não padronizado que talvez não caibam em outros tipos de placas de circuito.

Fazer uma placa de circuito impresso é um processo relativamente complexo — e ultrapassa o alcance deste livro —, mas aqui estão as informações sobre alguns dos passos envolvidos:

1. **Faça uma PCB vazia colando ou laminando uma fina folha de cobre, algo conhecido como *chapeamento*, em uma superfície à base de plástico, epóxi ou fenolite. Isso forma uma espécie de "tela em branco" para a criação de um circuito.**

2. **Prepare uma máscara do layout de seu circuito, transfira-a para um filme incolor transparente e a utilize para expor uma folha de cobre fotossensível a um forte facho de luz ultravioleta.**

3. **Mergulhe a folha fotossensível e exposta em um revelador químico para obter um padrão (chamado de *padrão resistor*) do layout da placa de circuito.**

4. **Forme o layout do circuito cortando as porções do cobre não protegido pelo resistor — deixando somente o desenho do circuito impresso, que consiste em *ilhas* (pontos de contato para componentes) e *trilhas* (interconectores).**

5. **Faça furos no centro de cada ilha para poder montar componentes no topo da placa com terminais inseridos nos furos.**

6. **Finalmente, solde o terminal de cada componente às ilhas da placa.**

Para descobrir exatamente como fazer sua própria PCB você pode procurar na internet com as seguintes palavras-chave: *fazer placa de circuito impresso* — e encontrará tutoriais, ilustrações e até vídeos que explicam o processo em detalhes.

312   PARTE 3 **Levando a Eletrônica a Sério**

> **NESTE CAPÍTULO**
>
> **Apresentando seu novo melhor amigo: O multímetro**
>
> **Montando e calibrando o multímetro**
>
> **Certificando-se de que componentes eletrônicos funcionem bem**
>
> **Examinando seus circuitos**

Capítulo 16

Aprendendo a Lidar com o Multímetro para Medir Circuitos

Seu entusiasmo aumenta à medida que você dá os toques finais em seu circuito. Com amigos íntimos perto de você, ansiosos para testemunhar suas primeiras proezas na eletrônica, você prende a respiração quando liga o interruptor de energia e...

Nada. Pelo menos, nada no início. Depois, decepção, desilusão e incredulidade quando seus amigos — e sua confiança — lentamente saem de cena.

Você se pergunta "O que pode estar errado?" e, então, se dá conta de que há fumaça saindo do que costumava ser um resistor. É quando você percebe que usou um resistor de 10Ω em vez de um resistor de 10kΩ, confiando na mente e nos olhos cansados para interpretar as faixas do resistor corretamente. Ôops!

Neste capítulo você vai descobrir como usar uma ferramenta versátil — o multímetro — para desempenhar verificações importantes que livram sua cara em componentes e circuitos eletrônicos. Esses testes o ajudam a determinar se tudo está perfeito antes de começar a exibir seus circuitos aos amigos e família. Quando terminar de ler este capítulo você vai ficar ciente de que o multímetro é tão importante para você quanto o tanque de oxigênio para um mergulhador. Você até pode se dar bem sozinho por algum tempo, mas cedo ou tarde terá problemas, a menos que consiga ajuda.

Realizando Múltiplas Tarefas com um Multímetro

Um *multímetro* é um aparelho de teste portátil barato que pode medir tensão, corrente e resistência. Alguns também podem testar diodos, capacitores e transistores. Com essa ferramenta útil você pode verificar as tensões corretas, testar se houve um curto-circuito, determinar se um fio ou componente está quebrado e muito mais. Faça amizade com seu multímetro, pois ele pode ajudá-lo a se assegurar de que os circuitos estão funcionando bem e é uma ferramenta valiosa para descobrir problemas nos circuitos.

A Figura 16-1 mostra um multímetro comum de preço razoável. Você vira o dial para selecionar o tipo de medição que deseja fazer. Em seguida, aplica as pontas de metal dos dois terminais de teste (um vermelho e um preto) em um componente ou alguma peça do circuito e o multímetro exibe a medida resultante.

FIGURA 16-1:
Multímetros medem tensão, resistência, corrente e continuidade.

DICA

Os terminais de teste de um multímetro têm pontas cônicas que você põe em contato com o componente a ser testado. Pode-se comprar garras de teste especiais com molas para serem deslizados sobre as pontas, facilitando a tarefa de prender os terminais de teste aos terminais dos componentes ou outros fios (veja a Figura 16-2). Essas garras de teste isoladas garantem uma boa conexão entre os terminais de teste e qualquer coisa que você esteja testando, ao mesmo tempo em que evitam contato acidental com outra parte do circuito.

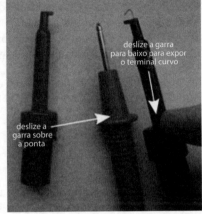

FIGURA 16-2: Garras de teste com mola para evitar contato acidental.

É um voltímetro!

Multímetros podem medir tensões AC e DC, proporcionando a mensuração de uma série variada de faixas de tensão, de 0 volts à tensão máxima. As faixas comuns de tensão são 0V a 0,25V; 0V a 2,5V; 0V a 10V; 0V a 50V e 0V a 250V.

Usando o multímetro como um *voltímetro* você pode medir a tensão de uma bateria fora do circuito ou *carregando* (significando que está fornecendo energia a um circuito). Você também pode usar seu multímetro com o circuito energizado se quiser testar as tensões em elementos do circuito e tensões em vários pontos do circuito em relação à terra.

DICA

É comum poder apontar a localização de um problema no circuito usando o multímetro. Ele pode verificar se a tensão correta está sendo fornecida a um componente, como um diodo emissor de luz (LED) ou um interruptor. Use os testes do multímetro para estreitar o campo de suspeitas até encontrar o culpado por suas dores de cabeça.

Os voltímetros são tão importantes na eletrônica que têm seu próprio símbolo de circuito, que é mostrado na Figura 16-3, à esquerda. Você pode ver esse símbolo com terminais tocando pontos em um circuito ao ler sobre o assunto em um site ou um livro de eletrônica. Ele lhe diz para medir a tensão entre os dois pontos indicados.

FIGURA 16-3: Símbolos de circuito para instrumentos de teste comuns.

voltímetro

amperímetro

ohmímetro

CAPÍTULO 16 **Aprendendo a Lidar com o Multímetro para Medir Circuitos** 315

É um amperímetro!

Seu multímetro também funciona como um *amperímetro*, um aparelho que mede a corrente elétrica que passa no circuito. Você usa essa função do multímetro para determinar se um circuito ou componente está puxando muita corrente. Caso o circuito tenha mais corrente passando por ele do que foi planejado para usar, os componentes podem ficar superaquecidos ou danificar o circuito permanentemente.

O símbolo de circuito para um amperímetro é exibido no centro da Figura 16-3.

Ohm, meu Deus! Também é um ohmímetro!

Você pode medir a resistência de um componente individual ou de todo o circuito (medida em ohms, conforme detalhado no Capítulo 5) com seu multímetro funcionando como *ohmímetro*. Você usa essa função para checar fios, resistores, motores e muitos outros componentes. Sempre meça a resistência com o circuito *sem energia*. Se o circuito estiver energizado a corrente que flui através dele pode invalidar a leitura da resistência — ou danificar o medidor.

O símbolo de circuito para um ohmímetro é mostrado na Figura 16-3, no lado direito.

LEMBRE-SE

Se você estiver medindo a resistência de um componente individual, tire-o do circuito antes de testá-lo. Se você medir um resistor conectado a um circuito, vai obter a resistência equivalente entre dois pontos, o que não é necessariamente a resistência apenas do resistor (veja no Capítulo 5 mais sobre resistência equivalente).

Como a resistência ou a falta de resistência pode revelar curtos-circuitos e circuitos abertos, você pode usar seu ohmímetro para descobrir problemas como quebras de fios e curtos ocultos entre componentes. Um curto-circuito gera uma leitura de resistência zero (ou *praticamente* zero) no ohmímetro; um circuito aberto gera uma leitura de resistência infinita. Se você testar a resistência da ponta de um fio a outra e obtiver uma leitura infinita vai saber que deve haver uma quebra em algum ponto do fio. Esses testes são conhecidos como *testes de continuidade*.

Ao medir a resistência você pode dizer se os seguintes elementos e conexões do circuito estão funcionando bem:

- » **Fusíveis:** Um fusível queimado gera uma leitura de resistência infinita, indicando um circuito aberto.
- » **Interruptores:** Um interruptor (também chamado comutador) ligado deve gerar uma leitura de resistência zero (ou baixa); um interruptor desligado deve gerar uma leitura infinita.

» **Trilhos de placas de circuito:** Um trilho (linha) de cobre defeituoso em uma placa de circuito impresso age como um fio quebrado e gera uma leitura de resistência infinita.

» **Juntas de soldas:** Uma junta de solda defeituosa pode gerar uma leitura de resistência infinita.

DICA

Muitos multímetros incluem uma característica de teste de continuidade audível. Ao virar o seletor para continuidade ou tom, você pode ouvir um bip sempre que o medidor detectar continuidade em um fio ou conector. Se o fio ou conexão não tiver continuidade, o medidor fica em silêncio. O tom fornece uma maneira conveniente de checar todo o circuito sem ter que ficar com os olhos no medidor.

Explorando Multímetros

Multímetros variam de modelos muito simples, que custam menos de $10, passando por modelos com diversos recursos, que custam de $30 a mais de $100, até modelos industriais sofisticados que custam mais de $1000.

DICA

Mesmo um multímetro barato pode ajudá-lo a compreender o que está acontecendo em circuitos de baixa tensão. Entretanto, a menos que você esteja "liso", é uma boa ideia gastar um pouco mais em um aparelho com mais recursos; você certamente vai achá-lo útil à medida que expandir seus horizontes eletrônicos.

Escolhendo um estilo: Analógico ou digital

Quase todos os multímetros modernos, incluindo o mostrado na Figura 16-1, são *multímetros digitais*, que fornecem leituras em um visor digital (numérico). Você também pode encontrar alguns *multímetros analógicos* mais antigos, como o da Figura 16-4, que usam um ponteiro para mostrar uma série de escalas graduadas.

FIGURA 16-4: Esse multímetro analógico dos anos 1980 usa um ponteiro para indicar tensão, corrente e outros valores.

CAPÍTULO 16 **Aprendendo a Lidar com o Multímetro para Medir Circuitos**   317

Usar um multímetro analógico pode ser um pouco desafiador. Após selecionar o tipo de teste (tensão, corrente ou resistência) e a faixa, você precisa correlacionar os resultados usando a escala apropriada na frente do medidor e calcular a leitura à medida que o ponteiro entra em ação. É fácil obter uma leitura errada — devido às divisões de escala mal interpretadas, erros mentais de aritmética ou uma visão equivocada do número que o ponteiro está mostrando. Além disso, medições de resistência são imprecisas porque a escala de medida é comprimida nos valores de resistência altos.

Multímetros digitais mostram cada resultado de medida como um número preciso, tirando as suposições do processo de leitura. A maioria dos multímetros digitais portáteis tem precisão de 0,8% para tensões DC; as variedades sofisticadas e caras são 50 vezes mais precisas. Muitos multímetros digitais também incluem uma característica de autoajuste, o que significa que o medidor se ajusta automaticamente para exibir o resultado mais preciso possível. Alguns possuem características de teste especiais para checar diodos, capacitores e transistores.

Multímetros analógicos superam os digitais quando se trata de detectar leituras *oscilantes*. Mas se você não tiver muita necessidade dessa característica é melhor comprar um multímetro digital por causa da facilidade de uso e das leituras mais precisas.

Olhando mais atentamente o multímetro digital

Todos os multímetros digitais desempenham medidas básicas de tensão, resistência e corrente. Eles diferem na faixa de valores que podem medir, nas medidas adicionais que podem fazer, na resolução e sensibilidade de suas medições e nos toques e campainhas adicionais que apresentam.

Certifique-se de ler todo o manual do multímetro que comprar. Ele contém a descrição das características e especificações do medidor, além de importantes precauções de segurança.

Aqui está o que você vai encontrar quando explorar um multímetro digital:

» **Interruptor de energia/bateria/fusível:** O interruptor liga/desliga conecta e desconecta a bateria que alimenta o multímetro. Muitos multímetros usam baterias de tamanho padrão, como a de 9 volts ou pilhas AAA, mas medidores de bolso usam uma bateria tipo moeda. A maioria dos multímetros é equipada com um fusível interno para se proteger do excesso de corrente ou tensão; alguns vêm com um fusível extra (se não for o caso do seu, compre um).

Evite usar baterias recarregáveis em um multímetro; elas podem produzir resultados incorretos em alguns modelos.

» **Seletor de função:** Gire esse botão para escolher o teste a ser realizado (tensão, corrente, resistência ou algo diferente) e, em alguns modelos, a faixa que deseja usar. Alguns multímetros são mais "multi" que outros e incluem uma ou mais das seguintes categorias: amperes AC, capacitância, ganho de transistor (h_{FE}) e teste de diodo. Vários ainda dividem algumas categorias de medição em três a seis diferentes faixas; quanto menor a faixa, maior a sensibilidade da leitura. A Figura 16-5 mostra dois dials de seleção de função de perto.

FIGURA 16-5: Multímetros digitais fornecem uma variedade de opções de mensuração.

» **Terminais de teste e receptáculos:** Multímetros mais baratos vêm com os terminais de teste básicos, no entanto, você pode comprar terminais em espiral de alta qualidade que se esticam bastante e se encolhem novamente quando não estão em uso. Talvez você também queira comprar terminais em garra com molas (veja a Figura 16-2). Alguns multímetros com terminais de teste removíveis proporcionam mais dois receptáculos para os terminais. Você insere o terminal de teste preto no receptáculo rotulado GROUND (terra) ou COM, mas o terminal vermelho pode ser inserido em um receptáculo diferente dependendo de qual função e faixa você selecionar. Muitos medidores fornecem soquetes de entrada adicionais para testar capacitores e transistores, conforme mostra a foto da esquerda na Figura 16-5.

» **Display digital:** A leitura é dada em unidades especificadas pela faixa selecionada. Por exemplo, uma leitura de 15,2 significa 15,2V se você selecionou uma faixa de 20V, ou 15,2 milivolts (mV) se você selecionou uma faixa de 200mV. A maioria dos multímetros digitais projetados para entusiastas da eletrônica tem o que se chama de um *display digital 3 1/2*: sua leitura contém três ou quatro dígitos, em que cada um dos dígitos mais à direita pode ser qualquer dígito de 0 a 9, mas o quarto dígito opcional (isto é, o da esquerda — mais significativo) está limitado a 0 ou 1. Por exemplo, se ajustado para uma faixa de 200V, esse multímetro pode dar leituras que variam de 00,0V a 199,9V.

CUIDADO

Alguns modelos de multímetros não têm um interruptor liga/desliga; em vez disso, o botão seletor de função tem uma posição "desligado". Certifique-se de mover o botão para a posição OFF depois de terminar a medição para não ficar sem bateria. Se você inseriu o terminal de teste vermelho em um receptáculo diferente para medir corrente, certifique-se de mover o terminal de volta até o receptáculo que permite medir tensão e resistência; caso esqueça de fazer isso, poderá queimar seu multímetro.

Escolhendo a faixa certa

Muitos multímetros digitais (e a maioria dos analógicos) exigem que você selecione a faixa antes que o medidor possa fazer uma aferição correta. Por exemplo, se estiver medindo a tensão de uma bateria de 9V, ajuste a faixa para o número mais próximo (mas ainda superior) a 9 volts. Na maioria dos medidores, isso significa que você vai selecionar a faixa de 20V ou 50V.

Se você selecionar uma faixa muito alta, a leitura obtida não vai ser muito precisa. (Por exemplo, em um ajuste de 20V, sua bateria de 9V pode produzir uma leitura de 8,27V; mas em uma seleção de 200V, a mesma bateria vai produzir uma leitura de 8,3V. Muitas vezes, você necessita do máximo de precisão possível na leitura.)

Se selecionar uma faixa muito baixa, o multímetro digital certamente vai exibir um *indicador de excesso de faixa* (por exemplo, um 1, OL ou OF piscante) enquanto o ponteiro do medidor analógico estoura a escala, possivelmente danificando o movimento de precisão do ponteiro (portanto, certifique-se de começar com uma faixa larga e a diminua se necessário). Caso veja um indicador de excesso de faixa quando testar continuidade, isso significa que a resistência é tão alta que o medidor não pode registrá-la; é mais seguro supor que se trate de um circuito aberto.

O recurso de escolha de faixa automática, encontrado em muitos multímetros digitais, facilita ainda mais conseguir uma leitura precisa. Por exemplo, quando você quer medir tensão, ajuste a função do medidor em volts (DC ou AC) e faça a medição. O medidor seleciona automaticamente a faixa que produz a leitura mais precisa. Se houver um indicador de excesso de faixa, ele estará lhe dizendo que o valor é muito alto para ser determinado. Medidores com escolha de faixa automática não exigem seleção de faixa, de modo que seus dials são muito mais simples.

Alguns multímetros com seleção de faixa automática têm um recurso manual de substituição de faixas. O multímetro mostrado na Figura 16-5 contém um botão rotulado RANGE que, quando apertado, passa pelas cinco opções de faixa manuais. Você precisa interpretar com cuidado o visor a fim de determinar que faixa você selecionou.

E SE VOCÊ PRECISAR TESTAR CORRENTES MAIS ALTAS?

A maioria dos multímetros digitais limita as medições de corrente para menos de um ampere. O multímetro digital comum tem uma faixa máxima de 200 miliamperes. Tentar medir correntes significativamente mais altas pode fazer o fusível do medidor quebrar. Muitos medidores analógicos, especialmente os mais antigos, suportam leituras de correntes de 5 ou 10 amperes, no máximo.

Talvez você ache útil medidores analógicos que suportem uma entrada de altos amperes se estiver testando motores e circuitos que puxam muita corrente. Se você dispor de somente um medidor digital com uma entrada limitada de miliamperes, ainda poderá medir correntes mais altas indiretamente usando um resistor de baixa resistência e alta potência. Para fazer isso você coloca um resistor de 1Ω, 10 watts em série com seu circuito para que a corrente que deseja medir passe por esse resistor de teste. Então você vai usar o multímetro como voltímetro, medindo a queda da tensão no resistor de 1Ω. Finalmente, você aplica a Lei de Ohm para calcular a corrente que flui pelo resistor de teste da seguinte maneira:

$$\text{corrente} = \frac{\text{tensão}}{\text{resistência}} = \frac{V}{1\Omega}$$

Como o valor nominal do resistor é 1Ω, a corrente (em amperes) que passa pelo resistor tem mais ou menos o mesmo valor que a tensão (em volts) que você mede no resistor. Note que o valor do resistor não será exatamente 1Ω na prática, de modo que a sua leitura pode ter uma diferença de 5% a 10%, dependendo da tolerância do resistor e da precisão de seu medidor. Para obter um resultado mais preciso para a medição da corrente, meça primeiro a resistência *real* do resistor de 1Ω e em seguida use essa resistência em seu cálculo da corrente. (Você pode lembrar da Lei de Ohm no Capítulo 6.)

LEMBRE-SE

Há um limite para o que um multímetro pode testar. Você chama esse limite de *faixa máxima*. A maioria dos multímetros comuns tem aproximadamente a mesma faixa máxima para tensão, corrente e resistência. Naquilo que interessa a seu hobby, qualquer medidor com as seguintes faixas máximas (ou mais) deve funcionar muito bem:

Volts DC: 1.000V

Volts AC: 500V

Corrente DC: 200mA (miliamperes)

Resistência: 2MΩ (dois megaohms ou 2 milhões de ohms)

Ajustando Seu Multímetro

Antes de testar seus circuitos assegure-se de que o medidor está funcionando apropriadamente. Qualquer mal funcionamento vai lhe dar resultados incorretos — e você pode nem perceber. Para testar o multímetro, siga estes passos:

1. **Certifique-se de que as sondas de teste no final dos terminais de teste estejam limpas e bem apertadas.**

    Sondas de teste sujas ou corroídas podem gerar resultados imprecisos. Use um limpador de contato eletrônico para limpar as duas extremidades das sondas de teste e, se necessário, os conectores do medidor.

2. **Ligue o medidor e ajuste-o para ohms (Ω).**

    Se o medidor não tiver escolha automática de faixa, ajuste-o para ohms baixos.

3. **Coloque as duas sondas de teste nos conectores adequados do medidor e então encoste as pontas das duas sondas uma na outra (veja a Figura 16-6).**

    Evite tocar as pontas de metal das sondas de teste com os dedos enquanto estiver realizando o teste no medidor. A resistência natural de seu corpo pode acabar com a precisão do medidor.

4. **O medidor deve ler 0 (zero) ohms ou muito perto disso.**

    Se o medidor não tiver o recurso de zero automático procure um botão de ajuste (ou ajuste zero) para apertar. Em medidores analógicos, gire o botão de ajuste zero até que o ponteiro leia 0 (zero). Mantenha as sondas de contato e espere um ou dois segundos para que o medidor atinja a leitura zero.

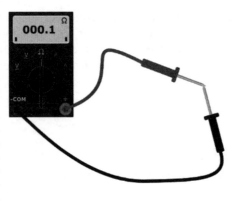

FIGURA 16-6: Junte as sondas de teste do medidor e verifique uma leitura de zero ohms para ficar certo de que o medidor está funcionando adequadamente.

5. Se você não obtiver nenhuma resposta do medidor quando tocar as sondas de teste juntas, verifique novamente o ajuste do dial do medidor.

Nada acontece se você ajustou o medidor para registrar tensão ou corrente. Se você se certificou de que o medidor está bem ajustado e ele ainda não responde, talvez você tenha terminais de teste defeituosos. Se necessário, conserte ou substitua os terminais com um novo jogo.

Você pode considerar o medidor *calibrado* quando apresentar uma leitura de zero ohms com as sondas de teste *unidas* (juntas, para que se toquem). Faça esse teste sempre que usar o medidor, principalmente se você desligá-lo entre um teste e outro.

LEMBRE-SE

Caso seu medidor possua um ajuste de continuidade, não o use para ajustá-lo em zero (calibrar). O tom poderá soar quando o medidor marcar alguns ohms, de modo que não vai lhe dar a precisão necessária. Recalibre o multímetro usando o ajuste de ohms e não o de continuidade para garantir um funcionamento adequado.

Operando Seu Multímetro

Quando você usar o multímetro para testar e analisar circuitos precisa considerar quais ajustes indicar, quer esteja testando componentes individuais ou como parte de um circuito, quer o circuito deva ser energizado ou não, e onde colocar os terminais de teste (em série ou em paralelo com o que deseja testar).

DICA

Pense no multímetro como um componente eletrônico de seu circuito (porque, de certa forma, ele é). Para medir tensão, seu medidor deve ser colocado *em paralelo* com a seção do circuito que estiver medindo, porque as tensões que atravessam os ramos paralelos do circuito são as mesmas. Para verificar corrente o medidor deve ser colocado *em série* com a seção do circuito que estiver medindo, porque os componentes em série em um circuito carregam a mesma corrente. (Você pode ler sobre conexões em série e paralelas no Capítulo 4.)

Nas próximas seções explico como usar o multímetro para medir tensão, corrente e resistência em um simples circuito de resistor/LED (diodo emissor de luz) que você vê na Figura 16-7.

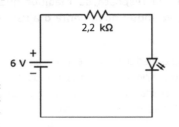

FIGURA 16-7: Um simples circuito resistor/LED.

Se você resolver construir o circuito resistor/LED e testar seu multímetro, eis as peças necessárias:

- » Quatro pilhas AA de 1,5 volts.
- » Um suporte para quatro pilhas AA.
- » Uma garra de bateria.
- » Um resistor (vermelho/vermelho/vermelho) de 2,2Ω 1/4 watt (mínimo).
- » Uma matriz de contato sem solda.
- » Um jumper (fio de ligação) curto.

Veja a foto na Figura 16-7 enquanto constrói o circuito. Assegure-se de orientar o LED de modo que o terminal mais curto seja conectado ao lado negativo do pacote de baterias. Você pode encontrar os detalhes sobre a construção de circuito usando uma matriz de contato sem solda no Capítulo 15.

O fato mais importante a ser lembrado sobre matrizes de contato sem solda é que elas têm conexões internas diferentes. Por exemplo, os cinco furos na fileira 10, colunas "a" até "e" são conectados entre si; os cinco furos na fileira 10, colunas "f" até "j" estão conectados entre si. E todos os furos em cada *trilho de energia* individual (as colunas marcadas + e -) estão conectados entre si, o que não ocorre com os quatro trilhos de energia.

Medindo tensões

Para examinar níveis de tensão — isto é, a queda de tensão de um ponto em seu circuito até o ponto terra — em todo o circuito usando o multímetro, seu circuito necessita estar energizado. Você pode testar a tensão em quase qualquer ponto em um circuito. Aqui está como medir tensões:

1. **Selecione o tipo de tensão (AC ou DC).**

    No caso do circuito resistor/LED, selecione volts DC.

2. **Caso seu multímetro não disponha do recurso de seleção de faixa automática, escolha aquela que lhe der a maior sensibilidade.**

Se você não estiver certo de que faixa escolher, comece com a faixa mais ampla e a diminua depois se a medida cair em uma faixa menor. No circuito resistor/LED (veja a Figura 16-7) a tensão máxima que se pode esperar é igual à tensão de alimentação, que nominalmente é de 6V. Selecione uma faixa de 10V ou 20V (significando 0V a 10V ou 0V a 20V), dependendo do que seu multímetro oferecer.

3. **Meça o nível de tensão.**

   Prenda o terminal preto à conexão terra no circuito e o terminal vermelho ao ponto no circuito que deseja medir. Essa ação coloca o multímetro em paralelo com a queda de tensão de um ponto no circuito terra.

4. **Meça a queda de tensão através de um componente do circuito (por exemplo, um resistor ou LED).**

   Prenda o terminal preto a um lado do componente e o terminal vermelho ao outro lado do componente. Essa ação coloca o multímetro em paralelo com a queda de tensão que você quer medir.

Se você prender o terminal preto ao lado mais negativo do componente (isto é, ao lado mais próximo do lado negativo do pacote de baterias) e o terminal vermelho ao lado mais positivo do componente, o multímetro vai registrar volts positivos. Se você prender os terminais do multímetro do outro lado ele vai registrar volts negativos.

Consulte a Figura 16-8 para exemplos de uso do multímetro na medição de duas quedas de tensão diferentes no circuito resistor/LED. Na imagem à esquerda o medidor está aferindo a tensão que alimenta todo o circuito, de modo que o multímetro lê 6,4V. (Note que as baterias novas que estou usando fornecem mais do que suas tensões nominais.) Na imagem à direita o medidor está apontando a queda de tensão através do LED, que é de 1,7V.

LEMBRE-SE

Em alguns circuitos, como os que lidam com sinais de áudio, as tensões podem mudar tão rapidamente que o multímetro talvez não seja capaz de acompanhar as *oscilações de tensão*. Para testar sinais que mudam rapidamente, você precisa de uma sonda lógica (somente para sinais digitais) ou um osciloscópio.

FIGURA 16-8: Medindo quedas de tensão em um circuito resistor/LED.

 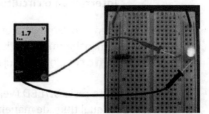

Medindo correntes

Para medir correntes você conecta o multímetro de uma maneira que assegure que a mesma corrente que deseja medir passa pelo medidor quando o circuito estiver energizado. Em outras palavras, você deve inserir o multímetro no circuito *em série com* o componente cuja corrente deseja medir. Esse arranjo, conforme mostra a Figura 16-9, é diferente da configuração para o voltímetro.

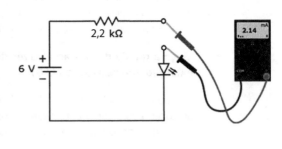

FIGURA 16-9: Para medir corrente, conecte o medidor em série com o circuito ou componente.

Estes são os passos a seguir para medir corrente:

1. **Selecione o tipo de corrente (AC ou DC).**

    No caso de nosso circuito resistor/LED, selecione amperes DC.

2. **Caso seu multímetro não disponha da função de escolher faixas automaticamente, escolha a faixa que lhe der a maior sensibilidade.**

    Se não tiver certeza de qual faixa de corrente selecionar, comece com a faixa mais ampla e reduza-a mais tarde se a medição cair em uma faixa menor. Como a quantidade de corrente que passa pela maioria dos circuitos eletrônicos pode ser medida em miliamperes (mA), você pode começar com a faixa de 200mA e girar o seletor para 20mA se a leitura for inferior a 20mA. Para o circuito resistor/LED (veja a Figura 16-9), selecione a faixa de 10mA ou 20mA, dependendo do que seu multímetro esteja equipado para oferecer.

3. **Interrompa o circuito no ponto em que deseja medir a corrente.**

    Prenda o terminal preto do medidor no lado mais negativo do circuito e o terminal vermelho no lado mais positivo. Essa ação põe o multímetro em série com o componente cuja corrente deseja medir.

No circuito resistor/LED (veja a Figura 16-7), a corrente tem apenas um caminho pelo qual fluir, de maneira que você pode interromper o circuito entre qualquer um dos dois componentes. Um modo de interromper o circuito é remover o jumper que conecta o resistor ao LED. Então, para medir a corrente, conecte o terminal preto do multímetro ao LED e o terminal vermelho do multímetro ao resistor, como mostra a Figura 16-9.

Em um circuito com ramos paralelos a corrente divide cada *nodo* (a conexão entre dois ramos). Para medir quanta corrente flui por um dos ramos, interrompa o circuito dentro daquele ramo e insira os terminais do medidor para reconectar o circuito. Para medir a corrente geral em todo o circuito, insira os terminais do medidor em série com a fonte de alimentação positiva.

Tenha em mente que muitos medidores digitais testam correntes até um limite de 200mA ou menos. Cuidado: não teste correntes maiores caso seu medidor não estiver equipado para isso. E nunca deixe o multímetro na posição de amperímetro depois de medir correntes. Você pode danificar o medidor. Crie o hábito de desligar o medidor imediatamente após realizar um teste.

Medindo resistências

Você pode realizar inúmeros testes diferentes com o multímetro como um ohmímetro que mede resistências. Obviamente, você pode testar resistores para verificar seus valores ou ver se foram danificados, porém, também pode examinar capacitores, transistores, diodos, interruptores, fios e outros componentes com o ohmímetro. Entretanto, antes de medir resistência, assegure-se de calibrar o ohmímetro (conforme descrito na seção anterior "Ajustando seu Multímetro").

Se o multímetro tiver recursos específicos para testar capacitores, diodos ou transistores, recomendo que você use essas funcionalidades e não os métodos que apresento nas seções seguintes. Contudo, se você tiver um multímetro barato sem essas características, estes métodos podem ajudá-lo.

NÃO QUEIME OS FUSÍVEIS!

Muitos medidores analógicos e digitais fornecem uma entrada positiva (receptáculo de terminal de teste) para testar correntes, geralmente marcados com A (para amperes) ou mA (para miliamperes). Alguns multímetros fornecem uma entrada adicional para testar correntes mais altas, normalmente até 10 ou 20 amperes. O multímetro mostrado à esquerda da Figura 16-5 tem duas entradas para testar correntes, rotuladas mA e 20A.

Certifique-se de selecionar a entrada adequada antes de fazer qualquer medição de corrente. Esquecer essa etapa pode queimar o fusível (se tiver sorte) ou danificar o medidor (se não tiver tanta sorte assim).

Testando resistores

Resistores são componentes que limitam a corrente em um circuito (veja detalhes no Capítulo 5). Às vezes é necessário verificar se o valor da resistência nominal marcada no corpo de um resistor está correta, ou até mesmo investigar se um resistor suspeito, com o centro abaulado e queimaduras de terceiro grau, já não é funcional.

Para testar um resistor com um multímetro siga os seguintes passos:

1. **Desligue a força antes de tocar o circuito e, então, desconecte o resistor que deseja testar.**

2. **Ajuste o multímetro para medir ohms.**

    Se você não tiver um medidor com seletor de faixa automático, comece com uma faixa alta e selecione uma menor quando necessário.

3. **Posicione os terminais de teste nos dois lados do resistor.**

    Não importa que terminal de teste você vai colocar nos dois lados do resistor, uma vez que resistores não se preocupam com polaridade.

LEMBRE-SE

Tenha o cuidado de não deixar os dedos tocarem nas pontas de metal dos terminais de teste ou nos terminais do resistor. Se você tocá-los, adicionará a resistência de seu corpo à leitura, produzindo um resultado impreciso.

A leitura da resistência deverá cair na faixa de tolerância do valor nominal marcado no resistor. Por exemplo, se você testar um resistor com valor nominal de 1kΩ e uma tolerância de 10%, sua leitura de teste deverá cair na faixa de 900 a 1.100Ω. Um resistor defeituoso pode estar completamente aberto no interior (caso em que você poderá ter uma leitura de infinito Ω), pode sofrer um curto--circuito (caso em que vai ter uma leitura de zero Ω) ou pode ter um valor de resistência fora da faixa declarada de tolerância.

Testando potenciômetros

Como ocorre com o resistor, você pode testar um *potenciômetro*, ou pot — que é um resistor variável — usando o ajuste de ohms do multímetro (para mais detalhes sobre pots, consulte o Capítulo 5).

Aqui está como realizar o teste:

1. **Desligue a força antes de tocar o circuito; em seguida, remova o potenciômetro.**

2. **Ajuste o multímetro para ler ohms.**

    Se o medidor não tiver procura de faixa automática, comece com uma faixa alta e a diminua conforme necessário.

3. **Posicione os terminais de teste nos dois terminais do potenciômetro.**

   Dependendo de onde você puser os terminais, espere um destes resultados:

   - Com os terminais do medidor aplicados em uma ponta fixa (ponto 1) e ao *cursor* (wiper), ou terminal variável (ponto 2), como exibe a Figura 16-10, virar o seletor em uma direção aumenta a resistência, e virá-lo em outra direção diminui a resistência.

   - Com os terminais do medidor aplicados ao cursor (ponto 2) e à outra ponta fixa (ponto 3), ocorre a variação da resistência oposta.

   - Se você conectar os terminais do medidor às duas pontas fixas (ponto 1 e 3), a leitura obtida deverá ser a resistência máxima do pot, não importa para que lado você vire o seletor.

FIGURA 16-10: Conecte os terminais de teste ao primeiro terminal do potenciômetro e ao terminal central, ao central e ao terceiro, e ao primeiro e terceiro.

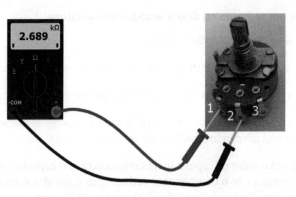

DICA

Quando você girar o seletor do potenciômetro, anote quaisquer mudanças repentinas na resistência, algo que pode indicar um defeito no aparelho. Se você encontrar esse defeito, troque o potenciômetro por um novo.

Testando capacitores

Você usa um capacitor para armazenar energia elétrica por um curto período de tempo (para saber sobre capacitores, leia o Capítulo 7). Caso seu multímetro não disponha do recurso de testar capacitores, você ainda pode usá-lo com o ajuste para ohms para ajudá-lo a decidir se precisa substituir o capacitor.

Eis como testar o capacitor:

LEMBRE-SE

1. **Antes de testar o capacitor certifique-se de descarregá-lo a fim de tirar toda a energia elétrica do dispositivo.**

   Capacitores grandes podem reter carga por longos períodos de tempo — mesmo depois de desligar a força.

Para descarregar um capacitor, você coloca seus terminais em contato com um *jumper de drenagem* isolado (conforme mostra a Figura 16-11), que é simplesmente um fio preso a um grande resistor (1MΩ ou 2MΩ). O resistor evita que o capacitor sofra um curto, o que o deixaria imprestável.

2. **Remova o jumper de drenagem.**

3. **Ajuste o multímetro a ohms e encoste os terminais de teste nos terminais do capacitor.**

   Em capacitores não polarizados, o lado em que se conecta os terminais não é importante, mas se você estiver testando um capacitor polarizado conecte o terminal preto ao terminal negativo do capacitor e o terminal vermelho ao terminal positivo. (O Capítulo 7 explica como determinar a polaridade do capacitor.)

4. **Espere um segundo ou dois e então anote a leitura.**

   Você vai ter uma dessas duas leituras:

   - Um bom capacitor mostra uma leitura infinita quando se realiza essa ação.
   - Uma leitura zero pode significar que o capacitor está em curto.
   - Uma leitura entre zero e infinito pode indicar vazamento no capacitor, isto é, ele está perdendo a capacidade de manter a carga.

CUIDADO

Esse teste não dá o valor de capacitância nem mostra se o capacitor está aberto, o que pode acontecer se o componente estiver com o interior estruturalmente danificado ou seu *dielétrico* (material isolante) seco ou com vazamento. Um capacitor aberto apresenta uma leitura infinita, exatamente como um bom capacitor. Para um teste conclusivo, use o multímetro com a função de teste para capacitores.

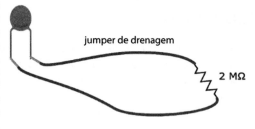

FIGURA 16-11: Compre ou faça um jumper de drenagem, usado para drenar o excesso de carga de um capacitor.

Testando diodos

Um *diodo* é um componente semicondutor que age como valor unidirecional de corrente (para obter detalhes sobre diodos, veja o Capítulo 9). Se o multímetro não tiver ajuste para teste de diodos, você pode usar o ajuste para ohms para testar a maior parte dos diodos.

330 PARTE 3 **Levando a Eletrônica a Sério**

Para realizar o teste, siga estes passos:

1. **Ajuste o medidor para uma faixa de resistência de valor baixo.**
2. **Conecte o terminal preto ao catodo (lado negativo, com uma listra) do diodo e o terminal vermelho ao anodo (lado positivo).**

   O multímetro deve apontar uma baixa resistência.
3. **Inverta os terminais e você deve obter uma leitura de resistência infinita.**

DICA

Se você não tiver certeza de qual é o lado de cima de um diodo, use o multímetro para identificar o anodo e o catodo. Faça testes de resistência com terminais conectados de um lado e depois com os terminais conectados do outro lado. Para as leituras mais baixas entre as duas resistências, o terminal vermelho está conectado ao anodo e o terminal preto está conectado ao catodo.

Testando transistores

Um *transistor bipolar* é, essencialmente, dois diodos em um componente, como ilustrado na Figura 16-12. (Em um transistor PNP os dois diodos são invertidos.) Caso seu multímetro não possa checar transistores ou diodos, você pode usar o ajuste de ohms para testar a maioria dos transistores bipolares de forma semelhante a que testa diodos: ajuste o medidor a uma faixa de resistência de baixo valor e teste cada diodo no transistor, um por vez.

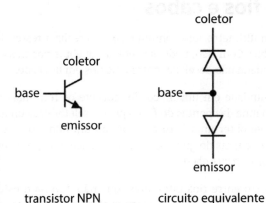

FIGURA 16-12: Um transistor bipolar é como dois diodos em um só componente.

transistor NPN

circuito equivalente de diodo

CUIDADO

Use o seguinte teste *somente* com transistores bipolares. Realizar o teste com um multímetro pode danificar permanentemente alguns tipos de transistores, especialmente transistores de efeito de campo (FETs, sigla em inglês). Se não tiver certeza de que tipo de transistor você tem, consulte as especificações técnicas antes de testá-lo. (Muitas vezes você encontra as especificações técnicas

CAPÍTULO 16 **Aprendendo a Lidar com o Multímetro para Medir Circuitos** 331

procurando o número de identificação do componente na internet; por exemplo, você pode procurar a *planilha de dados do 2N390.)*

Se você estiver testando um transistor NPN (como o mostrado na Figura 16-12), siga estes passos:

1. **Ajuste o medidor para uma faixa de resistência de baixo valor.**

2. **Conecte o terminal preto ao coletor do transistor e o terminal vermelho à base.**

   O multímetro deve exibir uma resistência baixa.

3. **Inverta os terminais.**

   Você deverá obter uma leitura de resistência infinita.

4. **Conecte o terminal preto ao emissor e o vermelho à base.**

   O medidor deve mostrar resistência baixa.

5. **Inverta os terminais.**

   O medidor deve mostrar resistência infinita.

A um transistor PNP, as leituras devem ser opostas às apresentadas a um transistor NPN.

Testando fios e cabos

Você pode usar o multímetro como ohmímetro para realizar testes de continuidade em fios e cabos. Com isso, pode-se detectar quebras nos fios e *curtos-circuitos*, ou continuidade não desejada, entre dois fios em um cabo.

Para testar continuidade em um único fio, conecte os terminais de teste do multímetro a cada uma das pontas do fio e ajuste o seletor para uma faixa baixa de ohms. Você deve obter uma leitura de 0Ω ou um número de ohms muito baixo. Uma leitura de mais do que alguns ohms indica uma possível quebra no fio, ocasionando um *circuito aberto*.

Para testar um curto entre fios diferentes, que não deveriam estar eletricamente conectados, você ajusta o medidor para aferir ohms e então conecta um dos terminais de teste a uma ponta exposta de um fio e o outro terminal de teste a uma ponta exposta do outro fio. Se você obtiver uma leitura de 0Ω ou um número baixo de ohms, pode haver um curto-circuito entre os fios. (Note que você pode ter uma leitura diferente de ohms infinitos se os fios ainda estiverem conectados ao circuito quando fizer a medição. Tenha a certeza de que seus fios não estão em curto, a menos que a leitura seja muito baixa ou igual a zero.)

ATÉ OS FIOS RESISTEM AO FLUXO DE ELÉTRONS

Por que você não tem sempre uma leitura de 0Ω quando testa um fio, principalmente um fio longo? Todos os circuitos elétricos mostram alguma resistência ao fluxo de corrente; a medição de ohms testa essa resistência. Até mesmo fios curtos têm resistência, mas geralmente fica muito abaixo de 1Ω, de modo que não é um motivo de teste importante para continuidade ou curtos. Entretanto, quanto mais longo o fio, maior é a resistência — principalmente se um fio tem um diâmetro pequeno. Geralmente, quanto mais comprido o fio, menor é a resistência a cada 30cm. Mesmo que o medidor não leia exatamente 0Ω, você pode supor uma continuidade adequada nesse caso se obtiver uma leitura de ohms baixa.

Testando interruptores

Interruptores mecânicos podem ficar sujos e desgastados ou, às vezes, até quebrar, tornando-se suspeitos ou totalmente incapazes de passar corrente elétrica. O Capítulo 4 descreve quatro tipos comuns de interruptores: polo único, single-throw (SPST); polo único, double-throw (SPDT); polo duplo, single-throw (DPST) e polo duplo, double-throw (DPDT). Dependendo do interruptor, pode haver zero, uma ou duas posições DESLIGADO e pode haver uma ou duas posições LIGADO.

Você pode usar o multímetro ajustado em ohms para testar qualquer um desses interruptores. Familiarize-se com as posições liga/desliga e as conexões dos terminais do interruptor que está testando — e teste cada possibilidade. Com os terminais de teste conectados através dos terminais de qualquer combinação entrada/saída colocada na posição desligada, o medidor deve ler ohms infinitos; a posição ligada deve dar uma leitura de 0Ω.

LEMBRE-SE

Você pode facilmente testar interruptores tirando-os do circuito. Se o interruptor ainda estiver conectado ao circuito, o medidor pode não mostrar ohms infinitos quando você colocar o interruptor na posição desligada. Se, em vez disso, você obtiver uma leitura de algum valor diferente de 0Ω, pode presumir que o interruptor está funcionando adequadamente como um circuito aberto quando estiver na posição desligado.

Testando fusíveis

Fusíveis são destinados a proteger circuitos eletrônicos de danos causados pelo fluxo de corrente excessiva e, mais importante, para evitar um incêndio se o circuito ficar superaquecido. Um fusível queimado é um circuito aberto que não está mais oferecendo proteção e, portanto, precisa ser substituído. Antes de testar um fusível, assegure-se de removê-lo com segurança ou de desligar o circuito. Então, ajuste o multímetro para ohms e encoste um terminal de teste a qualquer uma das pontas do fusível. Se o medidor ler ohms infinitos significa que você tem um fusível queimado.

Realizando outros testes com o multímetro

Muitos multímetros digitais incluem funções extras que testam componentes específicos, como capacitores, diodos e transistores. Esses testes proporcionam resultados mais definitivos do que as medidas de resistência que discuto anteriormente nesta seção.

Caso tenha uma função de teste de capacitores, seu multímetro vai exibir o valor do capacitor. Isso pode ser útil porque nem todos os capacitores seguem o esquema de identificação padrão da indústria. Consulte o manual de seu multímetro para o procedimento exato porque as especificações podem mudar de um modelo para outro. Certifique-se de observar a polaridade correta quando conectar o capacitor aos terminais de teste do medidor.

Se o multímetro tiver uma função de teste de diodos, você pode testar um diodo ligando o terminal vermelho ao anodo (terminal positivo) e o terminal preto ao catodo (terminal negativo). Você deverá obter uma leitura bastante baixa, mas não zero (0,5, por exemplo). Então, inverta os terminais; você deverá obter uma leitura acima da faixa. Se obtiver duas leituras de zero ou duas leituras acima da faixa, é possível que seu diodo não esteja funcionando (ou seja, está em curto ou aberto).

DICA

Você pode usar a função de teste de diodos para testar transistores de junção bipolar, tratando-os como dois diodos individuais (veja a Figura 16-12).

Caso seu multímetro disponha do recurso de checar transistores, siga o procedimento descrito no manual, que varia de um modelo a outro.

Usando um Multímetro para Checar Seus Circuitos

Um dos principais benefícios de um multímetro é o fato de ele poder ajudá-lo a analisar o que vai bem ou mal em seu circuito. Ao usar as várias regulagens de teste, você pode verificar a viabilidade de componentes individuais e confirmar que as correntes e tensões são o que devem ser. Cedo ou tarde você vai montar um circuito que não funciona bem — mas seu multímetro pode auxiliá-lo a descobrir o problema se você não puder resolver mediante uma checagem física de todas as conexões.

Para localizar problemas no circuito, marque primeiro os valores dos componentes do diagrama, depois os níveis aproximados de tensão em vários pontos e os níveis esperados de corrente em cada ramo do circuito. (Com frequência, o processo de marcar o diagrama esquemático revela um ou outro erro de matemática.) Em seguida, use o multímetro para fazer uma verificação geral.

A seguir, uma lista de itens a serem verificados quando se procura problemas no circuito:

> » Voltagens da fonte de alimentação.
> » Funcionalidade de componentes individuais e valores reais (fora do circuito).
> » Continuidade da fiação.
> » Níveis de tensão em vários pontos do circuito.
> » Níveis de corrente em parte do circuito (sem exceder as capacidades de corrente do multímetro).

Procedendo passo a passo, você pode testar vários componentes e peças do circuito e limitar a lista de suspeitos até descobrir a causa do problema ou admitir que precisa de ajuda profissional — do amistoso guru em eletrônica da vizinhança.

336   PARTE 3 **Levando a Eletrônica a Sério**

NESTE CAPÍTULO

Criando pisca-piscas e luzes intermitentes exclusivas

Soando um alarme

Construindo uma sirene adaptável

Criando sons com seu próprio amplificador

Projetando um sinal de tráfego

Produzindo música maravilhosa

Capítulo 17

Reunindo Projetos

Dedicação entusiástica à eletrônica realmente dá resultados quando você chega ao ponto em que realmente pode construir um ou dois projetos. Neste capítulo você vai poder brincar com diversos dispositivos eletrônicos divertidos, interessantes e educativos que pode construir em uma hora ou menos. Selecionei projetos em função do elevado interesse e simplicidade. Utilizei o mínimo de peças possível e o projeto mais caro custa menos de $15.

No primeiro projeto, detalho os procedimentos, portanto, trabalhe antes nele. Depois você deve ser capaz de seguir o diagrama esquemático do circuito e construir os demais projetos sozinho. Consulte o Capítulo 11 se precisar refrescar a memória sobre diagramas esquemáticos e dê uma olhada no Capítulo 3 se quiser rever conceitos básicos sobre circuitos. E se os projetos parecerem não funcionar como anunciado (acontece com todo mundo), reveja o Capítulo 16, arme-se de um multímetro e comece a localizar os problemas.

Conseguindo Aquilo que Você Precisa Logo de Cara

Você pode construir todos os projetos deste capítulo em uma matriz de contato sem solda. Fique à vontade para construir qualquer um dos projetos em uma placa de circuito normal caso queira guardá-los. Há mais detalhes sobre matrizes de contato e construção de circuitos no Capítulo 15. Se você tiver dificuldades em qualquer um desses projetos, consulte esse capítulo para obter auxílio.

DICA

Você pode encontrar todas as peças de que precisa para construir os projetos deste capítulo em qualquer loja de eletrônicos ou um vendedor de produtos eletrônicos online. Se você não tiver uma boa loja perto de sua casa, verifique no Capítulo 19 alguns fornecedores de peças eletrônicas para compras online.

A menos que haja uma recomendação diferente, use estas diretrizes ao selecionar componentes:

» Todos os resistores são classificados para uma tolerância de 5% ou 10% ou 1/4W ou 1/8W. Incluo o código de cores para cada valor de resistor na lista de peças de cada projeto.

» Todos os capacitores são classificados em um mínimo de 25V. Apresento o tipo de capacitor de que você precisa (por exemplo, disco ou eletrolítico) na lista de peças de cada projeto.

LEMBRE-SE

Se você quiser conhecer as minúcias de um ou mais componentes eletrônicos que vai usar nesses projetos, reveja o material nos Capítulos 4 a 7 e 9 a 12. Você vai encontrar informações sobre interruptores no Capítulo 4, detalhes sobre resistores e a Lei de Ohm nos Capítulos 5 e 6, respectivamente, e um tratado sobre capacitores no Capítulo 7. O Capítulo 9 explica diodos, o Capítulo 10 discute transistores; e dois circuitos integrados (CIs) usados nestes projetos são descritos no Capítulo 11. Fios, fonte de alimentação e outras peças (por exemplo, sensores, alto-falantes e campainhas) são discutidos no Capítulo 12.

DICA

Você pode aprender mais sobre um determinado CI procurando suas especificações técnicas online ou fazendo uma pesquisa na internet em busca de literatura técnica sobre a peça. Essas fontes de informação lhe dizem muito mais do que apenas a pinagem e requerimentos de potência para os CIs; muitas vezes elas fornecem amostras de circuitos e dicas para obter o melhor desempenho do chip. Os projetos neste capítulo usam o chip temporizador 555, o CI contador de décadas 4017 e o chip amplificador de áudio LM386.

Criando um Circuito de Pisca-pisca de LED

Não se trata de uma "Missão Impossível", mas sua primeira missão — caso decida aceitá-la — é construir um circuito contendo um único diodo emissor de luz (LED) que pisca em um ritmo que você pode variar. Isso pode parecer simples, mas conseguir que um LED pisque significa que você precisa construir com êxito um circuito completo, limitar a corrente do circuito para que ele não queime o LED e ajustar um timer para desligar e ligar a corrente de modo que a luz pisque. Cumprida a missão, você vai modificar o circuito e criar um pisca-pisca multi-LED que possa montar na traseira de sua bicicleta para alertar os motoristas de sua presença.

DICA

Se você já construiu alguns circuitos em uma matriz de contato sem solda (seguindo as instruções em capítulos anteriores) já deve ser quase um profissional. Talvez você não precise das instruções detalhadas sobre construção de circuitos que apresento a seguir neste capítulo, mas ainda é uma boa ideia ler as explicações de como escolher componentes para este primeiro circuito.

Explorando um pisca-pisca 555

Você pode ver o diagrama esquemático (DE) de um pisca-pisca de LED na Figura 17-1. (Para refrescar a memória rapidamente sobre leitura de DEs, volte ao Capítulo 14.) Aqui estão as peças necessárias para construir este circuito:

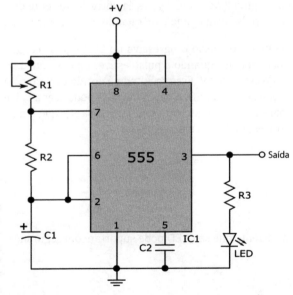

FIGURA 17-1: Diagrama esquemático para um circuito pisca-pisca de LED.

CAPÍTULO 17 **Reunindo Projetos** 339

- » Bateria de 9 volts (com garra de bateria).
- » CI1: CI timer LM555.
- » R1: Potenciômetro de 1MΩ.
- » R2: Resistor de 47kΩ (amarelo/violeta/laranja).
- » R3: Resistor de 330Ω (laranja/laranja/marrom).
- » C1: Capacitor eletrolítico (polarizado) de 4,7μF.
- » C2: Capacitor de disco (não polarizado) de 0,01μF.
- » LED: Diodo emissor de luz (qualquer cor, qualquer tamanho).

Antes de construir o pisca-pisca de LED, talvez você queira fazer uma rápida análise para compreender exatamente como ele funciona.

A base de um pisca-pisca de LED (assim como de outros projetos neste capítulo) é o CI timer (temporizador) 555. Você pode usar essa peça versátil de várias maneiras, conforme explicado no Capítulo 11. Para este projeto, o timer 555 é configurado como um *multivibrador astável* (uma forma sofisticada de dizer que é um oscilador) que gera uma série de pulsos contínuos de liga/desliga em intervalos regulares, mais ou menos um metrônomo eletrônico. A saída do CI timer 555, no pino 3, é o que você usa para ligar e desligar a corrente do LED.

Limitando a corrente que atravessa o LED

O resistor R_3 está aqui para evitar que você queime o LED. Esse resistor barato desempenha a função importante de limitar a corrente que passa pelo LED. A tensão de saída no pino 3 do timer 555 varia entre 9V (a fonte de alimentação positiva) quando o pulso está ligado e 0V quando o pulso está desligado.

Supondo que a queda de tensão progressiva no LED seja de cerca de 2,0V (um valor típico), você sabe que quando o pulso estiver ligado a queda de tensão no resistor R_3 será de cerca de 7V. Esse resultado é obtido tirando os 9V do pino 3 subtraindo a queda de 2V no LED. A partir daí você pode usar a Lei de Ohm (veja o Capítulo 6) para calcular a corrente que atravessa R_3, que é a mesma que a corrente que atravessa o LED, como segue:

$$corrente = \frac{tensão}{resistência}$$
$$= \frac{7\,V}{330\,\Omega}$$
$$\approx 0,021\,A = 21\,mA$$

Agora, essa é a corrente que seu LED pode suportar com segurança.

Controlando o tempo do pulso

Os resistores R1 e R2 e o capacitor C1 controlam a amplitude e o intervalo do tempo liga/desliga do pulso gerado pelo CI timer 555 (veja detalhes no Capítulo 11). Este projeto usa um potenciômetro para variar R1 a fim de que você possa mudar o ritmo do pisca-pisca, de uma valsa lenta para um samba rápido.

O *período de tempo*, T, é o tempo total necessário para um pulso para cima e para baixo:

$$T = 0{,}693 \times (R1 + 2R2) \times C1$$

PAPO DE ESPECIALISTA

Para calcular a faixa de períodos de tempo que o timer 555 vai gerar, use primeiro 47.000 para R2 (47kΩ) e 0,0000047 para C1 (4,7μF) na equação para T. Então, calcule a extremidade menor do intervalo de temporização usando 0 para R1 na equação, e calcule a extremidade mais alta do intervalo de temporização usando 1.000.000 para R1 na equação. Você deve esperar que o intervalo de temporização varie de cerca de 0,3 segundos a 3,6 segundos à medida que gira o seletor de 0Ω para 1MΩ.

Construindo um circuito pisca-pisca de LED

Para verificar se a luz pisca no ritmo que seus cálculos dizem que piscaria, construa o circuito pisca-pisca de LED e teste-o! Use a Figura 17-2 como guia. Se este for o primeiro circuito que está construindo, você poderá querer seguir as instruções detalhadas desta seção.

DICA

Você pode facilitar o uso da energia da bateria quando construir um circuito em uma matriz de contato usando apenas um interruptor e alguns fios, como mostra a Figura 17-2. Use um interruptor de polo único, double-throw (SPDT) para conectar o terminal positivo da bateria ao trilho de alimentação superior (no Capítulo 4, explico esse processo em detalhes). Depois conecte os trilhos de alimentação positiva no alto e embaixo usando um fio vermelho e os trilhos de alimentação negativa no alto e embaixo usando um frio preto; com isso, a energia fica disponível na parte superior e inferior da matriz.

FIGURA 17-2: Um pisca--pisca de LED com peças montadas em uma matriz de contato. (Foram acrescentados rótulos dos pinos do CI timer 555.)

CAPÍTULO 17 **Reunindo Projetos** 341

Eis aqui os passos para construir o circuito pisca-pisca de LED:

1. **Reúna todos os componentes de que precisa para o projeto.**

   Veja a lista de peças na seção "Explorando um pisca-pisca 555" para conferir o que precisa. Nada é pior do que começar um projeto e parar no meio do caminho porque não tem tudo à mão!

2. **Com cuidado, insira o chip do timer 555 no centro da placa.**

   É prática comum inserir um CI para que utilize a fileira vazia do centro da matriz de contato e o *entalhe do relógio* (o pequeno dente ou entalhe em uma ponta do chip) fique voltado para o lado esquerdo da placa.

3. **Insira os dois resistores fixos, R2 e R3, na placa, seguindo o DE e o exemplo de placa na Figura 17-2.**

4. **Insira os dois capacitores, C1 e C2, na placa, seguindo o diagrama esquemático (DE) e o exemplo de placa na Figura 17-2.**

   Conforme observado no Capítulo 11, os pinos nos chips de CI são numerados em sentido anti-horário, começando no entalhe do relógio. Se você colocou o CI timer 555 com o entalhe do relógio voltado para o lado esquerdo da placa, as conexões do pino estão como mostra a Figura 17-2.

   Certifique-se de orientar o capacitor polarizado de forma adequada, com o lado negativo conectado à terra.

5. **Solde fios ao potenciômetro (R1) para conectá-lo à matriz de contato.**

   Use fio sólido de bitola 22. A cor não importa. Observe que o potenciômetro tem três conexões. Uma conexão (em qualquer extremidade) vai para o pino 7 do 555; as outras duas (na outra ponta e no centro) estão juntas, ou formam uma ponte, e ligadas ao lado positivo da fonte de alimentação.

6. **Conecte o LED como mostra o diagrama esquemático e a foto.**

   LEMBRE-SE

   Observe a orientação adequada ao inserir o LED: conecte o catodo (lado negativo, com o terminal mais curto) do LED à terra. Cheque a embalagem que veio com o LED para se certificar de que fez certo. (Se não, e você inserir o LED invertido, nada de ruim vai acontecer, mas o LED não vai acender. Simplesmente remova o LED e insira-o novamente do outro lado.)

7. **Use fio sólido de bitola 22, preferencialmente pré-cortado e aparado para uso em matrizes de contato sem solda, para terminar de fazer as conexões.**

   Use a amostra de placa mostrada na Figura 17-2 como guia para fazer essas conexões de jumpers (fios de ligação).

8. **Antes de ligar a energia cheque seu trabalho mais uma vez. Verifique todas as conexões examinando os fios e compare-as ao DE.**

9. **Finalmente, ligue a bateria de 9V à alimentação positiva e aterre os trilhos da matriz de contato.**

   É mais fácil se você usar uma garra para bateria de 9V, que contém terminais pré-desencapados. Talvez você queira soldar o fio sólido de bitola 22 às extremidades dos terminais da garra; isso facilita a inserção dos fios na matriz de contato sem solda. Lembre-se: o terminal vermelho da garra da bateria é o terminal positivo da bateria, e o terminal preto é o terminal negativo ou terra.

Checando seu trabalho manual

Ao ligar a energia ao circuito, o LED deve piscar. Gire o botão R1 para mudar a velocidade do pisca-pisca. O LED pisca no ritmo que você espera? Se o circuito não funciona, desconecte a bateria de 9V e cheque as conexões outra vez.

Aqui estão alguns erros comuns que são cometidos:

» **IC 555 inserido ao contrário:** Esse erro pode danificar o chip, portanto, se isso ocorreu, você deve colocar outro 555.

» **LED inserido ao contrário:** Tire-o e inverta os terminais.

» **Fios de conexão e terminais dos componentes não apertados com firmeza suficiente nos soquetes da matriz de contato:** Certifique-se de que cada fio esteja bem encaixado na matriz de contato para que não haja conexões soltas.

» **Valores de componentes errados:** Verifique de novo, só para garantir!

» **Bateria gasta:** Tente uma nova.

» **Circuito com fios mal colocados:** Peça a um amigo para dar uma olhada. Olhos descansados podem ver erros que talvez você não note.

Você pode usar o multímetro para testar tensões, correntes e resistência no circuito. Como descrito no Capítulo 16, esses testes podem ajudá-lo a identificar a causa dos problemas do circuito. O multímetro pode lhe dizer se a bateria está em boas condições, se o diodo ainda é um diodo, e mais, muito mais.

DICA

Se você estiver construindo um circuito novo, é boa prática em eletrônica primeiro construí-lo em uma matriz de contato sem solda. Isso porque muitas vezes você necessita mudar alguma coisa no circuito para que ele funcione bem. Quando ele estiver funcionando, você pode torná-lo permanente, se quiser. Não tenha pressa — e lembre-se de checar seu trabalho duas, três vezes. Não se preocupe: você pegará o jeito rapidinho.

Criando um Pisca-pisca de LED para Bicicletas

Você pode expandir seu circuito pisca-pisca de LED simples e criar um pisca-pisca barato de vários LEDs que pode ser usado para aumentar sua segurança quando for dar uma volta de bicicleta ou correr no parque. Ou você pode simplesmente usá-lo na camisa para impressionar os amigos.

Olhe o circuito na Figura 17-3. Além dos LEDs adicionais na saída do CI timer 555 e do uso de um resistor fixo em vez de um potenciômetro para R_1, este circuito parece idêntico ao circuito simples de LED pisca-pisca na seção anterior. E é. Bem, exceto pelos valores de R_1, R_2 e C_1, que são os componentes que determinam o ritmo do pulso que controla o liga/desliga dos LEDs.

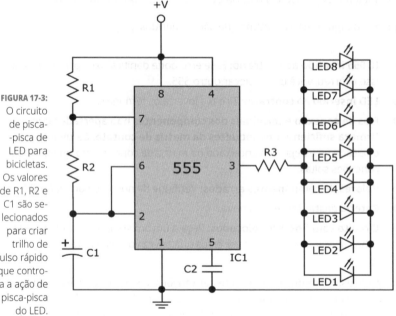

FIGURA 17-3: O circuito de pisca-pisca de LED para bicicletas. Os valores de R1, R2 e C1 são selecionados para criar trilho de pulso rápido que controla a ação de pisca-pisca do LED.

Para um pisca-pisca de bicicleta, você vai querer que as luzes se movimentem rapidamente, mas não tanto que não se possa distinguir uma piscada da outra. Os valores mostrados em seguida para R_1, R_2 e C_1 geram um intervalo de temporização de cerca de dois pulsos por segundo (2Hz). Também sugiro que você use LEDs ultrabrilhantes, que são semelhantes aos LED normais exceto pelo fato de serem cobertos por plástico transparente, o que faz com que pareçam mais brilhantes.

Aqui está a lista de peças para o pisca-pisca de LED para bicicleta:

- Bateria de 9 volts (com garra de bateria).
- CI1: CI timer LM555.
- R1, R2: Resistor de 1kΩ (marrom/preto/vermelho).
- R3: Resistor de 330Ω (laranja/laranja/marrom).
- C1: Capacitor eletrolítico (polarizado) de 220μF.
- C2: Capacitor de disco (não polarizado) 0,01μF.
- LED 1 a 8: Diodos emissores de luz ultrabrilhantes (5mm, qualquer cor).

Se você quiser mudar o ritmo do pisca-pisca, tente usar valores diferentes de R1 (ou R2 ou C1). Por exemplo, usar resistores 220Ω (vermelho/vermelho/marrom) para R1 e R2 produz um ritmo de pisca-pisca de cerca de 10 pulsos por segundo (10Hz). E lembre-se de adicionar um interruptor liga/desliga para a bateria caso transforme este circuito em permanente.

Apanhando Intrusos com um Alarme com Sensor de Luz

A Figura 17-4 mostra o diagrama esquemático de um alarme com sensor de luz. A ideia desse projeto é simples: se uma luz se acender, o alarme dispara.

Você constrói o alarme ao redor de um chip 555, que age como um gerador de tonalidade. O timer 555 é configurado (novamente) como um oscilador e os valores de *R3*, *R4* e *C1* são selecionados para criar um trilho de pulso de saída (no pino 3) em uma frequência em faixa audível (20Hz a 20kHz).

PAPO DE ESPECIALISTA

Note que o pino 4 (*reset* — de restauração) do timer 555 não está ligado à fonte de alimentação positiva, tal como acontecia nos circuitos osciladores 555 descritos antes neste capítulo. Esse fato é significativo, porque se o pino *reset* for ligado no alto o timer 555 vai simplesmente ficar oscilando (e o alto-falante vai continuar produzindo um som) enquanto a energia estiver ligada. Porém, se uma tensão baixa for aplicada ao pino *reset*, o circuito de temporização interno do timer 555 é restaurado, a saída (pino 3) fica baixa e o alto-falante permanece em silêncio.

Assim, para fazer o timer 555 soar o alarme somente quando houver a presença de luz, é necessário criar um interruptor sensível à luz e usá-lo para controlar o pino *reset* do timer 555. O lado esquerdo do circuito na Figura 17-4 é equipado com o interruptor sensível à luz na forma de uma combinação de fotorresistor/transistor.

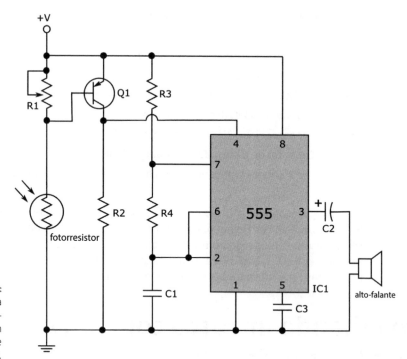

FIGURA 17-4: Diagrama esquemático de um alarme de luz.

O transistor *Q1* desempenha o papel de interruptor, às vezes conduzindo corrente, às vezes não. (Logo você vai descobrir o que controla o *Q1*.) O transistor *Q1* controla o pino *reset* do timer 555 da seguinte forma:

> » **Quando o transistor não estiver conduzindo corrente, a tensão no pino 4 (reset) do timer 555 cai.**
> Se o transistor não estiver conduzindo corrente, não há corrente fluindo pelo resistor R2, então a tensão em *R2* é 0 (zero) e a tensão onde o coletor do transistor Q1 (isto é, o terminal na parte inferior direita do transistor na Figura 17-4) encontra o pino 4 do timer 555 é 0.
>
> » **Quando o transistor estiver conduzindo corrente, a tensão no pino 4 (reset) do timer 555 fica alta.**
> No Capítulo 10 você toma conhecimento de que quando um transistor está conduzindo totalmente, a queda de tensão do coletor para o emissor é praticamente 0, portanto, neste circuito, a tensão no coletor é praticamente igual à tensão da fonte de alimentação de 9V.

PAPO DE ESPECIALISTA

Quer o transistor esteja ligado (conduzindo) ou desligado (não conduzindo) isso depende do que está acontecendo na base (terminal esquerdo) do transistor. A tensão de base é controlada por um divisor de tensão (veja detalhes no Capítulo 6), que consiste no potenciômetro (*R1*) e no fotorresistor. Para ligar *Q1* a tensão em sua base deve ficar baixa (veja detalhes sobre operação de transistor PNP no Capítulo 11). Com pouca ou nenhuma luz presente, a resistência do fotorresistor é muito alta, de modo que a tensão na base do transistor *Q1* é alta e *Q1* desliga. Quando a luz atinge o fotorresistor, sua resistência diminui, a tensão na base de *Q1* fica baixa e o transistor liga.

Isso significa que o alarme de luz tem dois estados possíveis:

» **Escuro:** A resistência do fotorresistor é muito alta, de modo que a tensão da base do transistor *Q1* é alta, fazendo que ele se desligue. Sem corrente passando por *R2* o pino reset 4 do timer 555 fica baixo. Como resultado, o timer 555 não está oscilando (não há alarme).

» **Luz:** A resistência do fotorresistor é baixa, de modo que a tensão de base do transistor *Q1* é baixa, fazendo com que ele ligue e conduza corrente por *R2*, o que então eleva a tensão no pino reset 4 do timer 555. Como resultado, o timer 555 oscila e o alarme dispara.

DICA

Você pode ajustar a sensibilidade do alarme girando o potenciômetro (*R1*), que simplesmente altera a razão do divisor de tensão, de modo que mais (ou menos) luz é necessária para ligar o transistor *Q1*. Resolva se você quer sentir uma mudança da escuridão total para luz fraca ou de luz fraca para luz forte.

Montando uma lista de peças para o alarme de luz

Aqui está a lista de compras para o projeto de alarme de luz:

» Bateria de 9V (com garra).
» IC1: CI timer LM555.
» Q1: Transistor PNP 2N3906.
» R1: Potenciômetro 100kΩ.
» R2: Resistor 3,9kΩ (laranja/branco/vermelho).
» R3: Resistor 10kΩ (marrom/preto/laranja).
» R4: Resistor 47kΩ (amarelo/violeta/laranja).
» C1, C3: Capacitor de disco (não polarizado) 0,01μF.
» C2: Capacitor eletrolítico ou de tântalo (polarizado) de 4,7μF.
» Alto-falante: Alto-falante 8Ω, 0,5W.
» Fotorresistor: Experimente vários tamanhos diferentes; por exemplo, um fotorresistor maior vai deixar o circuito um pouco mais sensível.

Fazendo o alarme funcionar para você

Você pode usar este alarme de várias maneiras práticas. Eis algumas ideias:

» Coloque o alarme de luz dentro da despensa para que ele dispare sempre que alguém atacar os biscoitos de chocolate. Mantenha o companheiro ou companheira longe de seu esconderijo — ou continue com seu regime! Quando a porta da despensa abrir, a luz a atravessa e o alarme dispara.

- Você tem um projeto eletrônico complexo em andamento na garagem e não quer que ninguém mexa? Coloque o alarme dentro da garagem, perto da porta. Se alguém a abrir durante o dia, a luz vai atravessar e disparar o alarme.

- Construa seu próprio galo eletrônico para despertá-lo quando o dia nascer. (Quem precisa de um despertador?)

» Crie um sistema de "sala ocupada" — mas não use um alto-falante barulhento. Em vez disso, substitua *C2* e o alto-falante por um resistor 330Ω e um LED. O LED vai acender quando o fotorresistor detectar luz. Conecte o circuito de modo que a maior parte das peças fique em uma caixa no quarto e o LED fique instalado do lado de fora da porta do quarto.

Tocando em Escala Dó Maior

A Figura 17-5 mostra um DE para um teclado eletrônico primitivo. O circuito pode parecer complicado, mas, na verdade, é muito simples se você entender como o CI timer 555 funciona como oscilador.

Aqui estão as peças necessárias para construir o circuito de escala em Dó Maior:

» Bateria 9V (com garra).

» IC1: CI timer LM555.

» R1, R7: Resistor 2,2kΩ (vermelho/vermelho/vermelho).

» R2: Resistor 10kΩ (marrom/preto/laranja).

» R3: Potenciômetro 10kΩ.

» R4: Resistor 820kΩ (cinza/vermelho/marrom).

» R5, R6: Resistor 1,8kΩ (marrom/cinza/vermelho).

» R8: Resistor 1,2kΩ (marrom/vermelho/vermelho).

» R9: Resistor 2,7kΩ (vermelho/violeta/vermelho).

» R10: Resistor 3kΩ (laranja/preto/vermelho).

348 PARTE 3 **Levando a Eletrônica a Sério**

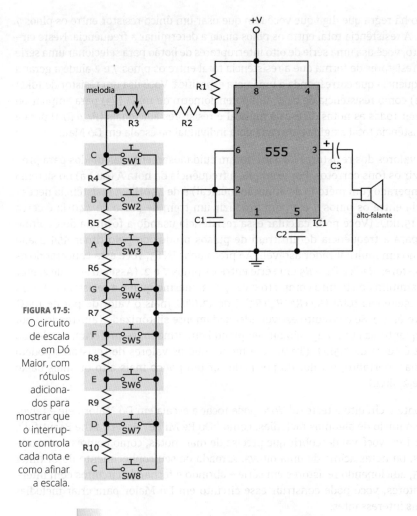

FIGURA 17-5: O circuito de escala em Dó Maior, com rótulos adicionados para mostrar que o interruptor controla cada nota e como afinar a escala.

> » C1: Capacitor de disco (não polarizado) 0,1µF.
> » C2: Capacitor de disco (não polarizado) 0,01µF.
> » C3: Capacitor eletrolítico ou de tântalo (polarizado) 4,7µF.
> » SW (sigla em português INT) 1 a 8: Interruptores momentaneamente ligados, normalmente abertos.
> » Alto-falante: Alto-falante 8Ω, 0,5W.

A frequência na qual a saída do timer 555 oscila depende dos valores das duas resistências e de um capacitor, como você vê no Capítulo 11 e em outros projetos neste capítulo. O resistor *R1* e o capacitor *C1* são dois dos três valores que entram no cálculo de frequência. O outro valor que ajuda a determinar a frequência é a resistência encontrada entre os pinos 7 e 2.

Não há regra que diga que você tem que usar um único resistor entre os pinos 7 e 2. A resistência total entre os pinos ajuda a determinar a frequência. Neste circuito, você usa uma série de oito interruptores de botão para selecionar uma série de resistores de forma que a resistência total entre os pinos 7 e 2 ajude a gerar a frequência que corresponda a uma nota específica. Você usa um resistor de 10kΩ ($R2$) como resistência de base, um potenciômetro de 10kΩ ($R3$) para ampliar ou afinar todas as notas da escala musical e resistores adicionais ($R4$ a $R10$) para a resistência total exigida para cada nota individual na escala em Dó Maior.

Os valores dos resistores $R4$ a $R10$ foram cuidadosamente calculados para produzir os tons corretos. Por exemplo, a frequência da nota A (ou Lá) no sistema temperado (um método de afinação musical) é de 440Hz. A resistência necessária entre os pinos 7 e 2 para produzir um trem de pulso de 440Hz é cerca de 15,1kΩ. (Você pode calcular essa resistência usando a fórmula do Capítulo 11 para a frequência de um trem de pulsos produzido pelo timer 555 usado como um multivibrador astável.) Ao pressionar INT3, você está conectando os resistores $R2$, $R3$, $R4$ e $R5$ em série entre os pinos 7 e 2. (Assegure-se de seguir o caminho do circuito completo e ver por si mesmo qual é a resistência total.) A resistência total ($R2+R3+R4+R5$) é de 12,6kΩ mais o valor do pot de 10kΩ (isto é, $R3$). Se o circuito estiver adequadamente sintonizado (ajustando o pot enquanto usa um diapasão ou seu piano bem afinado, se preferir), o valor do pot é cerca de 2,5kΩ. (Tenha em mente que os valores de resistores podem variar, portanto, o valor do pot pode ser um pouco mais alto ou mais baixo que 2,5kΩ.)

Monte o circuito e teste-o! Você pode tocar a escala em Dó Maior nele e talvez até o início de algumas melodias, como "Dó Ré Mi" e "America the Beautiful". Por fim, você vai descobrir que precisa de mais notas, como bemóis e sustenidos, ou notas acima de uma oitava. Armado de seu conhecimento do CI timer 555, adicionando resistores em série e abrindo e fechando circuitos com interruptores, você pode construir esse circuito em Dó Maior para criar melodias mais interessantes.

Afugentando os Bandidos com uma Sirene

A menos que você carregue um distintivo (de verdade, não o que está naquela caixa de brinquedos), você não pode prender bandidos quando montar a estrondosa sirene que construir neste projeto, como mostrado na Figura 17-6. Porém, a sirene tem um som legal e você pode usá-la como alarme para avisá-lo de que alguém encontrou seu esconderijo de figurinhas de futebol, discos antigos de Frank Sinatra, uma cópia daquele gibi clássico de um super-herói, etc.

350   PARTE 3 **Levando a Eletrônica a Sério**

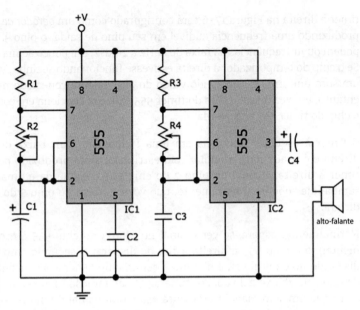

FIGURA 17-6: Uma sirene como a da polícia feita com dois CIs timers 555.

Montando a lista de peças da sirene 555

Para começar a alarmar seus amigos, reúna estas peças para construir o circuito:

- » Bateria de 9V (com garra).
- » CI1, CI2: CI timer LM555.
- » R1, R3: Resistores de 2,2kΩ (vermelho/vermelho/vermelho).
- » R2: Potenciômetro 50kΩ.
- » R4: Potenciômetro 100kΩ.
- » C1: Capacitor eletrolítico (polarizado) 47µF.
- » C2: Capacitor de disco (não polarizado) 0,01µF.
- » C3: Capacitor de disco (não polarizado) 0,1µF.
- » C4: Capacitor eletrolítico ou de tântalo (polarizado) 4,7µF.
- » Alto-falante: Alto-falante 8Ω, 0,5W.

Como sua sirene funciona

Este circuito (veja a Figura 17-6) usa dois chips timer 555. Você usa os dois chips para atuarem como *multivibradores astáveis*, isto é, eles mudam constantemente sua saída de baixo para alto e vice-versa — de modo recorrente. Os dois timers (temporizadores) funcionam em frequências diferentes. O chip do timer à direita na Figura 17-6 está configurado como um *gerador de tonalidade*, produzindo uma frequência audível em seu pino de saída, o pino 3. (Humanos podem ouvir frequências na faixa de 20Hz a 20kHz, um pouco acima ou abaixo.) Se o chip do temporizador à direita estivesse funcionando sozinho, você ouviria um som uniforme e semiagudo vindo do alto-falante conectado na saída. No entanto, em vez disso, o chip do timer 555 à direita funciona em conjunto com o chip do timer 555 à esquerda.

O timer à esquerda funciona em uma frequência mais baixa do que o da direita e é usado para modular (ok, estrilar) o sinal produzido pelo chip do timer à direita. O sinal no pino 2 do chip 555 à esquerda é uma tensão de rampa que sobe e cai lentamente, que você conecta no pino 5 do chip 555 à direita.

PAPO DE ESPECIALISTA

Normalmente, espera-se ver o sinal no pino 3 do chip 555 à esquerda alimentando o chip 555 à direita a fim de disparar o segundo chip. Conforme discutido no Capítulo 11, é no pino 3 de um chip 555 que se encontra o pulso de saída alto/baixo pelo qual os timers 555 são famosos. Para esta sirene, você consegue um som mais interessante usando um sinal diferente — aquele no pino 2 — para disparar o segundo chip 555. O sinal no pino 2 do chip 555 à esquerda sobe e cai lentamente à medida que o capacitor carrega e descarrega. (O Capítulo 7 explica como um capacitor carrega e descarrega; essa tensão do capacitor que sobe e desce aciona a forma de onda do pulso alto/baixo que o timer 555 libera no pino 3, que você não está usando.) Ao alimentar a tensão do capacitor (no pino 2 do chip 555 à esquerda) para o pino de controle (pino 5) do chip 555 à direita, você ultrapassa o gatilho interno do circuito do segundo chip, usando em vez disso um sinal de gatilho variável, o que ajuda a fazer sua sirene tocar.

Ao ajustar os dois potenciômetros, R2 e R4, você muda a intensidade e a velocidade da sirene. Você pode produzir todos os tipos de sirene ou outros efeitos de som estranhos ajustando esses dois potenciômetros. Você pode operar esse circuito com qualquer tensão entre 5V e cerca de 15V. Para energizar o dispositivo, recorra a uma bateria de 9V, fácil de encontrar (incluída na lista de peças na seção anterior).

Construindo um Amplificador de Áudio com Controle de Volume

Dê a seu projeto eletrônico uma voz forte com um pequeno amplificador construído com peças baratas e fáceis de encontrar em quase todas as lojas de eletrônicos, como o CI amplificador de potência LM386. Esse amplificador eleva o volume de microfones, geradores de tonalidade e muitas outras fontes de sinal.

A Figura 17-7 mostra o diagrama esquemático para este projeto, que consiste em apenas dez peças e uma bateria. Você pode operar o amplificador em tensões entre 5V e cerca de 15V. Uma bateria de 9V dá conta do recado.

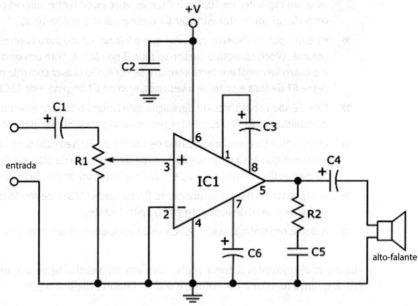

FIGURA 17-7: Diagrama esquemático do amplificador de áudio.

Segue uma lista das peças necessárias para esse projeto:

- » Bateria de 9 volts (com garra).
- » CI1: Amplificador de potência LM386.
- » R1: Potenciômetro 10 kΩ (opcional).
- » R2: Resistor 10Ω (marrom/preto/laranja).
- » C1: Capacitor eletrolítico (polarizado) (opcional) 10μF.
- » C2: Capacitor de disco (não polarizado) 0,1μF.
- » C3, C6: Capacitor eletrolítico (polarizado) 10μF.
- » C4: Capacitor eletrolítico (polarizado) 220μF.
- » C5: Capacitor de disco (não polarizado) 0,047μF.
- » Alto-falante: Alto-falante 8Ω, 0,5W.

Conecte uma fonte de sinal (por exemplo, um microfone condensador da RadioShack, peça 270-092, que requer uma fonte de energia DC) nas entradas, certificando-se de conectar o fio terra da fonte do sinal ao terra comum do

CAPÍTULO 17 **Reunindo Projetos** 353

circuito amplificador. O LM386 faz a maior parte do trabalho para você neste pequeno circuito. Aqui está o que as outras peças fazem:

» *C1* é um capacitor de desacoplamento opcional que evita que a DC passe de um estágio inicial (por exemplo, se você usar um gerador de tonalidade ou outro dispositivo como fonte de sinal de entrada). A lista de peças pede para usar um capacitor de 10µF em C1, mas você pode tentar valores mais baixos como 0,1µF (ou tentar eliminar C1 e observar o que acontece).

» *R1* é um potenciômetro opcional que pode ser usado para controlar o volume. (Você conecta o cursor ao pino 3 do LM386, com um terminal em C1 e o outro terminal em terra comum. Se você não quiser controle de volume, deixe *R1* de fora e conecte o lado negativo de *C1* ao pino 3 do LM386.)

» *C2* e *C6* são capacitores de derivação que isolam o circuito interno de LM386 de qualquer ruído ou zumbidos provenientes da fonte de alimentação.

» O capacitor *C3* aumenta o ganho de LM386 de 20 (sem C3) para cerca de 200. (Observe que essa informação é tirada diretamente da planilha de dados — na qual estão relacionadas as especificações técnicas do LM386.)

» O capacitor *C4* filtra o componente DC da saída LM386 de modo que somente o sinal de áudio chegue ao alto-falante.

» A dupla resistor/capacitor, *R2/C5*, evita oscilações de alta frequência.

Esse circuito simples fornece muito som em uma embalagem pequena e portátil. E quanto melhor o microfone e o alto-falante, melhor o som!

DICA

Tente conectar seu aparelho de som portátil à entrada deste amplificador de áudio. Consiga um velho par de fones de ouvido e faça o seguinte: corte um dos fones, desencape o isolamento dos fios e identifique os fios de sinal e terra. Em seguida, conecte o sinal e terra nas entradas do amplificador, insira o plugue do fone na tomada de seu aparelho de som e curta a música!

PAPO DE ESPECIALISTA

Se você quiser testemunhar os efeitos do barulho em um circuito sensível, remova os capacitores C2 e C6 (mas não os substitua com fios ou qualquer outra coisa) e experimente o amplificador. Provavelmente você vai ouvir muitos estalos.

Criando Geradores de Efeitos de Luz

Se você foi fã da série de televisão *Knight Rider* (no Brasil, *A Super Máquina*), exibida na década de 1980, vai lembrar dos geradores de efeitos sequenciais que o KITT Car (um automóvel superequipado que deu nome à série) tinha na frente. Nesta seção apresento duas versões do gerador de efeitos de luz, cada um utilizando dois CIs baratos e algumas outras poucas peças. Você pode querer escolher um dos circuitos para construir. O Gerador de Efeitos de Luz 1 é um pouco mais fácil de compreender. O Gerador de Efeitos de Luz 2 acrescenta um pouco de complexidade para ficar mais interessante.

As listas de peças dos dois circuitos são praticamente iguais. As principais peças da lista para ambos os circuitos, que inclui rótulos que servem de referência ao DE mostrado nas Figura 17-8 e 17-9, são as seguintes:

- Bateria de 9 volts (com garra).
- CI1: CI timer LM555.
- CI2: CI contador de décadas 4017 CMOS.
- R1: Potenciômetro 1MΩ.
- R2: Resistor 47kΩ (amarelo/violeta/laranja).
- R3: Resistor 330Ω (laranja/laranja/marrom).
- C1: Capacitor de disco (não polarizado) 0,1µF.
- C2: Capacitor de disco (não polarizado) 0,01µF.

Além da lista de peças principais, o Gerador de Efeitos de Luz 1 usa ainda:

- LED1 a LED10: LED (qualquer tamanho, qualquer cor).

Além da lista de peças principais, o Gerador de Efeitos de Luz 2 usa outras mais:

- LED1 a LED6: LED (qualquer tamanho, qualquer cor).
- D1 a D8: Diodo 1N4148.

Construindo o Gerador de Efeitos de Luz 1

O diagrama esquemático para o Gerador de Efeitos de Luz 1 é mostrado na Figura 17-8. Para esse projeto cada um dos 10 LEDs vai se acender em sucessão (isto é, seguindo o padrão 1-2-3-4-5-6-7-8-9-10) e o padrão vai se repetir continuamente enquanto o circuito tiver energia.

CUIDADO

O contador de décadas 4017 e outros chips CMOS são muito sensíveis à eletricidade estática, e você pode facilmente queimar a peça se não tiver cuidado. Certifique-se de tomar precauções especiais, como usar uma pulseira antiestática (conforme descrito no Capítulo 13), antes de manusear o CI 4017 CMOS.

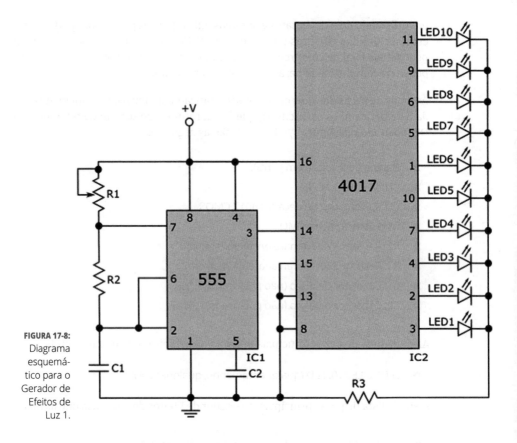

FIGURA 17-8: Diagrama esquemático para o Gerador de Efeitos de Luz 1.

Controlando as luzes

O circuito para o Gerador de Efeitos de Luz 1 na Figura 17-8 tem duas seções:

» **O cérebro:** Um CI timer 555 compõe a primeira seção, na esquerda do DE. Você conecta esse chip para funcionar como um multivibrador astável (veja detalhes no Capítulo 11). O 555 produz uma série de pulsos no pino de saída (pino 3); você determina a velocidade dos pulsos girando o seletor do potenciômetro *R1*.

» **O corpo:** A segunda seção, na direita do DE, contém um chip de contador de década 4017 CMOS com LEDs conectados a cada um de seus dez pinos de saída. Como explico no Capítulo 11, cada um dos pinos de 1 a 7 e os pinos de 9 a 11 no chip 4017 vai de baixo para cima por vez (mas não na mesma ordem que os números dos pinos) quando um sinal de gatilho é conectado ao pino 14. O resistor R3 limita a corrente que passa por qualquer LED ativado em determinado momento.

> **A conexão:** Os LEDs são ligados quando o 4017 recebe um pulso (no pino 4) da saída 555 (pino 3). Você conecta o 4017 de modo que repita a sequência de 1 a 10. Ao ajustar o potenciômetro (R1) você pode mudar a velocidade da sequência de luz.

Distribuindo os LEDs

Você pode construir o Gerador de Efeitos de Luz 1 em uma matriz de contato sem solda para experimentá-lo. Se você planeja torná-lo permanente, reflita um pouco sobre o arranjo dos dez LEDs. Por exemplo, para atingir diferentes efeitos de luz, você pode experimentar o seguinte:

> **Coloque todos os LEDs em uma fila, em sequência:** As luzes seguem umas às outras para cima (ou para baixo) sem parar.
> **Coloque todos os LEDs em uma fila, mas alterne a sequência esquerda e direita:** Conecte os LEDs de modo que a sequência comece de fora e caminhe para dentro.
> **Coloque todos os LEDs em círculo de modo que sua sequência gire no sentido horário ou anti-horário:** Esse padrão de luz se parece com uma roleta.
> **Coloque todos os LEDs no formato de um coração:** Você pode usar esse arranjo para fazer um presente especial para o Dia dos Namorados.

Construindo o Gerador de Efeitos de Luz 2

A Figura 17-9 exibe outra maneira de construir um gerador de efeitos de luz. O lado esquerdo do Gerador de Efeitos de Luz 2 é igual ao lado esquerdo do Gerador de Efeitos de Luz 1, de modo que os cérebros de ambos os circuitos funcionam da mesma maneira. O lado direito do Gerador de Efeitos 2 é montado de forma tal que os LEDs acendam em sequência do *LED1* ao *LED6* e, então, de volta ao *LED1*. A sequência de luz segue esse padrão de repetição: 1-2-3-4-5-6-5-4-3-2. Ao ajustar o potenciômetro (*R1*), você pode mudar a velocidade dessa sequência de luz bidirecional.

PAPO DE ESPECIALISTA

Note que cada um dos LEDs centrais (*LED2* a *LED5*) está conectado a dois pinos de saída no CI contador de décadas 4017, com um diodo entre cada pino de saída e o LED. Ao conectar os dois pinos de saída a um LED você possibilita que o LED acenda duas vezes durante cada contagem de 0 a 9. É necessário incluir um diodo em cada pino de saída para evitar que a corrente flua de volta para o chip 4017. (O Capítulo 9 explica que os diodos funcionam como válvulas unidirecionais para a corrente.) Por exemplo, quando o pino 5 do 4017 fica alto, a corrente flui do pino 5 através de *D8* e *LED5* (acendendo-o), mas o diodo *D7* evita que qualquer corrente flua de volta ao chip 4017 através do pino 10.

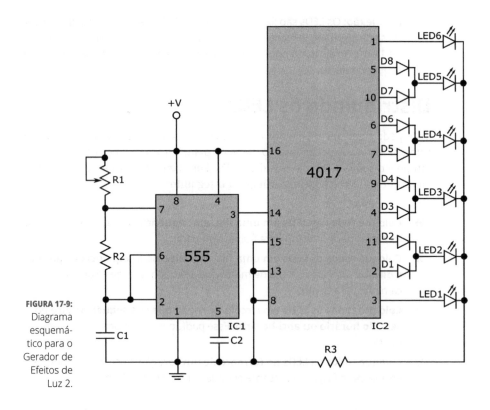

FIGURA 17-9: Diagrama esquemático para o Gerador de Efeitos de Luz 2.

Luz Vermelha, Luz Verde, 1-2-3!

Nesta seção mostro como usar um chip timer 555 e o contador de décadas 4017 (de novo) para construir um sinal de tráfego verde/amarelo/vermelho simulado. O diagrama esquemático para o sinal de tráfego é mostrado na Figura 17-10. Aqui estão as peças de que você precisa para construir este circuito:

- » Bateria de 9 volts (com garra).
- » CI1: CI timer LM555.
- » CI2: CI contador de décadas 4017 CMOS.
- » R1: Potenciômetro 100kΩ.
- » R2: Resistor 22kΩ (vermelho/vermelho/laranja).
- » R3: Resistor 330Ω (laranja/laranja/marrom).
- » C1: Capacitor eletrolítico (polarizado) 100μF.
- » C2: Capacitor de disco (não polarizado) 0,01μF.
- » LED1: LED verde (qualquer tamanho).

- » LED2: LED amarelo (qualquer tamanho).
- » LED3: LED vermelho (qualquer tamanho).
- » D1 a D10: Diodo 1N4148.

DICA

O diodo *D5* não é necessário no circuito mostrado na Figura 17-10. Entretanto, você precisa dele para alguns dos ajustes no design desse circuito que descrevo depois, de modo que você pode incluir o *D5*.

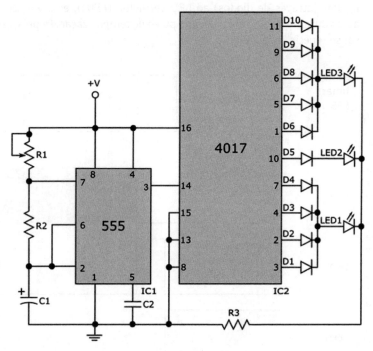

FIGURA 17-10: Diagrama esquemático para um sinal de tráfego de três luzes.

O chip timer 555 é usado em modo astável para gerar um pulso de onda quadrada e baixa frequência na saída do pino 3. Note que o valor do capacitor *C1* é 100µF — muito maior do que o valor de *CI* usado para controlar os circuitos geradores de efeitos de luz na seção anterior. Quanto maior a capacitância, mais tempo leva para carregar o capacitor, e mais tempo leva para acionar o chip timer 555 através do pino 2. Assim, a saída do timer 555 (pino 3) oscila em um ritmo muito menor do que nos circuitos de geração de efeitos de luz.

Ao variar a resistência do potenciômetro (*R1*), você controla o ciclo de temporização, porém, como esse potenciômetro é menor do que o usado nos circuitos geradores de efeitos, você não pode variar tanto o tempo. A duração total do ciclo de temporização (isto é, o tempo que leva para completar um pulso para cima e para baixo no pino 3 do CI timer 555) foi projetado para durar cerca de três a dez segundos.

PAPO DE ESPECIALISTA

Cada pulso de temporização do chip 555 aciona o contador de décadas, de maneira que as dez saídas do contador de décadas ficam altas uma por vez a cada três a dez segundos (dependendo do valor de *R1*). Considerando que as primeiras quatro saídas do chip 4017 (pinos 3, 2, 4 e 7, nessa ordem) estão conectadas (através dos diodos) ao LED verde (*LED1*), este vai acender e permanecer aceso durante os primeiros quatro pulsos do chip timer 555. A quinta saída do chip 4017 (pino 10) está conectada ao LED amarelo (*LED2*), de modo que ele vai se acender conforme a duração do quinto pulso de temporização. Como as saídas seis até dez (pinos 1, 5, 6, 9 e 11, nessa ordem) do chip 4017 estão ligadas (através de diodos) ao LED vermelho (*LED3*), este vai acender e ficar aceso durante o sexto até o décimo pulso de temporização. Depois, então, o ciclo vai se repetir (veja a Figura 17-11).

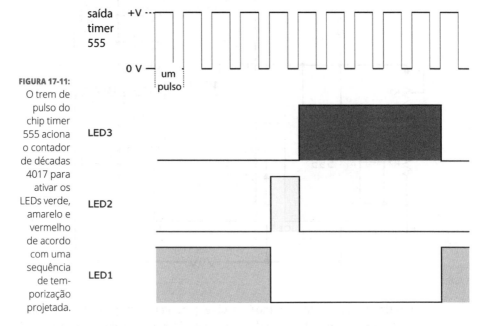

FIGURA 17-11: O trem de pulso do chip timer 555 aciona o contador de décadas 4017 para ativar os LEDs verde, amarelo e vermelho de acordo com uma sequência de temporização projetada.

Eis algumas maneiras pelas quais você pode aperfeiçoar o projeto das luzes de tráfego:

» **Mude a duração das luzes amarela e vermelha:** Desconecte o catodo (lado negativo) do diodo D6 do *LED3* e, então, conecte-o (ou seja, o catodo do diodo *D6*) ao *LED2*. Agora, a luz amarela vai ficar acesa durante dois (em vez de um) pulsos, e o LED vermelho vai ficar aceso durante quatro (em vez de cinco) pulsos.

» **Acrescente outro estado amarelo:** No Reino Unido, as luzes de tráfego passam do verde para o amarelo, depois para o vermelho e para o amarelo e então o verde. Para criar essa sequência, desconecte o catodo do diodo *D10* do *LED3*, e então conecte esse catodo ao *LED2*. Agora, o último pulso no trem de 10 pulsos ativará o LED amarelo, criando a sequência de temporização usada no Reino Unido.

» **Mude a velocidade da sequência de temporização geral:** Substitua *C1* por um capacitor 47µF. Toda a sequência de temporização deve ser mais ou menos metade do que costumava ser. Ou tente usar valores diferentes para *R2* ou um potenciômetro diferente para *R1*. (Consulte equações de temporização no Capítulo 11.)

» **Crie um pisca-pisca vermelho (popular em Nova Jersey):** Remova os LEDs amarelo e verde (LED1 e LED2) de modo que esteja essencialmente desconectando os pinos de saída 4017, 2, 3, 4, 7 e 10. Substitua *C1* por um capacitor 4,7µF. Seu pisca-pisca vermelho deve realizar um ciclo de liga e desliga a cada 0,5 a 5 segundos (dependendo do valor do potenciômetro, *R1*). (Naturalmente, isso é um exagero. Você não precisa do contador de décadas 4017 para fazer isso; você só precisa de um CI timer 555 e alguns resistores e capacitores.)

» **Substitua o potenciômetro (R1) por um resistor fixo:** Se você estiver satisfeito com uma sequência de temporização específica e desejar construir um circuito permanente, não há necessidade de usar um potenciômetro volumoso.

Talvez você conheça algumas crianças que adorariam ter um semáforo para usar enquanto brincam com seus carrinhos e caminhões, dirigem seus triciclos no quintal ou brincam de "Luz vermelha, luz verde, 1-2-3!" com um bando de amigos. Você pode testar o circuito em uma matriz de contato sem solda, mudar o projeto para atender às necessidades de seus jovens clientes e, então, construir um circuito permanente e colocá-lo em uma bonita caixa com três furos para os LEDs e um gancho ou suporte para mantê-la em pé. (Se você criar esse projeto, lembre-se de incluir um interruptor liga/desliga para a bateria.)

A Parte
dos Dez

NESTA PARTE...

Descobrindo formas de aumentar seu conhecimento em eletrônica.

Adicionando ferramentas de teste avançadas a seu arsenal eletrônico.

Descobrindo onde comprar seu estoque de ferramentas e componentes eletrônicos.

> **NESTE CAPÍTULO**
>
> **Testando sua habilidade em kits de projetos prontos e em projetos de outros entusiastas de circuitos**
>
> **Armando-se com ferramentas de teste e simulação**
>
> **Descobrindo os fundamentos da arquitetura de computadores**
>
> **Sondando microcontroladores programáveis e computadores com placa única**

Capítulo 18

Dez Maneiras de Explorar Ainda Mais a Eletrônica

Pronto para aplicar seu recém-descoberto conhecimento em eletrônica? Quer expandir seus horizontes e criar projetos eletrônicos programáveis? Este capítulo proporciona uma lista de ideias para ampliar sua experiência em eletrônica.

Navegando em Busca de Circuitos

Milhares de ideias de projetos estão disponíveis na internet. Use seu instrumento de busca preferido para encontrar projetos em temas ou peças específicas que lhe interessam. Por exemplo, procure *circuitos de áudio simples* ou *circuitos 555* para obter muitas ideias — algumas com explicações completas, diagramas esquemáticos e fotografias de um circuito na matriz de contato. Ou escolha uma ideia para um circuito e veja se ele já existe. Uma busca por *circuito para alarme de porta*, por exemplo, apresenta muitas ideias de circuitos e até vídeos no YouTube.

Dando a Partida com Kits para Passatempo

Se você quer fazer algumas coisas interessantes acontecerem, mas não quer começar do zero, pode comprar um ou mais kits de eletrônica para amadores. Esses kits incluem tudo que você precisa para construir um circuito funcional: todos os componentes eletrônicos, fios, placa de circuito e instruções detalhadas para montar o circuito. Alguns até incluem explicações sobre como o circuito funciona.

Você vai encontrar kits para alarmes sensíveis a luz, simuladores de sinais de tráfego, fechaduras de combinação eletrônicas, timers (temporizadores) ajustáveis, jogos de luzes decorativas e muito mais. Muitas das fontes de peças mencionadas no Capítulo 19 fornecem kits prontos a preços razoáveis. Você pode praticar a construção de circuitos e habilidade de análise usando esses kits e, então, passar a projetar, construir e testar seus próprios circuitos a partir do zero.

Simulando a Operação de Circuitos

Se você tem um projeto de circuito complicado ou apenas quer compreender mais como um determinado circuito vai se comportar quando ligado, utilize um *simulador de circuitos*. Trata-se de um software que usa modelos de componentes de circuito com base em computador para prever o comportamento de circuitos reais. Você informa os componentes e fontes de alimentação que está usando e como eles devem ser conectados, e o software lhe diz tudo o que deseja saber sobre o funcionamento do circuito: a corrente que atravessa quaisquer componentes, quedas de tensão nos componentes, resposta do circuito em várias frequências e assim por diante.

366   PARTE 4 **A Parte dos Dez**

DICA

Muitos simuladores de circuitos têm base em um algoritmo padronizado na indústria chamado SPICE (Simulation Program with Integrated Circuit Emphasis — Programa de Simulação com Ênfase em Circuitos Integrados); você pode usá-los para simular e analisar vários circuitos — analógicos, digitais e de *sinal misto* (isto é, incorporando analógico e digital). É possível fazer o download de uma cópia de avaliação gratuita de um desses simuladores, o Multisym, e experimentá-lo visitando http://www.ni.com/multisim/try/pt/.

Procurando Sinais

Um *osciloscópio* é uma peça de equipamento de teste que mostra como a tensão varia com o tempo por meio de um traço em um tubo de raios catódicos (CRT, sigla em inglês) ou outro mostrador que tenha uma grade calibrada. Você usa uma tela para visualizar o que está acontecendo com as tensões que mudam rapidamente em seus circuitos. Se estiver interessado em construir amplificadores de áudio e outros circuitos que tenham sinais de tempo variáveis, como o som, um osciloscópio pode ser útil auxiliando-o a compreender a operação de circuitos e apontar erros. Uma boa tela custa algumas centenas de dólares, mas residentes nos EUA podem encontrar alguns ótimos negócios no eBay ou Craigslitst.

Contando os Megahertz

Você pode usar um *contador de frequência* (ou medidor de frequência) para ajudá-lo a determinar se o circuito AC está funcionando bem. Ao encostar os terminais desse dispositivo de teste em um ponto de sinal no circuito, você pode medir a frequência desse sinal. Por exemplo, suponha que você crie um transmissor infravermelho e a luz desse transmissor precisa pulsar a 40.000 ciclos por segundo (também conhecido como 40kHz). Conectando um contador de frequência à saída do circuito, pode-se verificar que o circuito está de fato produzindo pulsos a 40kHz — e não a 32, 110 ou alguns outros Hz.

Gerando uma Variedade de Sinais

Para testar o funcionamento de um circuito, muitas vezes é útil aplicar ao circuito uma entrada de sinal conhecida e observar como ele reage. Você pode usar um *gerador de funções* para criar diversos formatos de onda de repetição de sinal ACs — e aplicar a forma de onda gerada na entrada do circuito que você está testando. A maioria dos geradores de função desenvolve três tipos de formas de onda a partir de uma onda baixa entre 0,2Hz e 1Hz, para uma alta entre

2MHz e 20MHz. Alguns geradores de função vêm com um contador de frequência embutido para que você possa cronometrar as formas de ondas geradas com precisão. Você também pode usar um contador de frequências autônomo para ajustar a saída de seu gerador de funções.

Explorando a Arquitetura Básica de Computadores

No Capítulo 11 você descobre como *portas lógicas* (AND, OR, NAND, e assim por diante) processam *bits* (uns e zeros) de dados e que você pode comprar circuitos integrados especiais (CIs) que contêm portas lógicas. O Capítulo 11 também exibe um diagrama de um somador parcial que usa apenas duas portas lógicas. Circuitos como o somador parcial formam a base da arquitetura de computadores. Ao conectar múltiplas portas lógicas da forma correta você pode criar circuitos que computam, armazenam e controlam informações (séries de uns e zeros organizados em grupos de oito chamados *bytes*). Comece a jornada pelo fascinante campo da arquitetura de computadores construindo circuitos lógicos digitais que usam LEDs como indicadores de saída. (Acesse www.doctronics.co.uk/4008.htm para uma descrição detalhada de como construir um somador total binário de 4-bit.)

Microcontrolando Seu Ambiente

O Capítulo 11 o apresenta a um *microcontrolador*, que é um minúsculo computador em um chip. Você cria um programa em seu computador e faz o download para o chip. Então, quando você liga o chip, ele segue as instruções do programa. Os microcontroladores BASIC Stamp e PICAXE são alternativas baratas para usar a linguagem de programação BASIC, fácil de aprender. Entretanto, o sistema microcontrolador para iniciantes Arduino, que usa uma linguagem de programação semelhante à linguagem C, explodiu em popularidade nos últimos anos devido ao ambiente de desenvolvimento integrado simplificado (IDE, sigla em inglês), versatilidade, baixo custo e imensa comunidade de usuários online.

DICA

Nos EUA você pode comprar um Kit para Iniciantes Arduino completo — incluindo um microcontrolador, IDE, livro de projetos, matriz de contato, cabos, servomotor, fotorresistor, sensor de inclinação, sensor de temperatura e outros componentes diversos — por menos de $85 em https://store.arduino.cc. (E o eBay vende alguns ótimos kits Arduino com muitos extras legais por cerca de $50.) Esses kits de microcontroladores completos permitem que você programe circuitos para interagir com seu ambiente, faça leituras de sensores, tome decisões baseadas nessas leituras e execute ações baseadas nessas decisões. Arduino pode proporcionar sua entrada no campo da robótica. Verifique *Arduino For Dummies*, de John Nussey (Wyley Publishing, Inc.), e fique de olho no crescente campo de microcontroladores fáceis de usar, porque novas características (como Wi-Fi integrado) e produtos competitivos estão aparecendo no mercado.

Experimentando Raspberry Pi

Raspberry Pi é uma série de computadores de placa única que se conecta à TV ou ao monitor e um teclado padrão. O Pi original funciona com o sistema operacional Linux, mas a segunda geração Pi usa o Linux e uma versão do Windows 10. Você programa o Pi usando Python ou qualquer um dos numerosos IDEs. Embora não seja tão fácil para ser usado por iniciantes como o Arduino, o Raspberry Pi é igualmente barato (cerca de $35) e tem uma grande comunidade de usuários online. Com a intenção de ser uma ferramenta educativa para ensinar técnicas de programação às crianças, o Raspberry Pi é muito popular e se encontra no centro de muitos projetos amadores computadorizados, como rádios online e casas de passarinhos com câmeras de visão noturna (infravermelho). Você vai aprender mais sobre programação do que eletrônica pura e simples com o Raspberry Pi, mas você certamente pode ter ideias que integrem os dois conjuntos de habilidades. Dê uma olhada em *Raspberry Pi For Dummies*, 2ª. Edição, de Sean McManus (Wiley Publishing, Inc.) ou visite www.raspberrypi.org.

Tente, Erre e Tente de Novo

Talvez a melhor maneira de expandir seu conhecimento de eletrônica é desenvolvendo suas próprias ideias, projetando, construindo e testando alguns circuitos e, então, voltar e aperfeiçoar o projeto. Às vezes, a única forma de descobrir as limitações de várias peças ou projetos é queimar alguns LEDs, torrar alguns CIs ou ficar acordado a noite inteira sondando as profundezas de um circuito que não funciona até descobrir o que há de errado com ele. Para citar uma popular professora de ciências, Valerie Frizzle, "Arrisque-se, cometa erros, faça bobagens!". (Mas, por favor, tome medidas de segurança, não importa o que fizer!)

CAPÍTULO 18 **Dez Maneiras de Explorar Ainda Mais a Eletrônica**   369

370   PARTE 4 **A Parte dos Dez**

NESTE CAPÍTULO

Fontes de peças em todo o mundo

Evitando substâncias perigosas

Compreendendo prós e contras das peças de ponta de estoque

Capítulo 19

Dez Ótimas Fontes de Peças de Eletrônica

Procurando locais excelentes para comprar suas peças eletrônicas? Este capítulo fornece alguns eternos favoritos, dentro e fora da América do Norte. Esta lista não pretende ser completa; você pode encontrar literalmente milhares de lojas especializadas para eletrônicos novos e usados. Além disso, Amazon e eBay proporcionam mercados virtuais para todos os tipos de vendedores — de varejistas conhecidos a indivíduos vendendo peças e componentes em suas casas. Mas os fornecedores que enumero aqui estão entre os mais conhecidos no ramo e todos têm páginas na web para pedidos online. (Alguns até oferecem catálogos impressos.)

América do Norte

Se for fazer suas aquisições nos EUA e Canadá consulte as empresas com atendimento online relacionadas a seguir. A maioria dessas empresas opera em nível mundial, assim, se você mora em outro país pode considerar fazer suas compras nelas. Apenas não se esqueça de que os custos de frete podem ser maiores e, dependendo da legislação fiscal em seu país, pode ainda haver a incidência de impostos sobre importação.

All Electronics

www.allelectronics.com

Varejista na região de Los Angeles que vende para o mundo todo. A maior parte de seus estoques é de *excedentes novos*, o que significa que a mercadoria é nova, mas foi produzida ou estocada em excesso. A All Electronics tem um catálogo impresso, mas que está disponível em pdf em seu site. As atualizações de estoque são frequentes e estão online.

Allied Electronics

www.alliedelec.com

A Allied Electronics é um *distribuidor independente* que comercializa produtos de diversos fabricantes, a maioria das peças estão disponíveis para pronta entrega a partir de seus armazéns no Texas, em Fort Worth. Ainda que voltado para suprir os profissionais do ramo, atende as pessoas que têm na eletrônica um hobby. O catálogo, enorme, é disponibilizado tanto em papel como online. No site da empresa você tem o recurso de busca para encontrar o que procura.

Digi-Key

www.digikey.com

A empresa provavelmente tem aquilo que você procura. Tal como a Allied, Digi-Key é um distribuidor independente que comercializa milhares e milhares de itens. Atende a encomendas pequenas com fretes razoáveis. Seu sistema de vendas online inclui informações detalhadas do produto, preço, níveis de estoque disponíveis e até mesmo links que remetem às especificações técnicas. Há um mecanismo de busca para localizar rapidamente o que você está procurando, bem como um catálogo interativo online (com recursos de zoom que você certamente precisará). A empresa também envia, gratuitamente, um catálogo impresso, mas para ler as diminutas letras é necessário tirar (ou pôr) óculos. O texto tem de ser escrito em letras bem pequeninas para que caiba tudo o que interessa.

Electronic Goldmine

www.goldmine-elec.com

Essa empresa vende peças novas e excedentes (pontas de estoque), de resistores aos lasers mais exóticos. Seu site é organizado por categoria, facilitando os pedidos. (Uma das categorias, "Raros e Esotéricos", pode ter sido onde Doc Brown obteve o capacitor de fluxo que tornou possível a viagem no tempo em *De Volta para o Futuro*). As listas da maioria das peças incluem uma foto colorida e uma descrição curta. Não deixe de consultar a bela coleção de kits de projetos.

Jameco Electronics

www.jameco.com

A Jameco vende componentes, kits, ferramentas e afins, tanto por catálogo como online. A navegação no site é por categoria, ou se você tiver o número da peça na qual estiver interessado — por exemplo, 2N2222 — pode inseri-lo em um box de busca. O recurso de busca também pode ser utilizado para categorias de peças, como motores, baterias ou capacitores, bastando digitar o nome da categoria e pressionar *enter*.

Mouser Electronics

www.mouser.com

À semelhança da Allied e Digi-Key, a Mouser é um distribuidor independente com dezenas de milhares de peças. Se você não encontrar a peça que deseja lá, provavelmente ela não existe. Só em resistores há na Mouser mais de 165.000 tipos catalogados na categoria "Componentes Passivos". Você pode comprar online ou consultando seu "humilde" catálogo. Sinta-se à vontade para solicitar um catálogo impresso para manter como livro de cabeceira ou deixar o mouse correr pelo catálogo online.

Parts Express

www.parts-express.com

Essa empresa é especializada em peças eletrônicas para aficionados em audiovisuais. Você encontra na Parts Express uma ampla seleção de componentes individuais, com resenhas de usuários, bem como kits de projetos e outros recursos "Faça Você Mesmo" no site da empresa. Confira "cases" de projetos, uma extensa lista de fórmulas (incluindo a Lei de Ohm) e glossário técnico. Não se esqueça de rever as informações de segurança. Você também encontra a Parts Express no eBay, Facebook e Twitter!

CAPÍTULO 19 **Dez Ótimas Fontes de Peças de Eletrônica** 373

RadioShack

www.radioshack.com

A RadioShack talvez seja a mais reconhecida fonte de equipamentos para aficionados amadores de eletrônica no mundo, mas, infelizmente, a empresa solicitou recuperação judicial no início de 2015 e o futuro da marca é incerto. Por volta de meados de 2015 aproximadamente metade dos 4.000 varejistas da rede estava em processo de encerramento das atividades, mas é provável que, se você morar nos EUA, possa encontrar uma loja a uma distância razoável de sua residência. Caso necessite de um resistor, capacitor ou transistor na hora, você definitivamente não vai encontrar em um Walmart ou BestBuy, porém, poderá fazê-lo em uma loja local da RadioShack. A empresa também comercializa online, pela RadioShack.com, mas eu obtive uma série de mensagens de "fora de estoque" quando procurava por componentes em meados de 2015. Cruze os dedos e torça para que aquela loja ao lado sobreviva e prospere!

Fora da América do Norte

A eletrônica é popular no mundo inteiro! Eis, a seguir, alguns sites que você pode visitar se residir em lugares como Austrália e Reino Unido. Tal como os varejistas online norte-americanos, a maior parte deles também vende para o exterior. Verifique suas páginas online para detalhes.

Premier Farnell (Reino Unido)

www.farnell.com

Com sede no Reino Unido, mas operando em 24 países europeus, Ásia e Américas, essa empresa tem em estoque cerca de 500.000 produtos. Ela assume diversos nomes, incluindo Farnell element14 (Europa), element14 (Ásia), Newark element14 (América do Norte) e Farnell Newark (Brasil). Para fazer os pedidos acesse www.farnell.com, selecione seu país a partir de uma extensa lista de home pages e terá à disposição uma vasta série de produtos.

Maplin (Reino Unido)

www.maplin.co.uk

A empresa atende convenientemente pedidos online para clientes no Reino Unido e República da Irlanda. A Maplin também conta com dezenas de varejistas no Reino Unido e Irlanda.

O que São as Normas RoHS?

Quando você estiver comprando peças, é possível que veja o termo *obe-decendo normas RoHS* ao lado de algumas delas. O termo *RoHS* refere-se à diretiva de Restrição de Substâncias Perigosas adotada em 2003 pela União Europeia. A diretiva RoHS, que entrou em vigor em 2006, restringe no mercado da União Europeia a colocação de novos dispositivos elétricos e eletrônicos que contenham mais que um determinado nível de chumbo e outras cinco substâncias perigosas. As empresas que produzem eletrônicos para o consumidor e para a indústria precisam se preocupar com a norma RoHS se desejarem vender produtos nos países da UE (e para a China, que possui suas próprias especificações RoHS), mas se você estiver apenas se divertindo em sua casa com a eletrônica, não precisa se preocupar com o uso de solda sem chumbo e outras peças que atendam às normas RoHS. Só não deixe seu gato mastigar a solda.

Novo ou Excedente?

Excedente é uma palavra pesada. Para alguns significa velharias que lotam a garagem, como barracas de lona mofadas ou velhas pás dobráveis usadas pelo exército nos anos 1950. Para o verdadeiro hobista de eletrônica, excedente tem um significado diferente: componentes com bom preço que ajudam a esticar o dinheiro aplicado em projetos eletrônicos.

Excedente (ou *ponta de estoque*) significa apenas que o fabricante ou comprador original das mercadorias não precisa mais delas. É simplesmente excesso de estoque para revenda. No caso da eletrônica, excedente raramente significa usado, como pode ocorrer com outros componentes na mesma situação, como motores e dispositivos mecânicos que foram recondicionados. Exceto por componentes difíceis de encontrar — como antigas peças de radioamador —, eletrônicos excedentes geralmente são novos, e alguém ainda fabrica ativamente grande parte dessas peças. Neste caso, excedente simplesmente significa extra.

O principal benefício de comprar nas lojas de ponta de estoque de eletrônicos é o preço: até mesmo componentes novos geralmente têm preços menores do que nas lojas de eletrônicos comuns. Como desvantagem, você pode encontrar uma seleção limitada — quaisquer componentes que a loja teve condições de comprar. Por exemplo, não espere encontrar resistores ou capacitores de todos os tamanhos e valores.

Lembre-se de que, quando comprar na ponta de estoque, você não tem a garantia do fabricante. Às vezes isso ocorre porque ele já não está mais em atividade. Embora a maioria dos vendedores de ponta de estoque aceite devoluções no caso de um item defeituoso (a menos que diga o contrário em seus catálogos), você sempre deve considerar as compras em uma ponta de estoque no estado, sem garantia implícita ou pretendida (e todo aquele papo de advogados).

Glossário

Aqui estão relacionados muitos termos que você vai encontrar em sua vida de aficionado de eletrônica. Conhecer esses termos vai ajudá-lo a se tornar fluente na linguagem da eletrônica.

amortecedor de calor: Um pedaço de metal ligado firmemente ao componente que se deseja proteger. O amortecedor atrai o calor e ajuda a evitar que ele destrua o componente.

ampere: Unidade padrão de corrente elétrica, comumente chamada de amps. Um ampere é a potência de uma corrente elétrica quando $6,241 \times 10^{18}$ partículas eletricamente carregadas passam por algum ponto em um segundo. *Veja também* corrente, I.

amplificador operacional (op-amp): Um circuito integrado que contém vários transistores e outros componentes. Em diversas aplicações ele apresenta desempenho muito melhor do que um amplificador feito com um único transistor. Por exemplo, um op-amp pode fornecer amplificação uniforme em uma faixa muito maior de frequências do que um amplificador com um só transistor.

amplitude: A magnitude de um sinal elétrico, como tensão ou corrente.

anodo: O terminal de um dispositivo no qual flui a corrente convencional (hipoteticamente, carga positiva). Em dispositivos consumidores de energia, como diodos, o anodo é o terminal positivo; em dispositivos liberadores de energia, como baterias, o anodo é o terminal negativo. *Veja também* catodo.

AWG (American Wire Gauge — Bitola de Fios Americanos): *Veja* bitola de fios.

bateria alcalina: Um tipo de bateria não recarregável. *Veja também* bateria.

bateria de lítio: Uma bateria descartável muito leve que gera cerca de 3 volts e tem uma capacidade mais alta do que uma bateria alcalina. *Veja também* bateria.

bateria de níquel/cádmio (NiCd): O tipo mais comum de bateria recarregável. Algumas baterias NiCd exibem o efeito memória, exigindo que sejam totalmente descarregadas antes de serem recarregadas na capacidade total. *Veja também* bateria.

bateria de níquel/hidreto metálico (NiMH): Um tipo de bateria recarregável que oferece maior densidade de energia do que uma bateria recarregável NiCd. *Veja também* bateria.

Glossário   377

bateria de zinco-carbono: Uma bateria descartável, de baixa qualidade. *Veja também* bateria.

bateria: Fonte de alimentação que usa uma reação eletroquímica para produzir uma tensão positiva em um terminal e uma tensão negativa em outro. Esse processo envolve a colocação de dois tipos diferentes de metal em certo tipo de substância química. *Veja também* bateria alcalina, bateria de lítio, bateria de níquel/cádmio (NiMH), bateria de níquel/hidreto metálico (NiMH) e bateria de zinco/carbono.

bit: Abreviação de *binary digit* (dígito binário). Um dígito que tem o valor de 1 ou 0.

bitola de fios: Um sistema de mensuração do diâmetro de um fio.

bitola: *Veja* bitola de fio.

braçadeiras de plástico: Um dispositivo que prende o fio e evita que você o puxe para fora da caixa.

byte: Um agrupamento de oito bits usado como unidade básica de informação para armazenamento em sistemas de computação.

cabo: Um grupo de dois ou mais fios protegidos por uma camada externa de isolante, como fios de tomada comuns.

capacitância residual: Energia que, não intencionalmente, é armazenada em um circuito quando ocorrem campos elétricos entre fios ou terminais colocados muito próximos.

capacitância: A capacidade de armazenar energia em um campo elétrico, medida em farads. *Veja também* capacitor.

capacitor variável: Um capacitor cuja capacitância pode ser alterada dinâmica, mecânica ou eletricamente. *Veja também* capacitância, capacitor.

capacitor: Um componente que fornece a propriedade de capacitância em um circuito. *Veja também* capacitância.

catodo: O terminal de um dispositivo de onde flui corrente convencional (hipoteticamente, carga positiva). Em dispositivos consumidores de energia, como diodos, o catodo é o terminal negativo; em dispositivos que liberam energia, como as baterias, o catodo é o terminal positivo. *Veja também* anodo.

célula solar: Um tipo de semicondutor que gera uma corrente quando exposto à luz.

chapeamento: Uma folha extremamente fina de cobre que é colada sobre uma base feita de plástico, epóxi ou fenolite para fazer uma placa de circuito impresso.

CI: *Veja* circuito integrado (CI).

circuito aberto: Um tipo de circuito no qual o fio ou componente está desconectado, evitando o fluxo de corrente. *Veja também* circuito fechado.

circuito analógico: Um circuito que processa sinais analógicos. *Veja também* circuito digital.

circuito digital: Um circuito que processa sinais digitais. *Veja também* circuito analógico.

circuito em série: Um circuito em que a corrente flui sequencialmente através de cada componente.

circuito fechado: Um circuito sem interrupção através do qual a corrente pode fluir. *Veja também* circuito aberto.

circuito integrado (CI): Também conhecido como chip; um componente que contém vários componentes miniaturizados, como resistores, transistores e diodos, conectados em um circuito que desempenha determinada função.

circuito vivo: Circuito em que se aplicou tensão.

circuito: Um caminho completo que permite o fluxo de corrente elétrica.

componente: Uma peça usada em um circuito, como uma bateria ou um diodo.

comutador: Um dispositivo usado para mudar a direção da corrente elétrica em um motor ou gerador.

condutor: Uma substância pela qual a corrente elétrica pode fluir livremente.

conector: Um receptáculo de metal ou plástico em uma peça de equipamento (uma tomada de telefone na parede, por exemplo) no qual se encaixa um cabo.

constante de tempo RC: Um cálculo do produto da resistência e da capacitância que define quanto tempo leva para carregar um capacitor até 2/3 de sua tensão máxima ou descarregá-lo até 1/3 de sua tensão máxima.

continuidade: Um tipo de teste realizado com um multímetro a fim de determinar se um circuito está intacto entre dois pontos.

corredor de ônibus: *Veja* trilha de energia.

corrente alternada (AC): Corrente caracterizada por uma mudança na direção do fluxo dos elétrons. *Veja também* corrente direta (DC).

corrente convencional: O fluxo de uma carga hipoteticamente positiva, de uma tensão positiva para uma tensão negativa; o inverso de corrente real. *Veja também* corrente real.

Glossário 379

corrente direta (DC): Um tipo de corrente na qual os elétrons se movem somente em uma direção, como a corrente elétrica gerada por uma bateria.

corrente elétrica: *Veja* corrente.

corrente real: O fluxo de elétrons de uma tensão negativa para positiva. *Veja também* corrente convencional.

corrente: O fluxo de partículas eletricamente carregadas. *Veja também* ampere, I.

curto-circuito: Uma conexão acidental entre dois fios ou componentes que permite que a corrente passe por eles em vez de pelo circuito pretendido.

diagrama esquemático: Um desenho que mostra como os componentes de um circuito são conectados.

diodo: Um condutor eletrônico semicondutor que consiste em uma junção-pn que permite que a corrente elétrica flua mais facilmente em uma direção do que em outra. Diodos são comumente usados para converter corrente alternada em corrente direta pela restrição do fluxo da corrente em uma direção.

divisor de tensão: Um circuito que usa quedas de tensão para produzir tensões menores do que a tensão de alimentação em pontos específicos no circuito.

DPDT: *Veja* interruptor de polo duplo, double-throw (DPDT).

DPST: *Veja* interruptor de polo duplo, single-throw (DPST).

efeito piezoelétrico: A capacidade de certos cristais, como o quartzo ou o topázio, de se expandir ou se contrair quando se aplica tensão neles ou de produzir tensão quando são apertados ou movidos.

eletricidade estática: Carga que se acumula sobre ou dentro de um objeto e permanece estacionária até que um caminho seja fornecido para que ela flua. O raio é uma forma de eletricidade estática.

eletroímã: Um ímã temporário que consiste em um fio enrolado ao redor de um pedaço de metal (normalmente um pedaço de ferro). Quando você passa corrente pelo fio, o metal fica magnetizado. Quando você desliga a corrente, o metal perde a qualidade magnética.

elétron: Uma partícula subatômica negativamente carregada. *Veja também* próton.

ESD (descarga eletrostática): *Veja* eletricidade estática.

estanhagem: O processo de aquecer a ferramenta de solda e aplicar uma pequena quantidade de solda na ponta para evitar que ela grude.

faixa automática: Uma característica de alguns multímetros que determinam automaticamente a faixa de teste.

ferro de soldar: Uma ferramenta em forma de bastão que consiste em um cabo isolado, um elemento de aquecimento e uma ponta de metal polido usada para aplicar a solda.

filete: Uma elevação formada pela solda.

fio flexível: Um fio de metal formado por vários fios finos torcidos juntos envoltos em isolante.

fio sólido: Um fio que consiste apenas em um cordão.

fio: Um longo cordão de metal, geralmente feito de cobre, utilizado em projetos eletrônicos para conduzir corrente elétrica.

fluxo: Uma substância parecida com cera que ajuda a solda derretida a fluir em volta dos componentes e fios e garante uma boa junta.

força eletromotriz: Uma força de atração entre cargas positivas e negativas medida em volts.

frequência: Uma mensuração de quantas vezes um sinal AC se repete, medida em ciclos por segundo, ou hertz (Hz). O símbolo de frequência é f. *Veja também* hertz (Hz).

ganho: A proporção em que um sinal é amplificado (a tensão do sinal que sai dividida pela tensão do sinal que entra).

garra com mãos auxiliares: Também chamada de garra terceira mão; garras ajustáveis que seguram pequenas peças enquanto você trabalha no projeto.

garra terceira mão: Também chamada de mãos auxiliares; uma pequena garra pesada que prende peças enquanto você solda.

hertz (Hz): A mensuração do número de ciclos por segundo em uma corrente alternada. *Veja também* frequência.

I: Símbolo de corrente convencional, medida em amperes (amps). *Veja também* ampere, corrente.

ilha: Um ponto de contato em uma placa de circuito impresso usado para conectar componentes.

indutância: A capacidade de armazenar energia em um campo magnético (medida em henrys). *Veja também* indutor.

indutor: Um componente que fornece a propriedade da indutância a um circuito. *Veja também* indutância.

interruptor de polo duplo, double-throw (DPDT): Um tipo de interruptor que tem dois contatos de entrada e quatro contatos de saída. É um interruptor

Glossário 381

duplo liga/desliga que se comporta como dois interruptores SPDT atuando em sincronia.

interruptor de polo duplo, single-throw (DPST): Um tipo de interruptor que tem dois contatos de entrada e dois contatos de saída. É um interruptor duplo que se comporta como dois interruptores SPST atuando em sincronia.

interruptor de polo único, single-throw (SPDT): Um tipo de interruptor que tem um contado de entrada e dois contatos de saída. Ele troca a entrada entre duas opções de saída. Também é conhecido como interruptor liga/desliga ou chave de câmbio.

interruptor de polo único, single-throw (SPST): Um tipo de interruptor que tem um contato de entrada e um contato de saída. Também é conhecido como interruptor liga/desliga.

interruptor deslizante: Um tipo de interruptor em que se desliza o botão para frente ou para trás para ligar ou desligar algo (como uma lanterna).

inversor: Também conhecido como porta NOT; uma porta lógica de entrada única que inverte o sinal de entrada. Uma entrada baixa produz uma saída alta, e uma entrada alta produz uma saída baixa. *Veja também* porta lógica.

isolante: Uma substância através da qual a corrente não consegue se mover livremente.

joule: Uma unidade de energia.

junção-pn: O ponto de contato entre um semicondutor tipo-P, como um de silício dopado com boro, e um semicondutor tipo-N, como o de silício dopado com fósforo. A junção-pn é a base de diodos e transistores bipolares. *Veja também* transistor bipolar, diodo.

junta de solda fria: Uma junta defeituosa que ocorre quando a solda não flui corretamente ao redor das peças de metal.

lápis de solda: *Veja* ferro de soldar.

Lei de Ohm: Uma equação que define a relação entre tensão, corrente e resistência em um circuito elétrico.

ligação à terra: Uma conexão direta com a terra. *Veja também* terra.

matriz de contato para solda: Uma placa em que se solda os componentes no lugar certo. *Veja também* matriz de contato.

matriz de contato sem solda: *Veja* matriz de contato.

matriz de contato: Também conhecida como *protoboard*, placa de ensaio ou *matriz de contato sem solda*; uma placa de plástico retangular (disponível em vários tamanhos) que contém um grupo de furos de contato eletricamente conectados. Você pluga os componentes — resistores, capacitores, diodos, transistores e circuitos integrados, por exemplo — e então passa fios para construir o circuito. *Veja também* matriz de contato para solda.

microcontrolador: Um circuito integrado programável.

modo de inversão: Processo pelo qual um op-amp (amplificador operacional) manipula um sinal de entrada para produzir o sinal de saída.

modulação de largura de pulso: Um método de controlar a velocidade de um motor que liga e desliga a tensão em rápidos pulsos. Quanto mais longos os intervalos em que fica ligado, mais rápido é o motor.

multímetro: Um dispositivo de teste eletrônico usado para medir fatores como tensão, resistência e corrente.

núcleo de resina 60/40: Solda que contém 60% de estanho e 40% de chumbo (a proporção exata pode variar alguns pontos percentuais) com núcleo de fluxo de resina. Esse tipo de solda é ideal para trabalhar com eletrônica. *Veja também* solda, soldagem.

ohm: Uma unidade de resistência; seu símbolo é Ω. *Veja também* R, resistência.

oscilador: Um circuito que gera um sinal eletrônico repetido.

osciloscópio: Um dispositivo que mede tensão, frequência e vários outros parâmetros para formas de ondas variáveis.

par térmico: Um tipo de sensor que mede temperatura eletricamente.

pavio de solda: Também conhecido como cadarço de solda; um dispositivo usado para remover solda em lugares difíceis de alcançar. O pavio de solda é um cadarço de cobre que funciona porque o cobre absorve a solda mais facilmente que a maioria dos componentes e placas de circuito impresso.

Phillips: Um parafuso com um entalhe na forma de um sinal de + na ponta e a chave de fenda que se adapta a ele.

polarização: Aplicação de uma pequena quantidade de tensão a um diodo ou à base de um transistor para estabelecer um ponto de funcionamento desejado.

porta lógica: Um circuito digital que aceita valores de entrada e determina que valor de saída deve ser produzido com base em uma série de regras.

posição aberta: A posição de um interruptor que evita o fluxo de corrente. *Veja também* posição fechada.

Glossário 383

posição fechada: A posição de um interruptor que permite o fluxo da corrente. *Veja também* posição aberta.

potência nominal: O valor declarado de um resistor ou outros componentes. O valor real pode variar para mais ou para menos do valor nominal em função da tolerância do dispositivo. *Veja também* tolerância.

potência: A quantidade de trabalho, medida em watts, que a corrente elétrica realiza enquanto corre por um componente elétrico.

potenciômetro: Um resistor variável que permite um ajuste contínuo da resistência de praticamente zero ohms a um valor máximo.

protoboard: *Veja* matriz de contato.

próton: Uma partícula subatômica positivamente carregada. *Veja também* elétron.

pulseira antiestática: Um dispositivo usado para evitar o acúmulo de eletricidade estática em pessoas que trabalham com equipamentos eletrônicos sensíveis.

pulso: Um arranque de corrente ou tensão, geralmente começando com um aumento abrupto e terminando com uma queda igualmente abrupta.

queda de tensão: A resultante diminuição de tensão quando a tensão puxa elétrons através de um resistor (ou outro componente), e o resistor absorve alguma energia elétrica.

R: O símbolo de resistência. *Veja também* ohm, resistência.

relé: Um dispositivo que atua como um interruptor, fechando e abrindo um circuito dependendo da tensão fornecida a ele.

removedor de fluxo de resina: Um detergente usado depois da soldagem para limpar qualquer fluxo remanescente a fim de evitar que ele oxide o circuito. Disponível em frascos e spray.

resistência: Oposição de um componente ao fluxo de corrente elétrica, medida em ohms. *Veja também* ohm, R.

resistor de precisão: Um tipo de resistor com baixa tolerância (o desvio permitido de seu valor declarado, ou nominal). *Veja também* potência nominal, tolerância.

resistor variável: *Veja* potenciômetro.

resistor: Componente com uma quantidade fixa de resistência que se pode adicionar a um circuito para restringir o fluxo da corrente. *Veja também* resistência.

semicondutor tipo-N: Um semicondutor dopado com impurezas para que tenha mais elétrons livres do que um semicondutor livre.

semicondutor tipo-P: Um semicondutor dopado com impurezas para que tenha menos elétrons livres que um semicondutor puro.

semicondutor: Um material, como o silício, que possui algumas das propriedades dos condutores e isolantes.

sensor de temperatura do semicondutor: Um tipo de sensor de temperatura que a mede eletricamente.

sensor infravermelho de temperatura: Um tipo de sensor que mede a temperatura eletricamente.

sensor: Um componente eletrônico que detecta uma condição ou um efeito, como calor ou luz, e o converte em um sinal elétrico.

sinal alto: Em eletrônica digital, um sinal de ou perto de 5 volts (tipicamente 3V a 5V) que representa um dos dois estados binários.

sinal analógico: Uma tensão ou corrente variável que constitui um mapeamento individual de uma quantidade física, como som ou deslocamento.

sinal baixo: Em eletrônica digital, um sinal de ou perto de 0 volts (tipicamente 0V a 2V) que representa um de dois estados binários.

sinal digital: Um padrão que consiste em apenas dois níveis de tensão ou corrente representando dados digitais binários.

solda: Uma liga de metal que é aquecida e aplicada a dois fios ou terminais de metal formando uma junta condutiva quando esfria. *Veja também* núcleo de resina 60/40, soldagem.

soldagem: O método usado em projetos eletrônicos para juntar componentes em uma placa de circuito para construir um circuito elétrico permanente. Em vez de usar cola para manter os componentes juntos, usa-se pequenas gotas de metal derretido ou solda. *Veja também* solda.

SPDT: *Veja* interruptor polo único, double-throw (SPDT).

SPST: *Veja* interruptor polo único, single-throw (SPST).

sugador de solda: Também conhecido como bomba dessoldadora; uma ferramenta que consiste em um vácuo com mola usado para remover excesso de solda.

tensão: Uma força de atração entre cargas positivas e negativas.

terminal: Pedaço de metal ao qual se ligam os fios (como no terminal de uma bateria).

termistor de temperatura de coeficiente negativo (NTC): Um dispositivo cuja resistência diminui com o aumento da temperatura. *Veja também* resistor, termistor.

termistor de temperatura de coeficiente positivo (PTC): Um dispositivo cuja resistência aumenta com a elevação da temperatura. *Veja também* resistência, termistor.

termistor: Um resistor cujo valor de resistência varia com mudanças de temperatura.

terra flutuante: Um circuito terra que não está conectado à terra.

terra: Uma conexão em um circuito usada como referência (0 volts) no circuito. *Veja também* conexão terra.

tolerância: A variação da potência nominal de um componente devido ao processo de fabricação, expresso como uma porcentagem. *Veja também* potência nominal.

tomada: Um tipo de conector. *Veja também* conector.

transistor bipolar: Um tipo comum de transistor que consiste em duas junções-pn. *Veja também* transistor.

transistor: Um dispositivo semicondutor comumente usado para trocar e amplificar sinais elétricos.

trilha de energia: Uma série de furos de contatos elétricos interconectados em uma coluna de uma matriz de contato sem solda planejada para ser usada para distribuição de energia. Também conhecida como corredor de ônibus.

trilha: Um fio em uma matriz de contato que corre entre as ilhas para conectar eletricamente os componentes.

V: O símbolo de tensão, também representado por E. *Veja também* tensão.

Índice

A

acelerômetros 237–242
alicate de bico fino 252–270
alto-falantes 238–242
ampere 93–106
ampere-hora 227–242
amplificador 180–188
amplificador de emissor comum 180–188
amplificador de inversão 210
amplificador diferencial 209–220
amplificador operacional 209–220
anodo 22–24, 219–220
Arduino 368–370
arte-final 272–290
átomos 9–24
áudio 184–188
AWG 223–242
    American Wire Gauge 223–242

B

Bardeen 170–188
BASIC Stamp 368–370
bateria 20–24
baterias descartáveis 228–242
baterias recarregáveis 228–242
baterias solares 20–24
bateria transistor 226–242
    bateria PP3 226–242
Benjamin Franklin 14–24
bitola do fio 223–242
bits 179–188, 193–220
blindado 142–150
bloqueador 142–150
bobina de indução 133–150
    indutor 133–150
bobinas 137–150
bobinas de reatância 137–150
bomba dessoldadora 250–270
bomba estilo ampola 306–312
Brattain 170–188
byte 193–220

C

cabos 222–242
cadarço para soldar 251–270
caixas prontas 255–270
campainha piezoelétrica 239–242
capacitância 117
capacitância residual 300–312
capacitor de bloqueio 180–188
capacitor de temporização 212–220
catodo 22–24
CCI contador de décadas 4017 209–220
células fotovoltaicas 20–24
chapeamento 311–312
chassi terra 278
chave de reversão dupla 57–66
chave de reversão simples 57–66
chaves de fenda de precisão 252–270
chips 190–220
CI linear 209–220
    analógico 209–220
cimento epóxi 254–270
circuito aberto 36–48, 332–336
circuito astável 215–220
circuito biestável 215–220
circuito de sintonia 145–150
circuito elétrico 8–24, 16–24, 35
circuito fechado 36–48
circuito integrado 189–220
circuito monoestável 215–220
circuito ressoante 145–150
circuito RLC 144–150
circuitos lógicos 167–168
CIs digitais 190–220
CMOS 201–220, 206–220
    emicondutor complementar de óxido
        metálico 201–220
CMOS 4017 209–220
codificar 224–242
cola de cianoacrilato 254–270
Cola de cianoacrilato
    AC 254–270
componentes eletrônicos 22–24

comutação 170–188
condutividade 154–168
condutores elétricos 11–24
condutor tipo P 171–188
conexões 174–188, 272–290
conexões de alimentação 204–220
conexões entre componentes 299–312
conexões semipermanentes 249–270
constante de tempo RC 129–132
contador de décadas 4017 218–220
contador de frequência 367
conversores de analógico para digital 192–220
    ADCs 192–220
corredores de ônibus 293–312
corrente 137–150
corrente alternada 20–24, 115–132
    AC 115–132
corrente convencional 38–48
corrente de pico 163–168
corrente de pulso 163–168
corrente direta 115–132, 156–168, 163–168
    DC 115–132
corrente do resistor 53–66
corrente elétrica 222–242
corrente inversa 156–168
cortador de fios 251–270
cortador diagonal 251–270
coulomb 13–24
cristais 146–150
cristal piezoelétrico 234
cursor 100–106
curto-circuito 17–24, 37, 139–150

D

DC offset 180–188
decodificador 224–242
descarga eletrostática 173, 267–270
    ESD 173, 267–270
descascador de fios 252–270
dessoldar 251–270
detectores de movimento PIR 236–242
diafragma 179–188, 234
diagrama de circuito 272–290
diagrama esquemático 39–48
diâmetro do fio 223–242
dielétrico 108–132, 118–132, 330–336
dígitos binários 179–188
dimmers 76–90

dimerizadores 76–90
diodo 39–48, 177–188
diodos de sinal 160–168
Diodos emissores de luz infravermelha (IR LEDs)
    162–168
diodos retificadores 160–168
diodos Zener 155–168
DIP 202–220
direção de referência 38–48
dissipador 183–188
divisor de tensão 73–90, 96
doping 153, 153–168
dreno 173–188

E

efeito piezoelétrico 146–150, 234
eletricamente neutro 11–24
eletricidade 8–24
eletricidade estática 267
eletroacústicos 237–242
eletrocussão 261–270
eletrodo 18–24
eletroímã 135–150, 241–242
eletrolíticos 119–132
eletromagnetismo 134–150
eletromecânicos 237–242
elétrons 182–188
elétrons de valência 152–168
eletrostática 260–270
encapsulamento SMD 120–132
entrada de controle de tensão 212–220
entrada de gatilho 211–220
entrada de inversão 209–220
entrada de limiar 212–220
entrada de não inversão 209–220
equalizador 145–150
especificações técnicas 183–188
estações de solda 250, 250–270
esteira antiestática 270

F

faixas de terminais 293–312
famílias lógicas 201–220
farads 118
fenolite 311–312
ferramentas manuais 27–34
ferro de dessoldar 306–312
ferro de solda 302–312

388   **Eletrônica Para Leigos**

fiação ponto a ponto 309–312
filtros 141–150, 192–220
fio flexível 222–242
fio sólido 222–242
flip flop 216–220
flutuações de sinal 178–188
fluxo 250–270
fonte de energia 225–242
fonte de energia elétrica 17–24
fontes de alimentação ininterrupta
UPS 167–168
força 192–220
força eletromotriz 13
fotodiodo 181–188
fotoelétricos 237–242
fotorresistores 233–242
fototransistor 174–188
frequência de corte 141–150
frequência ressoante 144–150
frequências de rádio 174–188
RF 174–188
fricção 69–90
furos de contato 256–270, 292–312
fusível 316–336

G

ganho de tensão 180–188
garras de bateria 226–242
garras de fios 256–270
Geoffrey Dummer 190–220
Georg Ohm 92–106
gerador de funções 367
gerador de tonalidade 352
GPS 189–220

H

Hans Christian Ørsted 134–150
henrys 137–150
hertz 20

I

ID de referência 279–290
indicador de excesso de faixa 320, 320–336
indicadores de polaridade 277
indução eletromagnética 136–150
indutância 137–150
autoindutância 137–150
indutância mútua 147–150

indutor 137–150
Interface de Multimídia de Alta Definição
225–242
HDMI 225–242
interferências de radiofrequência 234–242
interferências eletromagnéticas 234–242
EMI 234–242
interruptor 56–66, 316–336
comutadores 57–66
interruptor mecânico 181–188
intersecção 273–290
inversor 197
íons 18–24
isolantes elétricos 11–24

J

Jack Kilby 191–220
James Prescott Joule 105–106
JFET 173–188
junção FET 173–188
Joseph Henry 137–150
jumpers 259
junção-pn 154–168

L

layout 272–290
LED 60–66, 72
Lei das Correntes de Kirchhoff ii–4
KCL ii–4
Lei de Joule 105–106, 185–188
Lei de Ohm 91–106, 185–188
Lei de Tensões de Kirchhoff ii–4
Leis de Circuitos de Kirchhoff ii–4
lente de aumento 252–270
ligação cortada 177–188
ligação covalente 152–168
lógica digital 192–220
lupa 252–270

M

malha de solda 305–312
fita removedora de solda 305–312
material protetor especial 203–220
conductive foam 203–220
matriz de contato sem solda 33–34
matrizes de contato soldáveis 308–312
memória RAM 193–220
Random Access Memory 193–220

metrônomo 212–220
Michael Faraday 15–24, 134–150
microcontrolador 219–220, 368
microfone condensador 124
microfone de fibra óptica 234–242
microfone dinâmico 234–242
microprocessador 192–220
miliamperes 13–24
miliamperes-hora 227–242
modulação de largura de pulso 242
MOSFETs 173–188
    semicondutor óxido metálico FET 173–188
motor DC 240–242
multímetro 185–188
multímetros analógicos 317–336
multímetros digitais 317–336
multiplicadoras 199–220
multivibrador astável 444 212–220
multivibrador biestável 555 215–220
multivibrador monoestável 214–220
    one shot 214–220

N

National Electric Code 223–242
Nêutrons 9–24
NiMH 229–242
normas RoHS 375–376
NTC 235–242

O

Óculos de segurança 255–270
offset DC 180–188
ohm 93–106
ohmímetro 286–290, 316–336
ondas 142–150
op-amp 209
    amplificador operacional 209–220
oscilações de tensão 325–336
osciloscópio 367

P

padrão resistor 311–312
par de Darlington 181
perfboard 307–312
    placa perfurada 307–312
PICAXE 368
pinagem do CI 203–220

pin headers 225
pino de saída 209–220
pit de laser 193–220
pixel 193–220
placa de circuito impressa 64–66
    PCB 64–66
placa de desenvolvimento 219–220
planejamento de circuitos 298–312
plug and play 291–312
polaridade 115–132
pontas de solda extra 251–270
ponto de aterramento 43–48
porta AND 194–220
porta NAND 194–220
porta NOR 194–220
porta NOT (inversor) 193–220
porta OR 194–220
portas lógicas 193–220
portas universais 197–220
porta XNOR 194–220
porta XOR 194–220
potenciômetro 76, 185–188, 214–220, 255–270
    pot 76–90
pots de eixo giratório 81–90
pots deslizantes 81–90
processadores 192–220
propriedade retificadora 154–168
prótons 9–24
PTC 235–242
pulseira antiestática 255–270
pulso do relógio 199–220

Q

quarks 10–24

R

rádio 146–150
radiofrequência 141–150
    RF 141–150
radiorreceptores 300–312
radiotransmissores 300–312
reação eletroquímica 18–24
recarga 115–132
receptáculos 224–242
    jaques 224–242
    soquetes 224–242
registradores 199–220

relés 172–188
relógios 199–220
reostato 76–90
Reset 211–220
resistência 69–90
resistor de temporização 212–220
resistores 25–34, 69, 177–188
resistores dependentes de luz 233–242
    LDRs 233–242
resistor variável 214–220
RFI 234–242
Robert Noyce 191–220
ruído 141–150

S

saídas 196–220
saturação 177–188
semicondutor 151–168
semicondutor tipo N 154–168, 171–188
semicondutor tipo P 154–168
sensor de temperatura infravermelho 235–242
sensor de temperatura semicondutor 235–242
sensores de posição 237–242
serra manual 256–270
Shockley 170–188
simulador de circuitos 366
sinal de entrada 285
sintonizar 144–150
sistema binário 192–220
    base 2 192–220
sistema decimal 192–220
    base 10 192–220
sistemas análogos 179–188
Sistemas digitais 179–188
Sistemas elétricos 8–24
SOIC 202–220
    small-outline integrated circuit 202–220
solda 250–270
solenoides 137–150
somador parcial 368
SPICE 367
    Programa de Simulação com Ênfase em
        Circuitos Integrados 367–370
substrato 307–312
sugador de solda 250–270, 305–312
superaquecimento 301–312
supercondutores 70–90
suporte de solda 250–270

T

tecnologia de montagem em superfície 120–
    132, 202–220
    SMT 202–220
temperatura 204–220
tempo 214–220
temporização 555 218–220
tensão 11–24, 92–106, 181–188, 196–220
tensão de alimentação 211–220
tensão de retorno 137–150
tensão de ruptura 161–168
    tensão Zener 161–168
tensão de trabalho 119–132
tensão direta 156–168
tensão inversa 156–168
tensão inversa de pico (PRV) 158–168
tensão polarizada 156–168
terminal 19–24, 224–242
termistor 70–90, 235–242
terra comum 275–290, 278–290
terra de sinal 278–290
terra flutuante 43–48
Thomas Edison 15–24
timer 555 209–220
timer 556 212–220
touchpad 83–90
transdutor 233
transdutor de saída 237
transdutores de entrada 237–242
transdutores eletroacústicos 237–242
transdutor piezoelétrico 212–220
transformador 133–150
transformador de separação 148–150
transformador elevador 149–150
transformador redutor 149–150
transistor 201–220
transistor amplificador 177–188
transistor de Darlington 181–188
transistor de efeito de campo 172–188
    FET 172–188
transistor de junção bipolar 171–188
    BJT 171–188
transistores de efeito de campo 331–336
    FETs 331–336
transistores de força 174–188
transistores de junção bipolar 234
transistores de sinal 174, 174–188
transistor interruptor 178–188

transistor NPN 171–188
transistor PNP 171–188
trilho de energia 62–66
    trilho de corrente 62–66
trilhos de energia 293–312
Trim pots 81–90
TTL 201–220
    lógica transistor-transistor 201–220
tubos de vácuo 154–168

V

V+ 196–220
Valor 280–290
valor de pico 210–220

válvulas termiônicas 154–168
varactores 124–132
    varicaps 124–132
variantes 153–168
volt 93–106
voltagens 193–220
voltagens de alimentação 211–220
voltímetro 286–290

W

watts 16–24

X

XTAL 146–150